污染源监测管理工作手册

（第二版）

WURANYUAN JIANCE GUANLI
GONGZUO SHOUCE (DI-ER BAN)

生态环境部生态环境监测司　中国环境监测总站／编

中国环境出版集团·北京

图书在版编目（CIP）数据

污染源监测管理工作手册/生态环境部生态环境监测司，中国环境监测总站编. —2 版. —北京：中国环境出版集团，2022.2

ISBN 978-7-5111-5079-0

Ⅰ. ①污… Ⅱ. ①生…②中… Ⅲ. ①污染源监测—手册
Ⅳ. ①X830.7-62

中国版本图书馆 CIP 数据核字（2022）第 035270 号

出 版 人　武德凯
责任编辑　曲　婷
责任校对　尹　芳
封面设计　彭　杉

出版发行　中国环境出版集团
（100062　北京市东城区广渠门内大街 16 号）
网　　址：http://www.cesp.com.cn
电子邮箱：bjgl@cesp.com.cn
联系电话：010-67112765（编辑管理部）
发行热线：010-67125803，010-67113405（传真）
印　　刷　北京中科印刷有限公司
经　　销　各地新华书店
版　　次　2018 年 2 月第 1 版　2022 年 2 月第 2 版
印　　次　2022 年 2 月第 1 次印刷
开　　本　787×960　1/16
印　　张　33
字　　数　580 千字
定　　价　90.00 元

《污染源监测管理工作手册》
（第二版）

编写委员会

主　　编：柏仇勇　陈善荣

副 主 编：蒋火华　景立新

编　　委：董明丽　敬　红　王军霞　何　劲

编写人员：董明丽　陈敏敏　许鹏军　冯亚玲　綦振华　敬　红
王军霞　黄忠辉　李文君　刘通浩　秦承华　夏　青
李莉娜　邱立莉　陈乾坤　杨伟伟　王伟民

审　　稿：董明丽　王军霞　陈敏敏　许鹏军

第二版前言

党中央、国务院高度重视生态环境保护工作，党的十八大将生态文明建设作为中国特色社会主义事业“五位一体”总体布局的重要组成部分。党的十九大报告全面阐述了加快生态文明体制改革、推进绿色发展、建设美丽中国的战略部署。良好生态环境是实现中华民族永续发展的内在要求，是增进民生福祉的优先领域，是建设美丽中国的重要基础。

习近平生态文明思想开启了新时代生态环境保护工作的新阶段，习近平总书记在全国生态环境保护大会上指出生态文明建设是关系中华民族永续发展的根本大计。近年来，我国大力推进生态环境保护，污染防治攻坚战阶段性目标任务圆满完成，生态环境明显改善，厚植了全面建成小康社会的绿色底色和质量成色。同时应该看到，我国生态环境保护结构性、根源性、趋势性压力总体上尚未根本缓解，重点区域、重点行业污染问题仍然突出，生态环境保护任重道远。

截至 2020 年年底，我国实现了固定污染源排污许可制全覆盖，排污许可制度改革取得显著进展。2021 年 3 月 1 日，《排污许可管理条例》发布实施，排污许可制进入新阶段。排污许可制已成为固定污染源管理的核心制度，作为企业守法、部门执法、社会监督的依据，为提高环境管理效能和改善环境质量奠定坚实基础，也对污染源监测工作提出了更新、更高的要求。

为进一步加强污染源监测管理，提高污染源监测能力，规范污染源监测行为，夯实污染源监测工作基础，生态环境部生态环境监测司编辑出版了《污染源监测管理工作手册》（第二版），这是对 2018 年出版的《污染源监测管理工作手册》的增补和完善。本书收录了污染源监测的有关法律法规、重要文件和管理制度等，以便各级生态环境主管部门、各研究机构、企事业单位等在实际工作中使用，更好地为环境监测服务，推动生态环境监测事业蓬勃发展。

目　录

一、法律法规

二、重要文件

三、管理制度

（一）生态环境部综合文件

（二）监测管理制度相关规定

（三）环境执法制度相关规定

法律法规 一

中华人民共和国环境保护法

（2014年4月24日）

（1989年12月26日第七届全国人民代表大会常务委员会第十一次会议通过 2014年4月24日第十二届全国人民代表大会常务委员会第八次会议修订 中华人民共和国主席令第9号公布 自2015年1月1日起施行）

目　录

第一章　总　　则

第一条　为保护和改善环境，防治污染和其他公害，保障公众健康，推进生态文明建设，促进经济社会可持续发展，制定本法。

第二条　本法所称环境，是指影响人类生存和发展的各种天然的和经过人工改造的自然因素的总体，包括大气、水、海洋、土地、矿藏、森林、草原、湿地、野生生物、自然遗迹、人文遗迹、自然保护区、风景名胜区、城市和乡村等。

第三条　本法适用于中华人民共和国领域和中华人民共和国管辖的其他海域。

第四条　保护环境是国家的基本国策。

国家采取有利于节约和循环利用资源、保护和改善环境、促进人与自然和谐的经济、技术政策和措施，使经济社会发展与环境保护相协调。

第五条 环境保护坚持保护优先、预防为主、综合治理、公众参与、损害担责的原则。

第六条 一切单位和个人都有保护环境的义务。

地方各级人民政府应当对本行政区域的环境质量负责。

企业事业单位和其他生产经营者应当防止、减少环境污染和生态破坏，对所造成的损害依法承担责任。

公民应当增强环境保护意识，采取低碳、节俭的生活方式，自觉履行环境保护义务。

第七条 国家支持环境保护科学技术研究、开发和应用，鼓励环境保护产业发展，促进环境保护信息化建设，提高环境保护科学技术水平。

第八条 各级人民政府应当加大保护和改善环境、防治污染和其他公害的财政投入，提高财政资金的使用效益。

第九条 各级人民政府应当加强环境保护宣传和普及工作，鼓励基层群众性自治组织、社会组织、环境保护志愿者开展环境保护法律法规和环境保护知识的宣传，营造保护环境的良好风气。

教育行政部门、学校应当将环境保护知识纳入学校教育内容，培养学生的环境保护意识。

新闻媒体应当开展环境保护法律法规和环境保护知识的宣传，对环境违法行为进行舆论监督。

第十条 国务院环境保护主管部门，对全国环境保护工作实施统一监督管理；县级以上地方人民政府环境保护主管部门，对本行政区域环境保护工作实施统一监督管理。

县级以上人民政府有关部门和军队环境保护部门，依照有关法律的规定对资源保护和污染防治等环境保护工作实施监督管理。

第十一条 对保护和改善环境有显著成绩的单位和个人，由人民政府给予奖励。

第十二条 每年6月5日为环境日。

第二章 监督管理

第十三条 县级以上人民政府应当将环境保护工作纳入国民经济和社会发展

规划。

国务院环境保护主管部门会同有关部门，根据国民经济和社会发展规划编制国家环境保护规划，报国务院批准并公布实施。

县级以上地方人民政府环境保护主管部门会同有关部门，根据国家环境保护规划的要求，编制本行政区域的环境保护规划，报同级人民政府批准并公布实施。

环境保护规划的内容应当包括生态保护和污染防治的目标、任务、保障措施等，并与主体功能区规划、土地利用总体规划和城乡规划等相衔接。

第十四条 国务院有关部门和省、自治区、直辖市人民政府组织制定经济、技术政策，应当充分考虑对环境的影响，听取有关方面和专家的意见。

第十五条 国务院环境保护主管部门制定国家环境质量标准。

省、自治区、直辖市人民政府对国家环境质量标准中未作规定的项目，可以制定地方环境质量标准；对国家环境质量标准中已作规定的项目，可以制定严于国家环境质量标准的地方环境质量标准。地方环境质量标准应当报国务院环境保护主管部门备案。

国家鼓励开展环境基准研究。

第十六条 国务院环境保护主管部门根据国家环境质量标准和国家经济、技术条件，制定国家污染物排放标准。

省、自治区、直辖市人民政府对国家污染物排放标准中未作规定的项目，可以制定地方污染物排放标准；对国家污染物排放标准中已作规定的项目，可以制定严于国家污染物排放标准的地方污染物排放标准。地方污染物排放标准应当报国务院环境保护主管部门备案。

第十七条 国家建立、健全环境监测制度。国务院环境保护主管部门制定监测规范，会同有关部门组织监测网络，统一规划国家环境质量监测站（点）的设置，建立监测数据共享机制，加强对环境监测的管理。

有关行业、专业等各类环境质量监测站（点）的设置应当符合法律法规规定和监测规范的要求。

监测机构应当使用符合国家标准的监测设备，遵守监测规范。监测机构及其负责人对监测数据的真实性和准确性负责。

第十八条 省级以上人民政府应当组织有关部门或者委托专业机构，对环境状况进行调查、评价，建立环境资源承载能力监测预警机制。

第十九条 编制有关开发利用规划，建设对环境有影响的项目，应当依法进行环境影响评价。

未依法进行环境影响评价的开发利用规划，不得组织实施；未依法进行环境影响评价的建设项目，不得开工建设。

第二十条 国家建立跨行政区域的重点区域、流域环境污染和生态破坏联合防治协调机制，实行统一规划、统一标准、统一监测、统一的防治措施。

前款规定以外的跨行政区域的环境污染和生态破坏的防治，由上级人民政府协调解决，或者由有关地方人民政府协商解决。

第二十一条 国家采取财政、税收、价格、政府采购等方面的政策和措施，鼓励和支持环境保护技术装备、资源综合利用和环境服务等环境保护产业的发展。

第二十二条 企业事业单位和其他生产经营者，在污染物排放符合法定要求的基础上，进一步减少污染物排放的，人民政府应当依法采取财政、税收、价格、政府采购等方面的政策和措施予以鼓励和支持。

第二十三条 企业事业单位和其他生产经营者，为改善环境，依照有关规定转产、搬迁、关闭的，人民政府应当予以支持。

第二十四条 县级以上人民政府环境保护主管部门及其委托的环境监察机构和其他负有环境保护监督管理职责的部门，有权对排放污染物的企业事业单位和其他生产经营者进行现场检查。被检查者应当如实反映情况，提供必要的资料。实施现场检查的部门、机构及其工作人员应当为被检查者保守商业秘密。

第二十五条 企业事业单位和其他生产经营者违反法律法规规定排放污染物，造成或者可能造成严重污染的，县级以上人民政府环境保护主管部门和其他负有环境保护监督管理职责的部门，可以查封、扣押造成污染物排放的设施、设备。

第二十六条 国家实行环境保护目标责任制和考核评价制度。县级以上人民政府应当将环境保护目标完成情况纳入对本级人民政府负有环境保护监督管理职责的部门及其负责人和下级人民政府及其负责人的考核内容，作为对其考核评价的重要依据。考核结果应当向社会公开。

第二十七条 县级以上人民政府应当每年向本级人民代表大会或者人民代表大会常务委员会报告环境状况和环境保护目标完成情况，对发生的重大环境事件应当及时向本级人民代表大会常务委员会报告，依法接受监督。

第三章 保护和改善环境

第二十八条 地方各级人民政府应当根据环境保护目标和治理任务，采取有效措施，改善环境质量。

未达到国家环境质量标准的重点区域、流域的有关地方人民政府，应当制定限期达标规划，并采取措施按期达标。

第二十九条 国家在重点生态功能区、生态环境敏感区和脆弱区等区域划定生态保护红线，实行严格保护。

各级人民政府对具有代表性的各种类型的自然生态系统区域，珍稀、濒危的野生动植物自然分布区域，重要的水源涵养区域，具有重大科学文化价值的地质构造、著名溶洞和化石分布区、冰川、火山、温泉等自然遗迹，以及人文遗迹、古树名木，应当采取措施予以保护，严禁破坏。

第三十条 开发利用自然资源，应当合理开发，保护生物多样性，保障生态安全，依法制定有关生态保护和恢复治理方案并予以实施。

引进外来物种以及研究、开发和利用生物技术，应当采取措施，防止对生物多样性的破坏。

第三十一条 国家建立、健全生态保护补偿制度。

国家加大对生态保护地区的财政转移支付力度。有关地方人民政府应当落实生态保护补偿资金，确保其用于生态保护补偿。

国家指导受益地区和生态保护地区人民政府通过协商或者按照市场规则进行生态保护补偿。

第三十二条 国家加强对大气、水、土壤等的保护，建立和完善相应的调查、监测、评估和修复制度。

第三十三条 各级人民政府应当加强对农业环境的保护，促进农业环境保护新技术的使用，加强对农业污染源的监测预警，统筹有关部门采取措施，防治土壤污染和土地沙化、盐渍化、贫瘠化、石漠化、地面沉降以及防治植被破坏、水土流失、水体富营养化、水源枯竭、种源灭绝等生态失调现象，推广植物病虫害的综合防治。

县级、乡级人民政府应当提高农村环境保护公共服务水平，推动农村环境综合整治。

第三十四条 国务院和沿海地方各级人民政府应当加强对海洋环境的保护。向海洋排放污染物、倾倒废弃物，进行海岸工程和海洋工程建设，应当符合法律法规规定和有关标准，防止和减少对海洋环境的污染损害。

第三十五条 城乡建设应当结合当地自然环境的特点，保护植被、水域和自然景观，加强城市园林、绿地和风景名胜区的建设与管理。

第三十六条 国家鼓励和引导公民、法人和其他组织使用有利于保护环境的产品和再生产品，减少废弃物的产生。

国家机关和使用财政资金的其他组织应当优先采购和使用节能、节水、节材等有利于保护环境的产品、设备和设施。

第三十七条 地方各级人民政府应当采取措施，组织对生活废弃物的分类处置、回收利用。

第三十八条 公民应当遵守环境保护法律法规，配合实施环境保护措施，按照规定对生活废弃物进行分类放置，减少日常生活对环境造成的损害。

第三十九条 国家建立、健全环境与健康监测、调查和风险评估制度；鼓励和组织开展环境质量对公众健康影响的研究，采取措施预防和控制与环境污染有关的疾病。

第四章　防治污染和其他公害

第四十条 国家促进清洁生产和资源循环利用。

国务院有关部门和地方各级人民政府应当采取措施，推广清洁能源的生产和使用。

企业应当优先使用清洁能源，采用资源利用率高、污染物排放量少的工艺、设备以及废弃物综合利用技术和污染物无害化处理技术，减少污染物的产生。

第四十一条 建设项目中防治污染的设施，应当与主体工程同时设计、同时施工、同时投产使用。防治污染的设施应当符合经批准的环境影响评价文件的要求，不得擅自拆除或者闲置。

第四十二条 排放污染物的企业事业单位和其他生产经营者，应当采取措施，防治在生产建设或者其他活动中产生的废气、废水、废渣、医疗废物、粉尘、恶臭气体、放射性物质以及噪声、振动、光辐射、电磁辐射等对环境的污染和危害。

排放污染物的企业事业单位，应当建立环境保护责任制度，明确单位负责人和相关人员的责任。

重点排污单位应当按照国家有关规定和监测规范安装使用监测设备，保证监测设备正常运行，保存原始监测记录。

严禁通过暗管、渗井、渗坑、灌注或者篡改、伪造监测数据，或者不正常运行防治污染设施等逃避监管的方式违法排放污染物。

第四十三条 排放污染物的企业事业单位和其他生产经营者，应当按照国家有关规定缴纳排污费。排污费应当全部专项用于环境污染防治，任何单位和个人不得截留、挤占或者挪作他用。

依照法律规定征收环境保护税的，不再征收排污费。

第四十四条 国家实行重点污染物排放总量控制制度。重点污染物排放总量控制指标由国务院下达，省、自治区、直辖市人民政府分解落实。企业事业单位在执行国家和地方污染物排放标准的同时，应当遵守分解落实到本单位的重点污染物排放总量控制指标。

对超过国家重点污染物排放总量控制指标或者未完成国家确定的环境质量目标的地区，省级以上人民政府环境保护主管部门应当暂停审批其新增重点污染物排放总量的建设项目环境影响评价文件。

第四十五条 国家依照法律规定实行排污许可管理制度。

实行排污许可管理的企业事业单位和其他生产经营者应当按照排污许可证的要求排放污染物；未取得排污许可证的，不得排放污染物。

第四十六条 国家对严重污染环境的工艺、设备和产品实行淘汰制度。任何单位和个人不得生产、销售或者转移、使用严重污染环境的工艺、设备和产品。

禁止引进不符合我国环境保护规定的技术、设备、材料和产品。

第四十七条 各级人民政府及其有关部门和企业事业单位，应当依照《中华人民共和国突发事件应对法》的规定，做好突发环境事件的风险控制、应急准备、应急处置和事后恢复等工作。

县级以上人民政府应当建立环境污染公共监测预警机制，组织制定预警方案；环境受到污染，可能影响公众健康和环境安全时，依法及时公布预警信息，启动应急措施。

企业事业单位应当按照国家有关规定制定突发环境事件应急预案，报环境保护主管部门和有关部门备案。在发生或者可能发生突发环境事件时，企业事业单位应当立即采取措施处理，及时通报可能受到危害的单位和居民，并向环境保护主管部门和有关部门报告。

突发环境事件应急处置工作结束后，有关人民政府应当立即组织评估事件造成的环境影响和损失，并及时将评估结果向社会公布。

第四十八条 生产、储存、运输、销售、使用、处置化学物品和含有放射性物质的物品，应当遵守国家有关规定，防止污染环境。

第四十九条 各级人民政府及其农业等有关部门和机构应当指导农业生产经营者科学种植和养殖，科学合理施用农药、化肥等农业投入品，科学处置农用薄膜、农作物秸秆等农业废弃物，防止农业面源污染。

禁止将不符合农用标准和环境保护标准的固体废物、废水施入农田。施用农药、化肥等农业投入品及进行灌溉，应当采取措施，防止重金属和其他有毒有害物质污染环境。

畜禽养殖场、养殖小区、定点屠宰企业等的选址、建设和管理应当符合有关法律法规规定。从事畜禽养殖和屠宰的单位和个人应当采取措施，对畜禽粪便、尸体和污水等废弃物进行科学处置，防止污染环境。

县级人民政府负责组织农村生活废弃物的处置工作。

第五十条 各级人民政府应当在财政预算中安排资金，支持农村饮用水水源地保护、生活污水和其他废弃物处理、畜禽养殖和屠宰污染防治、土壤污染防治和农村工矿污染治理等环境保护工作。

第五十一条 各级人民政府应当统筹城乡建设污水处理设施及配套管网，固体废物的收集、运输和处置等环境卫生设施，危险废物集中处置设施、场所以及其他环境保护公共设施，并保障其正常运行。

第五十二条 国家鼓励投保环境污染责任保险。

第五章 信息公开和公众参与

第五十三条 公民、法人和其他组织依法享有获取环境信息、参与和监督环境保护的权利。

各级人民政府环境保护主管部门和其他负有环境保护监督管理职责的部门，应当依法公开环境信息、完善公众参与程序，为公民、法人和其他组织参与和监督环境保护提供便利。

第五十四条 国务院环境保护主管部门统一发布国家环境质量、重点污染源监测信息及其他重大环境信息。省级以上人民政府环境保护主管部门定期发布环境状况公报。

县级以上人民政府环境保护主管部门和其他负有环境保护监督管理职责的部门，应当依法公开环境质量、环境监测、突发环境事件以及环境行政许可、行政处罚、排污费的征收和使用情况等信息。

县级以上地方人民政府环境保护主管部门和其他负有环境保护监督管理职责的部门，应当将企业事业单位和其他生产经营者的环境违法信息记入社会诚信档案，及时向社会公布违法者名单。

第五十五条 重点排污单位应当如实向社会公开其主要污染物的名称、排放方式、排放浓度和总量、超标排放情况，以及防治污染设施的建设和运行情况，接受社会监督。

第五十六条 对依法应当编制环境影响报告书的建设项目，建设单位应当在编制时向可能受影响的公众说明情况，充分征求意见。

负责审批建设项目环境影响评价文件的部门在收到建设项目环境影响报告书后，除涉及国家秘密和商业秘密的事项外，应当全文公开；发现建设项目未充分征求公众意见的，应当责成建设单位征求公众意见。

第五十七条 公民、法人和其他组织发现任何单位和个人有污染环境和破坏生态行为的，有权向环境保护主管部门或者其他负有环境保护监督管理职责的部门举报。

公民、法人和其他组织发现地方各级人民政府、县级以上人民政府环境保护主管部门和其他负有环境保护监督管理职责的部门不依法履行职责的，有权向其上级机关或者监察机关举报。

接受举报的机关应当对举报人的相关信息予以保密，保护举报人的合法权益。

第五十八条 对污染环境、破坏生态，损害社会公共利益的行为，符合下列条件的社会组织可以向人民法院提起诉讼：

（一）依法在设区的市级以上人民政府民政部门登记；

（二）专门从事环境保护公益活动连续五年以上且无违法记录。

符合前款规定的社会组织向人民法院提起诉讼，人民法院应当依法受理。

提起诉讼的社会组织不得通过诉讼牟取经济利益。

第六章　法律责任

第五十九条　企业事业单位和其他生产经营者违法排放污染物，受到罚款处罚，被责令改正，拒不改正的，依法作出处罚决定的行政机关可以自责令改正之日的次日起，按照原处罚数额按日连续处罚。

前款规定的罚款处罚，依照有关法律法规按照防治污染设施的运行成本、违法行为造成的直接损失或者违法所得等因素确定的规定执行。

地方性法规可以根据环境保护的实际需要，增加第一款规定的按日连续处罚的违法行为的种类。

第六十条　企业事业单位和其他生产经营者超过污染物排放标准或者超过重点污染物排放总量控制指标排放污染物的，县级以上人民政府环境保护主管部门可以责令其采取限制生产、停产整治等措施；情节严重的，报经有批准权的人民政府批准，责令停业、关闭。

第六十一条　建设单位未依法提交建设项目环境影响评价文件或者环境影响评价文件未经批准，擅自开工建设的，由负有环境保护监督管理职责的部门责令停止建设，处以罚款，并可以责令恢复原状。

第六十二条　违反本法规定，重点排污单位不公开或者不如实公开环境信息的，由县级以上地方人民政府环境保护主管部门责令公开，处以罚款，并予以公告。

第六十三条　企业事业单位和其他生产经营者有下列行为之一，尚不构成犯罪的，除依照有关法律法规规定予以处罚外，由县级以上人民政府环境保护主管部门或者其他有关部门将案件移送公安机关，对其直接负责的主管人员和其他直接责任人员，处十日以上十五日以下拘留；情节较轻的，处五日以上十日以下拘留：

（一）建设项目未依法进行环境影响评价，被责令停止建设，拒不执行的；

（二）违反法律规定，未取得排污许可证排放污染物，被责令停止排污，拒不执行的；

（三）通过暗管、渗井、渗坑、灌注或者篡改、伪造监测数据，或者不正常运行防治污染设施等逃避监管的方式违法排放污染物的；

（四）生产、使用国家明令禁止生产、使用的农药，被责令改正，拒不改正的。

第六十四条 因污染环境和破坏生态造成损害的，应当依照《中华人民共和国侵权责任法》的有关规定承担侵权责任。

第六十五条 环境影响评价机构、环境监测机构以及从事环境监测设备和防治污染设施维护、运营的机构，在有关环境服务活动中弄虚作假，对造成的环境污染和生态破坏负有责任的，除依照有关法律法规规定予以处罚外，还应当与造成环境污染和生态破坏的其他责任者承担连带责任。

第六十六条 提起环境损害赔偿诉讼的时效期间为三年，从当事人知道或者应当知道其受到损害时起计算。

第六十七条 上级人民政府及其环境保护主管部门应当加强对下级人民政府及其有关部门环境保护工作的监督。发现有关工作人员有违法行为，依法应当给予处分的，应当向其任免机关或者监察机关提出处分建议。

依法应当给予行政处罚，而有关环境保护主管部门不给予行政处罚的，上级人民政府环境保护主管部门可以直接作出行政处罚的决定。

第六十八条 地方各级人民政府、县级以上人民政府环境保护主管部门和其他负有环境保护监督管理职责的部门有下列行为之一的，对直接负责的主管人员和其他直接责任人员给予记过、记大过或者降级处分；造成严重后果的，给予撤职或者开除处分，其主要负责人应当引咎辞职：

（一）不符合行政许可条件准予行政许可的；

（二）对环境违法行为进行包庇的；

（三）依法应当作出责令停业、关闭的决定而未作出的；

（四）对超标排放污染物、采用逃避监管的方式排放污染物、造成环境事故以及不落实生态保护措施造成生态破坏等行为，发现或者接到举报未及时查处的；

（五）违反本法规定，查封、扣押企业事业单位和其他生产经营者的设施、设备的；

（六）篡改、伪造或者指使篡改、伪造监测数据的；

（七）应当依法公开环境信息而未公开的；

（八）将征收的排污费截留、挤占或者挪作他用的；

（九）法律法规规定的其他违法行为。

第六十九条 违反本法规定，构成犯罪的，依法追究刑事责任。

第七章　附　则

第七十条　本法自2015年1月1日起施行。

中华人民共和国水污染防治法

（2017年6月27日）

（1984年5月11日第六届全国人民代表大会常务委员会第五次会议通过　根据1996年5月15日第八届全国人民代表大会常务委员会第十九次会议《关于修改〈中华人民共和国水污染防治法〉的决定》第一次修正　根据2008年2月28日第十届全国人民代表大会常务委员会第三十二次会议修订　根据2017年6月27日第十二届全国人民代表大会常务委员会第二十八次会议《关于修改〈中华人民共和国水污染防治法〉的决定》第二次修正）

目　录

第八章　附　　则

第一章　总　　则

第一条　为了保护和改善环境，防治水污染，保护水生态，保障饮用水安全，维护公众健康，推进生态文明建设，促进经济社会可持续发展，制定本法。

第二条　本法适用于中华人民共和国领域内的江河、湖泊、运河、渠道、水库等地表水体以及地下水体的污染防治。

海洋污染防治适用《中华人民共和国海洋环境保护法》。

第三条　水污染防治应当坚持预防为主、防治结合、综合治理的原则，优先保护饮用水水源，严格控制工业污染、城镇生活污染，防治农业面源污染，积极推进生态治理工程建设，预防、控制和减少水环境污染和生态破坏。

第四条　县级以上人民政府应当将水环境保护工作纳入国民经济和社会发展规划。

地方各级人民政府对本行政区域的水环境质量负责，应当及时采取措施防治水污染。

第五条　省、市、县、乡建立河长制，分级分段组织领导本行政区域内江河、湖泊的水资源保护、水域岸线管理、水污染防治、水环境治理等工作。

第六条　国家实行水环境保护目标责任制和考核评价制度，将水环境保护目标完成情况作为对地方人民政府及其负责人考核评价的内容。

第七条　国家鼓励、支持水污染防治的科学技术研究和先进适用技术的推广应用，加强水环境保护的宣传教育。

第八条　国家通过财政转移支付等方式，建立健全对位于饮用水水源保护区区域和江河、湖泊、水库上游地区的水环境生态保护补偿机制。

第九条　县级以上人民政府环境保护主管部门对水污染防治实施统一监督管理。

交通主管部门的海事管理机构对船舶污染水域的防治实施监督管理。

县级以上人民政府水行政、国土资源、卫生、建设、农业、渔业等部门以及重要江河、湖泊的流域水资源保护机构，在各自的职责范围内，对有关水污染防治实施监督管理。

第十条　排放水污染物，不得超过国家或者地方规定的水污染物排放标准和重点水污染物排放总量控制指标。

第十一条 任何单位和个人都有义务保护水环境，并有权对污染损害水环境的行为进行检举。

县级以上人民政府及其有关主管部门对在水污染防治工作中做出显著成绩的单位和个人给予表彰和奖励。

第二章 水污染防治的标准和规划

第十二条 国务院环境保护主管部门制定国家水环境质量标准。

省、自治区、直辖市人民政府可以对国家水环境质量标准中未作规定的项目，制定地方标准，并报国务院环境保护主管部门备案。

第十三条 国务院环境保护主管部门会同国务院水行政主管部门和有关省、自治区、直辖市人民政府，可以根据国家确定的重要江河、湖泊流域水体的使用功能以及有关地区的经济、技术条件，确定该重要江河、湖泊流域的省界水体适用的水环境质量标准，报国务院批准后施行。

第十四条 国务院环境保护主管部门根据国家水环境质量标准和国家经济、技术条件，制定国家水污染物排放标准。

省、自治区、直辖市人民政府对国家水污染物排放标准中未作规定的项目，可以制定地方水污染物排放标准；对国家水污染物排放标准中已作规定的项目，可以制定严于国家水污染物排放标准的地方水污染物排放标准。地方水污染物排放标准须报国务院环境保护主管部门备案。

向已有地方水污染物排放标准的水体排放污染物的，应当执行地方水污染物排放标准。

第十五条 国务院环境保护主管部门和省、自治区、直辖市人民政府，应当根据水污染防治的要求和国家或者地方的经济、技术条件，适时修订水环境质量标准和水污染物排放标准。

第十六条 防治水污染应当按流域或者按区域进行统一规划。国家确定的重要江河、湖泊的流域水污染防治规划，由国务院环境保护主管部门会同国务院经济综合宏观调控、水行政等部门和有关省、自治区、直辖市人民政府编制，报国务院批准。

前款规定外的其他跨省、自治区、直辖市江河、湖泊的流域水污染防治规划，根据国家确定的重要江河、湖泊的流域水污染防治规划和本地实际情况，由有关省、自治区、直辖市人民政府环境保护主管部门会同同级水行政等部门和有关市、县人民政府编制，经有关省、自治区、直辖市人民政府审核，报国务院批准。

省、自治区、直辖市内跨县江河、湖泊的流域水污染防治规划，根据国家确定的重要江河、湖泊的流域水污染防治规划和本地实际情况，由省、自治区、直辖市人民政府环境保护主管部门会同同级水行政等部门编制，报省、自治区、直辖市人民政府批准，并报国务院备案。

经批准的水污染防治规划是防治水污染的基本依据，规划的修订须经原批准机关批准。

县级以上地方人民政府应当根据依法批准的江河、湖泊的流域水污染防治规划，组织制定本行政区域的水污染防治规划。

第十七条 有关市、县级人民政府应当按照水污染防治规划确定的水环境质量改善目标的要求，制定限期达标规划，采取措施按期达标。

有关市、县级人民政府应当将限期达标规划报上一级人民政府备案，并向社会公开。

第十八条 市、县级人民政府每年在向本级人民代表大会或者其常务委员会报告环境状况和环境保护目标完成情况时，应当报告水环境质量限期达标规划执行情况，并向社会公开。

第三章 水污染防治的监督管理

第十九条 新建、改建、扩建直接或者间接向水体排放污染物的建设项目和其他水上设施，应当依法进行环境影响评价。

建设单位在江河、湖泊新建、改建、扩建排污口的，应当取得水行政主管部门或者流域管理机构同意；涉及通航、渔业水域的，环境保护主管部门在审批环境影响评价文件时，应当征求交通、渔业主管部门的意见。

建设项目的水污染防治设施，应当与主体工程同时设计、同时施工、同时投入使用。水污染防治设施应当符合经批准或者备案的环境影响评价文件的要求。

第二十条 国家对重点水污染物排放实施总量控制制度。

重点水污染物排放总量控制指标，由国务院环境保护主管部门在征求国务院有关部门和各省、自治区、直辖市人民政府意见后，会同国务院经济综合宏观调控部门报国务院批准并下达实施。

省、自治区、直辖市人民政府应当按照国务院的规定削减和控制本行政区域的重点水污染物排放总量。具体办法由国务院环境保护主管部门会同国务院有关部门规定。

省、自治区、直辖市人民政府可以根据本行政区域水环境质量状况和水污染防治工作的需要，对国家重点水污染物之外的其他水污染物排放实行总量控制。

对超过重点水污染物排放总量控制指标或者未完成水环境质量改善目标的地区，省级以上人民政府环境保护主管部门应当会同有关部门约谈该地区人民政府的主要负责人，并暂停审批新增重点水污染物排放总量的建设项目的环境影响评价文件。约谈情况应当向社会公开。

第二十一条 直接或者间接向水体排放工业废水和医疗污水以及其他按照规定应当取得排污许可证方可排放的废水、污水的企业事业单位和其他生产经营者，应当取得排污许可证；城镇污水集中处理设施的运营单位，也应当取得排污许可证。排污许可证应当明确排放水污染物的种类、浓度、总量和排放去向等要求。排污许可的具体办法由国务院规定。

禁止企业事业单位和其他生产经营者无排污许可证或者违反排污许可证的规定向水体排放前款规定的废水、污水。

第二十二条 向水体排放污染物的企业事业单位和其他生产经营者，应当按照法律、行政法规和国务院环境保护主管部门的规定设置排污口；在江河、湖泊设置排污口的，还应当遵守国务院水行政主管部门的规定。

第二十三条 实行排污许可管理的企业事业单位和其他生产经营者应当按照国家有关规定和监测规范，对所排放的水污染物自行监测，并保存原始监测记录。重点排污单位还应当安装水污染物排放自动监测设备，与环境保护主管部门的监控设备联网，并保证监测设备正常运行。具体办法由国务院环境保护主管部门规定。

应当安装水污染物排放自动监测设备的重点排污单位名录，由设区的市级以上地方人民政府环境保护主管部门根据本行政区域的环境容量、重点水污染物排放总量控制指标的要求以及排污单位排放水污染物的种类、数量和浓度等因素，商同级有关部门确定。

第二十四条 实行排污许可管理的企业事业单位和其他生产经营者应当对监测数据的真实性和准确性负责。

环境保护主管部门发现重点排污单位的水污染物排放自动监测设备传输数据异常，应当及时进行调查。

第二十五条 国家建立水环境质量监测和水污染物排放监测制度。国务院环境保护主管部门负责制定水环境监测规范，统一发布国家水环境状况信息，会同国务院水行政等部门组织监测网络，统一规划国家水环境质量监测站（点）的设置，建立监测数据共享机制，加强对水环境监测的管理。

第二十六条 国家确定的重要江河、湖泊流域的水资源保护工作机构负责监测其所在流域的省界水体的水环境质量状况，并将监测结果及时报国务院环境保护主管部门和国务院水行政主管部门；有经国务院批准成立的流域水资源保护领导机构的，应当将监测结果及时报告流域水资源保护领导机构。

第二十七条 国务院有关部门和县级以上地方人民政府开发、利用和调节、调度水资源时，应当统筹兼顾，维持江河的合理流量和湖泊、水库以及地下水体的合理水位，保障基本生态用水，维护水体的生态功能。

第二十八条 国务院环境保护主管部门应当会同国务院水行政等部门和有关省、自治区、直辖市人民政府，建立重要江河、湖泊的流域水环境保护联合协调机制，实行统一规划、统一标准、统一监测、统一的防治措施。

第二十九条 国务院环境保护主管部门和省、自治区、直辖市人民政府环境保护主管部门应当会同同级有关部门根据流域生态环境功能需要，明确流域生态环境保护要求，组织开展流域环境资源承载能力监测、评价，实施流域环境资源承载能力预警。

县级以上地方人民政府应当根据流域生态环境功能需要，组织开展江河、湖泊、湿地保护与修复，因地制宜建设人工湿地、水源涵养林、沿河沿湖植被缓冲带和隔离带等生态环境治理与保护工程，整治黑臭水体，提高流域环境资源承载能力。

从事开发建设活动，应当采取有效措施，维护流域生态环境功能，严守生态保护红线。

第三十条 环境保护主管部门和其他依照本法规定行使监督管理权的部门，有权对管辖范围内的排污单位进行现场检查，被检查的单位应当如实反映情况，提供必要的资料。检查机关有义务为被检查的单位保守在检查中获取的商业秘密。

第三十一条 跨行政区域的水污染纠纷，由有关地方人民政府协商解决，或者由其共同的上级人民政府协调解决。

第四章 水污染防治措施

第一节 一般规定

第三十二条 国务院环境保护主管部门应当会同国务院卫生主管部门，根据对公众健康和生态环境的危害和影响程度，公布有毒有害水污染物名录，实行风险管理。

排放前款规定名录中所列有毒有害水污染物的企业事业单位和其他生产经营者，应当对排污口和周边环境进行监测，评估环境风险，排查环境安全隐患，并公开有毒有害水污染物信息，采取有效措施防范环境风险。

第三十三条 禁止向水体排放油类、酸液、碱液或者剧毒废液。

禁止在水体清洗装贮过油类或者有毒污染物的车辆和容器。

第三十四条 禁止向水体排放、倾倒放射性固体废物或者含有高放射性和中放射性物质的废水。

向水体排放含低放射性物质的废水，应当符合国家有关放射性污染防治的规定和标准。

第三十五条 向水体排放含热废水，应当采取措施，保证水体的水温符合水环境质量标准。

第三十六条 含病原体的污水应当经过消毒处理；符合国家有关标准后，方可排放。

第三十七条 禁止向水体排放、倾倒工业废渣、城镇垃圾和其他废弃物。

禁止将含有汞、镉、砷、铬、铅、氰化物、黄磷等的可溶性剧毒废渣向水体排放、倾倒或者直接埋入地下。

存放可溶性剧毒废渣的场所，应当采取防水、防渗漏、防流失的措施。

第三十八条 禁止在江河、湖泊、运河、渠道、水库最高水位线以下的滩地和岸坡堆放、存贮固体废弃物和其他污染物。

第三十九条 禁止利用渗井、渗坑、裂隙、溶洞，私设暗管，篡改、伪造监测数据，或者不正常运行水污染防治设施等逃避监管的方式排放水污染物。

第四十条 化学品生产企业以及工业集聚区、矿山开采区、尾矿库、危险废物处置场、垃圾填埋场等的运营、管理单位，应当采取防渗漏等措施，并建设地下水水质监测井进行监测，防止地下水污染。

加油站等的地下油罐应当使用双层罐或者采取建造防渗池等其他有效措施，并进行防渗漏监测，防止地下水污染。

禁止利用无防渗漏措施的沟渠、坑塘等输送或者存贮含有毒污染物的废水、含病原体的污水和其他废弃物。

第四十一条 多层地下水的含水层水质差异大的，应当分层开采；对已受污染的潜水和承压水，不得混合开采。

第四十二条 兴建地下工程设施或者进行地下勘探、采矿等活动，应当采取防护性措施，防止地下水污染。

报废矿井、钻井或者取水井等，应当实施封井或者回填。

第四十三条 人工回灌补给地下水，不得恶化地下水质。

第二节 工业水污染防治

第四十四条 国务院有关部门和县级以上地方人民政府应当合理规划工业布局，要求造成水污染的企业进行技术改造，采取综合防治措施，提高水的重复利用率，减少废水和污染物排放量。

第四十五条 排放工业废水的企业应当采取有效措施，收集和处理产生的全部废水，防止污染环境。含有毒有害水污染物的工业废水应当分类收集和处理，不得稀释排放。

工业集聚区应当配套建设相应的污水集中处理设施，安装自动监测设备，与环境保护主管部门的监控设备联网，并保证监测设备正常运行。

向污水集中处理设施排放工业废水的，应当按照国家有关规定进行预处理，达到集中处理设施处理工艺要求后方可排放。

第四十六条 国家对严重污染水环境的落后工艺和设备实行淘汰制度。

国务院经济综合宏观调控部门会同国务院有关部门，公布限期禁止采用的严重污染水环境的工艺名录和限期禁止生产、销售、进口、使用的严重污染水环境的设备名录。

生产者、销售者、进口者或者使用者应当在规定的期限内停止生产、销售、进口或者使用列入前款规定的设备名录中的设备。工艺的采用者应当在规定的期限内停止采用列入前款规定的工艺名录中的工艺。

依照本条第二款、第三款规定被淘汰的设备，不得转让给他人使用。

第四十七条 国家禁止新建不符合国家产业政策的小型造纸、制革、印染、染料、炼焦、炼硫、炼砷、炼汞、炼油、电镀、农药、石棉、水泥、玻璃、钢铁、火电以及其他严重污染水环境的生产项目。

第四十八条 企业应当采用原材料利用效率高、污染物排放量少的清洁工艺，并加强管理，减少水污染物的产生。

第三节 城镇水污染防治

第四十九条 城镇污水应当集中处理。

县级以上地方人民政府应当通过财政预算和其他渠道筹集资金，统筹安排建设城镇污水集中处理设施及配套管网，提高本行政区域城镇污水的收集率和处理率。

国务院建设主管部门应当会同国务院经济综合宏观调控、环境保护主管部门，根据城乡规划和水污染防治规划，组织编制全国城镇污水处理设施建设规划。县级以上地方人民政府组织建设、经济综合宏观调控、环境保护、水行政等部门编制本行政区域的城镇污水处理设施建设规划。县级以上地方人民政府建设主管部门应当按照城镇污水处理设施建设规划，组织建设城镇污水集中处理设施及配套管网，并加强对城镇污水集中处理设施运营的监督管理。

城镇污水集中处理设施的运营单位按照国家规定向排污者提供污水处理的有偿服务，收取污水处理费用，保证污水集中处理设施的正常运行。收取的污水处理费用应当用于城镇污水集中处理设施的建设运行和污泥处理处置，不得挪作他用。

城镇污水集中处理设施的污水处理收费、管理以及使用的具体办法，由国务院规定。

第五十条 向城镇污水集中处理设施排放水污染物，应当符合国家或者地方规定的水污染物排放标准。

城镇污水集中处理设施的运营单位，应当对城镇污水集中处理设施的出水水质负责。

环境保护主管部门应当对城镇污水集中处理设施的出水水质和水量进行监督检查。

第五十一条 城镇污水集中处理设施的运营单位或者污泥处理处置单位应当安全处理处置污泥，保证处理处置后的污泥符合国家标准，并对污泥的去向等进行记录。

第四节 农业和农村水污染防治

第五十二条 国家支持农村污水、垃圾处理设施的建设，推进农村污水、垃圾集中处理。

地方各级人民政府应当统筹规划建设农村污水、垃圾处理设施，并保障其正常运行。

第五十三条 制定化肥、农药等产品的质量标准和使用标准，应当适应水环境保护要求。

第五十四条 使用农药，应当符合国家有关农药安全使用的规定和标准。

运输、存贮农药和处置过期失效农药，应当加强管理，防止造成水污染。

第五十五条 县级以上地方人民政府农业主管部门和其他有关部门，应当采取措施，指导农业生产者科学、合理地施用化肥和农药，推广测土配方施肥技术和高效低毒低残留农药，控制化肥和农药的过量使用，防止造成水污染。

第五十六条 国家支持畜禽养殖场、养殖小区建设畜禽粪便、废水的综合利用或者无害化处理设施。

畜禽养殖场、养殖小区应当保证其畜禽粪便、废水的综合利用或者无害化处理设施正常运转，保证污水达标排放，防止污染水环境。

畜禽散养密集区所在地县、乡级人民政府应当组织对畜禽粪便污水进行分户收集、集中处理利用。

第五十七条 从事水产养殖应当保护水域生态环境，科学确定养殖密度，合理投饵和使用药物，防止污染水环境。

第五十八条 农田灌溉用水应当符合相应的水质标准，防止污染土壤、地下水和农产品。

禁止向农田灌溉渠道排放工业废水或者医疗污水。向农田灌溉渠道排放城镇污水以及未综合利用的畜禽养殖废水、农产品加工废水的，应当保证其下游最近的灌溉取水点的水质符合农田灌溉水质标准。

第五节 船舶水污染防治

第五十九条 船舶排放含油污水、生活污水，应当符合船舶污染物排放标准。从事海洋航运的船舶进入内河和港口的，应当遵守内河的船舶污染物排放标准。

船舶的残油、废油应当回收，禁止排入水体。

禁止向水体倾倒船舶垃圾。

船舶装载运输油类或者有毒货物，应当采取防止溢流和渗漏的措施，防止货物落水造成水污染。

进入中华人民共和国内河的国际航线船舶排放压载水的，应当采用压载水处理装置或者采取其他等效措施，对压载水进行灭活等处理。禁止排放不符合规定的船舶压载水。

第六十条 船舶应当按照国家有关规定配置相应的防污设备和器材，并持有合法有效的防止水域环境污染的证书与文书。

船舶进行涉及污染物排放的作业，应当严格遵守操作规程，并在相应的记录簿上如实记载。

第六十一条 港口、码头、装卸站和船舶修造厂所在地市、县级人民政府应当统筹规划建设船舶污染物、废弃物的接收、转运及处理处置设施。

港口、码头、装卸站和船舶修造厂应当备有足够的船舶污染物、废弃物的接收设施。从事船舶污染物、废弃物接收作业，或者从事装载油类、污染危害性货物船舱清洗作业的单位，应当具备与其运营规模相适应的接收处理能力。

第六十二条 船舶及有关作业单位从事有污染风险的作业活动，应当按照有关法律法规和标准，采取有效措施，防止造成水污染。海事管理机构、渔业主管部门应当加强对船舶及有关作业活动的监督管理。

船舶进行散装液体污染危害性货物的过驳作业，应当编制作业方案，采取有效的安全和污染防治措施，并报作业地海事管理机构批准。

禁止采取冲滩方式进行船舶拆解作业。

第五章　饮用水水源和其他特殊水体保护

第六十三条　国家建立饮用水水源保护区制度。饮用水水源保护区分为一级保护区和二级保护区；必要时，可以在饮用水水源保护区外围划定一定的区域作为准保护区。

饮用水水源保护区的划定，由有关市、县人民政府提出划定方案，报省、自治区、直辖市人民政府批准；跨市、县饮用水水源保护区的划定，由有关市、县人民政府协商提出划定方案，报省、自治区、直辖市人民政府批准；协商不成的，由省、自治区、直辖市人民政府环境保护主管部门会同同级水行政、国土资源、卫生、建设等部门提出划定方案，征求同级有关部门的意见后，报省、自治区、直辖市人民政府批准。

跨省、自治区、直辖市的饮用水水源保护区，由有关省、自治区、直辖市人民政府商有关流域管理机构划定；协商不成的，由国务院环境保护主管部门会同同级水行政、国土资源、卫生、建设等部门提出划定方案，征求国务院有关部门的意见后，报国务院批准。

国务院和省、自治区、直辖市人民政府可以根据保护饮用水水源的实际需要，调整饮用水水源保护区的范围，确保饮用水安全。有关地方人民政府应当在饮用水水源保护区的边界设立明确的地理界标和明显的警示标志。

第六十四条　在饮用水水源保护区内，禁止设置排污口。

第六十五条　禁止在饮用水水源一级保护区内新建、改建、扩建与供水设施和保护水源无关的建设项目；已建成的与供水设施和保护水源无关的建设项目，由县级以上人民政府责令拆除或者关闭。

禁止在饮用水水源一级保护区内从事网箱养殖、旅游、游泳、垂钓或者其他可能污染饮用水水体的活动。

第六十六条　禁止在饮用水水源二级保护区内新建、改建、扩建排放污染物的建设项目；已建成的排放污染物的建设项目，由县级以上人民政府责令拆除或者关闭。

在饮用水水源二级保护区内从事网箱养殖、旅游等活动的，应当按照规定采取措施，防止污染饮用水水体。

第六十七条　禁止在饮用水水源准保护区内新建、扩建对水体污染严重的建设项目；改建建设项目，不得增加排污量。

第六十八条 县级以上地方人民政府应当根据保护饮用水水源的实际需要，在准保护区内采取工程措施或者建造湿地、水源涵养林等生态保护措施，防止水污染物直接排入饮用水水体，确保饮用水安全。

第六十九条 县级以上地方人民政府应当组织环境保护等部门，对饮用水水源保护区、地下水型饮用水水源的补给区及供水单位周边区域的环境状况和污染风险进行调查评估，筛查可能存在的污染风险因素，并采取相应的风险防范措施。

饮用水水源受到污染可能威胁供水安全的，环境保护主管部门应当责令有关企业事业单位和其他生产经营者采取停止排放水污染物等措施，并通报饮用水供水单位和供水、卫生、水行政等部门；跨行政区域的，还应当通报相关地方人民政府。

第七十条 单一水源供水城市的人民政府应当建设应急水源或者备用水源，有条件的地区可以开展区域联网供水。

县级以上地方人民政府应当合理安排、布局农村饮用水水源，有条件的地区可以采取城镇供水管网延伸或者建设跨村、跨乡镇联片集中供水工程等方式，发展规模集中供水。

第七十一条 饮用水供水单位应当做好取水口和出水口的水质检测工作。发现取水口水质不符合饮用水水源水质标准或者出水口水质不符合饮用水卫生标准的，应当及时采取相应措施，并向所在地市、县级人民政府供水主管部门报告。供水主管部门接到报告后，应当通报环境保护、卫生、水行政等部门。

饮用水供水单位应当对供水水质负责，确保供水设施安全可靠运行，保证供水水质符合国家有关标准。

第七十二条 县级以上地方人民政府应当组织有关部门监测、评估本行政区域内饮用水水源、供水单位供水和用户水龙头出水的水质等饮用水安全状况。

县级以上地方人民政府有关部门应当至少每季度向社会公开一次饮用水安全状况信息。

第七十三条 国务院和省、自治区、直辖市人民政府根据水环境保护的需要，可以规定在饮用水水源保护区内，采取禁止或者限制使用含磷洗涤剂、化肥、农药以及限制种植养殖等措施。

第七十四条 县级以上人民政府可以对风景名胜区水体、重要渔业水体和其他具有特殊经济文化价值的水体划定保护区，并采取措施，保证保护区的水质符合规定用途的水环境质量标准。

第七十五条 在风景名胜区水体、重要渔业水体和其他具有特殊经济文化价值的水体的保护区内，不得新建排污口。在保护区附近新建排污口，应当保证保护区水体不受污染。

第六章 水污染事故处置

第七十六条 各级人民政府及其有关部门，可能发生水污染事故的企业事业单位，应当依照《中华人民共和国突发事件应对法》的规定，做好突发水污染事故的应急准备、应急处置和事后恢复等工作。

第七十七条 可能发生水污染事故的企业事业单位，应当制定有关水污染事故的应急方案，做好应急准备，并定期进行演练。

生产、储存危险化学品的企业事业单位，应当采取措施，防止在处理安全生产事故过程中产生的可能严重污染水体的消防废水、废液直接排入水体。

第七十八条 企业事业单位发生事故或者其他突发性事件，造成或者可能造成水污染事故的，应当立即启动本单位的应急方案，采取隔离等应急措施，防止水污染物进入水体，并向事故发生地的县级以上地方人民政府或者环境保护主管部门报告。环境保护主管部门接到报告后，应当及时向本级人民政府报告，并抄送有关部门。

造成渔业污染事故或者渔业船舶造成水污染事故的，应当向事故发生地的渔业主管部门报告，接受调查处理。其他船舶造成水污染事故的，应当向事故发生地的海事管理机构报告，接受调查处理；给渔业造成损害的，海事管理机构应当通知渔业主管部门参与调查处理。

第七十九条 市、县级人民政府应当组织编制饮用水安全突发事件应急预案。

饮用水供水单位应当根据所在地饮用水安全突发事件应急预案，制定相应的突发事件应急方案，报所在地市、县级人民政府备案，并定期进行演练。

饮用水水源发生水污染事故，或者发生其他可能影响饮用水安全的突发性事件，饮用水供水单位应当采取应急处理措施，向所在地市、县级人民政府报告，并向社会公开。有关人民政府应当根据情况及时启动应急预案，采取有效措施，保障供水安全。

第七章 法律责任

第八十条 环境保护主管部门或者其他依照本法规定行使监督管理权的部门，不依法作出行政许可或者办理批准文件的，发现违法行为或者接到对违法行为的举报后不予查处的，或者有其他未依照本法规定履行职责的行为的，对直接负责的主管人员和其他直接责任人员依法给予处分。

第八十一条 以拖延、围堵、滞留执法人员等方式拒绝、阻挠环境保护主管部门或者其他依照本法规定行使监督管理权的部门的监督检查，或者在接受监督检查时弄虚作假的，由县级以上人民政府环境保护主管部门或者其他依照本法规定行使监督管理权的部门责令改正，处二万元以上二十万元以下的罚款。

第八十二条 违反本法规定，有下列行为之一的，由县级以上人民政府环境保护主管部门责令限期改正，处二万元以上二十万元以下的罚款；逾期不改正的，责令停产整治：

（一）未按照规定对所排放的水污染物自行监测，或者未保存原始监测记录的；

（二）未按照规定安装水污染物排放自动监测设备，未按照规定与环境保护主管部门的监控设备联网，或者未保证监测设备正常运行的；

（三）未按照规定对有毒有害水污染物的排污口和周边环境进行监测，或者未公开有毒有害水污染物信息的。

第八十三条 违反本法规定，有下列行为之一的，由县级以上人民政府环境保护主管部门责令改正或者责令限制生产、停产整治，并处十万元以上一百万元以下的罚款；情节严重的，报经有批准权的人民政府批准，责令停业、关闭：

（一）未依法取得排污许可证排放水污染物的；

（二）超过水污染物排放标准或者超过重点水污染物排放总量控制指标排放水污染物的；

（三）利用渗井、渗坑、裂隙、溶洞，私设暗管，篡改、伪造监测数据，或者不正常运行水污染防治设施等逃避监管的方式排放水污染物的；

（四）未按照规定进行预处理，向污水集中处理设施排放不符合处理工艺要求的工业废水的。

第八十四条 在饮用水水源保护区内设置排污口的，由县级以上地方人民政府责令限期拆除，处十万元以上五十万元以下的罚款；逾期不拆除的，强制拆除，所需费用由违法者承担，处五十万元以上一百万元以下的罚款，并可以责令停产整治。

除前款规定外，违反法律、行政法规和国务院环境保护主管部门的规定设置排污口的，由县级以上地方人民政府环境保护主管部门责令限期拆除，处二万元以上十万元以下的罚款；逾期不拆除的，强制拆除，所需费用由违法者承担，处十万元以上五十万元以下的罚款；情节严重的，可以责令停产整治。

未经水行政主管部门或者流域管理机构同意，在江河、湖泊新建、改建、扩建排污口的，由县级以上人民政府水行政主管部门或者流域管理机构依据职权，依照前款规定采取措施、给予处罚。

第八十五条 有下列行为之一的，由县级以上地方人民政府环境保护主管部门责令停止违法行为，限期采取治理措施，消除污染，处以罚款；逾期不采取治理措施的，环境保护主管部门可以指定有治理能力的单位代为治理，所需费用由违法者承担：

（一）向水体排放油类、酸液、碱液的；

（二）向水体排放剧毒废液，或者将含有汞、镉、砷、铬、铅、氰化物、黄磷等的可溶性剧毒废渣向水体排放、倾倒或者直接埋入地下的；

（三）在水体清洗装贮过油类、有毒污染物的车辆或者容器的；

（四）向水体排放、倾倒工业废渣、城镇垃圾或者其他废弃物，或者在江河、湖泊、运河、渠道、水库最高水位线以下的滩地、岸坡堆放、存贮固体废弃物或者其他污染物的；

（五）向水体排放、倾倒放射性固体废物或者含有高放射性、中放射性物质的废水的；

（六）违反国家有关规定或者标准，向水体排放含低放射性物质的废水、热废水或者含病原体的污水的；

（七）未采取防渗漏等措施，或者未建设地下水水质监测井进行监测的；

（八）加油站等的地下油罐未使用双层罐或者采取建造防渗池等其他有效措施，或者未进行防渗漏监测的；

（九）未按照规定采取防护性措施，或者利用无防渗漏措施的沟渠、坑塘等输送或者存贮含有毒污染物的废水、含病原体的污水或者其他废弃物的。

有前款第三项、第四项、第六项、第七项、第八项行为之一的，处二万元以上二十万元以下的罚款。有前款第一项、第二项、第五项、第九项行为之一的，处十万元以上一百万元以下的罚款；情节严重的，报经有批准权的人民政府批准，责令停业、关闭。

第八十六条 违反本法规定，生产、销售、进口或者使用列入禁止生产、销售、进口、使用的严重污染水环境的设备名录中的设备，或者采用列入禁止采用的严重污染水环境的工艺名录中的工艺的，由县级以上人民政府经济综合宏观调控部门责令改正，处五万元以上二十万元以下的罚款；情节严重的，由县级以上人民政府经济综合宏观调控部门提出意见，报请本级人民政府责令停业、关闭。

第八十七条 违反本法规定，建设不符合国家产业政策的小型造纸、制革、印染、染料、炼焦、炼硫、炼砷、炼汞、炼油、电镀、农药、石棉、水泥、玻璃、钢铁、火电以及其他严重污染水环境的生产项目的，由所在地的市、县人民政府责令关闭。

第八十八条 城镇污水集中处理设施的运营单位或者污泥处理处置单位，处理处置后的污泥不符合国家标准，或者对污泥去向等未进行记录的，由城镇排水主管部门责令限期采取治理措施，给予警告；造成严重后果的，处十万元以上二十万元以下的罚款；逾期不采取治理措施的，城镇排水主管部门可以指定有治理能力的单位代为治理，所需费用由违法者承担。

第八十九条 船舶未配置相应的防污染设备和器材，或者未持有合法有效的防止水域环境污染的证书与文书的，由海事管理机构、渔业主管部门按照职责分工责令限期改正，处二千元以上二万元以下的罚款；逾期不改正的，责令船舶临时停航。

船舶进行涉及污染物排放的作业，未遵守操作规程或者未在相应的记录簿上如实记载的，由海事管理机构、渔业主管部门按照职责分工责令改正，处二千元以上二万元以下的罚款。

第九十条 违反本法规定，有下列行为之一的，由海事管理机构、渔业主管部门按照职责分工责令停止违法行为，处一万元以上十万元以下的罚款；造成水污染的，责令限期采取治理措施，消除污染，处二万元以上二十万元以下的罚款；

逾期不采取治理措施的，海事管理机构、渔业主管部门按照职责分工可以指定有治理能力的单位代为治理，所需费用由船舶承担：

（一）向水体倾倒船舶垃圾或者排放船舶的残油、废油的；

（二）未经作业地海事管理机构批准，船舶进行散装液体污染危害性货物的过驳作业的；

（三）船舶及有关作业单位从事有污染风险的作业活动，未按照规定采取污染防治措施的；

（四）以冲滩方式进行船舶拆解的；

（五）进入中华人民共和国内河的国际航线船舶，排放不符合规定的船舶压载水的。

第九十一条 有下列行为之一的，由县级以上地方人民政府环境保护主管部门责令停止违法行为，处十万元以上五十万元以下的罚款；并报经有批准权的人民政府批准，责令拆除或者关闭：

（一）在饮用水水源一级保护区内新建、改建、扩建与供水设施和保护水源无关的建设项目的；

（二）在饮用水水源二级保护区内新建、改建、扩建排放污染物的建设项目的；

（三）在饮用水水源准保护区内新建、扩建对水体污染严重的建设项目，或者改建建设项目增加排污量的。

在饮用水水源一级保护区内从事网箱养殖或者组织进行旅游、垂钓或者其他可能污染饮用水水体的活动的，由县级以上地方人民政府环境保护主管部门责令停止违法行为，处二万元以上十万元以下的罚款。个人在饮用水水源一级保护区内游泳、垂钓或者从事其他可能污染饮用水水体的活动的，由县级以上地方人民政府环境保护主管部门责令停止违法行为，可以处五百元以下的罚款。

第九十二条 饮用水供水单位供水水质不符合国家规定标准的，由所在地市、县级人民政府供水主管部门责令改正，处二万元以上二十万元以下的罚款；情节严重的，报经有批准权的人民政府批准，可以责令停业整顿；对直接负责的主管人员和其他直接责任人员依法给予处分。

第九十三条 企业事业单位有下列行为之一的，由县级以上人民政府环境保护主管部门责令改正；情节严重的，处二万元以上十万元以下的罚款：

（一）不按照规定制定水污染事故的应急方案的；

（二）水污染事故发生后，未及时启动水污染事故的应急方案，采取有关应急措施的。

第九十四条 企业事业单位违反本法规定，造成水污染事故的，除依法承担赔偿责任外，由县级以上人民政府环境保护主管部门依照本条第二款的规定处以罚款，责令限期采取治理措施，消除污染；未按照要求采取治理措施或者不具备治理能力的，由环境保护主管部门指定有治理能力的单位代为治理，所需费用由违法者承担；对造成重大或者特大水污染事故的，还可以报经有批准权的人民政府批准，责令关闭；对直接负责的主管人员和其他直接责任人员可以处上一年度从本单位取得的收入百分之五十以下的罚款；有《中华人民共和国环境保护法》第六十三条规定的违法排放水污染物等行为之一，尚不构成犯罪的，由公安机关对直接负责的主管人员和其他直接责任人员处十日以上十五日以下的拘留；情节较轻的，处五日以上十日以下的拘留。

对造成一般或者较大水污染事故的，按照水污染事故造成的直接损失的百分之二十计算罚款；对造成重大或者特大水污染事故的，按照水污染事故造成的直接损失的百分之三十计算罚款。

造成渔业污染事故或者渔业船舶造成水污染事故的，由渔业主管部门进行处罚；其他船舶造成水污染事故的，由海事管理机构进行处罚。

第九十五条 企业事业单位和其他生产经营者违法排放水污染物，受到罚款处罚，被责令改正的，依法作出处罚决定的行政机关应当组织复查，发现其继续违法排放水污染物或者拒绝、阻挠复查的，依照《中华人民共和国环境保护法》的规定按日连续处罚。

第九十六条 因水污染受到损害的当事人，有权要求排污方排除危害和赔偿损失。

由于不可抗力造成水污染损害的，排污方不承担赔偿责任；法律另有规定的除外。

水污染损害是由受害人故意造成的，排污方不承担赔偿责任。水污染损害是由受害人重大过失造成的，可以减轻排污方的赔偿责任。

水污染损害是由第三人造成的，排污方承担赔偿责任后，有权向第三人追偿。

第九十七条 因水污染引起的损害赔偿责任和赔偿金额的纠纷，可以根据当事人的请求，由环境保护主管部门或者海事管理机构、渔业主管部门按照职责分工调解处理；调解不成的，当事人可以向人民法院提起诉讼。当事人也可以直接向人民法院提起诉讼。

第九十八条 因水污染引起的损害赔偿诉讼，由排污方就法律规定的免责事由及其行为与损害结果之间不存在因果关系承担举证责任。

第九十九条 因水污染受到损害的当事人人数众多的，可以依法由当事人推选代表人进行共同诉讼。

环境保护主管部门和有关社会团体可以依法支持因水污染受到损害的当事人向人民法院提起诉讼。

国家鼓励法律服务机构和律师为水污染损害诉讼中的受害人提供法律援助。

第一百条 因水污染引起的损害赔偿责任和赔偿金额的纠纷，当事人可以委托环境监测机构提供监测数据。环境监测机构应当接受委托，如实提供有关监测数据。

第一百零一条 违反本法规定，构成犯罪的，依法追究刑事责任。

第八章 附 则

第一百零二条 本法中下列用语的含义：

（一）水污染，是指水体因某种物质的介入，而导致其化学、物理、生物或者放射性等方面特性的改变，从而影响水的有效利用，危害人体健康或者破坏生态环境，造成水质恶化的现象。

（二）水污染物，是指直接或者间接向水体排放的，能导致水体污染的物质。

（三）有毒污染物，是指那些直接或者间接被生物摄入体内后，可能导致该生物或者其后代发病、行为反常、遗传异变、生理机能失常、机体变形或者死亡的污染物。

（四）污泥，是指污水处理过程中产生的半固态或者固态物质。

（五）渔业水体，是指划定的鱼虾类的产卵场、索饵场、越冬场、洄游通道和鱼虾贝藻类的养殖场的水体。

第一百零三条 本法自 2008 年 6 月 1 日起施行。

中华人民共和国海洋环境保护法

（2017年11月4日）

（1982年8月23日第五届全国人民代表大会常务委员会第二十四次会议通过　1999年12月25日第九届全国人民代表大会常务委员会第十三次会议修订　根据2013年12月28日第十二届全国人民代表大会常务委员会第六次会议《关于修改〈中华人民共和国海洋环境保护法〉等七部法律的决定》第一次修正　根据2016年11月7日第十二届全国人民代表大会常务委员会第二十四次会议《关于修改〈中华人民共和国海洋环境保护法〉的决定》第二次修正　根据2017年11月4日主席令第81号《全国人大常委会关于修改〈中华人民共和国会计法〉等十一部法律的决定》第三次修正，2017年11月5日起施行）

目　录

第一章　总　　则

第一条　为了保护和改善海洋环境，保护海洋资源，防治污染损害，维护生态平衡，保障人体健康，促进经济和社会的可持续发展，制定本法。

第二条 本法适用于中华人民共和国内水、领海、毗连区、专属经济区、大陆架以及中华人民共和国管辖的其他海域。

在中华人民共和国管辖海域内从事航行、勘探、开发、生产、旅游、科学研究及其他活动，或者在沿海陆域内从事影响海洋环境活动的任何单位和个人，都必须遵守本法。

在中华人民共和国管辖海域以外，造成中华人民共和国管辖海域污染的，也适用本法。

第三条 国家在重点海洋生态功能区、生态环境敏感区和脆弱区等海域划定生态保护红线，实行严格保护。

国家建立并实施重点海域排污总量控制制度，确定主要污染物排海总量控制指标，并对主要污染源分配排放控制数量。具体办法由国务院制定。

第四条 一切单位和个人都有保护海洋环境的义务，并有权对污染损害海洋环境的单位和个人，以及海洋环境监督管理人员的违法失职行为进行监督和检举。

第五条 国务院环境保护行政主管部门作为对全国环境保护工作统一监督管理的部门，对全国海洋环境保护工作实施指导、协调和监督，并负责全国防治陆源污染物和海岸工程建设项目对海洋污染损害的环境保护工作。

国家海洋行政主管部门负责海洋环境的监督管理，组织海洋环境的调查、监测、监视、评价和科学研究，负责全国防治海洋工程建设项目和海洋倾倒废弃物对海洋污染损害的环境保护工作。

国家海事行政主管部门负责所辖港区水域内非军事船舶和港区水域外非渔业、非军事船舶污染海洋环境的监督管理，并负责污染事故的调查处理；对在中华人民共和国管辖海域航行、停泊和作业的外国籍船舶造成的污染事故登轮检查处理。船舶污染事故给渔业造成损害的，应当吸收渔业行政主管部门参与调查处理。

国家渔业行政主管部门负责渔港水域内非军事船舶和渔港水域外渔业船舶污染海洋环境的监督管理，负责保护渔业水域生态环境工作，并调查处理前款规定的污染事故以外的渔业污染事故。

军队环境保护部门负责军事船舶污染海洋环境的监督管理及污染事故的调查处理。

沿海县级以上地方人民政府行使海洋环境监督管理权的部门的职责，由省、自治区、直辖市人民政府根据本法及国务院有关规定确定。

第六条 环境保护行政主管部门、海洋行政主管部门和其他行使海洋环境监督管理权的部门，根据职责分工依法公开海洋环境相关信息；相关排污单位应当依法公开排污信息。

第二章 海洋环境监督管理

第七条 国家海洋行政主管部门会同国务院有关部门和沿海省、自治区、直辖市人民政府根据全国海洋主体功能区规划，拟定全国海洋功能区划，报国务院批准。

沿海地方各级人民政府应当根据全国和地方海洋功能区划，保护和科学合理地使用海域。

第八条 国家根据海洋功能区划制定全国海洋环境保护规划和重点海域区域性海洋环境保护规划。

毗邻重点海域的有关沿海省、自治区、直辖市人民政府及行使海洋环境监督管理权的部门，可以建立海洋环境保护区域合作组织，负责实施重点海域区域性海洋环境保护规划、海洋环境污染的防治和海洋生态保护工作。

第九条 跨区域的海洋环境保护工作，由有关沿海地方人民政府协商解决，或者由上级人民政府协调解决。

跨部门的重大海洋环境保护工作，由国务院环境保护行政主管部门协调；协调未能解决的，由国务院作出决定。

第十条 国家根据海洋环境质量状况和国家经济、技术条件，制定国家海洋环境质量标准。

沿海省、自治区、直辖市人民政府对国家海洋环境质量标准中未作规定的项目，可以制定地方海洋环境质量标准。

沿海地方各级人民政府根据国家和地方海洋环境质量标准的规定和本行政区近岸海域环境质量状况，确定海洋环境保护的目标和任务，并纳入人民政府工作计划，按相应的海洋环境质量标准实施管理。

第十一条 国家和地方水污染物排放标准的制定，应当将国家和地方海洋环境质量标准作为重要依据之一。在国家建立并实施排污总量控制制度的重点海域，水污染物排放标准的制定，还应当将主要污染物排海总量控制指标作为重要依据。

排污单位在执行国家和地方水污染物排放标准的同时，应当遵守分解落实到本单位的主要污染物排海总量控制指标。

对超过主要污染物排海总量控制指标的重点海域和未完成海洋环境保护目标、任务的海域，省级以上人民政府环境保护行政主管部门、海洋行政主管部门，根据职责分工暂停审批新增相应种类污染物排放总量的建设项目环境影响报告书（表）。

第十二条 直接向海洋排放污染物的单位和个人，必须按照国家规定缴纳排污费。依照法律规定缴纳环境保护税的，不再缴纳排污费。

向海洋倾倒废弃物，必须按照国家规定缴纳倾倒费。

根据本法规定征收的排污费、倾倒费，必须用于海洋环境污染的整治，不得挪作他用。具体办法由国务院规定。

第十三条 国家加强防治海洋环境污染损害的科学技术的研究和开发，对严重污染海洋环境的落后生产工艺和落后设备，实行淘汰制度。

企业应当优先使用清洁能源，采用资源利用率高、污染物排放量少的清洁生产工艺，防止对海洋环境的污染。

第十四条 国家海洋行政主管部门按照国家环境监测、监视规范和标准，管理全国海洋环境的调查、监测、监视，制定具体的实施办法，会同有关部门组织全国海洋环境监测、监视网络，定期评价海洋环境质量，发布海洋巡航监视通报。

依照本法规定行使海洋环境监督管理权的部门分别负责各自所辖水域的监测、监视。

其他有关部门根据全国海洋环境监测网的分工，分别负责对入海河口、主要排污口的监测。

第十五条 国务院有关部门应当向国务院环境保护行政主管部门提供编制全国环境质量公报所必需的海洋环境监测资料。

环境保护行政主管部门应当向有关部门提供与海洋环境监督管理有关的资料。

第十六条 国家海洋行政主管部门按照国家制定的环境监测、监视信息管理制度，负责管理海洋综合信息系统，为海洋环境保护监督管理提供服务。

第十七条 因发生事故或者其他突发性事件，造成或者可能造成海洋环境污染事故的单位和个人，必须立即采取有效措施，及时向可能受到危害者通报，并向依照本法规定行使海洋环境监督管理权的部门报告，接受调查处理。

沿海县级以上地方人民政府在本行政区域近岸海域的环境受到严重污染时，必须采取有效措施，解除或者减轻危害。

第十八条 国家根据防止海洋环境污染的需要，制定国家重大海上污染事故应急计划。

国家海洋行政主管部门负责制定全国海洋石油勘探开发重大海上溢油应急计划，报国务院环境保护行政主管部门备案。

国家海事行政主管部门负责制定全国船舶重大海上溢油污染事故应急计划，报国务院环境保护行政主管部门备案。

沿海可能发生重大海洋环境污染事故的单位，应当依照国家的规定，制定污染事故应急计划，并向当地环境保护行政主管部门、海洋行政主管部门备案。

沿海县级以上地方人民政府及其有关部门在发生重大海上污染事故时，必须按照应急计划解除或者减轻危害。

第十九条 依照本法规定行使海洋环境监督管理权的部门可以在海上实行联合执法，在巡航监视中发现海上污染事故或者违反本法规定的行为时，应当予以制止并调查取证，必要时有权采取有效措施，防止污染事态的扩大，并报告有关主管部门处理。

依照本法规定行使海洋环境监督管理权的部门，有权对管辖范围内排放污染物的单位和个人进行现场检查。被检查者应当如实反映情况，提供必要的资料。

检查机关应当为被检查者保守技术秘密和业务秘密。

第三章 海洋生态保护

第二十条 国务院和沿海地方各级人民政府应当采取有效措施，保护红树林、珊瑚礁、滨海湿地、海岛、海湾、入海河口、重要渔业水域等具有典型性、代表性的海洋生态系统，珍稀、濒危海洋生物的天然集中分布区，具有重要经济价值的海洋生物生存区域及有重大科学文化价值的海洋自然历史遗迹和自然景观。

对具有重要经济、社会价值的已遭到破坏的海洋生态，应当进行整治和恢复。

第二十一条 国务院有关部门和沿海省级人民政府应当根据保护海洋生态的

需要，选划、建立海洋自然保护区。

国家级海洋自然保护区的建立，须经国务院批准。

第二十二条 凡具有下列条件之一的，应当建立海洋自然保护区：

（一）典型的海洋自然地理区域、有代表性的自然生态区域，以及遭受破坏但经保护能恢复的海洋自然生态区域；

（二）海洋生物物种高度丰富的区域，或者珍稀、濒危海洋生物物种的天然集中分布区域；

（三）具有特殊保护价值的海域、海岸、岛屿、滨海湿地、入海河口和海湾等；

（四）具有重大科学文化价值的海洋自然遗迹所在区域；

（五）其他需要予以特殊保护的区域。

第二十三条 凡具有特殊地理条件、生态系统、生物与非生物资源及海洋开发利用特殊需要的区域，可以建立海洋特别保护区，采取有效的保护措施和科学的开发方式进行特殊管理。

第二十四条 国家建立健全海洋生态保护补偿制度。

开发利用海洋资源，应当根据海洋功能区划合理布局，严格遵守生态保护红线，不得造成海洋生态环境破坏。

第二十五条 引进海洋动植物物种，应当进行科学论证，避免对海洋生态系统造成危害。

第二十六条 开发海岛及周围海域的资源，应当采取严格的生态保护措施，不得造成海岛地形、岸滩、植被以及海岛周围海域生态环境的破坏。

第二十七条 沿海地方各级人民政府应当结合当地自然环境的特点，建设海岸防护设施、沿海防护林、沿海城镇园林和绿地，对海岸侵蚀和海水入侵地区进行综合治理。

禁止毁坏海岸防护设施、沿海防护林、沿海城镇园林和绿地。

第二十八条 国家鼓励发展生态渔业建设，推广多种生态渔业生产方式，改善海洋生态状况。

新建、改建、扩建海水养殖场，应当进行环境影响评价。

海水养殖应当科学确定养殖密度，并应当合理投饵、施肥，正确使用药物，防止造成海洋环境的污染。

第四章 防治陆源污染物对海洋环境的污染损害

第二十九条 向海域排放陆源污染物，必须严格执行国家或者地方规定的标准和有关规定。

第三十条 入海排污口位置的选择，应当根据海洋功能区划、海水动力条件和有关规定，经科学论证后，报设区的市级以上人民政府环境保护行政主管部门备案。

环境保护行政主管部门应当在完成备案后十五个工作日内将入海排污口设置情况通报海洋、海事、渔业行政主管部门和军队环境保护部门。

在海洋自然保护区、重要渔业水域、海滨风景名胜区和其他需要特别保护的区域，不得新建排污口。

在有条件的地区，应当将排污口深海设置，实行离岸排放。设置陆源污染物深海离岸排放排污口，应当根据海洋功能区划、海水动力条件和海底工程设施的有关情况确定，具体办法由国务院规定。

第三十一条 省、自治区、直辖市人民政府环境保护行政主管部门和水行政主管部门应当按照水污染防治有关法律的规定，加强入海河流管理，防治污染，使入海河口的水质处于良好状态。

第三十二条 排放陆源污染物的单位，必须向环境保护行政主管部门申报拥有的陆源污染物排放设施、处理设施和在正常作业条件下排放陆源污染物的种类、数量和浓度，并提供防治海洋环境污染方面的有关技术和资料。

排放陆源污染物的种类、数量和浓度有重大改变的，必须及时申报。

第三十三条 禁止向海域排放油类、酸液、碱液、剧毒废液和高、中水平放射性废水。

严格限制向海域排放低水平放射性废水；确需排放的，必须严格执行国家辐射防护规定。

严格控制向海域排放含有不易降解的有机物和重金属的废水。

第三十四条 含病原体的医疗污水、生活污水和工业废水必须经过处理，符合国家有关排放标准后，方能排入海域。

第三十五条 含有机物和营养物质的工业废水、生活污水，应当严格控制向海湾、半封闭海及其他自净能力较差的海域排放。

第三十六条 向海域排放含热废水，必须采取有效措施，保证邻近渔业水域的水温符合国家海洋环境质量标准，避免热污染对水产资源的危害。

第三十七条 沿海农田、林场施用化学农药，必须执行国家农药安全使用的规定和标准。

沿海农田、林场应当合理使用化肥和植物生长调节剂。

第三十八条 在岸滩弃置、堆放和处理尾矿、矿渣、煤灰渣、垃圾和其他固体废物的，依照《中华人民共和国固体废物污染环境防治法》的有关规定执行。

第三十九条 禁止经中华人民共和国内水、领海转移危险废物。

经中华人民共和国管辖的其他海域转移危险废物的，必须事先取得国务院环境保护行政主管部门的书面同意。

第四十条 沿海城市人民政府应当建设和完善城市排水管网，有计划地建设城市污水处理厂或者其他污水集中处理设施，加强城市污水的综合整治。

建设污水海洋处置工程，必须符合国家有关规定。

第四十一条 国家采取必要措施，防止、减少和控制来自大气层或者通过大气层造成的海洋环境污染损害。

第五章 防治海岸工程建设项目对海洋环境的污染损害

第四十二条 新建、改建、扩建海岸工程建设项目，必须遵守国家有关建设项目环境保护管理的规定，并把防治污染所需资金纳入建设项目投资计划。

在依法划定的海洋自然保护区、海滨风景名胜区、重要渔业水域及其他需要特别保护的区域，不得从事污染环境、破坏景观的海岸工程项目建设或者其他活动。

第四十三条 海岸工程建设项目单位，必须对海洋环境进行科学调查，根据自然条件和社会条件，合理选址，编制环境影响报告书（表）。在建设项目开工前，将环境影响报告书（表）报环境保护行政主管部门审查批准。

环境保护行政主管部门在批准环境影响报告书（表）之前，必须征求海洋、海事、渔业行政主管部门和军队环境保护部门的意见。

第四十四条 海岸工程建设项目的环境保护设施，必须与主体工程同时设计、同时施工、同时投产使用。环境保护设施应当符合经批准的环境影响评价报告书（表）的要求。

第四十五条 禁止在沿海陆域内新建不具备有效治理措施的化学制浆造纸、化工、印染、制革、电镀、酿造、炼油、岸边冲滩拆船以及其他严重污染海洋环境的工业生产项目。

第四十六条 兴建海岸工程建设项目，必须采取有效措施，保护国家和地方重点保护的野生动植物及其生存环境和海洋水产资源。

严格限制在海岸采挖砂石。露天开采海滨砂矿和从岸上打井开采海底矿产资源，必须采取有效措施，防止污染海洋环境。

第六章 防治海洋工程建设项目对海洋环境的污染损害

第四十七条 海洋工程建设项目必须符合全国海洋主体功能区规划、海洋功能区划、海洋环境保护规划和国家有关环境保护标准。海洋工程建设项目单位应当对海洋环境进行科学调查，编制海洋环境影响报告书（表），并在建设项目开工前，报海洋行政主管部门审查批准。

海洋行政主管部门在批准海洋环境影响报告书（表）之前，必须征求海事、渔业行政主管部门和军队环境保护部门的意见。

第四十八条 海洋工程建设项目的环境保护设施，必须与主体工程同时设计、同时施工、同时投产使用。环境保护设施未经海洋行政主管部门验收，或者经验收不合格的，建设项目不得投入生产或者使用。

拆除或者闲置环境保护设施，必须事先征得海洋行政主管部门的同意。

第四十九条 海洋工程建设项目，不得使用含超标准放射性物质或者易溶出有毒有害物质的材料。

第五十条 海洋工程建设项目需要爆破作业时，必须采取有效措施，保护海洋资源。

海洋石油勘探开发及输油过程中，必须采取有效措施，避免溢油事故的发生。

第五十一条 海洋石油钻井船、钻井平台和采油平台的含油污水和油性混合物，必须经过处理达标后排放；残油、废油必须予以回收，不得排放入海。经回收处理后排放的，其含油量不得超过国家规定的标准。

钻井所使用的油基泥浆和其他有毒复合泥浆不得排放入海。水基泥浆和无毒复合泥浆及钻屑的排放，必须符合国家有关规定。

第五十二条 海洋石油钻井船、钻井平台和采油平台及其有关海上设施，不得向海域处置含油的工业垃圾。处置其他工业垃圾，不得造成海洋环境污染。

第五十三条 海上试油时，应当确保油气充分燃烧，油和油性混合物不得排放入海。

第五十四条 勘探开发海洋石油，必须按有关规定编制溢油应急计划，报国家海洋行政主管部门的海区派出机构备案。

第七章 防治倾倒废弃物对海洋环境的污染损害

第五十五条 任何单位未经国家海洋行政主管部门批准，不得向中华人民共和国管辖海域倾倒任何废弃物。

需要倾倒废弃物的单位，必须向国家海洋行政主管部门提出书面申请，经国家海洋行政主管部门审查批准，发给许可证后，方可倾倒。

禁止中华人民共和国境外的废弃物在中华人民共和国管辖海域倾倒。

第五十六条 国家海洋行政主管部门根据废弃物的毒性、有毒物质含量和对海洋环境影响程度，制定海洋倾倒废弃物评价程序和标准。

向海洋倾倒废弃物，应当按照废弃物的类别和数量实行分级管理。

可以向海洋倾倒的废弃物名录，由国家海洋行政主管部门拟定，经国务院环境保护行政主管部门提出审核意见后，报国务院批准。

第五十七条 国家海洋行政主管部门按照科学、合理、经济、安全的原则选划海洋倾倒区，经国务院环境保护行政主管部门提出审核意见后，报国务院批准。

临时性海洋倾倒区由国家海洋行政主管部门批准，并报国务院环境保护行政主管部门备案。

国家海洋行政主管部门在选划海洋倾倒区和批准临时性海洋倾倒区之前，必须征求国家海事、渔业行政主管部门的意见。

第五十八条 国家海洋行政主管部门监督管理倾倒区的使用，组织倾倒区的环境监测，对经确认不宜继续使用的倾倒区，国家海洋行政主管部门应当予以封闭，终止在该倾倒区的一切倾倒活动，并报国务院备案。

第五十九条 获准倾倒废弃物的单位，必须按照许可证注明的期限及条件，到指定的区域进行倾倒。废弃物装载之后，批准部门应当予以核实。

第六十条 获准倾倒废弃物的单位，应当详细记录倾倒的情况，并在倾倒后向批准部门作出书面报告。倾倒废弃物的船舶必须向驶出港的海事行政主管部门作出书面报告。

第六十一条 禁止在海上焚烧废弃物。

禁止在海上处置放射性废弃物或者其他放射性物质。废弃物中的放射性物质的豁免浓度由国务院制定。

第八章 防治船舶及有关作业活动对海洋环境的污染损害

第六十二条 在中华人民共和国管辖海域，任何船舶及相关作业不得违反本法规定向海洋排放污染物、废弃物和压载水、船舶垃圾及其他有害物质。

从事船舶污染物、废弃物、船舶垃圾接收、船舶清舱、洗舱作业活动的，必须具备相应的接收处理能力。

第六十三条 船舶必须按照有关规定持有防止海洋环境污染的证书与文书，在进行涉及污染物排放及操作时，应当如实记录。

第六十四条 船舶必须配置相应的防污设备和器材。

载运具有污染危害性货物的船舶，其结构与设备应当能够防止或者减轻所载货物对海洋环境的污染。

第六十五条 船舶应当遵守海上交通安全法律、法规的规定，防止因碰撞、触礁、搁浅、火灾或者爆炸等引起的海难事故，造成海洋环境的污染。

第六十六条 国家完善并实施船舶油污损害民事赔偿责任制度；按照船舶油污损害赔偿责任由船东和货主共同承担风险的原则，建立船舶油污保险、油污损害赔偿基金制度。

实施船舶油污保险、油污损害赔偿基金制度的具体办法由国务院规定。

第六十七条 载运具有污染危害性货物进出港口的船舶，其承运人、货物所有人或者代理人，必须事先向海事行政主管部门申报。经批准后，方可进出港口、过境停留或者装卸作业。

第六十八条 交付船舶装运污染危害性货物的单证、包装、标志、数量限制等，必须符合对所装货物的有关规定。

需要船舶装运污染危害性不明的货物，应当按照有关规定事先进行评估。

装卸油类及有毒有害货物的作业，船岸双方必须遵守安全防污操作规程。

第六十九条 港口、码头、装卸站和船舶修造厂必须按照有关规定备有足够的用于处理船舶污染物、废弃物的接收设施，并使该设施处于良好状态。

装卸油类的港口、码头、装卸站和船舶必须编制溢油污染应急计划，并配备相应的溢油污染应急设备和器材。

第七十条 船舶及有关作业活动应当遵守有关法律法规和标准，采取有效措施，防止造成海洋环境污染。海事行政主管部门等有关部门应当加强对船舶及有关作业活动的监督管理。

船舶进行散装液体污染危害性货物的过驳作业，应当事先按照有关规定报经海事行政主管部门批准。

第七十一条 船舶发生海难事故，造成或者可能造成海洋环境重大污染损害的，国家海事行政主管部门有权强制采取避免或者减少污染损害的措施。

对在公海上因发生海难事故，造成中华人民共和国管辖海域重大污染损害后果或者具有污染威胁的船舶、海上设施，国家海事行政主管部门有权采取与实际的或者可能发生的损害相称的必要措施。

第七十二条 所有船舶均有监视海上污染的义务，在发现海上污染事故或者违反本法规定的行为时，必须立即向就近的依照本法规定行使海洋环境监督管理权的部门报告。

民用航空器发现海上排污或者污染事件，必须及时向就近的民用航空空中交通管制单位报告。接到报告的单位，应当立即向依照本法规定行使海洋环境监督管理权的部门通报。

第九章 法律责任

第七十三条 违反本法有关规定，有下列行为之一的，由依照本法规定行使海洋环境监督管理权的部门责令停止违法行为、限期改正或者责令采取限制生产、停产整治等措施，并处以罚款；拒不改正的，依法作出处罚决定的部门可以自责令改正之日的次日起，按照原罚款数额按日连续处罚；情节严重的，报经有批准权的人民政府批准，责令停业、关闭：

（一）向海域排放本法禁止排放的污染物或者其他物质的；

（二）不按照本法规定向海洋排放污染物，或者超过标准、总量控制指标排放污染物的；

（三）未取得海洋倾倒许可证，向海洋倾倒废弃物的；

（四）因发生事故或者其他突发性事件，造成海洋环境污染事故，不立即采取处理措施的。

有前款第（一）、（三）项行为之一的，处三万元以上二十万元以下的罚款；有前款第（二）、（四）项行为之一的，处二万元以上十万元以下的罚款。

第七十四条 违反本法有关规定，有下列行为之一的，由依照本法规定行使海洋环境监督管理权的部门予以警告，或者处以罚款：

（一）不按照规定申报，甚至拒报污染物排放有关事项，或者在申报时弄虚作假的；

（二）发生事故或者其他突发性事件不按照规定报告的；

（三）不按照规定记录倾倒情况，或者不按照规定提交倾倒报告的；

（四）拒报或者谎报船舶载运污染危害性货物申报事项的。

有前款第（一）、（三）项行为之一的，处二万元以下的罚款；有前款第（二）、（四）项行为之一的，处五万元以下的罚款。

第七十五条 违反本法第十九条第二款的规定，拒绝现场检查，或者在被检查时弄虚作假的，由依照本法规定行使海洋环境监督管理权的部门予以警告，并处二万元以下的罚款。

第七十六条 违反本法规定，造成珊瑚礁、红树林等海洋生态系统及海洋水产资源、海洋保护区破坏的，由依照本法规定行使海洋环境监督管理权的部门责令限期改正和采取补救措施，并处一万元以上十万元以下的罚款；有违法所得的，没收其违法所得。

第七十七条 违反本法第三十条第一款、第三款规定设置入海排污口的，由县级以上地方人民政府环境保护行政主管部门责令其关闭，并处二万元以上十万元以下的罚款。

海洋、海事、渔业行政主管部门和军队环境保护部门发现入海排污口设置违反本法第三十条第一款、第三款规定的，应当通报环境保护行政主管部门依照前款规定予以处罚。

第七十八条 违反本法第三十九条第二款的规定，经中华人民共和国管辖海域，转移危险废物的，由国家海事行政主管部门责令非法运输该危险废物的船舶退出中华人民共和国管辖海域，并处五万元以上五十万元以下的罚款。

第七十九条 海岸工程建设项目未依法进行环境影响评价的，依照《中华人民共和国环境影响评价法》的规定处理。

第八十条 违反本法第四十四条的规定，海岸工程建设项目未建成环境保护设施，或者环境保护设施未达到规定要求即投入生产、使用的，由环境保护行政主管部门责令其停止生产或者使用，并处二万元以上十万元以下的罚款。

第八十一条 违反本法第四十五条的规定，新建严重污染海洋环境的工业生产建设项目的，按照管理权限，由县级以上人民政府责令关闭。

第八十二条 违反本法第四十七条第一款的规定，进行海洋工程建设项目的，由海洋行政主管部门责令其停止施工，根据违法情节和危害后果，处建设项目总投资额百分之一以上百分之五以下的罚款，并可以责令恢复原状。

违反本法第四十八条的规定，海洋工程建设项目未建成环境保护设施、环境保护设施未达到规定要求即投入生产、使用的，由海洋行政主管部门责令其停止生产、使用，并处五万元以上二十万元以下的罚款。

第八十三条 违反本法第四十九条的规定，使用含超标准放射性物质或者易溶出有毒有害物质材料的，由海洋行政主管部门处五万元以下的罚款，并责令其停止该建设项目的运行，直到消除污染危害。

第八十四条 违反本法规定进行海洋石油勘探开发活动，造成海洋环境污染的，由国家海洋行政主管部门予以警告，并处二万元以上二十万元以下的罚款。

第八十五条 违反本法规定，不按照许可证的规定倾倒，或者向已经封闭的倾倒区倾倒废弃物的，由海洋行政主管部门予以警告，并处三万元以上二十万元以下的罚款；对情节严重的，可以暂扣或者吊销许可证。

第八十六条 违反本法第五十五条第三款的规定，将中华人民共和国境外废弃物运进中华人民共和国管辖海域倾倒的，由国家海洋行政主管部门予以警告，并根据造成或者可能造成的危害后果，处十万元以上一百万元以下的罚款。

第八十七条 违反本法规定，有下列行为之一的，由依照本法规定行使海洋环境监督管理权的部门予以警告，或者处以罚款：

（一）港口、码头、装卸站及船舶未配备防污设施、器材的；

（二）船舶未持有防污证书、防污文书，或者不按照规定记载排污记录的；

（三）从事水上和港区水域拆船、旧船改装、打捞和其他水上、水下施工作业，造成海洋环境污染损害的；

（四）船舶载运的货物不具备防污适运条件的。

有前款第（一）、（四）项行为之一的，处二万元以上十万元以下的罚款；有前款第（二）项行为的，处二万元以下的罚款；有前款第（三）项行为的，处五万元以上二十万元以下的罚款。

第八十八条 违反本法规定，船舶、石油平台和装卸油类的港口、码头、装卸站不编制溢油应急计划的，由依照本法规定行使海洋环境监督管理权的部门予以警告，或者责令限期改正。

第八十九条 造成海洋环境污染损害的责任者，应当排除危害，并赔偿损失；完全由于第三者的故意或者过失，造成海洋环境污染损害的，由第三者排除危害，并承担赔偿责任。

对破坏海洋生态、海洋水产资源、海洋保护区，给国家造成重大损失的，由依照本法规定行使海洋环境监督管理权的部门代表国家对责任者提出损害赔偿要求。

第九十条 对违反本法规定，造成海洋环境污染事故的单位，除依法承担赔偿责任外，由依照本法规定行使海洋环境监督管理权的部门依照本条第二款的规定处以罚款；对直接负责的主管人员和其他直接责任人员可以处上一年度从本单位取得收入百分之五十以下的罚款；直接负责的主管人员和其他直接责任人员属于国家工作人员的，依法给予处分。

对造成一般或者较大海洋环境污染事故的，按照直接损失的百分之二十计算罚款；对造成重大或者特大海洋环境污染事故的，按照直接损失的百分之三十计算罚款。

对严重污染海洋环境、破坏海洋生态，构成犯罪的，依法追究刑事责任。

第九十一条 完全属于下列情形之一，经过及时采取合理措施，仍然不能避免对海洋环境造成污染损害的，造成污染损害的有关责任者免予承担责任：

（一）战争；

（二）不可抗拒的自然灾害；

（三）负责灯塔或者其他助航设备的主管部门，在执行职责时的疏忽，或者其他过失行为。

第九十二条 对违反本法第十二条有关缴纳排污费、倾倒费规定的行政处罚，由国务院规定。

第九十三条 海洋环境监督管理人员滥用职权、玩忽职守、徇私舞弊，造成海洋环境污染损害的，依法给予行政处分；构成犯罪的，依法追究刑事责任。

第十章 附 则

第九十四条 本法中下列用语的含义是：

（一）海洋环境污染损害，是指直接或者间接地把物质或者能量引入海洋环境，产生损害海洋生物资源、危害人体健康、妨害渔业和海上其他合法活动、损害海水使用素质和减损环境质量等有害影响。

（二）内水，是指我国领海基线向内陆一侧的所有海域。

（三）滨海湿地，是指低潮时水深浅于六米的水域及其沿岸浸湿地带，包括水深不超过六米的永久性水域、潮间带（或洪泛地带）和沿海低地等。

（四）海洋功能区划，是指依据海洋自然属性和社会属性，以及自然资源和环境特定条件，界定海洋利用的主导功能和使用范畴。

（五）渔业水域，是指鱼虾类的产卵场、索饵场、越冬场、洄游通道和鱼虾贝藻类的养殖场。

（六）油类，是指任何类型的油及其炼制品。

（七）油性混合物，是指任何含有油份的混合物。

（八）排放，是指把污染物排入海洋的行为，包括泵出、溢出、泄出、喷出和倒出。

（九）陆地污染源（简称陆源），是指从陆地向海域排放污染物，造成或者可能造成海洋环境污染的场所、设施等。

（十）陆源污染物，是指由陆地污染源排放的污染物。

（十一）倾倒，是指通过船舶、航空器、平台或者其他载运工具，向海洋处置废弃物和其他有害物质的行为，包括弃置船舶、航空器、平台及其辅助设施和其他浮动工具的行为。

（十二）沿海陆域，是指与海岸相连，或者通过管道、沟渠、设施，直接或者间接向海洋排放污染物及其相关活动的一带区域。

（十三）海上焚烧，是指以热摧毁为目的，在海上焚烧设施上，故意焚烧废弃物或者其他物质的行为，但船舶、平台或者其他人工构造物正常操作中，所附带发生的行为除外。

第九十五条 涉及海洋环境监督管理的有关部门的具体职权划分，本法未作规定的，由国务院规定。

第九十六条 中华人民共和国缔结或者参加的与海洋环境保护有关的国际条约与本法有不同规定的，适用国际条约的规定；但是，中华人民共和国声明保留的条款除外。

第九十七条 本法自2000年4月1日起施行。

中华人民共和国大气污染防治法

（2018年10月26日）

（1987年9月5日第六届全国人民代表大会常务委员会第二十二次会议通过 根据1995年8月29日第八届全国人民代表大会常务委员会第十五次会议《关于修改〈中华人民共和国大气污染防治法〉的决定》第一次修正 2000年4月29日第九届全国人民代表大会常务委员会第十五次会议第一次修订 2015年8月29日第十二届全国人民代表大会常务委员会第十六次会议第二次修订 根据2018年10月26日第十三届全国人民代表大会常务委员会第六次会议《关于修改〈中华人民共和国野生动物保护法〉等十五部法律的决定》第二次修正）

目　录

第一章　总　　则

第一条　为保护和改善环境，防治大气污染，保障公众健康，推进生态文明建设，促进经济社会可持续发展，制定本法。

第二条　防治大气污染，应当以改善大气环境质量为目标，坚持源头治理，规划先行，转变经济发展方式，优化产业结构和布局，调整能源结构。

防治大气污染，应当加强对燃煤、工业、机动车船、扬尘、农业等大气污染的综合防治，推行区域大气污染联合防治，对颗粒物、二氧化硫、氮氧化物、挥发性有机物、氨等大气污染物和温室气体实施协同控制。

第三条　县级以上人民政府应当将大气污染防治工作纳入国民经济和社会发展规划，加大对大气污染防治的财政投入。

地方各级人民政府应当对本行政区域的大气环境质量负责，制定规划，采取措施，控制或者逐步削减大气污染物的排放量，使大气环境质量达到规定标准并逐步改善。

第四条　国务院生态环境主管部门会同国务院有关部门，按照国务院的规定，对省、自治区、直辖市大气环境质量改善目标、大气污染防治重点任务完成情况进行考核。省、自治区、直辖市人民政府制定考核办法，对本行政区域内地方大气环境质量改善目标、大气污染防治重点任务完成情况实施考核。考核结果应当向社会公开。

第五条　县级以上人民政府生态环境主管部门对大气污染防治实施统一监督管理。

县级以上人民政府其他有关部门在各自职责范围内对大气污染防治实施监督管理。

第六条　国家鼓励和支持大气污染防治科学技术研究，开展对大气污染来源及其变化趋势的分析，推广先进适用的大气污染防治技术和装备，促进科技成果转化，发挥科学技术在大气污染防治中的支撑作用。

第七条 企业事业单位和其他生产经营者应当采取有效措施，防止、减少大气污染，对所造成的损害依法承担责任。

公民应当增强大气环境保护意识，采取低碳、节俭的生活方式，自觉履行大气环境保护义务。

第二章 大气污染防治标准和限期达标规划

第八条 国务院生态环境主管部门或者省、自治区、直辖市人民政府制定大气环境质量标准，应当以保障公众健康和保护生态环境为宗旨，与经济社会发展相适应，做到科学合理。

第九条 国务院生态环境主管部门或者省、自治区、直辖市人民政府制定大气污染物排放标准，应当以大气环境质量标准和国家经济、技术条件为依据。

第十条 制定大气环境质量标准、大气污染物排放标准，应当组织专家进行审查和论证，并征求有关部门、行业协会、企业事业单位和公众等方面的意见。

第十一条 省级以上人民政府生态环境主管部门应当在其网站上公布大气环境质量标准、大气污染物排放标准，供公众免费查阅、下载。

第十二条 大气环境质量标准、大气污染物排放标准的执行情况应当定期进行评估，根据评估结果对标准适时进行修订。

第十三条 制定燃煤、石油焦、生物质燃料、涂料等含挥发性有机物的产品、烟花爆竹以及锅炉等产品的质量标准，应当明确大气环境保护要求。

制定燃油质量标准，应当符合国家大气污染物控制要求，并与国家机动车船、非道路移动机械大气污染物排放标准相互衔接，同步实施。

前款所称非道路移动机械，是指装配有发动机的移动机械和可运输工业设备。

第十四条 未达到国家大气环境质量标准城市的人民政府应当及时编制大气环境质量限期达标规划，采取措施，按照国务院或者省级人民政府规定的期限达到大气环境质量标准。

编制城市大气环境质量限期达标规划，应当征求有关行业协会、企业事业单位、专家和公众等方面的意见。

第十五条 城市大气环境质量限期达标规划应当向社会公开。直辖市和设区的市的大气环境质量限期达标规划应当报国务院生态环境主管部门备案。

第十六条 城市人民政府每年在向本级人民代表大会或者其常务委员会报告

环境状况和环境保护目标完成情况时，应当报告大气环境质量限期达标规划执行情况，并向社会公开。

第十七条 城市大气环境质量限期达标规划应当根据大气污染防治的要求和经济、技术条件适时进行评估、修订。

第三章 大气污染防治的监督管理

第十八条 企业事业单位和其他生产经营者建设对大气环境有影响的项目，应当依法进行环境影响评价、公开环境影响评价文件；向大气排放污染物的，应当符合大气污染物排放标准，遵守重点大气污染物排放总量控制要求。

第十九条 排放工业废气或者本法第七十八条规定名录中所列有毒有害大气污染物的企业事业单位、集中供热设施的燃煤热源生产运营单位以及其他依法实行排污许可管理的单位，应当取得排污许可证。排污许可的具体办法和实施步骤由国务院规定。

第二十条 企业事业单位和其他生产经营者向大气排放污染物的，应当依照法律法规和国务院生态环境主管部门的规定设置大气污染物排放口。

禁止通过偷排、篡改或者伪造监测数据、以逃避现场检查为目的的临时停产、非紧急情况下开启应急排放通道、不正常运行大气污染防治设施等逃避监管的方式排放大气污染物。

第二十一条 国家对重点大气污染物排放实行总量控制。

重点大气污染物排放总量控制目标，由国务院生态环境主管部门在征求国务院有关部门和各省、自治区、直辖市人民政府意见后，会同国务院经济综合主管部门报国务院批准并下达实施。

省、自治区、直辖市人民政府应当按照国务院下达的总量控制目标，控制或者削减本行政区域的重点大气污染物排放总量。

确定总量控制目标和分解总量控制指标的具体办法，由国务院生态环境主管部门会同国务院有关部门规定。省、自治区、直辖市人民政府可以根据本行政区域大气污染防治的需要，对国家重点大气污染物之外的其他大气污染物排放实行总量控制。

国家逐步推行重点大气污染物排污权交易。

第二十二条 对超过国家重点大气污染物排放总量控制指标或者未完成国家

下达的大气环境质量改善目标的地区，省级以上人民政府生态环境主管部门应当会同有关部门约谈该地区人民政府的主要负责人，并暂停审批该地区新增重点大气污染物排放总量的建设项目环境影响评价文件。约谈情况应当向社会公开。

第二十三条 国务院生态环境主管部门负责制定大气环境质量和大气污染源的监测和评价规范，组织建设与管理全国大气环境质量和大气污染源监测网，组织开展大气环境质量和大气污染源监测，统一发布全国大气环境质量状况信息。

县级以上地方人民政府生态环境主管部门负责组织建设与管理本行政区域大气环境质量和大气污染源监测网，开展大气环境质量和大气污染源监测，统一发布本行政区域大气环境质量状况信息。

第二十四条 企业事业单位和其他生产经营者应当按照国家有关规定和监测规范，对其排放的工业废气和本法第七十八条规定名录中所列有毒有害大气污染物进行监测，并保存原始监测记录。其中，重点排污单位应当安装、使用大气污染物排放自动监测设备，与生态环境主管部门的监控设备联网，保证监测设备正常运行并依法公开排放信息。监测的具体办法和重点排污单位的条件由国务院生态环境主管部门规定。

重点排污单位名录由设区的市级以上地方人民政府生态环境主管部门按照国务院生态环境主管部门的规定，根据本行政区域的大气环境承载力、重点大气污染物排放总量控制指标的要求以及排污单位排放大气污染物的种类、数量和浓度等因素，商有关部门确定，并向社会公布。

第二十五条 重点排污单位应当对自动监测数据的真实性和准确性负责。生态环境主管部门发现重点排污单位的大气污染物排放自动监测设备传输数据异常，应当及时进行调查。

第二十六条 禁止侵占、损毁或者擅自移动、改变大气环境质量监测设施和大气污染物排放自动监测设备。

第二十七条 国家对严重污染大气环境的工艺、设备和产品实行淘汰制度。

国务院经济综合主管部门会同国务院有关部门确定严重污染大气环境的工艺、设备和产品淘汰期限，并纳入国家综合性产业政策目录。

生产者、进口者、销售者或者使用者应当在规定期限内停止生产、进口、销售或者使用列入前款规定目录中的设备和产品。工艺的采用者应当在规定期限内停止采用列入前款规定目录中的工艺。

被淘汰的设备和产品，不得转让给他人使用。

第二十八条 国务院生态环境主管部门会同有关部门，建立和完善大气污染损害评估制度。

第二十九条 生态环境主管部门及其环境执法机构和其他负有大气环境保护监督管理职责的部门，有权通过现场检查监测、自动监测、遥感监测、远红外摄像等方式，对排放大气污染物的企业事业单位和其他生产经营者进行监督检查。被检查者应当如实反映情况，提供必要的资料。实施检查的部门、机构及其工作人员应当为被检查者保守商业秘密。

第三十条 企业事业单位和其他生产经营者违反法律法规规定排放大气污染物，造成或者可能造成严重大气污染，或者有关证据可能灭失或者被隐匿的，县级以上人民政府生态环境主管部门和其他负有大气环境保护监督管理职责的部门，可以对有关设施、设备、物品采取查封、扣押等行政强制措施。

第三十一条 生态环境主管部门和其他负有大气环境保护监督管理职责的部门应当公布举报电话、电子邮箱等，方便公众举报。

生态环境主管部门和其他负有大气环境保护监督管理职责的部门接到举报的，应当及时处理并对举报人的相关信息予以保密；对实名举报的，应当反馈处理结果等情况，查证属实的，处理结果依法向社会公开，并对举报人给予奖励。

举报人举报所在单位的，该单位不得以解除、变更劳动合同或者其他方式对举报人进行打击报复。

第四章　大气污染防治措施

第一节　燃煤和其他能源污染防治

第三十二条 国务院有关部门和地方各级人民政府应当采取措施，调整能源结构，推广清洁能源的生产和使用；优化煤炭使用方式，推广煤炭清洁高效利用，逐步降低煤炭在一次能源消费中的比重，减少煤炭生产、使用、转化过程中的大气污染物排放。

第三十三条 国家推行煤炭洗选加工，降低煤炭的硫分和灰分，限制高硫分、高灰分煤炭的开采。新建煤矿应当同步建设配套的煤炭洗选设施，使煤炭的硫分、灰分含量达到规定标准；已建成的煤矿除所采煤炭属于低硫分、低灰分或者根据已达标排放的燃煤电厂要求不需要洗选的以外，应当限期建成配套的煤炭洗选设施。

禁止开采含放射性和砷等有毒有害物质超过规定标准的煤炭。

第三十四条 国家采取有利于煤炭清洁高效利用的经济、技术政策和措施，鼓励和支持洁净煤技术的开发和推广。

国家鼓励煤矿企业等采用合理、可行的技术措施，对煤层气进行开采利用，对煤矸石进行综合利用。从事煤层气开采利用的，煤层气排放应当符合有关标准规范。

第三十五条 国家禁止进口、销售和燃用不符合质量标准的煤炭，鼓励燃用优质煤炭。

单位存放煤炭、煤矸石、煤渣、煤灰等物料，应当采取防燃措施，防止大气污染。

第三十六条 地方各级人民政府应当采取措施，加强民用散煤的管理，禁止销售不符合民用散煤质量标准的煤炭，鼓励居民燃用优质煤炭和洁净型煤，推广节能环保型炉灶。

第三十七条 石油炼制企业应当按照燃油质量标准生产燃油。

禁止进口、销售和燃用不符合质量标准的石油焦。

第三十八条 城市人民政府可以划定并公布高污染燃料禁燃区，并根据大气环境质量改善要求，逐步扩大高污染燃料禁燃区范围。高污染燃料的目录由国务院生态环境主管部门确定。

在禁燃区内，禁止销售、燃用高污染燃料；禁止新建、扩建燃用高污染燃料的设施，已建成的，应当在城市人民政府规定的期限内改用天然气、页岩气、液化石油气、电或者其他清洁能源。

第三十九条 城市建设应当统筹规划，在燃煤供热地区，推进热电联产和集中供热。在集中供热管网覆盖地区，禁止新建、扩建分散燃煤供热锅炉；已建成的不能达标排放的燃煤供热锅炉，应当在城市人民政府规定的期限内拆除。

第四十条 县级以上人民政府市场监督管理部门应当会同生态环境主管部门对锅炉生产、进口、销售和使用环节执行环境保护标准或者要求的情况进行监督检查；不符合环境保护标准或者要求的，不得生产、进口、销售和使用。

第四十一条 燃煤电厂和其他燃煤单位应当采用清洁生产工艺，配套建设除尘、脱硫、脱硝等装置，或者采取技术改造等其他控制大气污染物排放的措施。

国家鼓励燃煤单位采用先进的除尘、脱硫、脱硝、脱汞等大气污染物协同控制的技术和装置，减少大气污染物的排放。

第四十二条 电力调度应当优先安排清洁能源发电上网。

第二节 工业污染防治

第四十三条 钢铁、建材、有色金属、石油、化工等企业生产过程中排放粉尘、硫化物和氮氧化物的，应当采用清洁生产工艺，配套建设除尘、脱硫、脱硝等装置，或者采取技术改造等其他控制大气污染物排放的措施。

第四十四条 生产、进口、销售和使用含挥发性有机物的原材料和产品的，其挥发性有机物含量应当符合质量标准或者要求。

国家鼓励生产、进口、销售和使用低毒、低挥发性有机溶剂。

第四十五条 产生含挥发性有机物废气的生产和服务活动，应当在密闭空间或者设备中进行，并按照规定安装、使用污染防治设施；无法密闭的，应当采取措施减少废气排放。

第四十六条 工业涂装企业应当使用低挥发性有机物含量的涂料，并建立台账，记录生产原料、辅料的使用量、废弃量、去向以及挥发性有机物含量。台账保存期限不得少于三年。

第四十七条 石油、化工以及其他生产和使用有机溶剂的企业，应当采取措施对管道、设备进行日常维护、维修，减少物料泄漏，对泄漏的物料应当及时收集处理。

储油储气库、加油加气站、原油成品油码头、原油成品油运输船舶和油罐车、气罐车等，应当按照国家有关规定安装油气回收装置并保持正常使用。

第四十八条 钢铁、建材、有色金属、石油、化工、制药、矿产开采等企业，应当加强精细化管理，采取集中收集处理等措施，严格控制粉尘和气态污染物的排放。

工业生产企业应当采取密闭、围挡、遮盖、清扫、洒水等措施，减少内部物料的堆存、传输、装卸等环节产生的粉尘和气态污染物的排放。

第四十九条 工业生产、垃圾填埋或者其他活动产生的可燃性气体应当回收利用，不具备回收利用条件的，应当进行污染防治处理。

可燃性气体回收利用装置不能正常作业的，应当及时修复或者更新。在回收利用装置不能正常作业期间确需排放可燃性气体的，应当将排放的可燃性气体充分燃烧或者采取其他控制大气污染物排放的措施，并向当地生态环境主管部门报告，按照要求限期修复或者更新。

第三节 机动车船等污染防治

第五十条 国家倡导低碳、环保出行，根据城市规划合理控制燃油机动车保有量，大力发展城市公共交通，提高公共交通出行比例。

国家采取财政、税收、政府采购等措施推广应用节能环保型和新能源机动车船、非道路移动机械，限制高油耗、高排放机动车船、非道路移动机械的发展，减少化石能源的消耗。

省、自治区、直辖市人民政府可以在条件具备的地区，提前执行国家机动车大气污染物排放标准中相应阶段排放限值，并报国务院生态环境主管部门备案。

城市人民政府应当加强并改善城市交通管理，优化道路设置，保障人行道和非机动车道的连续、畅通。

第五十一条 机动车船、非道路移动机械不得超过标准排放大气污染物。

禁止生产、进口或者销售大气污染物排放超过标准的机动车船、非道路移动机械。

第五十二条 机动车、非道路移动机械生产企业应当对新生产的机动车和非道路移动机械进行排放检验。经检验合格的，方可出厂销售。检验信息应当向社会公开。

省级以上人民政府生态环境主管部门可以通过现场检查、抽样检测等方式，加强对新生产、销售机动车和非道路移动机械大气污染物排放状况的监督检查。工业、市场监督管理等有关部门予以配合。

第五十三条 在用机动车应当按照国家或者地方的有关规定，由机动车排放检验机构定期对其进行排放检验。经检验合格的，方可上道路行驶。未经检验合格的，公安机关交通管理部门不得核发安全技术检验合格标志。

县级以上地方人民政府生态环境主管部门可以在机动车集中停放地、维修地对在用机动车的大气污染物排放状况进行监督抽测；在不影响正常通行的情况下，可以通过遥感监测等技术手段对在道路上行驶的机动车的大气污染物排放状况进行监督抽测，公安机关交通管理部门予以配合。

第五十四条 机动车排放检验机构应当依法通过计量认证，使用经依法检定合格的机动车排放检验设备，按照国务院生态环境主管部门制定的规范，对机动车进行排放检验，并与生态环境主管部门联网，实现检验数据实时共享。机动车排放检验机构及其负责人对检验数据的真实性和准确性负责。

生态环境主管部门和认证认可监督管理部门应当对机动车排放检验机构的排放检验情况进行监督检查。

第五十五条 机动车生产、进口企业应当向社会公布其生产、进口机动车车型的排放检验信息、污染控制技术信息和有关维修技术信息。

机动车维修单位应当按照防治大气污染的要求和国家有关技术规范对在用机动车进行维修，使其达到规定的排放标准。交通运输、生态环境主管部门应当依法加强监督管理。

禁止机动车所有人以临时更换机动车污染控制装置等弄虚作假的方式通过机动车排放检验。禁止机动车维修单位提供该类维修服务。禁止破坏机动车车载排放诊断系统。

第五十六条 生态环境主管部门应当会同交通运输、住房城乡建设、农业行政、水行政等有关部门对非道路移动机械的大气污染物排放状况进行监督检查，排放不合格的，不得使用。

第五十七条 国家倡导环保驾驶，鼓励燃油机动车驾驶人在不影响道路通行且需停车三分钟以上的情况下熄灭发动机，减少大气污染物的排放。

第五十八条 国家建立机动车和非道路移动机械环境保护召回制度。

生产、进口企业获知机动车、非道路移动机械排放大气污染物超过标准，属于设计、生产缺陷或者不符合规定的环境保护耐久性要求的，应当召回；未召回的，由国务院市场监督管理部门会同国务院生态环境主管部门责令其召回。

第五十九条 在用重型柴油车、非道路移动机械未安装污染控制装置或者污染控制装置不符合要求，不能达标排放的，应当加装或者更换符合要求的污染控制装置。

第六十条 在用机动车排放大气污染物超过标准的，应当进行维修；经维修或者采用污染控制技术后，大气污染物排放仍不符合国家在用机动车排放标准的，应当强制报废。其所有人应当将机动车交售给报废机动车回收拆解企业，由报废机动车回收拆解企业按照国家有关规定进行登记、拆解、销毁等处理。

国家鼓励和支持高排放机动车船、非道路移动机械提前报废。

第六十一条 城市人民政府可以根据大气环境质量状况，划定并公布禁止使用高排放非道路移动机械的区域。

第六十二条 船舶检验机构对船舶发动机及有关设备进行排放检验。经检验符合国家排放标准的，船舶方可运营。

第六十三条 内河和江海直达船舶应当使用符合标准的普通柴油。远洋船舶靠港后应当使用符合大气污染物控制要求的船舶用燃油。

新建码头应当规划、设计和建设岸基供电设施；已建成的码头应当逐步实施岸基供电设施改造。船舶靠港后应当优先使用岸电。

第六十四条 国务院交通运输主管部门可以在沿海海域划定船舶大气污染物排放控制区，进入排放控制区的船舶应当符合船舶相关排放要求。

第六十五条 禁止生产、进口、销售不符合标准的机动车船、非道路移动机械用燃料；禁止向汽车和摩托车销售普通柴油以及其他非机动车用燃料；禁止向非道路移动机械、内河和江海直达船舶销售渣油和重油。

第六十六条 发动机油、氮氧化物还原剂、燃料和润滑油添加剂以及其他添加剂的有害物质含量和其他大气环境保护指标，应当符合有关标准的要求，不得损害机动车船污染控制装置效果和耐久性，不得增加新的大气污染物排放。

第六十七条 国家积极推进民用航空器的大气污染防治，鼓励在设计、生产、使用过程中采取有效措施减少大气污染物排放。

民用航空器应当符合国家规定的适航标准中的有关发动机排出物要求。

第四节 扬尘污染防治

第六十八条 地方各级人民政府应当加强对建设施工和运输的管理，保持道路清洁，控制料堆和渣土堆放，扩大绿地、水面、湿地和地面铺装面积，防治扬尘污染。

住房城乡建设、市容环境卫生、交通运输、国土资源等有关部门，应当根据本级人民政府确定的职责，做好扬尘污染防治工作。

第六十九条 建设单位应当将防治扬尘污染的费用列入工程造价，并在施工承包合同中明确施工单位扬尘污染防治责任。施工单位应当制定具体的施工扬尘污染防治实施方案。

从事房屋建筑、市政基础设施建设、河道整治以及建筑物拆除等施工单位，应当向负责监督管理扬尘污染防治的主管部门备案。

施工单位应当在施工工地设置硬质围挡，并采取覆盖、分段作业、择时施工、洒水抑尘、冲洗地面和车辆等有效防尘降尘措施。建筑土方、工程渣土、建筑垃圾应当及时清运；在场地内堆存的，应当采用密闭式防尘网遮盖。工程渣土、建筑垃圾应当进行资源化处理。

施工单位应当在施工工地公示扬尘污染防治措施、负责人、扬尘监督管理主管部门等信息。

暂时不能开工的建设用地，建设单位应当对裸露地面进行覆盖；超过三个月的，应当进行绿化、铺装或者遮盖。

第七十条 运输煤炭、垃圾、渣土、砂石、土方、灰浆等散装、流体物料的车辆应当采取密闭或者其他措施防止物料遗撒造成扬尘污染，并按照规定路线行驶。

装卸物料应当采取密闭或者喷淋等方式防治扬尘污染。

城市人民政府应当加强道路、广场、停车场和其他公共场所的清扫保洁管理，推行清洁动力机械化清扫等低尘作业方式，防治扬尘污染。

第七十一条 市政河道以及河道沿线、公共用地的裸露地面以及其他城镇裸露地面，有关部门应当按照规划组织实施绿化或者透水铺装。

第七十二条 贮存煤炭、煤矸石、煤渣、煤灰、水泥、石灰、石膏、砂土等易产生扬尘的物料应当密闭；不能密闭的，应当设置不低于堆放物高度的严密围挡，并采取有效覆盖措施防治扬尘污染。

码头、矿山、填埋场和消纳场应当实施分区作业，并采取有效措施防治扬尘污染。

第五节 农业和其他污染防治

第七十三条 地方各级人民政府应当推动转变农业生产方式，发展农业循环经济，加大对废弃物综合处理的支持力度，加强对农业生产经营活动排放大气污染物的控制。

第七十四条 农业生产经营者应当改进施肥方式，科学合理施用化肥并按照国家有关规定使用农药，减少氨、挥发性有机物等大气污染物的排放。

禁止在人口集中地区对树木、花草喷洒剧毒、高毒农药。

第七十五条 畜禽养殖场、养殖小区应当及时对污水、畜禽粪便和尸体等进行收集、贮存、清运和无害化处理，防止排放恶臭气体。

第七十六条 各级人民政府及其农业行政等有关部门应当鼓励和支持采用先进适用技术，对秸秆、落叶等进行肥料化、饲料化、能源化、工业原料化、食用菌基料化等综合利用，加大对秸秆还田、收集一体化农业机械的财政补贴力度。

县级人民政府应当组织建立秸秆收集、贮存、运输和综合利用服务体系，采用财政补贴等措施支持农村集体经济组织、农民专业合作经济组织、企业等开展秸秆收集、贮存、运输和综合利用服务。

第七十七条 省、自治区、直辖市人民政府应当划定区域，禁止露天焚烧秸秆、落叶等产生烟尘污染的物质。

第七十八条 国务院生态环境主管部门应当会同国务院卫生行政部门，根据大气污染物对公众健康和生态环境的危害和影响程度，公布有毒有害大气污染物名录，实行风险管理。

排放前款规定名录中所列有毒有害大气污染物的企业事业单位，应当按照国家有关规定建设环境风险预警体系，对排放口和周边环境进行定期监测，评估环境风险，排查环境安全隐患，并采取有效措施防范环境风险。

第七十九条 向大气排放持久性有机污染物的企业事业单位和其他生产经营者以及废弃物焚烧设施的运营单位，应当按照国家有关规定，采取有利于减少持久性有机污染物排放的技术方法和工艺，配备有效的净化装置，实现达标排放。

第八十条 企业事业单位和其他生产经营者在生产经营活动中产生恶臭气体的，应当科学选址，设置合理的防护距离，并安装净化装置或者采取其他措施，防止排放恶臭气体。

第八十一条 排放油烟的餐饮服务业经营者应当安装油烟净化设施并保持正常使用，或者采取其他油烟净化措施，使油烟达标排放，并防止对附近居民的正常生活环境造成污染。

禁止在居民住宅楼、未配套设立专用烟道的商住综合楼以及商住综合楼内与居住层相邻的商业楼层内新建、改建、扩建产生油烟、异味、废气的餐饮服务项目。

任何单位和个人不得在当地人民政府禁止的区域内露天烧烤食品或者为露天烧烤食品提供场地。

第八十二条 禁止在人口集中地区和其他依法需要特殊保护的区域内焚烧沥青、油毡、橡胶、塑料、皮革、垃圾以及其他产生有毒有害烟尘和恶臭气体的物质。

禁止生产、销售和燃放不符合质量标准的烟花爆竹。任何单位和个人不得在城市人民政府禁止的时段和区域内燃放烟花爆竹。

第八十三条 国家鼓励和倡导文明、绿色祭祀。

火葬场应当设置除尘等污染防治设施并保持正常使用，防止影响周边环境。

第八十四条 从事服装干洗和机动车维修等服务活动的经营者，应当按照国家有关标准或者要求设置异味和废气处理装置等污染防治设施并保持正常使用，防止影响周边环境。

第八十五条 国家鼓励、支持消耗臭氧层物质替代品的生产和使用，逐步减少直至停止消耗臭氧层物质的生产和使用。

国家对消耗臭氧层物质的生产、使用、进出口实行总量控制和配额管理。具体办法由国务院规定。

第五章 重点区域大气污染联合防治

第八十六条 国家建立重点区域大气污染联防联控机制，统筹协调重点区域内大气污染防治工作。国务院生态环境主管部门根据主体功能区划、区域大气环境质量状况和大气污染传输扩散规律，划定国家大气污染防治重点区域，报国务院批准。

重点区域内有关省、自治区、直辖市人民政府应当确定牵头的地方人民政府，定期召开联席会议，按照统一规划、统一标准、统一监测、统一的防治措施的要求，开展大气污染联合防治，落实大气污染防治目标责任。国务院生态环境主管部门应当加强指导、督促。

省、自治区、直辖市可以参照第一款规定划定本行政区域的大气污染防治重点区域。

第八十七条 国务院生态环境主管部门会同国务院有关部门、国家大气污染防治重点区域内有关省、自治区、直辖市人民政府，根据重点区域经济社会发展和大气环境承载力，制定重点区域大气污染联合防治行动计划，明确控制目标，优化区域经济布局，统筹交通管理，发展清洁能源，提出重点防治任务和措施，促进重点区域大气环境质量改善。

第八十八条 国务院经济综合主管部门会同国务院生态环境主管部门，结合国家大气污染防治重点区域产业发展实际和大气环境质量状况，进一步提高环境保护、能耗、安全、质量等要求。

重点区域内有关省、自治区、直辖市人民政府应当实施更严格的机动车大气污染物排放标准，统一在用机动车检验方法和排放限值，并配套供应合格的车用燃油。

第八十九条 编制可能对国家大气污染防治重点区域的大气环境造成严重污染的有关工业园区、开发区、区域产业和发展等规划，应当依法进行环境影响评价。规划编制机关应当与重点区域内有关省、自治区、直辖市人民政府或者有关部门会商。

重点区域内有关省、自治区、直辖市建设可能对相邻省、自治区、直辖市大气环境质量产生重大影响的项目，应当及时通报有关信息，进行会商。

会商意见及其采纳情况作为环境影响评价文件审查或者审批的重要依据。

第九十条 国家大气污染防治重点区域内新建、改建、扩建用煤项目的，应当实行煤炭的等量或者减量替代。

第九十一条 国务院生态环境主管部门应当组织建立国家大气污染防治重点区域的大气环境质量监测、大气污染源监测等相关信息共享机制，利用监测、模拟以及卫星、航测、遥感等新技术分析重点区域内大气污染来源及其变化趋势，并向社会公开。

第九十二条 国务院生态环境主管部门和国家大气污染防治重点区域内有关省、自治区、直辖市人民政府可以组织有关部门开展联合执法、跨区域执法、交叉执法。

第六章 重污染天气应对

第九十三条 国家建立重污染天气监测预警体系。

国务院生态环境主管部门会同国务院气象主管机构等有关部门、国家大气污染防治重点区域内有关省、自治区、直辖市人民政府，建立重点区域重污染天气监测预警机制，统一预警分级标准。可能发生区域重污染天气的，应当及时向重点区域内有关省、自治区、直辖市人民政府通报。

省、自治区、直辖市、设区的市人民政府生态环境主管部门会同气象主管机构等有关部门建立本行政区域重污染天气监测预警机制。

第九十四条 县级以上地方人民政府应当将重污染天气应对纳入突发事件应急管理体系。

省、自治区、直辖市、设区的市人民政府以及可能发生重污染天气的县级人民政府，应当制定重污染天气应急预案，向上一级人民政府生态环境主管部门备案，并向社会公布。

第九十五条 省、自治区、直辖市、设区的市人民政府生态环境主管部门应当会同气象主管机构建立会商机制，进行大气环境质量预报。可能发生重污染天气的，应当及时向本级人民政府报告。省、自治区、直辖市、设区的市人民政府依据重污染天气预报信息，进行综合研判，确定预警等级并及时发出预警。预警等级根据情况变化及时调整。任何单位和个人不得擅自向社会发布重污染天气预报预警信息。

预警信息发布后，人民政府及其有关部门应当通过电视、广播、网络、短信等途径告知公众采取健康防护措施，指导公众出行和调整其他相关社会活动。

第九十六条 县级以上地方人民政府应当依据重污染天气的预警等级，及时启动应急预案，根据应急需要可以采取责令有关企业停产或者限产、限制部分机动车行驶、禁止燃放烟花爆竹、停止工地土石方作业和建筑物拆除施工、停止露天烧烤、停止幼儿园和学校组织的户外活动、组织开展人工影响天气作业等应急措施。

应急响应结束后，人民政府应当及时开展应急预案实施情况的评估，适时修改完善应急预案。

第九十七条 发生造成大气污染的突发环境事件，人民政府及其有关部门和相关企业事业单位，应当依照《中华人民共和国突发事件应对法》、《中华人民共和国环境保护法》的规定，做好应急处置工作。生态环境主管部门应当及时对突发环境事件产生的大气污染物进行监测，并向社会公布监测信息。

第七章　法律责任

第九十八条　违反本法规定，以拒绝进入现场等方式拒不接受生态环境主管部门及其环境执法机构或者其他负有大气环境保护监督管理职责的部门的监督检查，或者在接受监督检查时弄虚作假的，由县级以上人民政府生态环境主管部门或者其他负有大气环境保护监督管理职责的部门责令改正，处二万元以上二十万元以下的罚款；构成违反治安管理行为的，由公安机关依法予以处罚。

第九十九条　违反本法规定，有下列行为之一的，由县级以上人民政府生态环境主管部门责令改正或者限制生产、停产整治，并处十万元以上一百万元以下的罚款；情节严重的，报经有批准权的人民政府批准，责令停业、关闭：

（一）未依法取得排污许可证排放大气污染物的；

（二）超过大气污染物排放标准或者超过重点大气污染物排放总量控制指标排放大气污染物的；

（三）通过逃避监管的方式排放大气污染物的。

第一百条　违反本法规定，有下列行为之一的，由县级以上人民政府生态环境主管部门责令改正，处二万元以上二十万元以下的罚款；拒不改正的，责令停产整治：

（一）侵占、损毁或者擅自移动、改变大气环境质量监测设施或者大气污染物排放自动监测设备的；

（二）未按照规定对所排放的工业废气和有毒有害大气污染物进行监测并保存原始监测记录的；

（三）未按照规定安装、使用大气污染物排放自动监测设备或者未按照规定与生态环境主管部门的监控设备联网，并保证监测设备正常运行的；

（四）重点排污单位不公开或者不如实公开自动监测数据的；

（五）未按照规定设置大气污染物排放口的。

第一百零一条　违反本法规定，生产、进口、销售或者使用国家综合性产业政策目录中禁止的设备和产品，采用国家综合性产业政策目录中禁止的工艺，或者将淘汰的设备和产品转让给他人使用的，由县级以上人民政府经济综合主管部门、海关按照职责责令改正，没收违法所得，并处货值金额一倍以上三倍以下的罚款；拒不改正的，报经有批准权的人民政府批准，责令停业、关闭。进口行为构成走私的，由海关依法予以处罚。

第一百零二条 违反本法规定，煤矿未按照规定建设配套煤炭洗选设施的，由县级以上人民政府能源主管部门责令改正，处十万元以上一百万元以下的罚款；拒不改正的，报经有批准权的人民政府批准，责令停业、关闭。

违反本法规定，开采含放射性和砷等有毒有害物质超过规定标准的煤炭的，由县级以上人民政府按照国务院规定的权限责令停业、关闭。

第一百零三条 违反本法规定，有下列行为之一的，由县级以上地方人民政府市场监督管理部门责令改正，没收原材料、产品和违法所得，并处货值金额一倍以上三倍以下的罚款：

（一）销售不符合质量标准的煤炭、石油焦的；

（二）生产、销售挥发性有机物含量不符合质量标准或者要求的原材料和产品的；

（三）生产、销售不符合标准的机动车船和非道路移动机械用燃料、发动机油、氮氧化物还原剂、燃料和润滑油添加剂以及其他添加剂的；

（四）在禁燃区内销售高污染燃料的。

第一百零四条 违反本法规定，有下列行为之一的，由海关责令改正，没收原材料、产品和违法所得，并处货值金额一倍以上三倍以下的罚款；构成走私的，由海关依法予以处罚：

（一）进口不符合质量标准的煤炭、石油焦的；

（二）进口挥发性有机物含量不符合质量标准或者要求的原材料和产品的；

（三）进口不符合标准的机动车船和非道路移动机械用燃料、发动机油、氮氧化物还原剂、燃料和润滑油添加剂以及其他添加剂的。

第一百零五条 违反本法规定，单位燃用不符合质量标准的煤炭、石油焦的，由县级以上人民政府生态环境主管部门责令改正，处货值金额一倍以上三倍以下的罚款。

第一百零六条 违反本法规定，使用不符合标准或者要求的船舶用燃油的，由海事管理机构、渔业主管部门按照职责处一万元以上十万元以下的罚款。

第一百零七条 违反本法规定，在禁燃区内新建、扩建燃用高污染燃料的设施，或者未按照规定停止燃用高污染燃料，或者在城市集中供热管网覆盖地区新建、扩建分散燃煤供热锅炉，或者未按照规定拆除已建成的不能达标排放的燃煤供热锅炉的，由县级以上地方人民政府生态环境主管部门没收燃用高污染燃料的设施，组织拆除燃煤供热锅炉，并处二万元以上二十万元以下的罚款。

违反本法规定，生产、进口、销售或者使用不符合规定标准或者要求的锅炉，由县级以上人民政府市场监督管理、生态环境主管部门责令改正，没收违法所得，并处二万元以上二十万元以下的罚款。

第一百零八条 违反本法规定，有下列行为之一的，由县级以上人民政府生态环境主管部门责令改正，处二万元以上二十万元以下的罚款；拒不改正的，责令停产整治：

（一）产生含挥发性有机物废气的生产和服务活动，未在密闭空间或者设备中进行，未按照规定安装、使用污染防治设施，或者未采取减少废气排放措施的；

（二）工业涂装企业未使用低挥发性有机物含量涂料或者未建立、保存台账的；

（三）石油、化工以及其他生产和使用有机溶剂的企业，未采取措施对管道、设备进行日常维护、维修，减少物料泄漏或者对泄漏的物料未及时收集处理的；

（四）储油储气库、加油加气站和油罐车、气罐车等，未按照国家有关规定安装并正常使用油气回收装置的；

（五）钢铁、建材、有色金属、石油、化工、制药、矿产开采等企业，未采取集中收集处理、密闭、围挡、遮盖、清扫、洒水等措施，控制、减少粉尘和气态污染物排放的；

（六）工业生产、垃圾填埋或者其他活动中产生的可燃性气体未回收利用，不具备回收利用条件未进行防治污染处理，或者可燃性气体回收利用装置不能正常作业，未及时修复或者更新的。

第一百零九条 违反本法规定，生产超过污染物排放标准的机动车、非道路移动机械的，由省级以上人民政府生态环境主管部门责令改正，没收违法所得，并处货值金额一倍以上三倍以下的罚款，没收销毁无法达到污染物排放标准的机动车、非道路移动机械；拒不改正的，责令停产整治，并由国务院机动车生产主管部门责令停止生产该车型。

违反本法规定，机动车、非道路移动机械生产企业对发动机、污染控制装置弄虚作假、以次充好，冒充排放检验合格产品出厂销售的，由省级以上人民政府生态环境主管部门责令停产整治，没收违法所得，并处货值金额一倍以上三倍以下的罚款，没收销毁无法达到污染物排放标准的机动车、非道路移动机械，并由国务院机动车生产主管部门责令停止生产该车型。

第一百一十条 违反本法规定，进口、销售超过污染物排放标准的机动车、非道路移动机械的，由县级以上人民政府市场监督管理部门、海关按照职责没收违法所得，并处货值金额一倍以上三倍以下的罚款，没收销毁无法达到污染物排放标准的机动车、非道路移动机械；进口行为构成走私的，由海关依法予以处罚。

违反本法规定，销售的机动车、非道路移动机械不符合污染物排放标准的，销售者应当负责修理、更换、退货；给购买者造成损失的，销售者应当赔偿损失。

第一百一十一条 违反本法规定，机动车生产、进口企业未按照规定向社会公布其生产、进口机动车车型的排放检验信息或者污染控制技术信息的，由省级以上人民政府生态环境主管部门责令改正，处五万元以上五十万元以下的罚款。

违反本法规定，机动车生产、进口企业未按照规定向社会公布其生产、进口机动车车型的有关维修技术信息的，由省级以上人民政府交通运输主管部门责令改正，处五万元以上五十万元以下的罚款。

第一百一十二条 违反本法规定，伪造机动车、非道路移动机械排放检验结果或者出具虚假排放检验报告的，由县级以上人民政府生态环境主管部门没收违法所得，并处十万元以上五十万元以下的罚款；情节严重的，由负责资质认定的部门取消其检验资格。

违反本法规定，伪造船舶排放检验结果或者出具虚假排放检验报告的，由海事管理机构依法予以处罚。

违反本法规定，以临时更换机动车污染控制装置等弄虚作假的方式通过机动车排放检验或者破坏机动车车载排放诊断系统的，由县级以上人民政府生态环境主管部门责令改正，对机动车所有人处五千元的罚款；对机动车维修单位处每辆机动车五千元的罚款。

第一百一十三条 违反本法规定，机动车驾驶人驾驶排放检验不合格的机动车上道路行驶的，由公安机关交通管理部门依法予以处罚。

第一百一十四条 违反本法规定，使用排放不合格的非道路移动机械，或者在用重型柴油车、非道路移动机械未按照规定加装、更换污染控制装置的，由县级以上人民政府生态环境等主管部门按照职责责令改正，处五千元的罚款。

违反本法规定，在禁止使用高排放非道路移动机械的区域使用高排放非道路移动机械的，由城市人民政府生态环境等主管部门依法予以处罚。

第一百一十五条 违反本法规定，施工单位有下列行为之一的，由县级以上人民政府住房城乡建设等主管部门按照职责责令改正，处一万元以上十万元以下的罚款；拒不改正的，责令停工整治：

（一）施工工地未设置硬质围挡，或者未采取覆盖、分段作业、择时施工、洒水抑尘、冲洗地面和车辆等有效防尘降尘措施的；

（二）建筑土方、工程渣土、建筑垃圾未及时清运，或者未采用密闭式防尘网遮盖的。

违反本法规定，建设单位未对暂时不能开工的建设用地的裸露地面进行覆盖，或者未对超过三个月不能开工的建设用地的裸露地面进行绿化、铺装或者遮盖的，由县级以上人民政府住房城乡建设等主管部门依照前款规定予以处罚。

第一百一十六条 违反本法规定，运输煤炭、垃圾、渣土、砂石、土方、灰浆等散装、流体物料的车辆，未采取密闭或者其他措施防止物料遗撒的，由县级以上地方人民政府确定的监督管理部门责令改正，处二千元以上二万元以下的罚款；拒不改正的，车辆不得上道路行驶。

第一百一十七条 违反本法规定，有下列行为之一的，由县级以上人民政府生态环境等主管部门按照职责责令改正，处一万元以上十万元以下的罚款；拒不改正的，责令停工整治或者停业整治：

（一）未密闭煤炭、煤矸石、煤渣、煤灰、水泥、石灰、石膏、砂土等易产生扬尘的物料的；

（二）对不能密闭的易产生扬尘的物料，未设置不低于堆放物高度的严密围挡，或者未采取有效覆盖措施防治扬尘污染的；

（三）装卸物料未采取密闭或者喷淋等方式控制扬尘排放的；

（四）存放煤炭、煤矸石、煤渣、煤灰等物料，未采取防燃措施的；

（五）码头、矿山、填埋场和消纳场未采取有效措施防治扬尘污染的；

（六）排放有毒有害大气污染物名录中所列有毒有害大气污染物的企业事业单位，未按照规定建设环境风险预警体系或者对排放口和周边环境进行定期监测、排查环境安全隐患并采取有效措施防范环境风险的；

（七）向大气排放持久性有机污染物的企业事业单位和其他生产经营者以及废弃物焚烧设施的运营单位，未按照国家有关规定采取有利于减少持久性有机污染物排放的技术方法和工艺，配备净化装置的；

（八）未采取措施防止排放恶臭气体的。

第一百一十八条 违反本法规定，排放油烟的餐饮服务业经营者未安装油烟净化设施、不正常使用油烟净化设施或者未采取其他油烟净化措施，超过排放标准排放油烟的，由县级以上地方人民政府确定的监督管理部门责令改正，处五千元以上五万元以下的罚款；拒不改正的，责令停业整治。

违反本法规定，在居民住宅楼、未配套设立专用烟道的商住综合楼、商住综合楼内与居住层相邻的商业楼层内新建、改建、扩建产生油烟、异味、废气的餐饮服务项目的，由县级以上地方人民政府确定的监督管理部门责令改正；拒不改正的，予以关闭，并处一万元以上十万元以下的罚款。

违反本法规定，在当地人民政府禁止的时段和区域内露天烧烤食品或者为露天烧烤食品提供场地的，由县级以上地方人民政府确定的监督管理部门责令改正，没收烧烤工具和违法所得，并处五百元以上二万元以下的罚款。

第一百一十九条 违反本法规定，在人口集中地区对树木、花草喷洒剧毒、高毒农药，或者露天焚烧秸秆、落叶等产生烟尘污染的物质的，由县级以上地方人民政府确定的监督管理部门责令改正，并可以处五百元以上二千元以下的罚款。

违反本法规定，在人口集中地区和其他依法需要特殊保护的区域内，焚烧沥青、油毡、橡胶、塑料、皮革、垃圾以及其他产生有毒有害烟尘和恶臭气体的物质的，由县级人民政府确定的监督管理部门责令改正，对单位处一万元以上十万元以下的罚款，对个人处五百元以上二千元以下的罚款。

违反本法规定，在城市人民政府禁止的时段和区域内燃放烟花爆竹的，由县级以上地方人民政府确定的监督管理部门依法予以处罚。

第一百二十条 违反本法规定，从事服装干洗和机动车维修等服务活动，未设置异味和废气处理装置等污染防治设施并保持正常使用，影响周边环境的，由县级以上地方人民政府生态环境主管部门责令改正，处二千元以上二万元以下的罚款；拒不改正的，责令停业整治。

第一百二十一条 违反本法规定，擅自向社会发布重污染天气预报预警信息，构成违反治安管理行为的，由公安机关依法予以处罚。

违反本法规定，拒不执行停止工地土石方作业或者建筑物拆除施工等重污染天气应急措施的，由县级以上地方人民政府确定的监督管理部门处一万元以上十万元以下的罚款。

第一百二十二条 违反本法规定，造成大气污染事故的，由县级以上人民政府生态环境主管部门依照本条第二款的规定处以罚款；对直接负责的主管人员和其他直接责任人员可以处上一年度从本企业事业单位取得收入百分之五十以下的罚款。

对造成一般或者较大大气污染事故的，按照污染事故造成直接损失的一倍以上三倍以下计算罚款；对造成重大或者特大大气污染事故的，按照污染事故造成的直接损失的三倍以上五倍以下计算罚款。

第一百二十三条 违反本法规定，企业事业单位和其他生产经营者有下列行为之一，受到罚款处罚，被责令改正，拒不改正的，依法作出处罚决定的行政机关可以自责令改正之日的次日起，按照原处罚数额按日连续处罚：

（一）未依法取得排污许可证排放大气污染物的；

（二）超过大气污染物排放标准或者超过重点大气污染物排放总量控制指标排放大气污染物的；

（三）通过逃避监管的方式排放大气污染物的；

（四）建筑施工或者贮存易产生扬尘的物料未采取有效措施防治扬尘污染的。

第一百二十四条 违反本法规定，对举报人以解除、变更劳动合同或者其他方式打击报复的，应当依照有关法律的规定承担责任。

第一百二十五条 排放大气污染物造成损害的，应当依法承担侵权责任。

第一百二十六条 地方各级人民政府、县级以上人民政府生态环境主管部门和其他负有大气环境保护监督管理职责的部门及其工作人员滥用职权、玩忽职守、徇私舞弊、弄虚作假的，依法给予处分。

第一百二十七条 违反本法规定，构成犯罪的，依法追究刑事责任。

第八章 附　　则

第一百二十八条 海洋工程的大气污染防治，依照《中华人民共和国海洋环境保护法》的有关规定执行。

第一百二十九条 本法自 2016 年 1 月 1 日起施行。

中华人民共和国土壤污染防治法

（2018 年 8 月 31 日）

（2018 年 8 月 31 日第十三届全国人民代表大会常务委员会第五次会议通过　中华人民共和国主席令第八号公布　自 2019 年 1 月 1 日起施行）

目　　录

第一章　总　　则

第一条　为了保护和改善生态环境，防治土壤污染，保障公众健康，推动土壤资源永续利用，推进生态文明建设，促进经济社会可持续发展，制定本法。

第二条　在中华人民共和国领域及管辖的其他海域从事土壤污染防治及相关活动，适用本法。

本法所称土壤污染，是指因人为因素导致某种物质进入陆地表层土壤，引起土壤化学、物理、生物等方面特性的改变，影响土壤功能和有效利用，危害公众健康或者破坏生态环境的现象。

第三条 土壤污染防治应当坚持预防为主、保护优先、分类管理、风险管控、污染担责、公众参与的原则。

第四条 任何组织和个人都有保护土壤、防止土壤污染的义务。

土地使用权人从事土地开发利用活动，企业事业单位和其他生产经营者从事生产经营活动，应当采取有效措施，防止、减少土壤污染，对所造成的土壤污染依法承担责任。

第五条 地方各级人民政府应当对本行政区域土壤污染防治和安全利用负责。

国家实行土壤污染防治目标责任制和考核评价制度，将土壤污染防治目标完成情况作为考核评价地方各级人民政府及其负责人、县级以上人民政府负有土壤污染防治监督管理职责的部门及其负责人的内容。

第六条 各级人民政府应当加强对土壤污染防治工作的领导，组织、协调、督促有关部门依法履行土壤污染防治监督管理职责。

第七条 国务院生态环境主管部门对全国土壤污染防治工作实施统一监督管理；国务院农业农村、自然资源、住房城乡建设、林业草原等主管部门在各自职责范围内对土壤污染防治工作实施监督管理。

地方人民政府生态环境主管部门对本行政区域土壤污染防治工作实施统一监督管理；地方人民政府农业农村、自然资源、住房城乡建设、林业草原等主管部门在各自职责范围内对土壤污染防治工作实施监督管理。

第八条 国家建立土壤环境信息共享机制。

国务院生态环境主管部门应当会同国务院农业农村、自然资源、住房城乡建设、水利、卫生健康、林业草原等主管部门建立土壤环境基础数据库，构建全国土壤环境信息平台，实行数据动态更新和信息共享。

第九条 国家支持土壤污染风险管控和修复、监测等污染防治科学技术研究开发、成果转化和推广应用，鼓励土壤污染防治产业发展，加强土壤污染防治专业技术人才培养，促进土壤污染防治科学技术进步。

国家支持土壤污染防治国际交流与合作。

第十条 各级人民政府及其有关部门、基层群众性自治组织和新闻媒体应当加强土壤污染防治宣传教育和科学普及，增强公众土壤污染防治意识，引导公众依法参与土壤污染防治工作。

第二章 规划、标准、普查和监测

第十一条 县级以上人民政府应当将土壤污染防治工作纳入国民经济和社会发展规划、环境保护规划。

设区的市级以上地方人民政府生态环境主管部门应当会同发展改革、农业农村、自然资源、住房城乡建设、林业草原等主管部门，根据环境保护规划要求、土地用途、土壤污染状况普查和监测结果等，编制土壤污染防治规划，报本级人民政府批准后公布实施。

第十二条 国务院生态环境主管部门根据土壤污染状况、公众健康风险、生态风险和科学技术水平，并按照土地用途，制定国家土壤污染风险管控标准，加强土壤污染防治标准体系建设。

省级人民政府对国家土壤污染风险管控标准中未作规定的项目，可以制定地方土壤污染风险管控标准；对国家土壤污染风险管控标准中已作规定的项目，可以制定严于国家土壤污染风险管控标准的地方土壤污染风险管控标准。地方土壤污染风险管控标准应当报国务院生态环境主管部门备案。

土壤污染风险管控标准是强制性标准。

国家支持对土壤环境背景值和环境基准的研究。

第十三条 制定土壤污染风险管控标准，应当组织专家进行审查和论证，并征求有关部门、行业协会、企业事业单位和公众等方面的意见。

土壤污染风险管控标准的执行情况应当定期评估，并根据评估结果对标准适时修订。

省级以上人民政府生态环境主管部门应当在其网站上公布土壤污染风险管控标准，供公众免费查阅、下载。

第十四条 国务院统一领导全国土壤污染状况普查。国务院生态环境主管部门会同国务院农业农村、自然资源、住房城乡建设、林业草原等主管部门，每十年至少组织开展一次全国土壤污染状况普查。

国务院有关部门、设区的市级以上地方人民政府可以根据本行业、本行政区域实际情况组织开展土壤污染状况详查。

第十五条 国家实行土壤环境监测制度。

国务院生态环境主管部门制定土壤环境监测规范，会同国务院农业农村、自然资源、住房城乡建设、水利、卫生健康、林业草原等主管部门组织监测网络，统一规划国家土壤环境监测站（点）的设置。

第十六条 地方人民政府农业农村、林业草原主管部门应当会同生态环境、自然资源主管部门对下列农用地地块进行重点监测：

（一）产出的农产品污染物含量超标的；

（二）作为或者曾作为污水灌溉区的；

（三）用于或者曾用于规模化养殖，固体废物堆放、填埋的；

（四）曾作为工矿用地或者发生过重大、特大污染事故的；

（五）有毒有害物质生产、贮存、利用、处置设施周边的；

（六）国务院农业农村、林业草原、生态环境、自然资源主管部门规定的其他情形。

第十七条 地方人民政府生态环境主管部门应当会同自然资源主管部门对下列建设用地地块进行重点监测：

（一）曾用于生产、使用、贮存、回收、处置有毒有害物质的；

（二）曾用于固体废物堆放、填埋的；

（三）曾发生过重大、特大污染事故的；

（四）国务院生态环境、自然资源主管部门规定的其他情形。

第三章 预防和保护

第十八条 各类涉及土地利用的规划和可能造成土壤污染的建设项目，应当依法进行环境影响评价。环境影响评价文件应当包括对土壤可能造成的不良影响及应当采取的相应预防措施等内容。

第十九条 生产、使用、贮存、运输、回收、处置、排放有毒有害物质的单位和个人，应当采取有效措施，防止有毒有害物质渗漏、流失、扬散，避免土壤受到污染。

第二十条 国务院生态环境主管部门应当会同国务院卫生健康等主管部门，根据对公众健康、生态环境的危害和影响程度，对土壤中有毒有害物质进行筛查评估，公布重点控制的土壤有毒有害物质名录，并适时更新。

第二十一条 设区的市级以上地方人民政府生态环境主管部门应当按照国务院生态环境主管部门的规定，根据有毒有害物质排放等情况，制定本行政区域土壤污染重点监管单位名录，向社会公开并适时更新。

土壤污染重点监管单位应当履行下列义务：

（一）严格控制有毒有害物质排放，并按年度向生态环境主管部门报告排放情况；

（二）建立土壤污染隐患排查制度，保证持续有效防止有毒有害物质渗漏、流失、扬散；

（三）制定、实施自行监测方案，并将监测数据报生态环境主管部门。

前款规定的义务应当在排污许可证中载明。

土壤污染重点监管单位应当对监测数据的真实性和准确性负责。生态环境主管部门发现土壤污染重点监管单位监测数据异常，应当及时进行调查。

设区的市级以上地方人民政府生态环境主管部门应当定期对土壤污染重点监管单位周边土壤进行监测。

第二十二条 企业事业单位拆除设施、设备或者建筑物、构筑物的，应当采取相应的土壤污染防治措施。

土壤污染重点监管单位拆除设施、设备或者建筑物、构筑物的，应当制定包括应急措施在内的土壤污染防治工作方案，报地方人民政府生态环境、工业和信息化主管部门备案并实施。

第二十三条 各级人民政府生态环境、自然资源主管部门应当依法加强对矿产资源开发区域土壤污染防治的监督管理，按照相关标准和总量控制的要求，严格控制可能造成土壤污染的重点污染物排放。

尾矿库运营、管理单位应当按照规定，加强尾矿库的安全管理，采取措施防止土壤污染。危库、险库、病库以及其他需要重点监管的尾矿库的运营、管理单位应当按照规定，进行土壤污染状况监测和定期评估。

第二十四条 国家鼓励在建筑、通信、电力、交通、水利等领域的信息、网络、防雷、接地等建设工程中采用新技术、新材料，防止土壤污染。

禁止在土壤中使用重金属含量超标的降阻产品。

第二十五条 建设和运行污水集中处理设施、固体废物处置设施，应当依照法律法规和相关标准的要求，采取措施防止土壤污染。

地方人民政府生态环境主管部门应当定期对污水集中处理设施、固体废物处置设施周边土壤进行监测；对不符合法律法规和相关标准要求的，应当根据监测结果，要求污水集中处理设施、固体废物处置设施运营单位采取相应改进措施。

地方各级人民政府应当统筹规划、建设城乡生活污水和生活垃圾处理、处置设施，并保障其正常运行，防止土壤污染。

第二十六条 国务院农业农村、林业草原主管部门应当制定规划，完善相关标准和措施，加强农用地农药、化肥使用指导和使用总量控制，加强农用薄膜使用控制。

国务院农业农村主管部门应当加强农药、肥料登记，组织开展农药、肥料对土壤环境影响的安全性评价。

制定农药、兽药、肥料、饲料、农用薄膜等农业投入品及其包装物标准和农田灌溉用水水质标准，应当适应土壤污染防治的要求。

第二十七条 地方人民政府农业农村、林业草原主管部门应当开展农用地土壤污染防治宣传和技术培训活动，扶持农业生产专业化服务，指导农业生产者合理使用农药、兽药、肥料、饲料、农用薄膜等农业投入品，控制农药、兽药、化肥等的使用量。

地方人民政府农业农村主管部门应当鼓励农业生产者采取有利于防止土壤污染的种养结合、轮作休耕等农业耕作措施；支持采取土壤改良、土壤肥力提升等有利于土壤养护和培育的措施；支持畜禽粪便处理、利用设施的建设。

第二十八条 禁止向农用地排放重金属或者其他有毒有害物质含量超标的污水、污泥，以及可能造成土壤污染的清淤底泥、尾矿、矿渣等。

县级以上人民政府有关部门应当加强对畜禽粪便、沼渣、沼液等收集、贮存、利用、处置的监督管理，防止土壤污染。

农田灌溉用水应当符合相应的水质标准，防止土壤、地下水和农产品污染。地方人民政府生态环境主管部门应当会同农业农村、水利主管部门加强对农田灌溉用水水质的管理，对农田灌溉用水水质进行监测和监督检查。

第二十九条 国家鼓励和支持农业生产者采取下列措施：

（一）使用低毒、低残留农药以及先进喷施技术；

（二）使用符合标准的有机肥、高效肥；

（三）采用测土配方施肥技术、生物防治等病虫害绿色防控技术；

（四）使用生物可降解农用薄膜；

（五）综合利用秸秆、移出高富集污染物秸秆；

（六）按照规定对酸性土壤等进行改良。

第三十条 禁止生产、销售、使用国家明令禁止的农业投入品。

农业投入品生产者、销售者和使用者应当及时回收农药、肥料等农业投入品的包装废弃物和农用薄膜，并将农药包装废弃物交由专门的机构或者组织进行无害化处理。具体办法由国务院农业农村主管部门会同国务院生态环境等主管部门制定。

国家采取措施，鼓励、支持单位和个人回收农业投入品包装废弃物和农用薄膜。

第三十一条 国家加强对未污染土壤的保护。

地方各级人民政府应当重点保护未污染的耕地、林地、草地和饮用水水源地。

各级人民政府应当加强对国家公园等自然保护地的保护，维护其生态功能。

对未利用地应当予以保护，不得污染和破坏。

第三十二条 县级以上地方人民政府及其有关部门应当按照土地利用总体规划和城乡规划，严格执行相关行业企业布局选址要求，禁止在居民区和学校、医院、疗养院、养老院等单位周边新建、改建、扩建可能造成土壤污染的建设项目。

第三十三条 国家加强对土壤资源的保护和合理利用。对开发建设过程中剥离的表土，应当单独收集和存放，符合条件的应当优先用于土地复垦、土壤改良、造地和绿化等。

禁止将重金属或者其他有毒有害物质含量超标的工业固体废物、生活垃圾或者污染土壤用于土地复垦。

第三十四条 因科学研究等特殊原因，需要进口土壤的，应当遵守国家出入境检验检疫的有关规定。

第四章 风险管控和修复

第一节 一般规定

第三十五条 土壤污染风险管控和修复，包括土壤污染状况调查和土壤污染风险评估、风险管控、修复、风险管控效果评估、修复效果评估、后期管理等活动。

第三十六条 实施土壤污染状况调查活动，应当编制土壤污染状况调查报告。

土壤污染状况调查报告应当主要包括地块基本信息、污染物含量是否超过土壤污染风险管控标准等内容。污染物含量超过土壤污染风险管控标准的，土壤污染状况调查报告还应当包括污染类型、污染来源以及地下水是否受到污染等内容。

第三十七条 实施土壤污染风险评估活动，应当编制土壤污染风险评估报告。

土壤污染风险评估报告应当主要包括下列内容：

（一）主要污染物状况；

（二）土壤及地下水污染范围；

（三）农产品质量安全风险、公众健康风险或者生态风险；

（四）风险管控、修复的目标和基本要求等。

第三十八条 实施风险管控、修复活动，应当因地制宜、科学合理，提高针对性和有效性。

实施风险管控、修复活动，不得对土壤和周边环境造成新的污染。

第三十九条 实施风险管控、修复活动前，地方人民政府有关部门有权根据实际情况，要求土壤污染责任人、土地使用权人采取移除污染源、防止污染扩散等措施。

第四十条 实施风险管控、修复活动中产生的废水、废气和固体废物，应当按照规定进行处理、处置，并达到相关环境保护标准。

实施风险管控、修复活动中产生的固体废物以及拆除的设施、设备或者建筑物、构筑物属于危险废物的，应当依照法律法规和相关标准的要求进行处置。

修复施工期间，应当设立公告牌，公开相关情况和环境保护措施。

第四十一条 修复施工单位转运污染土壤的，应当制定转运计划，将运输时间、方式、线路和污染土壤数量、去向、最终处置措施等，提前报所在地和接收地生态环境主管部门。

转运的污染土壤属于危险废物的，修复施工单位应当依照法律法规和相关标准的要求进行处置。

第四十二条 实施风险管控效果评估、修复效果评估活动，应当编制效果评估报告。

效果评估报告应当主要包括是否达到土壤污染风险评估报告确定的风险管控、修复目标等内容。

风险管控、修复活动完成后，需要实施后期管理的，土壤污染责任人应当按照要求实施后期管理。

第四十三条 从事土壤污染状况调查和土壤污染风险评估、风险管控、修复、风险管控效果评估、修复效果评估、后期管理等活动的单位，应当具备相应的专业能力。

受委托从事前款活动的单位对其出具的调查报告、风险评估报告、风险管控效果评估报告、修复效果评估报告的真实性、准确性、完整性负责，并按照约定对风险管控、修复、后期管理等活动结果负责。

第四十四条 发生突发事件可能造成土壤污染的，地方人民政府及其有关部门和相关企业事业单位以及其他生产经营者应当立即采取应急措施，防止土壤污染，并依照本法规定做好土壤污染状况监测、调查和土壤污染风险评估、风险管控、修复等工作。

第四十五条 土壤污染责任人负有实施土壤污染风险管控和修复的义务。土壤污染责任人无法认定的，土地使用权人应当实施土壤污染风险管控和修复。

地方人民政府及其有关部门可以根据实际情况组织实施土壤污染风险管控和修复。

国家鼓励和支持有关当事人自愿实施土壤污染风险管控和修复。

第四十六条 因实施或者组织实施土壤污染状况调查和土壤污染风险评估、风险管控、修复、风险管控效果评估、修复效果评估、后期管理等活动所支出的费用，由土壤污染责任人承担。

第四十七条 土壤污染责任人变更的，由变更后承继其债权、债务的单位或者个人履行相关土壤污染风险管控和修复义务并承担相关费用。

第四十八条 土壤污染责任人不明确或者存在争议的，农用地由地方人民政府农业农村、林业草原主管部门会同生态环境、自然资源主管部门认定，建设用地由地方人民政府生态环境主管部门会同自然资源主管部门认定。认定办法由国务院生态环境主管部门会同有关部门制定。

第二节 农用地

第四十九条 国家建立农用地分类管理制度。按照土壤污染程度和相关标准，将农用地划分为优先保护类、安全利用类和严格管控类。

第五十条 县级以上地方人民政府应当依法将符合条件的优先保护类耕地划

为永久基本农田，实行严格保护。

在永久基本农田集中区域，不得新建可能造成土壤污染的建设项目；已经建成的，应当限期关闭拆除。

第五十一条 未利用地、复垦土地等拟开垦为耕地的，地方人民政府农业农村主管部门应当会同生态环境、自然资源主管部门进行土壤污染状况调查，依法进行分类管理。

第五十二条 对土壤污染状况普查、详查和监测、现场检查表明有土壤污染风险的农用地地块，地方人民政府农业农村、林业草原主管部门应当会同生态环境、自然资源主管部门进行土壤污染状况调查。

对土壤污染状况调查表明污染物含量超过土壤污染风险管控标准的农用地地块，地方人民政府农业农村、林业草原主管部门应当会同生态环境、自然资源主管部门组织进行土壤污染风险评估，并按照农用地分类管理制度管理。

第五十三条 对安全利用类农用地地块，地方人民政府农业农村、林业草原主管部门，应当结合主要作物品种和种植习惯等情况，制定并实施安全利用方案。

安全利用方案应当包括下列内容：

（一）农艺调控、替代种植；

（二）定期开展土壤和农产品协同监测与评价；

（三）对农民、农民专业合作社及其他农业生产经营主体进行技术指导和培训；

（四）其他风险管控措施。

第五十四条 对严格管控类农用地地块，地方人民政府农业农村、林业草原主管部门应当采取下列风险管控措施：

（一）提出划定特定农产品禁止生产区域的建议，报本级人民政府批准后实施；

（二）按照规定开展土壤和农产品协同监测与评价；

（三）对农民、农民专业合作社及其他农业生产经营主体进行技术指导和培训；

（四）其他风险管控措施。

各级人民政府及其有关部门应当鼓励对严格管控类农用地采取调整种植结构、退耕还林还草、退耕还湿、轮作休耕、轮牧休牧等风险管控措施，并给予相应的政策支持。

第五十五条 安全利用类和严格管控类农用地地块的土壤污染影响或者可能影响地下水、饮用水水源安全的，地方人民政府生态环境主管部门应当会同农业农村、林业草原等主管部门制定防治污染的方案，并采取相应的措施。

第五十六条 对安全利用类和严格管控类农用地地块，土壤污染责任人应当按照国家有关规定以及土壤污染风险评估报告的要求，采取相应的风险管控措施，并定期向地方人民政府农业农村、林业草原主管部门报告。

第五十七条 对产出的农产品污染物含量超标，需要实施修复的农用地地块，土壤污染责任人应当编制修复方案，报地方人民政府农业农村、林业草原主管部门备案并实施。修复方案应当包括地下水污染防治的内容。

修复活动应当优先采取不影响农业生产、不降低土壤生产功能的生物修复措施，阻断或者减少污染物进入农作物食用部分，确保农产品质量安全。

风险管控、修复活动完成后，土壤污染责任人应当另行委托有关单位对风险管控效果、修复效果进行评估，并将效果评估报告报地方人民政府农业农村、林业草原主管部门备案。

农村集体经济组织及其成员、农民专业合作社及其他农业生产经营主体等负有协助实施土壤污染风险管控和修复的义务。

第三节 建设用地

第五十八条 国家实行建设用地土壤污染风险管控和修复名录制度。

建设用地土壤污染风险管控和修复名录由省级人民政府生态环境主管部门会同自然资源等主管部门制定，按照规定向社会公开，并根据风险管控、修复情况适时更新。

第五十九条 对土壤污染状况普查、详查和监测、现场检查表明有土壤污染风险的建设用地地块，地方人民政府生态环境主管部门应当要求土地使用权人按照规定进行土壤污染状况调查。

用途变更为住宅、公共管理与公共服务用地的，变更前应当按照规定进行土壤污染状况调查。

前两款规定的土壤污染状况调查报告应当报地方人民政府生态环境主管部门，由地方人民政府生态环境主管部门会同自然资源主管部门组织评审。

第六十条 对土壤污染状况调查报告评审表明污染物含量超过土壤污染风险管控标准的建设用地地块，土壤污染责任人、土地使用权人应当按照国务院生态环境主管部门的规定进行土壤污染风险评估，并将土壤污染风险评估报告报省级人民政府生态环境主管部门。

第六十一条 省级人民政府生态环境主管部门应当会同自然资源等主管部门按照国务院生态环境主管部门的规定，对土壤污染风险评估报告组织评审，及时将需要实施风险管控、修复的地块纳入建设用地土壤污染风险管控和修复名录，并定期向国务院生态环境主管部门报告。

列入建设用地土壤污染风险管控和修复名录的地块，不得作为住宅、公共管理与公共服务用地。

第六十二条 对建设用地土壤污染风险管控和修复名录中的地块，土壤污染责任人应当按照国家有关规定以及土壤污染风险评估报告的要求，采取相应的风险管控措施，并定期向地方人民政府生态环境主管部门报告。风险管控措施应当包括地下水污染防治的内容。

第六十三条 对建设用地土壤污染风险管控和修复名录中的地块，地方人民政府生态环境主管部门可以根据实际情况采取下列风险管控措施：

（一）提出划定隔离区域的建议，报本级人民政府批准后实施；

（二）进行土壤及地下水污染状况监测；

（三）其他风险管控措施。

第六十四条 对建设用地土壤污染风险管控和修复名录中需要实施修复的地块，土壤污染责任人应当结合土地利用总体规划和城乡规划编制修复方案，报地方人民政府生态环境主管部门备案并实施。修复方案应当包括地下水污染防治的内容。

第六十五条 风险管控、修复活动完成后，土壤污染责任人应当另行委托有关单位对风险管控效果、修复效果进行评估，并将效果评估报告报地方人民政府生态环境主管部门备案。

第六十六条 对达到土壤污染风险评估报告确定的风险管控、修复目标的建设用地地块，土壤污染责任人、土地使用权人可以申请省级人民政府生态环境主管部门移出建设用地土壤污染风险管控和修复名录。

省级人民政府生态环境主管部门应当会同自然资源等主管部门对风险管控效

果评估报告、修复效果评估报告组织评审，及时将达到土壤污染风险评估报告确定的风险管控、修复目标且可以安全利用的地块移出建设用地土壤污染风险管控和修复名录，按照规定向社会公开，并定期向国务院生态环境主管部门报告。

未达到土壤污染风险评估报告确定的风险管控、修复目标的建设用地地块，禁止开工建设任何与风险管控、修复无关的项目。

第六十七条 土壤污染重点监管单位生产经营用地的用途变更或者在其土地使用权收回、转让前，应当由土地使用权人按照规定进行土壤污染状况调查。土壤污染状况调查报告应当作为不动产登记资料送交地方人民政府不动产登记机构，并报地方人民政府生态环境主管部门备案。

第六十八条 土地使用权已经被地方人民政府收回，土壤污染责任人为原土地使用权人的，由地方人民政府组织实施土壤污染风险管控和修复。

第五章 保障和监督

第六十九条 国家采取有利于土壤污染防治的财政、税收、价格、金融等经济政策和措施。

第七十条 各级人民政府应当加强对土壤污染的防治，安排必要的资金用于下列事项：

（一）土壤污染防治的科学技术研究开发、示范工程和项目；

（二）各级人民政府及其有关部门组织实施的土壤污染状况普查、监测、调查和土壤污染责任人认定、风险评估、风险管控、修复等活动；

（三）各级人民政府及其有关部门对涉及土壤污染的突发事件的应急处置；

（四）各级人民政府规定的涉及土壤污染防治的其他事项。

使用资金应当加强绩效管理和审计监督，确保资金使用效益。

第七十一条 国家加大土壤污染防治资金投入力度，建立土壤污染防治基金制度。设立中央土壤污染防治专项资金和省级土壤污染防治基金，主要用于农用地土壤污染防治和土壤污染责任人或者土地使用权人无法认定的土壤污染风险管控和修复以及政府规定的其他事项。

对本法实施之前产生的，并且土壤污染责任人无法认定的污染地块，土地使用权人实际承担土壤污染风险管控和修复的，可以申请土壤污染防治基金，集中用于土壤污染风险管控和修复。

土壤污染防治基金的具体管理办法，由国务院财政主管部门会同国务院生态环境、农业农村、自然资源、住房城乡建设、林业草原等主管部门制定。

第七十二条 国家鼓励金融机构加大对土壤污染风险管控和修复项目的信贷投放。

国家鼓励金融机构在办理土地权利抵押业务时开展土壤污染状况调查。

第七十三条 从事土壤污染风险管控和修复的单位依照法律、行政法规的规定，享受税收优惠。

第七十四条 国家鼓励并提倡社会各界为防治土壤污染捐赠财产，并依照法律、行政法规的规定，给予税收优惠。

第七十五条 县级以上人民政府应当将土壤污染防治情况纳入环境状况和环境保护目标完成情况年度报告，向本级人民代表大会或者人民代表大会常务委员会报告。

第七十六条 省级以上人民政府生态环境主管部门应当会同有关部门对土壤污染问题突出、防治工作不力、群众反映强烈的地区，约谈设区的市级以上地方人民政府及其有关部门主要负责人，要求其采取措施及时整改。约谈整改情况应当向社会公开。

第七十七条 生态环境主管部门及其环境执法机构和其他负有土壤污染防治监督管理职责的部门，有权对从事可能造成土壤污染活动的企业事业单位和其他生产经营者进行现场检查、取样，要求被检查者提供有关资料、就有关问题作出说明。

被检查者应当配合检查工作，如实反映情况，提供必要的资料。

实施现场检查的部门、机构及其工作人员应当为被检查者保守商业秘密。

第七十八条 企业事业单位和其他生产经营者违反法律法规规定排放有毒有害物质，造成或者可能造成严重土壤污染的，或者有关证据可能灭失或者被隐匿的，生态环境主管部门和其他负有土壤污染防治监督管理职责的部门，可以查封、扣押有关设施、设备、物品。

第七十九条 地方人民政府安全生产监督管理部门应当监督尾矿库运营、管理单位履行防治土壤污染的法定义务，防止其发生可能污染土壤的事故；地方人民政府生态环境主管部门应当加强对尾矿库土壤污染防治情况的监督检查和定期评估，发现风险隐患的，及时督促尾矿库运营、管理单位采取相应措施。

地方人民政府及其有关部门应当依法加强对向沙漠、滩涂、盐碱地、沼泽地等未利用地非法排放有毒有害物质等行为的监督检查。

第八十条 省级以上人民政府生态环境主管部门和其他负有土壤污染防治监督管理职责的部门应当将从事土壤污染状况调查和土壤污染风险评估、风险管控、修复、风险管控效果评估、修复效果评估、后期管理等活动的单位和个人的执业情况，纳入信用系统建立信用记录，将违法信息记入社会诚信档案，并纳入全国信用信息共享平台和国家企业信用信息公示系统向社会公布。

第八十一条 生态环境主管部门和其他负有土壤污染防治监督管理职责的部门应当依法公开土壤污染状况和防治信息。

国务院生态环境主管部门负责统一发布全国土壤环境信息；省级人民政府生态环境主管部门负责统一发布本行政区域土壤环境信息。生态环境主管部门应当将涉及主要食用农产品生产区域的重大土壤环境信息，及时通报同级农业农村、卫生健康和食品安全主管部门。

公民、法人和其他组织享有依法获取土壤污染状况和防治信息、参与和监督土壤污染防治的权利。

第八十二条 土壤污染状况普查报告、监测数据、调查报告和土壤污染风险评估报告、风险管控效果评估报告、修复效果评估报告等，应当及时上传全国土壤环境信息平台。

第八十三条 新闻媒体对违反土壤污染防治法律法规的行为享有舆论监督的权利，受监督的单位和个人不得打击报复。

第八十四条 任何组织和个人对污染土壤的行为，均有向生态环境主管部门和其他负有土壤污染防治监督管理职责的部门报告或者举报的权利。

生态环境主管部门和其他负有土壤污染防治监督管理职责的部门应当将土壤污染防治举报方式向社会公布，方便公众举报。

接到举报的部门应当及时处理并对举报人的相关信息予以保密；对实名举报并查证属实的，给予奖励。

举报人举报所在单位的，该单位不得以解除、变更劳动合同或者其他方式对举报人进行打击报复。

第六章 法律责任

第八十五条 地方各级人民政府、生态环境主管部门或者其他负有土壤污染防治监督管理职责的部门未依照本法规定履行职责的，对直接负责的主管人员和其他直接责任人员依法给予处分。

依照本法规定应当作出行政处罚决定而未作出的，上级主管部门可以直接作出行政处罚决定。

第八十六条 违反本法规定，有下列行为之一的，由地方人民政府生态环境主管部门或者其他负有土壤污染防治监督管理职责的部门责令改正，处以罚款；拒不改正的，责令停产整治：

（一）土壤污染重点监管单位未制定、实施自行监测方案，或者未将监测数据报生态环境主管部门的；

（二）土壤污染重点监管单位篡改、伪造监测数据的；

（三）土壤污染重点监管单位未按年度报告有毒有害物质排放情况，或者未建立土壤污染隐患排查制度的；

（四）拆除设施、设备或者建筑物、构筑物，企业事业单位未采取相应的土壤污染防治措施或者土壤污染重点监管单位未制定、实施土壤污染防治工作方案的；

（五）尾矿库运营、管理单位未按照规定采取措施防止土壤污染的；

（六）尾矿库运营、管理单位未按照规定进行土壤污染状况监测的；

（七）建设和运行污水集中处理设施、固体废物处置设施，未依照法律法规和相关标准的要求采取措施防止土壤污染的。

有前款规定行为之一的，处二万元以上二十万元以下的罚款；有前款第二项、第四项、第五项、第七项规定行为之一，造成严重后果的，处二十万元以上二百万元以下的罚款。

第八十七条 违反本法规定，向农用地排放重金属或者其他有毒有害物质含量超标的污水、污泥，以及可能造成土壤污染的清淤底泥、尾矿、矿渣等的，由地方人民政府生态环境主管部门责令改正，处十万元以上五十万元以下的罚款；情节严重的，处五十万元以上二百万元以下的罚款，并可以将案件移送公安机关，对直接负责的主管人员和其他直接责任人员处五日以上十五日以下的拘留；有违法所得的，没收违法所得。

第八十八条 违反本法规定，农业投入品生产者、销售者、使用者未按照规定及时回收肥料等农业投入品的包装废弃物或者农用薄膜，或者未按照规定及时回收农药包装废弃物交由专门的机构或者组织进行无害化处理的，由地方人民政府农业农村主管部门责令改正，处一万元以上十万元以下的罚款；农业投入品使用者为个人的，可以处二百元以上二千元以下的罚款。

第八十九条 违反本法规定，将重金属或者其他有毒有害物质含量超标的工业固体废物、生活垃圾或者污染土壤用于土地复垦的，由地方人民政府生态环境主管部门责令改正，处十万元以上一百万元以下的罚款；有违法所得的，没收违法所得。

第九十条 违反本法规定，受委托从事土壤污染状况调查和土壤污染风险评估、风险管控效果评估、修复效果评估活动的单位，出具虚假调查报告、风险评估报告、风险管控效果评估报告、修复效果评估报告的，由地方人民政府生态环境主管部门处十万元以上五十万元以下的罚款；情节严重的，禁止从事上述业务，并处五十万元以上一百万元以下的罚款；有违法所得的，没收违法所得。

前款规定的单位出具虚假报告的，由地方人民政府生态环境主管部门对直接负责的主管人员和其他直接责任人员处一万元以上五万元以下的罚款；情节严重的，十年内禁止从事前款规定的业务；构成犯罪的，终身禁止从事前款规定的业务。

本条第一款规定的单位和委托人恶意串通，出具虚假报告，造成他人人身或者财产损害的，还应当与委托人承担连带责任。

第九十一条 违反本法规定，有下列行为之一的，由地方人民政府生态环境主管部门责令改正，处十万元以上五十万元以下的罚款；情节严重的，处五十万元以上一百万元以下的罚款；有违法所得的，没收违法所得；对直接负责的主管人员和其他直接责任人员处五千元以上二万元以下的罚款：

（一）未单独收集、存放开发建设过程中剥离的表土的；

（二）实施风险管控、修复活动对土壤、周边环境造成新的污染的；

（三）转运污染土壤，未将运输时间、方式、线路和污染土壤数量、去向、最终处置措施等提前报所在地和接收地生态环境主管部门的；

（四）未达到土壤污染风险评估报告确定的风险管控、修复目标的建设用地地块，开工建设与风险管控、修复无关的项目的。

第九十二条 违反本法规定，土壤污染责任人或者土地使用权人未按照规定实施后期管理的，由地方人民政府生态环境主管部门或者其他负有土壤污染防治监督管理职责的部门责令改正，处一万元以上五万元以下的罚款；情节严重的，处五万元以上五十万元以下的罚款。

第九十三条 违反本法规定，被检查者拒不配合检查，或者在接受检查时弄虚作假的，由地方人民政府生态环境主管部门或者其他负有土壤污染防治监督管理职责的部门责令改正，处二万元以上二十万元以下的罚款；对直接负责的主管人员和其他直接责任人员处五千元以上二万元以下的罚款。

第九十四条 违反本法规定，土壤污染责任人或者土地使用权人有下列行为之一的，由地方人民政府生态环境主管部门或者其他负有土壤污染防治监督管理职责的部门责令改正，处二万元以上二十万元以下的罚款；拒不改正的，处二十万元以上一百万元以下的罚款，并委托他人代为履行，所需费用由土壤污染责任人或者土地使用权人承担；对直接负责的主管人员和其他直接责任人员处五千元以上二万元以下的罚款：

（一）未按照规定进行土壤污染状况调查的；

（二）未按照规定进行土壤污染风险评估的；

（三）未按照规定采取风险管控措施的；

（四）未按照规定实施修复的；

（五）风险管控、修复活动完成后，未另行委托有关单位对风险管控效果、修复效果进行评估的。

土壤污染责任人或者土地使用权人有前款第三项、第四项规定行为之一，情节严重的，地方人民政府生态环境主管部门或者其他负有土壤污染防治监督管理职责的部门可以将案件移送公安机关，对直接负责的主管人员和其他直接责任人员处五日以上十五日以下的拘留。

第九十五条 违反本法规定，有下列行为之一的，由地方人民政府有关部门责令改正；拒不改正的，处一万元以上五万元以下的罚款：

（一）土壤污染重点监管单位未按照规定将土壤污染防治工作方案报地方人民政府生态环境、工业和信息化主管部门备案的；

（二）土壤污染责任人或者土地使用权人未按照规定将修复方案、效果评估报告报地方人民政府生态环境、农业农村、林业草原主管部门备案的；

（三）土地使用权人未按照规定将土壤污染状况调查报告报地方人民政府生态环境主管部门备案的。

第九十六条 污染土壤造成他人人身或者财产损害的，应当依法承担侵权责任。

土壤污染责任人无法认定，土地使用权人未依照本法规定履行土壤污染风险管控和修复义务，造成他人人身或者财产损害的，应当依法承担侵权责任。

土壤污染引起的民事纠纷，当事人可以向地方人民政府生态环境等主管部门申请调解处理，也可以向人民法院提起诉讼。

第九十七条 污染土壤损害国家利益、社会公共利益的，有关机关和组织可以依照《中华人民共和国环境保护法》《中华人民共和国民事诉讼法》《中华人民共和国行政诉讼法》等法律的规定向人民法院提起诉讼。

第九十八条 违反本法规定，构成违反治安管理行为的，由公安机关依法给予治安管理处罚；构成犯罪的，依法追究刑事责任。

第七章　附　　则

第九十九条 本法自2019年1月1日起施行。

中华人民共和国固体废物污染环境防治法

（2020年4月29日）

（1995年10月30日第八届全国人民代表大会常务委员会第十六次会议通过　2004年12月29日第十届全国人民代表大会常务委员会第十三次会议第一次修订　根据2013年6月29日第十二届全国人民代表大会常务委员会第三次会议《关于修改〈中华人民共和国文物保护法〉等十二部法律的决定》第一次修正　根据2015年4月24日第十二届全国人民代表大会常务委员会第十四次会议《关于修改〈中华人民共和国港口法〉等七部法律的决定》第二次修正　根据2016年11月7日第十二届全国人民代表大会常务委员会第二十四次会议《关于修改〈中华人民共和国对外贸易法〉等十二部法律的决定》第三次修正　2020年4月29日第十三届全国人民代表大会常务委员会第十七次会议第二次修订）

目　　录

第一章　总　　则

第一条　为了保护和改善生态环境，防治固体废物污染环境，保障公众健康，维护生态安全，推进生态文明建设，促进经济社会可持续发展，制定本法。

第二条　固体废物污染环境的防治适用本法。

固体废物污染海洋环境的防治和放射性固体废物污染环境的防治不适用本法。

第三条　国家推行绿色发展方式，促进清洁生产和循环经济发展。

国家倡导简约适度、绿色低碳的生活方式，引导公众积极参与固体废物污染环境防治。

第四条　固体废物污染环境防治坚持减量化、资源化和无害化的原则。

任何单位和个人都应当采取措施，减少固体废物的产生量，促进固体废物的综合利用，降低固体废物的危害性。

第五条　固体废物污染环境防治坚持污染担责的原则。

产生、收集、贮存、运输、利用、处置固体废物的单位和个人，应当采取措施，防止或者减少固体废物对环境的污染，对所造成的环境污染依法承担责任。

第六条　国家推行生活垃圾分类制度。

生活垃圾分类坚持政府推动、全民参与、城乡统筹、因地制宜、简便易行的原则。

第七条 地方各级人民政府对本行政区域固体废物污染环境防治负责。

国家实行固体废物污染环境防治目标责任制和考核评价制度，将固体废物污染环境防治目标完成情况纳入考核评价的内容。

第八条 各级人民政府应当加强对固体废物污染环境防治工作的领导，组织、协调、督促有关部门依法履行固体废物污染环境防治监督管理职责。

省、自治区、直辖市之间可以协商建立跨行政区域固体废物污染环境的联防联控机制，统筹规划制定、设施建设、固体废物转移等工作。

第九条 国务院生态环境主管部门对全国固体废物污染环境防治工作实施统一监督管理。国务院发展改革、工业和信息化、自然资源、住房城乡建设、交通运输、农业农村、商务、卫生健康、海关等主管部门在各自职责范围内负责固体废物污染环境防治的监督管理工作。

地方人民政府生态环境主管部门对本行政区域固体废物污染环境防治工作实施统一监督管理。地方人民政府发展改革、工业和信息化、自然资源、住房城乡建设、交通运输、农业农村、商务、卫生健康等主管部门在各自职责范围内负责固体废物污染环境防治的监督管理工作。

第十条 国家鼓励、支持固体废物污染环境防治的科学研究、技术开发、先进技术推广和科学普及，加强固体废物污染环境防治科技支撑。

第十一条 国家机关、社会团体、企业事业单位、基层群众性自治组织和新闻媒体应当加强固体废物污染环境防治宣传教育和科学普及，增强公众固体废物污染环境防治意识。

学校应当开展生活垃圾分类以及其他固体废物污染环境防治知识普及和教育。

第十二条 各级人民政府对在固体废物污染环境防治工作以及相关的综合利用活动中做出显著成绩的单位和个人，按照国家有关规定给予表彰、奖励。

第二章 监督管理

第十三条 县级以上人民政府应当将固体废物污染环境防治工作纳入国民经济和社会发展规划、生态环境保护规划，并采取有效措施减少固体废物的产生量、促进固体废物的综合利用、降低固体废物的危害性，最大限度降低固体废物填埋量。

第十四条 国务院生态环境主管部门应当会同国务院有关部门根据国家环境质量标准和国家经济、技术条件，制定固体废物鉴别标准、鉴别程序和国家固体废物污染环境防治技术标准。

第十五条 国务院标准化主管部门应当会同国务院发展改革、工业和信息化、生态环境、农业农村等主管部门，制定固体废物综合利用标准。

综合利用固体废物应当遵守生态环境法律法规，符合固体废物污染环境防治技术标准。使用固体废物综合利用产物应当符合国家规定的用途、标准。

第十六条 国务院生态环境主管部门应当会同国务院有关部门建立全国危险废物等固体废物污染环境防治信息平台，推进固体废物收集、转移、处置等全过程监控和信息化追溯。

第十七条 建设产生、贮存、利用、处置固体废物的项目，应当依法进行环境影响评价，并遵守国家有关建设项目环境保护管理的规定。

第十八条 建设项目的环境影响评价文件确定需要配套建设的固体废物污染环境防治设施，应当与主体工程同时设计、同时施工、同时投入使用。建设项目的初步设计，应当按照环境保护设计规范的要求，将固体废物污染环境防治内容纳入环境影响评价文件，落实防治固体废物污染环境和破坏生态的措施以及固体废物污染环境防治设施投资概算。

建设单位应当依照有关法律法规的规定，对配套建设的固体废物污染环境防治设施进行验收，编制验收报告，并向社会公开。

第十九条 收集、贮存、运输、利用、处置固体废物的单位和其他生产经营者，应当加强对相关设施、设备和场所的管理和维护，保证其正常运行和使用。

第二十条 产生、收集、贮存、运输、利用、处置固体废物的单位和其他生产经营者，应当采取防扬散、防流失、防渗漏或者其他防止污染环境的措施，不得擅自倾倒、堆放、丢弃、遗撒固体废物。

禁止任何单位或者个人向江河、湖泊、运河、渠道、水库及其最高水位线以下的滩地和岸坡以及法律法规规定的其他地点倾倒、堆放、贮存固体废物。

第二十一条 在生态保护红线区域、永久基本农田集中区域和其他需要特别保护的区域内，禁止建设工业固体废物、危险废物集中贮存、利用、处置的设施、场所和生活垃圾填埋场。

第二十二条 转移固体废物出省、自治区、直辖市行政区域贮存、处置的，应当向固体废物移出地的省、自治区、直辖市人民政府生态环境主管部门提出申请。移出地的省、自治区、直辖市人民政府生态环境主管部门应当及时商经接受地的省、自治区、直辖市人民政府生态环境主管部门同意后，在规定期限内批准转移该固体废物出省、自治区、直辖市行政区域。未经批准的，不得转移。

转移固体废物出省、自治区、直辖市行政区域利用的，应当报固体废物移出地的省、自治区、直辖市人民政府生态环境主管部门备案。移出地的省、自治区、直辖市人民政府生态环境主管部门应当将备案信息通报接受地的省、自治区、直辖市人民政府生态环境主管部门。

第二十三条 禁止中华人民共和国境外的固体废物进境倾倒、堆放、处置。

第二十四条 国家逐步实现固体废物零进口，由国务院生态环境主管部门会同国务院商务、发展改革、海关等主管部门组织实施。

第二十五条 海关发现进口货物疑似固体废物的，可以委托专业机构开展属性鉴别，并根据鉴别结论依法管理。

第二十六条 生态环境主管部门及其环境执法机构和其他负有固体废物污染环境防治监督管理职责的部门，在各自职责范围内有权对从事产生、收集、贮存、运输、利用、处置固体废物等活动的单位和其他生产经营者进行现场检查。被检查者应当如实反映情况，并提供必要的资料。

实施现场检查，可以采取现场监测、采集样品、查阅或者复制与固体废物污染环境防治相关的资料等措施。检查人员进行现场检查，应当出示证件。对现场检查中知悉的商业秘密应当保密。

第二十七条 有下列情形之一，生态环境主管部门和其他负有固体废物污染环境防治监督管理职责的部门，可以对违法收集、贮存、运输、利用、处置的固体废物及设施、设备、场所、工具、物品予以查封、扣押：

（一）可能造成证据灭失、被隐匿或者非法转移的；

（二）造成或者可能造成严重环境污染的。

第二十八条 生态环境主管部门应当会同有关部门建立产生、收集、贮存、运输、利用、处置固体废物的单位和其他生产经营者信用记录制度，将相关信用记录纳入全国信用信息共享平台。

第二十九条 设区的市级人民政府生态环境主管部门应当会同住房城乡建设、农业农村、卫生健康等主管部门，定期向社会发布固体废物的种类、产生量、处置能力、利用处置状况等信息。

产生、收集、贮存、运输、利用、处置固体废物的单位，应当依法及时公开固体废物污染环境防治信息，主动接受社会监督。

利用、处置固体废物的单位，应当依法向公众开放设施、场所，提高公众环境保护意识和参与程度。

第三十条 县级以上人民政府应当将工业固体废物、生活垃圾、危险废物等固体废物污染环境防治情况纳入环境状况和环境保护目标完成情况年度报告，向本级人民代表大会或者人民代表大会常务委员会报告。

第三十一条 任何单位和个人都有权对造成固体废物污染环境的单位和个人进行举报。

生态环境主管部门和其他负有固体废物污染环境防治监督管理职责的部门应当将固体废物污染环境防治举报方式向社会公布，方便公众举报。

接到举报的部门应当及时处理并对举报人的相关信息予以保密；对实名举报并查证属实的，给予奖励。

举报人举报所在单位的，该单位不得以解除、变更劳动合同或者其他方式对举报人进行打击报复。

第三章 工业固体废物

第三十二条 国务院生态环境主管部门应当会同国务院发展改革、工业和信息化等主管部门对工业固体废物对公众健康、生态环境的危害和影响程度等作出界定，制定防治工业固体废物污染环境的技术政策，组织推广先进的防治工业固体废物污染环境的生产工艺和设备。

第三十三条 国务院工业和信息化主管部门应当会同国务院有关部门组织研究开发、推广减少工业固体废物产生量和降低工业固体废物危害性的生产工艺和设备，公布限期淘汰产生严重污染环境的工业固体废物的落后生产工艺、设备的名录。

生产者、销售者、进口者、使用者应当在国务院工业和信息化主管部门会同国务院有关部门规定的期限内分别停止生产、销售、进口或者使用列入前款规定名录中的设备。生产工艺的采用者应当在国务院工业和信息化主管部门会同国务院有关部门规定的期限内停止采用列入前款规定名录中的工艺。

列入限期淘汰名录被淘汰的设备，不得转让给他人使用。

第三十四条 国务院工业和信息化主管部门应当会同国务院发展改革、生态环境等主管部门，定期发布工业固体废物综合利用技术、工艺、设备和产品导向目录，组织开展工业固体废物资源综合利用评价，推动工业固体废物综合利用。

第三十五条 县级以上地方人民政府应当制定工业固体废物污染环境防治工作规划，组织建设工业固体废物集中处置等设施，推动工业固体废物污染环境防治工作。

第三十六条 产生工业固体废物的单位应当建立健全工业固体废物产生、收集、贮存、运输、利用、处置全过程的污染环境防治责任制度，建立工业固体废物管理台账，如实记录产生工业固体废物的种类、数量、流向、贮存、利用、处置等信息，实现工业固体废物可追溯、可查询，并采取防治工业固体废物污染环境的措施。

禁止向生活垃圾收集设施中投放工业固体废物。

第三十七条 产生工业固体废物的单位委托他人运输、利用、处置工业固体废物的，应当对受托方的主体资格和技术能力进行核实，依法签订书面合同，在合同中约定污染防治要求。

受托方运输、利用、处置工业固体废物，应当依照有关法律法规的规定和合同约定履行污染防治要求，并将运输、利用、处置情况告知产生工业固体废物的单位。

产生工业固体废物的单位违反本条第一款规定的，除依照有关法律法规的规定予以处罚外，还应当与造成环境污染和生态破坏的受托方承担连带责任。

第三十八条 产生工业固体废物的单位应当依法实施清洁生产审核，合理选择和利用原材料、能源和其他资源，采用先进的生产工艺和设备，减少工业固体废物的产生量，降低工业固体废物的危害性。

第三十九条 产生工业固体废物的单位应当取得排污许可证。排污许可的具体办法和实施步骤由国务院规定。

产生工业固体废物的单位应当向所在地生态环境主管部门提供工业固体废物的种类、数量、流向、贮存、利用、处置等有关资料，以及减少工业固体废物产生、促进综合利用的具体措施，并执行排污许可管理制度的相关规定。

第四十条 产生工业固体废物的单位应当根据经济、技术条件对工业固体废物加以利用；对暂时不利用或者不能利用的，应当按照国务院生态环境等主管部门的规定建设贮存设施、场所，安全分类存放，或者采取无害化处置措施。贮存工业固体废物应当采取符合国家环境保护标准的防护措施。

建设工业固体废物贮存、处置的设施、场所，应当符合国家环境保护标准。

第四十一条 产生工业固体废物的单位终止的，应当在终止前对工业固体废物的贮存、处置的设施、场所采取污染防治措施，并对未处置的工业固体废物作出妥善处置，防止污染环境。

产生工业固体废物的单位发生变更的，变更后的单位应当按照国家有关环境保护的规定对未处置的工业固体废物及其贮存、处置的设施、场所进行安全处置或者采取有效措施保证该设施、场所安全运行。变更前当事人对工业固体废物及其贮存、处置的设施、场所的污染防治责任另有约定的，从其约定；但是，不得免除当事人的污染防治义务。

对 2005 年 4 月 1 日前已经终止的单位未处置的工业固体废物及其贮存、处置的设施、场所进行安全处置的费用，由有关人民政府承担；但是，该单位享有的土地使用权依法转让的，应当由土地使用权受让人承担处置费用。当事人另有约定的，从其约定；但是，不得免除当事人的污染防治义务。

第四十二条 矿山企业应当采取科学的开采方法和选矿工艺，减少尾矿、煤矸石、废石等矿业固体废物的产生量和贮存量。

国家鼓励采取先进工艺对尾矿、煤矸石、废石等矿业固体废物进行综合利用。

尾矿、煤矸石、废石等矿业固体废物贮存设施停止使用后，矿山企业应当按照国家有关环境保护等规定进行封场，防止造成环境污染和生态破坏。

第四章　生活垃圾

第四十三条 县级以上地方人民政府应当加快建立分类投放、分类收集、分类运输、分类处理的生活垃圾管理系统，实现生活垃圾分类制度有效覆盖。

县级以上地方人民政府应当建立生活垃圾分类工作协调机制，加强和统筹生活垃圾分类管理能力建设。

各级人民政府及其有关部门应当组织开展生活垃圾分类宣传，教育引导公众养成生活垃圾分类习惯，督促和指导生活垃圾分类工作。

第四十四条 县级以上地方人民政府应当有计划地改进燃料结构，发展清洁能源，减少燃料废渣等固体废物的产生量。

县级以上地方人民政府有关部门应当加强产品生产和流通过程管理，避免过度包装，组织净菜上市，减少生活垃圾的产生量。

第四十五条 县级以上人民政府应当统筹安排建设城乡生活垃圾收集、运输、处理设施，确定设施厂址，提高生活垃圾的综合利用和无害化处置水平，促进生活垃圾收集、处理的产业化发展，逐步建立和完善生活垃圾污染环境防治的社会服务体系。

县级以上地方人民政府有关部门应当统筹规划，合理安排回收、分拣、打包网点，促进生活垃圾的回收利用工作。

第四十六条 地方各级人民政府应当加强农村生活垃圾污染环境的防治，保护和改善农村人居环境。

国家鼓励农村生活垃圾源头减量。城乡接合部、人口密集的农村地区和其他有条件的地方，应当建立城乡一体的生活垃圾管理系统；其他农村地区应当积极探索生活垃圾管理模式，因地制宜，就近就地利用或者妥善处理生活垃圾。

第四十七条 设区的市级以上人民政府环境卫生主管部门应当制定生活垃圾清扫、收集、贮存、运输和处理设施、场所建设运行规范，发布生活垃圾分类指导目录，加强监督管理。

第四十八条 县级以上地方人民政府环境卫生等主管部门应当组织对城乡生活垃圾进行清扫、收集、运输和处理，可以通过招标等方式选择具备条件的单位从事生活垃圾的清扫、收集、运输和处理。

第四十九条 产生生活垃圾的单位、家庭和个人应当依法履行生活垃圾源头减量和分类投放义务，承担生活垃圾产生者责任。

任何单位和个人都应当依法在指定的地点分类投放生活垃圾。禁止随意倾倒、抛撒、堆放或者焚烧生活垃圾。

机关、事业单位等应当在生活垃圾分类工作中起示范带头作用。

已经分类投放的生活垃圾，应当按照规定分类收集、分类运输、分类处理。

第五十条 清扫、收集、运输、处理城乡生活垃圾，应当遵守国家有关环境保护和环境卫生管理的规定，防止污染环境。

从生活垃圾中分类并集中收集的有害垃圾，属于危险废物的，应当按照危险废物管理。

第五十一条 从事公共交通运输的经营单位，应当及时清扫、收集运输过程中产生的生活垃圾。

第五十二条 农贸市场、农产品批发市场等应当加强环境卫生管理，保持环境卫生清洁，对所产生的垃圾及时清扫、分类收集、妥善处理。

第五十三条 从事城市新区开发、旧区改建和住宅小区开发建设、村镇建设的单位，以及机场、码头、车站、公园、商场、体育场馆等公共设施、场所的经营管理单位，应当按照国家有关环境卫生的规定，配套建设生活垃圾收集设施。

县级以上地方人民政府应当统筹生活垃圾公共转运、处理设施与前款规定的收集设施的有效衔接，并加强生活垃圾分类收运体系和再生资源回收体系在规划、建设、运营等方面的融合。

第五十四条 从生活垃圾中回收的物质应当按照国家规定的用途、标准使用，不得用于生产可能危害人体健康的产品。

第五十五条 建设生活垃圾处理设施、场所，应当符合国务院生态环境主管部门和国务院住房城乡建设主管部门规定的环境保护和环境卫生标准。

鼓励相邻地区统筹生活垃圾处理设施建设，促进生活垃圾处理设施跨行政区域共建共享。

禁止擅自关闭、闲置或者拆除生活垃圾处理设施、场所；确有必要关闭、闲置或者拆除的，应当经所在地的市、县级人民政府环境卫生主管部门商所在地生态环境主管部门同意后核准，并采取防止污染环境的措施。

第五十六条 生活垃圾处理单位应当按照国家有关规定，安装使用监测设备，实时监测污染物的排放情况，将污染排放数据实时公开。监测设备应当与所在地生态环境主管部门的监控设备联网。

第五十七条 县级以上地方人民政府环境卫生主管部门负责组织开展厨余垃圾资源化、无害化处理工作。

产生、收集厨余垃圾的单位和其他生产经营者，应当将厨余垃圾交由具备相应资质条件的单位进行无害化处理。

禁止畜禽养殖场、养殖小区利用未经无害化处理的厨余垃圾饲喂畜禽。

第五十八条 县级以上地方人民政府应当按照产生者付费原则，建立生活垃圾处理收费制度。

县级以上地方人民政府制定生活垃圾处理收费标准，应当根据本地实际，结合生活垃圾分类情况，体现分类计价、计量收费等差别化管理，并充分征求公众意见。生活垃圾处理收费标准应当向社会公布。

生活垃圾处理费应当专项用于生活垃圾的收集、运输和处理等，不得挪作他用。

第五十九条 省、自治区、直辖市和设区的市、自治州可以结合实际，制定本地方生活垃圾具体管理办法。

第五章 建筑垃圾、农业固体废物等

第六十条 县级以上地方人民政府应当加强建筑垃圾污染环境的防治，建立建筑垃圾分类处理制度。

县级以上地方人民政府应当制定包括源头减量、分类处理、消纳设施和场所布局及建设等在内的建筑垃圾污染环境防治工作规划。

第六十一条 国家鼓励采用先进技术、工艺、设备和管理措施，推进建筑垃圾源头减量，建立建筑垃圾回收利用体系。

县级以上地方人民政府应当推动建筑垃圾综合利用产品应用。

第六十二条 县级以上地方人民政府环境卫生主管部门负责建筑垃圾污染环境防治工作，建立建筑垃圾全过程管理制度，规范建筑垃圾产生、收集、贮存、运输、利用、处置行为，推进综合利用，加强建筑垃圾处置设施、场所建设，保障处置安全，防止污染环境。

第六十三条 工程施工单位应当编制建筑垃圾处理方案，采取污染防治措施，并报县级以上地方人民政府环境卫生主管部门备案。

工程施工单位应当及时清运工程施工过程中产生的建筑垃圾等固体废物，并按照环境卫生主管部门的规定进行利用或者处置。

工程施工单位不得擅自倾倒、抛撒或者堆放工程施工过程中产生的建筑垃圾。

第六十四条 县级以上人民政府农业农村主管部门负责指导农业固体废物回收利用体系建设，鼓励和引导有关单位和其他生产经营者依法收集、贮存、运输、利用、处置农业固体废物，加强监督管理，防止污染环境。

第六十五条 产生秸秆、废弃农用薄膜、农药包装废弃物等农业固体废物的单位和其他生产经营者，应当采取回收利用和其他防止污染环境的措施。

从事畜禽规模养殖应当及时收集、贮存、利用或者处置养殖过程中产生的畜禽粪污等固体废物，避免造成环境污染。

禁止在人口集中地区、机场周围、交通干线附近以及当地人民政府划定的其他区域露天焚烧秸秆。

国家鼓励研究开发、生产、销售、使用在环境中可降解且无害的农用薄膜。

第六十六条 国家建立电器电子、铅蓄电池、车用动力电池等产品的生产者责任延伸制度。

电器电子、铅蓄电池、车用动力电池等产品的生产者应当按照规定以自建或者委托等方式建立与产品销售量相匹配的废旧产品回收体系，并向社会公开，实现有效回收和利用。

国家鼓励产品的生产者开展生态设计，促进资源回收利用。

第六十七条 国家对废弃电器电子产品等实行多渠道回收和集中处理制度。

禁止将废弃机动车船等交由不符合规定条件的企业或者个人回收、拆解。

拆解、利用、处置废弃电器电子产品、废弃机动车船等，应当遵守有关法律法规的规定，采取防止污染环境的措施。

第六十八条 产品和包装物的设计、制造，应当遵守国家有关清洁生产的规定。国务院标准化主管部门应当根据国家经济和技术条件、固体废物污染环境防治状况以及产品的技术要求，组织制定有关标准，防止过度包装造成环境污染。

生产经营者应当遵守限制商品过度包装的强制性标准，避免过度包装。县级以上地方人民政府市场监督管理部门和有关部门应当按照各自职责，加强对过度包装的监督管理。

生产、销售、进口依法被列入强制回收目录的产品和包装物的企业，应当按照国家有关规定对该产品和包装物进行回收。

电子商务、快递、外卖等行业应当优先采用可重复使用、易回收利用的包装物，优化物品包装，减少包装物的使用，并积极回收利用包装物。县级以上地方人民政府商务、邮政等主管部门应当加强监督管理。

国家鼓励和引导消费者使用绿色包装和减量包装。

第六十九条 国家依法禁止、限制生产、销售和使用不可降解塑料袋等一次性塑料制品。

商品零售场所开办单位、电子商务平台企业和快递企业、外卖企业应当按照国家有关规定向商务、邮政等主管部门报告塑料袋等一次性塑料制品的使用、回收情况。

国家鼓励和引导减少使用、积极回收塑料袋等一次性塑料制品，推广应用可循环、易回收、可降解的替代产品。

第七十条 旅游、住宿等行业应当按照国家有关规定推行不主动提供一次性用品。

机关、企业事业单位等的办公场所应当使用有利于保护环境的产品、设备和设施，减少使用一次性办公用品。

第七十一条 城镇污水处理设施维护运营单位或者污泥处理单位应当安全处理污泥，保证处理后的污泥符合国家有关标准，对污泥的流向、用途、用量等进行跟踪、记录，并报告城镇排水主管部门、生态环境主管部门。

县级以上人民政府城镇排水主管部门应当将污泥处理设施纳入城镇排水与污水处理规划，推动同步建设污泥处理设施与污水处理设施，鼓励协同处理，污水处理费征收标准和补偿范围应当覆盖污泥处理成本和污水处理设施正常运营成本。

第七十二条 禁止擅自倾倒、堆放、丢弃、遗撒城镇污水处理设施产生的污泥和处理后的污泥。

禁止重金属或者其他有毒有害物质含量超标的污泥进入农用地。

从事水体清淤疏浚应当按照国家有关规定处理清淤疏浚过程中产生的底泥，防止污染环境。

第七十三条 各级各类实验室及其设立单位应当加强对实验室产生的固体废物的管理，依法收集、贮存、运输、利用、处置实验室固体废物。实验室固体废物属于危险废物的，应当按照危险废物管理。

第六章 危险废物

第七十四条 危险废物污染环境的防治，适用本章规定；本章未作规定的，适用本法其他有关规定。

第七十五条 国务院生态环境主管部门应当会同国务院有关部门制定国家危险废物名录，规定统一的危险废物鉴别标准、鉴别方法、识别标志和鉴别单位管理要求。国家危险废物名录应当动态调整。

国务院生态环境主管部门根据危险废物的危害特性和产生数量，科学评估其环境风险，实施分级分类管理，建立信息化监管体系，并通过信息化手段管理、共享危险废物转移数据和信息。

第七十六条 省、自治区、直辖市人民政府应当组织有关部门编制危险废物集中处置设施、场所的建设规划，科学评估危险废物处置需求，合理布局危险废物集中处置设施、场所，确保本行政区域的危险废物得到妥善处置。

编制危险废物集中处置设施、场所的建设规划，应当征求有关行业协会、企业事业单位、专家和公众等方面的意见。

相邻省、自治区、直辖市之间可以开展区域合作，统筹建设区域性危险废物集中处置设施、场所。

第七十七条 对危险废物的容器和包装物以及收集、贮存、运输、利用、处置危险废物的设施、场所，应当按照规定设置危险废物识别标志。

第七十八条 产生危险废物的单位，应当按照国家有关规定制定危险废物管理计划；建立危险废物管理台账，如实记录有关信息，并通过国家危险废物信息管理系统向所在地生态环境主管部门申报危险废物的种类、产生量、流向、贮存、处置等有关资料。

前款所称危险废物管理计划应当包括减少危险废物产生量和降低危险废物危害性的措施以及危险废物贮存、利用、处置措施。危险废物管理计划应当报产生危险废物的单位所在地生态环境主管部门备案。

产生危险废物的单位已经取得排污许可证的，执行排污许可管理制度的规定。

第七十九条 产生危险废物的单位，应当按照国家有关规定和环境保护标准要求贮存、利用、处置危险废物，不得擅自倾倒、堆放。

第八十条 从事收集、贮存、利用、处置危险废物经营活动的单位，应当按照国家有关规定申请取得许可证。许可证的具体管理办法由国务院制定。

禁止无许可证或者未按照许可证规定从事危险废物收集、贮存、利用、处置的经营活动。

禁止将危险废物提供或者委托给无许可证的单位或者其他生产经营者从事收集、贮存、利用、处置活动。

第八十一条 收集、贮存危险废物，应当按照危险废物特性分类进行。禁止混合收集、贮存、运输、处置性质不相容而未经安全性处置的危险废物。

贮存危险废物应当采取符合国家环境保护标准的防护措施。禁止将危险废物混入非危险废物中贮存。

从事收集、贮存、利用、处置危险废物经营活动的单位，贮存危险废物不得超过一年；确需延长期限的，应当报经颁发许可证的生态环境主管部门批准；法律、行政法规另有规定的除外。

第八十二条 转移危险废物的，应当按照国家有关规定填写、运行危险废物电子或者纸质转移联单。

跨省、自治区、直辖市转移危险废物的，应当向危险废物移出地省、自治区、直辖市人民政府生态环境主管部门申请。移出地省、自治区、直辖市人民政府生态环境主管部门应当及时商经接受地省、自治区、直辖市人民政府生态环境主管部门同意后，在规定期限内批准转移该危险废物，并将批准信息通报相关省、自治区、直辖市人民政府生态环境主管部门和交通运输主管部门。未经批准的，不得转移。

危险废物转移管理应当全程管控、提高效率，具体办法由国务院生态环境主管部门会同国务院交通运输主管部门和公安部门制定。

第八十三条 运输危险废物，应当采取防止污染环境的措施，并遵守国家有关危险货物运输管理的规定。

禁止将危险废物与旅客在同一运输工具上载运。

第八十四条 收集、贮存、运输、利用、处置危险废物的场所、设施、设备和容器、包装物及其他物品转作他用时，应当按照国家有关规定经过消除污染处理，方可使用。

第八十五条 产生、收集、贮存、运输、利用、处置危险废物的单位，应当依法制定意外事故的防范措施和应急预案，并向所在地生态环境主管部门和其他负有固体废物污染环境防治监督管理职责的部门备案；生态环境主管部门和其他负有固体废物污染环境防治监督管理职责的部门应当进行检查。

第八十六条 因发生事故或者其他突发性事件，造成危险废物严重污染环境的单位，应当立即采取有效措施消除或者减轻对环境的污染危害，及时通报可能受到污染危害的单位和居民，并向所在地生态环境主管部门和有关部门报告，接受调查处理。

第八十七条 在发生或者有证据证明可能发生危险废物严重污染环境、威胁居民生命财产安全时，生态环境主管部门或者其他负有固体废物污染环境防治监督管理职责的部门应当立即向本级人民政府和上一级人民政府有关部门报告，由人民政府采取防止或者减轻危害的有效措施。有关人民政府可以根据需要责令停止导致或者可能导致环境污染事故的作业。

第八十八条 重点危险废物集中处置设施、场所退役前，运营单位应当按照国家有关规定对设施、场所采取污染防治措施。退役的费用应当预提，列入投资概算或者生产成本，专门用于重点危险废物集中处置设施、场所的退役。具体提取和管理办法，由国务院财政部门、价格主管部门会同国务院生态环境主管部门规定。

第八十九条 禁止经中华人民共和国过境转移危险废物。

第九十条 医疗废物按照国家危险废物名录管理。县级以上地方人民政府应当加强医疗废物集中处置能力建设。

县级以上人民政府卫生健康、生态环境等主管部门应当在各自职责范围内加强对医疗废物收集、贮存、运输、处置的监督管理，防止危害公众健康、污染环境。

医疗卫生机构应当依法分类收集本单位产生的医疗废物，交由医疗废物集中处置单位处置。医疗废物集中处置单位应当及时收集、运输和处置医疗废物。

医疗卫生机构和医疗废物集中处置单位，应当采取有效措施，防止医疗废物流失、泄漏、渗漏、扩散。

第九十一条 重大传染病疫情等突发事件发生时，县级以上人民政府应当统筹协调医疗废物等危险废物收集、贮存、运输、处置等工作，保障所需的车辆、场地、处置设施和防护物资。卫生健康、生态环境、环境卫生、交通运输等主管部门应当协同配合，依法履行应急处置职责。

第七章 保障措施

第九十二条 国务院有关部门、县级以上地方人民政府及其有关部门在编制国土空间规划和相关专项规划时，应当统筹生活垃圾、建筑垃圾、危险废物等固体废物转运、集中处置等设施建设需求，保障转运、集中处置等设施用地。

第九十三条 国家采取有利于固体废物污染环境防治的经济、技术政策和措施，鼓励、支持有关方面采取有利于固体废物污染环境防治的措施，加强对从事固体废物污染环境防治工作人员的培训和指导，促进固体废物污染环境防治产业专业化、规模化发展。

第九十四条 国家鼓励和支持科研单位、固体废物产生单位、固体废物利用单位、固体废物处置单位等联合攻关，研究开发固体废物综合利用、集中处置等的新技术，推动固体废物污染环境防治技术进步。

第九十五条 各级人民政府应当加强固体废物污染环境的防治，按照事权划分的原则安排必要的资金用于下列事项：

（一）固体废物污染环境防治的科学研究、技术开发；

（二）生活垃圾分类；

（三）固体废物集中处置设施建设；

（四）重大传染病疫情等突发事件产生的医疗废物等危险废物应急处置；

（五）涉及固体废物污染环境防治的其他事项。

使用资金应当加强绩效管理和审计监督，确保资金使用效益。

第九十六条 国家鼓励和支持社会力量参与固体废物污染环境防治工作，并按照国家有关规定给予政策扶持。

第九十七条 国家发展绿色金融，鼓励金融机构加大对固体废物污染环境防治项目的信贷投放。

第九十八条 从事固体废物综合利用等固体废物污染环境防治工作的，依照法律、行政法规的规定，享受税收优惠。

国家鼓励并提倡社会各界为防治固体废物污染环境捐赠财产，并依照法律、行政法规的规定，给予税收优惠。

第九十九条 收集、贮存、运输、利用、处置危险废物的单位，应当按照国家有关规定，投保环境污染责任保险。

第一百条 国家鼓励单位和个人购买、使用综合利用产品和可重复使用产品。

县级以上人民政府及其有关部门在政府采购过程中，应当优先采购综合利用产品和可重复使用产品。

第八章 法律责任

第一百零一条 生态环境主管部门或者其他负有固体废物污染环境防治监督管理职责的部门违反本法规定，有下列行为之一，由本级人民政府或者上级人民政府有关部门责令改正，对直接负责的主管人员和其他直接责任人员依法给予处分：

（一）未依法作出行政许可或者办理批准文件的；

（二）对违法行为进行包庇的；

（三）未依法查封、扣押的；

（四）发现违法行为或者接到对违法行为的举报后未予查处的；

（五）有其他滥用职权、玩忽职守、徇私舞弊等违法行为的。

依照本法规定应当作出行政处罚决定而未作出的，上级主管部门可以直接作出行政处罚决定。

第一百零二条 违反本法规定，有下列行为之一，由生态环境主管部门责令改正，处以罚款，没收违法所得；情节严重的，报经有批准权的人民政府批准，可以责令停业或者关闭：

（一）产生、收集、贮存、运输、利用、处置固体废物的单位未依法及时公开固体废物污染环境防治信息的；

（二）生活垃圾处理单位未按照国家有关规定安装使用监测设备、实时监测污染物的排放情况并公开污染排放数据的；

（三）将列入限期淘汰名录被淘汰的设备转让给他人使用的；

（四）在生态保护红线区域、永久基本农田集中区域和其他需要特别保护的区域内，建设工业固体废物、危险废物集中贮存、利用、处置的设施、场所和生活垃圾填埋场的；

（五）转移固体废物出省、自治区、直辖市行政区域贮存、处置未经批准的；

（六）转移固体废物出省、自治区、直辖市行政区域利用未报备案的；

（七）擅自倾倒、堆放、丢弃、遗撒工业固体废物，或者未采取相应防范措施，造成工业固体废物扬散、流失、渗漏或者其他环境污染的；

（八）产生工业固体废物的单位未建立固体废物管理台账并如实记录的；

（九）产生工业固体废物的单位违反本法规定委托他人运输、利用、处置工业固体废物的；

（十）贮存工业固体废物未采取符合国家环境保护标准的防护措施的；

（十一）单位和其他生产经营者违反固体废物管理其他要求，污染环境、破坏生态的。

有前款第一项、第八项行为之一，处五万元以上二十万元以下的罚款；有前款第二项、第三项、第四项、第五项、第六项、第九项、第十项、第十一项行为之一，处十万元以上一百万元以下的罚款；有前款第七项行为，处所需处置费用一倍以上三倍以下的罚款，所需处置费用不足十万元的，按十万元计算。对前款第十一项行为的处罚，有关法律、行政法规另有规定的，适用其规定。

第一百零三条 违反本法规定，以拖延、围堵、滞留执法人员等方式拒绝、阻挠监督检查，或者在接受监督检查时弄虚作假的，由生态环境主管部门或者其他负有固体废物污染环境防治监督管理职责的部门责令改正，处五万元以上二十万元以下的罚款；对直接负责的主管人员和其他直接责任人员，处二万元以上十万元以下的罚款。

第一百零四条 违反本法规定，未依法取得排污许可证产生工业固体废物的，由生态环境主管部门责令改正或者限制生产、停产整治，处十万元以上一百万元以下的罚款；情节严重的，报经有批准权的人民政府批准，责令停业或者关闭。

第一百零五条 违反本法规定，生产经营者未遵守限制商品过度包装的强制性标准的，由县级以上地方人民政府市场监督管理部门或者有关部门责令改正；拒不改正的，处二千元以上二万元以下的罚款；情节严重的，处二万元以上十万元以下的罚款。

第一百零六条 违反本法规定，未遵守国家有关禁止、限制使用不可降解塑料袋等一次性塑料制品的规定，或者未按照国家有关规定报告塑料袋等一次性塑料制品的使用情况的，由县级以上地方人民政府商务、邮政等主管部门责令改正，处一万元以上十万元以下的罚款。

第一百零七条 从事畜禽规模养殖未及时收集、贮存、利用或者处置养殖过程中产生的畜禽粪污等固体废物的，由生态环境主管部门责令改正，可以处十万元以下的罚款；情节严重的，报经有批准权的人民政府批准，责令停业或者关闭。

第一百零八条 违反本法规定，城镇污水处理设施维护运营单位或者污泥处理单位对污泥流向、用途、用量等未进行跟踪、记录，或者处理后的污泥不符合国家有关标准的，由城镇排水主管部门责令改正，给予警告；造成严重后果的，处十万元以上二十万元以下的罚款；拒不改正的，城镇排水主管部门可以指定有治理能力的单位代为治理，所需费用由违法者承担。

违反本法规定，擅自倾倒、堆放、丢弃、遗撒城镇污水处理设施产生的污泥和处理后的污泥的，由城镇排水主管部门责令改正，处二十万元以上二百万元以下的罚款，对直接负责的主管人员和其他直接责任人员处二万元以上十万元以下的罚款；造成严重后果的，处二百万元以上五百万元以下的罚款，对直接负责的主管人员和其他直接责任人员处五万元以上五十万元以下的罚款；拒不改正的，城镇排水主管部门可以指定有治理能力的单位代为治理，所需费用由违法者承担。

第一百零九条 违反本法规定，生产、销售、进口或者使用淘汰的设备，或者采用淘汰的生产工艺的，由县级以上地方人民政府指定的部门责令改正，处十万元以上一百万元以下的罚款，没收违法所得；情节严重的，由县级以上地方人民政府指定的部门提出意见，报经有批准权的人民政府批准，责令停业或者关闭。

第一百一十条 尾矿、煤矸石、废石等矿业固体废物贮存设施停止使用后，未按照国家有关环境保护规定进行封场的，由生态环境主管部门责令改正，处二十万元以上一百万元以下的罚款。

第一百一十一条 违反本法规定，有下列行为之一，由县级以上地方人民政府环境卫生主管部门责令改正，处以罚款，没收违法所得：

（一）随意倾倒、抛撒、堆放或者焚烧生活垃圾的；

（二）擅自关闭、闲置或者拆除生活垃圾处理设施、场所的；

（三）工程施工单位未编制建筑垃圾处理方案报备案，或者未及时清运施工过程中产生的固体废物的；

（四）工程施工单位擅自倾倒、抛撒或者堆放工程施工过程中产生的建筑垃圾，或者未按照规定对施工过程中产生的固体废物进行利用或者处置的；

（五）产生、收集厨余垃圾的单位和其他生产经营者未将厨余垃圾交由具备相应资质条件的单位进行无害化处理的；

（六）畜禽养殖场、养殖小区利用未经无害化处理的厨余垃圾饲喂畜禽的；

（七）在运输过程中沿途丢弃、遗撒生活垃圾的。

单位有前款第一项、第七项行为之一，处五万元以上五十万元以下的罚款；单位有前款第二项、第三项、第四项、第五项、第六项行为之一，处十万元以上一百万元以下的罚款；个人有前款第一项、第五项、第七项行为之一，处一百元以上五百元以下的罚款。

违反本法规定，未在指定的地点分类投放生活垃圾的，由县级以上地方人民政府环境卫生主管部门责令改正；情节严重的，对单位处五万元以上五十万元以下的罚款，对个人依法处以罚款。

第一百一十二条 违反本法规定，有下列行为之一，由生态环境主管部门责令改正，处以罚款，没收违法所得；情节严重的，报经有批准权的人民政府批准，可以责令停业或者关闭：

（一）未按照规定设置危险废物识别标志的；

（二）未按照国家有关规定制定危险废物管理计划或者申报危险废物有关资料的；

（三）擅自倾倒、堆放危险废物的；

（四）将危险废物提供或者委托给无许可证的单位或者其他生产经营者从事经营活动的；

（五）未按照国家有关规定填写、运行危险废物转移联单或者未经批准擅自转移危险废物的；

（六）未按照国家环境保护标准贮存、利用、处置危险废物或者将危险废物混入非危险废物中贮存的；

（七）未经安全性处置，混合收集、贮存、运输、处置具有不相容性质的危险废物的；

（八）将危险废物与旅客在同一运输工具上载运的；

（九）未经消除污染处理，将收集、贮存、运输、处置危险废物的场所、设施、设备和容器、包装物及其他物品转作他用的；

（十）未采取相应防范措施，造成危险废物扬散、流失、渗漏或者其他环境污染的；

（十一）在运输过程中沿途丢弃、遗撒危险废物的；

（十二）未制定危险废物意外事故防范措施和应急预案的；

（十三）未按照国家有关规定建立危险废物管理台账并如实记录的。

有前款第一项、第二项、第五项、第六项、第七项、第八项、第九项、第十二项、第十三项行为之一，处十万元以上一百万元以下的罚款；有前款第三项、第四项、第十项、第十一项行为之一，处所需处置费用三倍以上五倍以下的罚款，所需处置费用不足二十万元的，按二十万元计算。

第一百一十三条 违反本法规定，危险废物产生者未按照规定处置其产生的危险废物被责令改正后拒不改正的，由生态环境主管部门组织代为处置，处置费用由危险废物产生者承担；拒不承担代为处置费用的，处代为处置费用一倍以上三倍以下的罚款。

第一百一十四条 无许可证从事收集、贮存、利用、处置危险废物经营活动的，由生态环境主管部门责令改正，处一百万元以上五百万元以下的罚款，并报经有批准权的人民政府批准，责令停业或者关闭；对法定代表人、主要负责人、直接负责的主管人员和其他责任人员，处十万元以上一百万元以下的罚款。

未按照许可证规定从事收集、贮存、利用、处置危险废物经营活动的，由生态环境主管部门责令改正，限制生产、停产整治，处五十万元以上二百万元以下的罚款；对法定代表人、主要负责人、直接负责的主管人员和其他责任人员，处五万元以上五十万元以下的罚款；情节严重的，报经有批准权的人民政府批准，责令停业或者关闭，还可以由发证机关吊销许可证。

第一百一十五条 违反本法规定，将中华人民共和国境外的固体废物输入境内的，由海关责令退运该固体废物，处五十万元以上五百万元以下的罚款。

承运人对前款规定的固体废物的退运、处置，与进口者承担连带责任。

第一百一十六条 违反本法规定，经中华人民共和国过境转移危险废物的，由海关责令退运该危险废物，处五十万元以上五百万元以下的罚款。

第一百一十七条 对已经非法入境的固体废物，由省级以上人民政府生态环境主管部门依法向海关提出处理意见，海关应当依照本法第一百一十五条的规定作出处罚决定；已经造成环境污染的，由省级以上人民政府生态环境主管部门责令进口者消除污染。

第一百一十八条 违反本法规定，造成固体废物污染环境事故的，除依法承担赔偿责任外，由生态环境主管部门依照本条第二款的规定处以罚款，责令限期采取治理措施；造成重大或者特大固体废物污染环境事故的，还可以报经有批准权的人民政府批准，责令关闭。

造成一般或者较大固体废物污染环境事故的，按照事故造成的直接经济损失的一倍以上三倍以下计算罚款；造成重大或者特大固体废物污染环境事故的，按照事故造成的直接经济损失的三倍以上五倍以下计算罚款，并对法定代表人、主要负责人、直接负责的主管人员和其他责任人员处上一年度从本单位取得的收入百分之五十以下的罚款。

第一百一十九条 单位和其他生产经营者违反本法规定排放固体废物，受到罚款处罚，被责令改正的，依法作出处罚决定的行政机关应当组织复查，发现其继续实施该违法行为的，依照《中华人民共和国环境保护法》的规定按日连续处罚。

第一百二十条 违反本法规定，有下列行为之一，尚不构成犯罪的，由公安机关对法定代表人、主要负责人、直接负责的主管人员和其他责任人员处十日以上十五日以下的拘留；情节较轻的，处五日以上十日以下的拘留：

（一）擅自倾倒、堆放、丢弃、遗撒固体废物，造成严重后果的；

（二）在生态保护红线区域、永久基本农田集中区域和其他需要特别保护的区域内，建设工业固体废物、危险废物集中贮存、利用、处置的设施、场所和生活垃圾填埋场的；

（三）将危险废物提供或者委托给无许可证的单位或者其他生产经营者堆放、利用、处置的；

（四）无许可证或者未按照许可证规定从事收集、贮存、利用、处置危险废物经营活动的；

（五）未经批准擅自转移危险废物的；

（六）未采取防范措施，造成危险废物扬散、流失、渗漏或者其他严重后果的。

第一百二十一条 固体废物污染环境、破坏生态，损害国家利益、社会公共利益的，有关机关和组织可以依照《中华人民共和国环境保护法》、《中华人民共和国民事诉讼法》、《中华人民共和国行政诉讼法》等法律的规定向人民法院提起诉讼。

第一百二十二条 固体废物污染环境、破坏生态给国家造成重大损失的，由设区的市级以上地方人民政府或者其指定的部门、机构组织与造成环境污染和生态破坏的单位和其他生产经营者进行磋商，要求其承担损害赔偿责任；磋商未达成一致的，可以向人民法院提起诉讼。

对于执法过程中查获的无法确定责任人或者无法退运的固体废物，由所在地县级以上地方人民政府组织处理。

第一百二十三条 违反本法规定，构成违反治安管理行为的，由公安机关依法给予治安管理处罚；构成犯罪的，依法追究刑事责任；造成人身、财产损害的，依法承担民事责任。

第九章　附　　则

第一百二十四条　本法下列用语的含义：

（一）固体废物，是指在生产、生活和其他活动中产生的丧失原有利用价值或者虽未丧失利用价值但被抛弃或者放弃的固态、半固态和置于容器中的气态的物品、物质以及法律、行政法规规定纳入固体废物管理的物品、物质。经无害化加工处理，并且符合强制性国家产品质量标准，不会危害公众健康和生态安全，或者根据固体废物鉴别标准和鉴别程序认定为不属于固体废物的除外。

（二）工业固体废物，是指在工业生产活动中产生的固体废物。

（三）生活垃圾，是指在日常生活中或者为日常生活提供服务的活动中产生的固体废物，以及法律、行政法规规定视为生活垃圾的固体废物。

（四）建筑垃圾，是指建设单位、施工单位新建、改建、扩建和拆除各类建筑物、构筑物、管网等，以及居民装饰装修房屋过程中产生的弃土、弃料和其他固体废物。

（五）农业固体废物，是指在农业生产活动中产生的固体废物。

（六）危险废物，是指列入国家危险废物名录或者根据国家规定的危险废物鉴别标准和鉴别方法认定的具有危险特性的固体废物。

（七）贮存，是指将固体废物临时置于特定设施或者场所中的活动。

（八）利用，是指从固体废物中提取物质作为原材料或者燃料的活动。

（九）处置，是指将固体废物焚烧和用其他改变固体废物的物理、化学、生物特性的方法，达到减少已产生的固体废物数量、缩小固体废物体积、减少或者消除其危险成分的活动，或者将固体废物最终置于符合环境保护规定要求的填埋场的活动。

第一百二十五条　液态废物的污染防治，适用本法；但是，排入水体的废水的污染防治适用有关法律，不适用本法。

第一百二十六条　本法自 2020 年 9 月 1 日起施行。

中华人民共和国环境噪声污染防治法

（2021 年 12 月 24 日）

（2021年12月24日第十三届全国人民代表大会常务委员会第三十二次会议通过）

目　　录

第一章　总　　则

第一条　为了防治噪声污染，保障公众健康，保护和改善生活环境，维护社会和谐，推进生态文明建设，促进经济社会可持续发展，制定本法。

第二条　本法所称噪声，是指在工业生产、建筑施工、交通运输和社会生活中产生的干扰周围生活环境的声音。

本法所称噪声污染，是指超过噪声排放标准或者未依法采取防控措施产生噪声，并干扰他人正常生活、工作和学习的现象。

第三条　噪声污染的防治，适用本法。

因从事本职生产经营工作受到噪声危害的防治，适用劳动保护等其他有关法律的规定。

第四条 噪声污染防治应当坚持统筹规划、源头防控、分类管理、社会共治、损害担责的原则。

第五条 县级以上人民政府应当将噪声污染防治工作纳入国民经济和社会发展规划、生态环境保护规划，将噪声污染防治工作经费纳入本级政府预算。

生态环境保护规划应当明确噪声污染防治目标、任务、保障措施等内容。

第六条 地方各级人民政府对本行政区域声环境质量负责，采取有效措施，改善声环境质量。

国家实行噪声污染防治目标责任制和考核评价制度，将噪声污染防治目标完成情况纳入考核评价内容。

第七条 县级以上地方人民政府应当依照本法和国务院的规定，明确有关部门的噪声污染防治监督管理职责，根据需要建立噪声污染防治工作协调联动机制，加强部门协同配合、信息共享，推进本行政区域噪声污染防治工作。

第八条 国务院生态环境主管部门对全国噪声污染防治实施统一监督管理。

地方人民政府生态环境主管部门对本行政区域噪声污染防治实施统一监督管理。

各级住房和城乡建设、公安、交通运输、铁路监督管理、民用航空、海事等部门，在各自职责范围内，对建筑施工、交通运输和社会生活噪声污染防治实施监督管理。

基层群众性自治组织应当协助地方人民政府及其有关部门做好噪声污染防治工作。

第九条 任何单位和个人都有保护声环境的义务，同时依法享有获取声环境信息、参与和监督噪声污染防治的权利。

排放噪声的单位和个人应当采取有效措施，防止、减轻噪声污染。

第十条 各级人民政府及其有关部门应当加强噪声污染防治法律法规和知识的宣传教育普及工作，增强公众噪声污染防治意识，引导公众依法参与噪声污染防治工作。

新闻媒体应当开展噪声污染防治法律法规和知识的公益宣传，对违反噪声污染防治法律法规的行为进行舆论监督。

国家鼓励基层群众性自治组织、社会组织、公共场所管理者、业主委员会、物业服务人、志愿者等开展噪声污染防治法律法规和知识的宣传。

第十一条 国家鼓励、支持噪声污染防治科学技术研究开发、成果转化和推广应用，加强噪声污染防治专业技术人才培养，促进噪声污染防治科学技术进步和产业发展。

第十二条 对在噪声污染防治工作中做出显著成绩的单位和个人，按照国家规定给予表彰、奖励。

第二章 噪声污染防治标准和规划

第十三条 国家推进噪声污染防治标准体系建设。

国务院生态环境主管部门和国务院其他有关部门，在各自职责范围内，制定和完善噪声污染防治相关标准，加强标准之间的衔接协调。

第十四条 国务院生态环境主管部门制定国家声环境质量标准。

县级以上地方人民政府根据国家声环境质量标准和国土空间规划以及用地现状，划定本行政区域各类声环境质量标准的适用区域；将以用于居住、科学研究、医疗卫生、文化教育、机关团体办公、社会福利等的建筑物为主的区域，划定为噪声敏感建筑物集中区域，加强噪声污染防治。

声环境质量标准适用区域范围和噪声敏感建筑物集中区域范围应当向社会公布。

第十五条 国务院生态环境主管部门根据国家声环境质量标准和国家经济、技术条件，制定国家噪声排放标准以及相关的环境振动控制标准。

省、自治区、直辖市人民政府对尚未制定国家噪声排放标准的，可以制定地方噪声排放标准；对已经制定国家噪声排放标准的，可以制定严于国家噪声排放标准的地方噪声排放标准。地方噪声排放标准应当报国务院生态环境主管部门备案。

第十六条 国务院标准化主管部门会同国务院发展改革、生态环境、工业和信息化、住房和城乡建设、交通运输、铁路监督管理、民用航空、海事等部门，对可能产生噪声污染的工业设备、施工机械、机动车、铁路机车车辆、城市轨道交通车辆、民用航空器、机动船舶、电气电子产品、建筑附属设备等产品，根据声环境保护的要求和国家经济、技术条件，在其技术规范或者产品质量标准中规定噪声限值。

前款规定的产品使用时产生噪声的限值，应当在有关技术文件中注明。禁止生产、进口或者销售不符合噪声限值的产品。

县级以上人民政府市场监督管理等部门对生产、销售的有噪声限值的产品进行监督抽查，对电梯等特种设备使用时发出的噪声进行监督抽测，生态环境主管部门予以配合。

第十七条 声环境质量标准、噪声排放标准和其他噪声污染防治相关标准应当定期评估，并根据评估结果适时修订。

第十八条 各级人民政府及其有关部门制定、修改国土空间规划和相关规划，应当依法进行环境影响评价，充分考虑城乡区域开发、改造和建设项目产生的噪声对周围生活环境的影响，统筹规划，合理安排土地用途和建设布局，防止、减轻噪声污染。有关环境影响篇章、说明或者报告书中应当包括噪声污染防治内容。

第十九条 确定建设布局，应当根据国家声环境质量标准和民用建筑隔声设计相关标准，合理划定建筑物与交通干线等的防噪声距离，并提出相应的规划设计要求。

第二十条 未达到国家声环境质量标准的区域所在的设区的市、县级人民政府，应当及时编制声环境质量改善规划及其实施方案，采取有效措施，改善声环境质量。

声环境质量改善规划及其实施方案应当向社会公开。

第二十一条 编制声环境质量改善规划及其实施方案，制定、修订噪声污染防治相关标准，应当征求有关行业协会、企业事业单位、专家和公众等的意见。

第三章 噪声污染防治的监督管理

第二十二条 排放噪声、产生振动，应当符合噪声排放标准以及相关的环境振动控制标准和有关法律、法规、规章的要求。

排放噪声的单位和公共场所管理者，应当建立噪声污染防治责任制度，明确负责人和相关人员的责任。

第二十三条 国务院生态环境主管部门负责制定噪声监测和评价规范，会同国务院有关部门组织声环境质量监测网络，规划国家声环境质量监测站（点）的设置，组织开展全国声环境质量监测，推进监测自动化，统一发布全国声环境质量状况信息。

地方人民政府生态环境主管部门会同有关部门按照规定设置本行政区域声环境质量监测站（点），组织开展本行政区域声环境质量监测，定期向社会公布声环境质量状况信息。

地方人民政府生态环境等部门应当加强对噪声敏感建筑物周边等重点区域噪声排放情况的调查、监测。

第二十四条 新建、改建、扩建可能产生噪声污染的建设项目，应当依法进行环境影响评价。

第二十五条 建设项目的噪声污染防治设施应当与主体工程同时设计、同时施工、同时投产使用。

建设项目在投入生产或者使用之前，建设单位应当依照有关法律法规的规定，对配套建设的噪声污染防治设施进行验收，编制验收报告，并向社会公开。未经验收或者验收不合格的，该建设项目不得投入生产或者使用。

第二十六条 建设噪声敏感建筑物，应当符合民用建筑隔声设计相关标准要求，不符合标准要求的，不得通过验收、交付使用；在交通干线两侧、工业企业周边等地方建设噪声敏感建筑物，还应当按照规定间隔一定距离，并采取减少振动、降低噪声的措施。

第二十七条 国家鼓励、支持低噪声工艺和设备的研究开发和推广应用，实行噪声污染严重的落后工艺和设备淘汰制度。

国务院发展改革部门会同国务院有关部门确定噪声污染严重的工艺和设备淘汰期限，并纳入国家综合性产业政策目录。

生产者、进口者、销售者或者使用者应当在规定期限内停止生产、进口、销售或者使用列入前款规定目录的设备。工艺的采用者应当在规定期限内停止采用列入前款规定目录的工艺。

第二十八条 对未完成声环境质量改善规划设定目标的地区以及噪声污染问题突出、群众反映强烈的地区，省级以上人民政府生态环境主管部门会同其他负有噪声污染防治监督管理职责的部门约谈该地区人民政府及其有关部门的主要负责人，要求其采取有效措施及时整改。约谈和整改情况应当向社会公开。

第二十九条 生态环境主管部门和其他负有噪声污染防治监督管理职责的部门，有权对排放噪声的单位或者场所进行现场检查。被检查者应当如实反映情况，提供必要的资料，不得拒绝或者阻挠。实施检查的部门、人员对现场检查中知悉的商业秘密应当保密。

检查人员进行现场检查，不得少于两人，并应当主动出示执法证件。

第三十条 排放噪声造成严重污染，被责令改正拒不改正的，生态环境主管部门或者其他负有噪声污染防治监督管理职责的部门，可以查封、扣押排放噪声的场所、设施、设备、工具和物品。

第三十一条 任何单位和个人都有权向生态环境主管部门或者其他负有噪声污染防治监督管理职责的部门举报造成噪声污染的行为。

生态环境主管部门和其他负有噪声污染防治监督管理职责的部门应当公布举报电话、电子邮箱等，方便公众举报。

接到举报的部门应当及时处理并对举报人的相关信息保密。举报事项属于其他部门职责的，接到举报的部门应当及时移送相关部门并告知举报人。举报人要求答复并提供有效联系方式的，处理举报事项的部门应当反馈处理结果等情况。

第三十二条 国家鼓励开展宁静小区、静音车厢等宁静区域创建活动，共同维护生活环境和谐安宁。

第三十三条 在举行中等学校招生考试、高等学校招生统一考试等特殊活动期间，地方人民政府或者其指定的部门可以对可能产生噪声影响的活动，作出时间和区域的限制性规定，并提前向社会公告。

第四章 工业噪声污染防治

第三十四条 本法所称工业噪声，是指在工业生产活动中产生的干扰周围生活环境的声音。

第三十五条 工业企业选址应当符合国土空间规划以及相关规划要求，县级以上地方人民政府应当按照规划要求优化工业企业布局，防止工业噪声污染。

在噪声敏感建筑物集中区域，禁止新建排放噪声的工业企业，改建、扩建工业企业的，应当采取有效措施防止工业噪声污染。

第三十六条 排放工业噪声的企业事业单位和其他生产经营者，应当采取有效措施，减少振动、降低噪声，依法取得排污许可证或者填报排污登记表。

实行排污许可管理的单位，不得无排污许可证排放工业噪声，并应当按照排污许可证的要求进行噪声污染防治。

第三十七条 设区的市级以上地方人民政府生态环境主管部门应当按照国务院生态环境主管部门的规定，根据噪声排放、声环境质量改善要求等情况，制定本行政区域噪声重点排污单位名录，向社会公开并适时更新。

第三十八条 实行排污许可管理的单位应当按照规定，对工业噪声开展自行监测，保存原始监测记录，向社会公开监测结果，对监测数据的真实性和准确性负责。

噪声重点排污单位应当按照国家规定，安装、使用、维护噪声自动监测设备，与生态环境主管部门的监控设备联网。

第五章 建筑施工噪声污染防治

第三十九条 本法所称建筑施工噪声，是指在建筑施工过程中产生的干扰周围生活环境的声音。

第四十条 建设单位应当按照规定将噪声污染防治费用列入工程造价，在施工合同中明确施工单位的噪声污染防治责任。

施工单位应当按照规定制定噪声污染防治实施方案，采取有效措施，减少振动、降低噪声。建设单位应当监督施工单位落实噪声污染防治实施方案。

第四十一条 在噪声敏感建筑物集中区域施工作业，应当优先使用低噪声施工工艺和设备。

国务院工业和信息化主管部门会同国务院生态环境、住房和城乡建设、市场监督管理等部门，公布低噪声施工设备指导名录并适时更新。

第四十二条 在噪声敏感建筑物集中区域施工作业，建设单位应当按照国家规定，设置噪声自动监测系统，与监督管理部门联网，保存原始监测记录，对监测数据的真实性和准确性负责。

第四十三条 在噪声敏感建筑物集中区域，禁止夜间进行产生噪声的建筑施工作业，但抢修、抢险施工作业，因生产工艺要求或者其他特殊需要必须连续施工作业的除外。

因特殊需要必须连续施工作业的，应当取得地方人民政府住房和城乡建设、生态环境主管部门或者地方人民政府指定的部门的证明，并在施工现场显著位置公示或者以其他方式公告附近居民。

第六章 交通运输噪声污染防治

第四十四条 本法所称交通运输噪声，是指机动车、铁路机车车辆、城市轨道交通车辆、机动船舶、航空器等交通运输工具在运行时产生的干扰周围生活环境的声音。

第四十五条 各级人民政府及其有关部门制定、修改国土空间规划和交通运输等相关规划，应当综合考虑公路、城市道路、铁路、城市轨道交通线路、水路、港口和民用机场及其起降航线对周围声环境的影响。

新建公路、铁路线路选线设计，应当尽量避开噪声敏感建筑物集中区域。

新建民用机场选址与噪声敏感建筑物集中区域的距离应当符合标准要求。

第四十六条 制定交通基础设施工程技术规范，应当明确噪声污染防治要求。

新建、改建、扩建经过噪声敏感建筑物集中区域的高速公路、城市高架、铁路和城市轨道交通线路等的，建设单位应当在可能造成噪声污染的重点路段设置声屏障或者采取其他减少振动、降低噪声的措施，符合有关交通基础设施工程技术规范以及标准要求。

建设单位违反前款规定的，由县级以上人民政府指定的部门责令制定、实施治理方案。

第四十七条 机动车的消声器和喇叭应当符合国家规定。禁止驾驶拆除或者损坏消声器、加装排气管等擅自改装的机动车以轰鸣、疾驶等方式造成噪声污染。

使用机动车音响器材，应当控制音量，防止噪声污染。

机动车应当加强维修和保养，保持性能良好，防止噪声污染。

第四十八条 机动车、铁路机车车辆、城市轨道交通车辆、机动船舶等交通运输工具运行时，应当按照规定使用喇叭等声响装置。

警车、消防救援车、工程救险车、救护车等机动车安装、使用警报器，应当符合国务院公安等部门的规定；非执行紧急任务，不得使用警报器。

第四十九条 地方人民政府生态环境主管部门会同公安机关根据声环境保护的需要，可以划定禁止机动车行驶和使用喇叭等声响装置的路段和时间，向社会公告，并由公安机关交通管理部门依法设置相关标志、标线。

第五十条 在车站、铁路站场、港口等地指挥作业时使用广播喇叭的，应当控制音量，减轻噪声污染。

第五十一条 公路养护管理单位、城市道路养护维修单位应当加强对公路、城市道路的维护和保养，保持减少振动、降低噪声设施正常运行。

城市轨道交通运营单位、铁路运输企业应当加强对城市轨道交通线路和城市轨道交通车辆、铁路线路和铁路机车车辆的维护和保养，保持减少振动、降低噪声设施正常运行，并按照国家规定进行监测，保存原始监测记录，对监测数据的真实性和准确性负责。

第五十二条 民用机场所在地人民政府，应当根据环境影响评价以及监测结果确定的民用航空器噪声对机场周围生活环境产生影响的范围和程度，划定噪声敏感建筑物禁止建设区域和限制建设区域，并实施控制。

在禁止建设区域禁止新建与航空无关的噪声敏感建筑物。

在限制建设区域确需建设噪声敏感建筑物的，建设单位应当对噪声敏感建筑物进行建筑隔声设计，符合民用建筑隔声设计相关标准要求。

第五十三条 民用航空器应当符合国务院民用航空主管部门规定的适航标准中的有关噪声要求。

第五十四条 民用机场管理机构负责机场起降航空器噪声的管理，会同航空运输企业、通用航空企业、空中交通管理部门等单位，采取低噪声飞行程序、起降跑道优化、运行架次和时段控制、高噪声航空器运行限制或者周围噪声敏感建筑物隔声降噪等措施，防止、减轻民用航空器噪声污染。

民用机场管理机构应当按照国家规定，对机场周围民用航空器噪声进行监测，保存原始监测记录，对监测数据的真实性和准确性负责，监测结果定期向民用航空、生态环境主管部门报送。

第五十五条 因公路、城市道路和城市轨道交通运行排放噪声造成严重污染的，设区的市、县级人民政府应当组织有关部门和其他有关单位对噪声污染情况进行调查评估和责任认定，制定噪声污染综合治理方案。

噪声污染责任单位应当按照噪声污染综合治理方案的要求采取管理或者工程措施，减轻噪声污染。

第五十六条 因铁路运行排放噪声造成严重污染的，铁路运输企业和设区的市、县级人民政府应当对噪声污染情况进行调查，制定噪声污染综合治理方案。

铁路运输企业和设区的市、县级人民政府有关部门和其他有关单位应当按照噪声污染综合治理方案的要求采取有效措施，减轻噪声污染。

第五十七条 因民用航空器起降排放噪声造成严重污染的，民用机场所在地人民政府应当组织有关部门和其他有关单位对噪声污染情况进行调查，综合考虑经济、技术和管理措施，制定噪声污染综合治理方案。

民用机场管理机构、地方各级人民政府和其他有关单位应当按照噪声污染综合治理方案的要求采取有效措施，减轻噪声污染。

第五十八条 制定噪声污染综合治理方案，应当征求有关专家和公众等的意见。

第七章 社会生活噪声污染防治

第五十九条 本法所称社会生活噪声，是指人为活动产生的除工业噪声、建筑施工噪声和交通运输噪声之外的干扰周围生活环境的声音。

第六十条 全社会应当增强噪声污染防治意识，自觉减少社会生活噪声排放，积极开展噪声污染防治活动，形成人人有责、人人参与、人人受益的良好噪声污染防治氛围，共同维护生活环境和谐安宁。

第六十一条 文化娱乐、体育、餐饮等场所的经营管理者应当采取有效措施，防止、减轻噪声污染。

第六十二条 使用空调器、冷却塔、水泵、油烟净化器、风机、发电机、变压器、锅炉、装卸设备等可能产生社会生活噪声污染的设备、设施的企业事业单位和其他经营管理者等，应当采取优化布局、集中排放等措施，防止、减轻噪声污染。

第六十三条 禁止在商业经营活动中使用高音广播喇叭或者采用其他持续反复发出高噪声的方法进行广告宣传。

对商业经营活动中产生的其他噪声，经营者应当采取有效措施，防止噪声污染。

第六十四条 禁止在噪声敏感建筑物集中区域使用高音广播喇叭，但紧急情况以及地方人民政府规定的特殊情形除外。

在街道、广场、公园等公共场所组织或者开展娱乐、健身等活动，应当遵守公共场所管理者有关活动区域、时段、音量等规定，采取有效措施，防止噪声污染；不得违反规定使用音响器材产生过大音量。

公共场所管理者应当合理规定娱乐、健身等活动的区域、时段、音量，可以采取设置噪声自动监测和显示设施等措施加强管理。

第六十五条 家庭及其成员应当培养形成减少噪声产生的良好习惯，乘坐公共交通工具、饲养宠物和其他日常活动尽量避免产生噪声对周围人员造成干扰，互谅互让解决噪声纠纷，共同维护声环境质量。

使用家用电器、乐器或者进行其他家庭场所活动，应当控制音量或者采取其他有效措施，防止噪声污染。

第六十六条 对已竣工交付使用的住宅楼、商铺、办公楼等建筑物进行室内装修活动，应当按照规定限定作业时间，采取有效措施，防止、减轻噪声污染。

第六十七条 新建居民住房的房地产开发经营者应当在销售场所公示住房可能受到噪声影响的情况以及采取或者拟采取的防治措施，并纳入买卖合同。

新建居民住房的房地产开发经营者应当在买卖合同中明确住房的共用设施设备位置和建筑隔声情况。

第六十八条 居民住宅区安装电梯、水泵、变压器等共用设施设备的，建设单位应当合理设置，采取减少振动、降低噪声的措施，符合民用建筑隔声设计相关标准要求。

已建成使用的居民住宅区电梯、水泵、变压器等共用设施设备由专业运营单位负责维护管理，符合民用建筑隔声设计相关标准要求。

第六十九条 基层群众性自治组织指导业主委员会、物业服务人、业主通过制定管理规约或者其他形式，约定本物业管理区域噪声污染防治要求，由业主共同遵守。

第七十条 对噪声敏感建筑物集中区域的社会生活噪声扰民行为，基层群众性自治组织、业主委员会、物业服务人应当及时劝阻、调解；劝阻、调解无效的，可以向负有社会生活噪声污染防治监督管理职责的部门或者地方人民政府指定的部门报告或者投诉，接到报告或者投诉的部门应当依法处理。

第八章 法律责任

第七十一条 违反本法规定，拒绝、阻挠监督检查，或者在接受监督检查时弄虚作假的，由生态环境主管部门或者其他负有噪声污染防治监督管理职责的部门责令改正，处二万元以上二十万元以下的罚款。

第七十二条 违反本法规定，生产、进口、销售超过噪声限值的产品的，由县级以上人民政府市场监督管理部门、海关按照职责责令改正，没收违法所得，并处货值金额一倍以上三倍以下的罚款；情节严重的，报经有批准权的人民政府批准，责令停业、关闭。

违反本法规定，生产、进口、销售、使用淘汰的设备，或者采用淘汰的工艺的，由县级以上人民政府指定的部门责令改正，没收违法所得，并处货值金额一倍以上三倍以下的罚款；情节严重的，报经有批准权的人民政府批准，责令停业、关闭。

第七十三条 违反本法规定，建设单位建设噪声敏感建筑物不符合民用建筑隔声设计相关标准要求的，由县级以上地方人民政府住房和城乡建设主管部门责令改正，处建设工程合同价款百分之二以上百分之四以下的罚款。

违反本法规定，建设单位在噪声敏感建筑物禁止建设区域新建与航空无关的噪声敏感建筑物的，由地方人民政府指定的部门责令停止违法行为，处建设工程合同价款百分之二以上百分之十以下的罚款，并报经有批准权的人民政府批准，责令拆除。

第七十四条 违反本法规定，在噪声敏感建筑物集中区域新建排放噪声的工业企业的，由生态环境主管部门责令停止违法行为，处十万元以上五十万元以下的罚款，并报经有批准权的人民政府批准，责令关闭。

违反本法规定，在噪声敏感建筑物集中区域改建、扩建工业企业，未采取有效措施防止工业噪声污染的，由生态环境主管部门责令改正，处十万元以上五十万元以下的罚款；拒不改正的，报经有批准权的人民政府批准，责令关闭。

第七十五条 违反本法规定，无排污许可证或者超过噪声排放标准排放工业噪声的，由生态环境主管部门责令改正或者限制生产、停产整治，并处二万元以上二十万元以下的罚款；情节严重的，报经有批准权的人民政府批准，责令停业、关闭。

第七十六条 违反本法规定，有下列行为之一，由生态环境主管部门责令改正，处二万元以上二十万元以下的罚款；拒不改正的，责令限制生产、停产整治：

（一）实行排污许可管理的单位未按照规定对工业噪声开展自行监测，未保存原始监测记录，或者未向社会公开监测结果的；

（二）噪声重点排污单位未按照国家规定安装、使用、维护噪声自动监测设备，或者未与生态环境主管部门的监控设备联网的。

第七十七条 违反本法规定，建设单位、施工单位有下列行为之一，由工程所在地人民政府指定的部门责令改正，处一万元以上十万元以下的罚款；拒不改正的，可以责令暂停施工：

（一）超过噪声排放标准排放建筑施工噪声的；

（二）未按照规定取得证明，在噪声敏感建筑物集中区域夜间进行产生噪声的建筑施工作业的。

第七十八条 违反本法规定，有下列行为之一，由工程所在地人民政府指定的部门责令改正，处五千元以上五万元以下的罚款；拒不改正的，处五万元以上二十万元以下的罚款：

（一）建设单位未按照规定将噪声污染防治费用列入工程造价的；

（二）施工单位未按照规定制定噪声污染防治实施方案，或者未采取有效措施减少振动、降低噪声的；

（三）在噪声敏感建筑物集中区域施工作业的建设单位未按照国家规定设置噪声自动监测系统，未与监督管理部门联网，或者未保存原始监测记录的；

（四）因特殊需要必须连续施工作业，建设单位未按照规定公告附近居民的。

第七十九条　违反本法规定，驾驶拆除或者损坏消声器、加装排气管等擅自改装的机动车轰鸣、疾驶，机动车运行时未按照规定使用声响装置，或者违反禁止机动车行驶和使用声响装置的路段和时间规定的，由县级以上地方人民政府公安机关交通管理部门依照有关道路交通安全的法律法规处罚。

违反本法规定，铁路机车车辆、城市轨道交通车辆、机动船舶等交通运输工具运行时未按照规定使用声响装置的，由交通运输、铁路监督管理、海事等部门或者地方人民政府指定的城市轨道交通有关部门按照职责责令改正，处五千元以上一万元以下的罚款。

第八十条　违反本法规定，有下列行为之一，由交通运输、铁路监督管理、民用航空等部门或者地方人民政府指定的城市道路、城市轨道交通有关部门，按照职责责令改正，处五千元以上五万元以下的罚款；拒不改正的，处五万元以上二十万元以下的罚款：

（一）公路养护管理单位、城市道路养护维修单位、城市轨道交通运营单位、铁路运输企业未履行维护和保养义务，未保持减少振动、降低噪声设施正常运行的；

（二）城市轨道交通运营单位、铁路运输企业未按照国家规定进行监测，或者未保存原始监测记录的；

（三）民用机场管理机构、航空运输企业、通用航空企业未采取措施防止、减轻民用航空器噪声污染的；

（四）民用机场管理机构未按照国家规定对机场周围民用航空器噪声进行监测，未保存原始监测记录，或者监测结果未定期报送的。

第八十一条　违反本法规定，有下列行为之一，由地方人民政府指定的部门责令改正，处五千元以上五万元以下的罚款；拒不改正的，处五万元以上二十万元以下的罚款，并可以报经有批准权的人民政府批准，责令停业：

（一）超过噪声排放标准排放社会生活噪声的；

（二）在商业经营活动中使用高音广播喇叭或者采用其他持续反复发出高噪声的方法进行广告宣传的；

（三）未对商业经营活动中产生的其他噪声采取有效措施造成噪声污染的。

第八十二条 违反本法规定，有下列行为之一，由地方人民政府指定的部门说服教育，责令改正；拒不改正的，给予警告，对个人可以处二百元以上一千元以下的罚款，对单位可以处二千元以上二万元以下的罚款：

（一）在噪声敏感建筑物集中区域使用高音广播喇叭的；

（二）在公共场所组织或者开展娱乐、健身等活动，未遵守公共场所管理者有关活动区域、时段、音量等规定，未采取有效措施造成噪声污染，或者违反规定使用音响器材产生过大音量的；

（三）对已竣工交付使用的建筑物进行室内装修活动，未按照规定在限定的作业时间内进行，或者未采取有效措施造成噪声污染的；

（四）其他违反法律规定造成社会生活噪声污染的。

第八十三条 违反本法规定，有下列行为之一，由县级以上地方人民政府房产管理部门责令改正，处一万元以上五万元以下的罚款；拒不改正的，责令暂停销售：

（一）新建居民住房的房地产开发经营者未在销售场所公示住房可能受到噪声影响的情况以及采取或者拟采取的防治措施，或者未纳入买卖合同的；

（二）新建居民住房的房地产开发经营者未在买卖合同中明确住房的共用设施设备位置或者建筑隔声情况的。

第八十四条 违反本法规定，有下列行为之一，由地方人民政府指定的部门责令改正，处五千元以上五万元以下的罚款；拒不改正的，处五万元以上二十万元以下的罚款：

（一）居民住宅区安装共用设施设备，设置不合理或者未采取减少振动、降低噪声的措施，不符合民用建筑隔声设计相关标准要求的；

（二）对已建成使用的居民住宅区共用设施设备，专业运营单位未进行维护管理，不符合民用建筑隔声设计相关标准要求的。

第八十五条 噪声污染防治监督管理人员滥用职权、玩忽职守、徇私舞弊的，由监察机关或者任免机关、单位依法给予处分。

第八十六条 受到噪声侵害的单位和个人，有权要求侵权人依法承担民事责任。

对赔偿责任和赔偿金额纠纷，可以根据当事人的请求，由相应的负有噪声污染防治监督管理职责的部门、人民调解委员会调解处理。

国家鼓励排放噪声的单位、个人和公共场所管理者与受到噪声侵害的单位和个人友好协商，通过调整生产经营时间、施工作业时间，采取减少振动、降低噪声措施，支付补偿金、异地安置等方式，妥善解决噪声纠纷。

第八十七条 违反本法规定，产生社会生活噪声，经劝阻、调解和处理未能制止，持续干扰他人正常生活、工作和学习，或者有其他扰乱公共秩序、妨害社会管理等违反治安管理行为的，由公安机关依法给予治安管理处罚。

违反本法规定，构成犯罪的，依法追究刑事责任。

第九章　附　　则

第八十八条 本法中下列用语的含义：

（一）噪声排放，是指噪声源向周围生活环境辐射噪声；

（二）夜间，是指晚上十点至次日早晨六点之间的期间，设区的市级以上人民政府可以另行规定本行政区域夜间的起止时间，夜间时段长度为八小时；

（三）噪声敏感建筑物，是指用于居住、科学研究、医疗卫生、文化教育、机关团体办公、社会福利等需要保持安静的建筑物；

（四）交通干线，是指铁路、高速公路、一级公路、二级公路、城市快速路、城市主干路、城市次干路、城市轨道交通线路、内河高等级航道。

第八十九条 省、自治区、直辖市或者设区的市、自治州根据实际情况，制定本地方噪声污染防治具体办法。

第九十条 本法自 2022 年 6 月 5 日起施行。《中华人民共和国环境噪声污染防治法》同时废止。

中华人民共和国环境影响评价法（摘录）

（2018 年 12 月 29 日）

（2002 年 10 月 28 日第九届全国人民代表大会常务委员会第三十次会议通过　根据 2016 年 7 月 2 日第十二届全国人民代表大会常务委员会第二十一次会议《关于修改〈中华人民共和国节约能源法〉等六部法律的决定》第一次修正　根据 2018 年 12 月 29 日第十三届全国人民代表大会常务委员会第七次会议《关于修改〈中华人民共和国劳动法〉等七部法律的决定》第二次修正）

……

第二条　本法所称环境影响评价，是指对规划和建设项目实施后可能造成的环境影响进行分析、预测和评估，提出预防或者减轻不良环境影响的对策和措施，进行跟踪监测的方法与制度。

……

第十七条　建设项目的环境影响报告书应当包括下列内容：

（一）建设项目概况；

（二）建设项目周围环境现状；

（三）建设项目对环境可能造成影响的分析、预测和评估；

（四）建设项目环境保护措施及其技术、经济论证；

（五）建设项目对环境影响的经济损益分析；

（六）对建设项目实施环境监测的建议；

（七）环境影响评价的结论。

环境影响报告表和环境影响登记表的内容和格式，由国务院生态环境主管部门制定。

中华人民共和国突发事件应对法（摘录）

（2007 年 8 月 30 日）

（2007 年 8 月 30 日第十届全国人民代表大会常务委员会第二十九次会议通过 2007 年 8 月 30 日中华人民共和国主席令第 69 号　自 2007 年 11 月 1 日起施行）

……

第二条　突发事件的预防与应急准备、监测与预警、应急处置与救援、事后恢复与重建等应对活动，适用本法。

……

第十五条　中华人民共和国政府在突发事件的预防、监测与预警、应急处置与救援、事后恢复与重建等方面，同外国政府和有关国际组织开展合作与交流。

……

第三十六条　国家鼓励、扶持具备相应条件的教学科研机构培养应急管理专门人才，鼓励、扶持教学科研机构和有关企业研究开发用于突发事件预防、监测、预警、应急处置与救援的新技术、新设备和新工具。

第三十七条　国务院建立全国统一的突发事件信息系统。

县级以上地方各级人民政府应当建立或者确定本地区统一的突发事件信息系统，汇集、储存、分析、传输有关突发事件的信息，并与上级人民政府及其有关部门、下级人民政府及其有关部门、专业机构和监测网点的突发事件信息系统实现互联互通，加强跨部门、跨地区的信息交流与情报合作。

……

第三十九条　地方各级人民政府应当按照国家有关规定向上级人民政府报送突发事件信息。县级以上人民政府有关主管部门应当向本级人民政府相关部门通报突发事件信息。专业机构、监测网点和信息报告员应当及时向所在地人民政府及其有关主管部门报告突发事件信息。

有关单位和人员报送、报告突发事件信息，应当做到及时、客观、真实，不得迟报、谎报、瞒报、漏报。

……

第四十一条 国家建立健全突发事件监测制度。

县级以上人民政府及其有关部门应当根据自然灾害、事故灾难和公共卫生事件的种类和特点，建立健全基础信息数据库，完善监测网络，划分监测区域，确定监测点，明确监测项目，提供必要的设备、设施，配备专职或者兼职人员，对可能发生的突发事件进行监测。

……

第四十四条 发布三级、四级警报，宣布进入预警期后，县级以上地方各级人民政府应当根据即将发生的突发事件的特点和可能造成的危害，采取下列措施：

（一）启动应急预案；

（二）责令有关部门、专业机构、监测网点和负有特定职责的人员及时收集、报告有关信息，向社会公布反映突发事件信息的渠道，加强对突发事件发生、发展情况的监测、预报和预警工作；

（三）组织有关部门和机构、专业技术人员、有关专家学者，随时对突发事件信息进行分析评估，预测发生突发事件可能性的大小、影响范围和强度以及可能发生的突发事件的级别；

（四）定时向社会发布与公众有关的突发事件预测信息和分析评估结果，并对相关信息的报道工作进行管理；

（五）及时按照有关规定向社会发布可能受到突发事件危害的警告，宣传避免、减轻危害的常识，公布咨询电话。

……

第六十四条 有关单位有下列情形之一的，由所在地履行统一领导职责的人民政府责令停产停业，暂扣或者吊销许可证或者营业执照，并处五万元以上二十万元以下的罚款；构成违反治安管理行为的，由公安机关依法给予处罚：

（一）未按规定采取预防措施，导致发生严重突发事件的；

（二）未及时消除已发现的可能引发突发事件的隐患，导致发生严重突发事件的；

（三）未做好应急设备、设施日常维护、检测工作，导致发生严重突发事件或者突发事件危害扩大的；

（四）突发事件发生后，不及时组织开展应急救援工作，造成严重后果的。

前款规定的行为，其他法律、行政法规规定由人民政府有关部门依法决定处罚的，从其规定。

中华人民共和国环境保护税法

（2018 年 10 月 26 日）

（2016 年 12 月 25 日第十二届全国人民代表大会常务委员会第二十五次会议通过　根据 2018 年 10 月 26 日第十三届全国人民代表大会常务委员会第六次会议《关于修改〈中华人民共和国野生动物保护法〉等十五部法律的决定》修正）

目　　录

第一章　总　　则

第一条　为了保护和改善环境，减少污染物排放，推进生态文明建设，制定本法。

第二条　在中华人民共和国领域和中华人民共和国管辖的其他海域，直接向环境排放应税污染物的企业事业单位和其他生产经营者为环境保护税的纳税人，应当依照本法规定缴纳环境保护税。

第三条　本法所称应税污染物，是指本法所附《环境保护税税目税额表》、《应税污染物和当量值表》规定的大气污染物、水污染物、固体废物和噪声。

第四条　有下列情形之一的，不属于直接向环境排放污染物，不缴纳相应污染物的环境保护税：

（一）企业事业单位和其他生产经营者向依法设立的污水集中处理、生活垃圾集中处理场所排放应税污染物的；

（二）企业事业单位和其他生产经营者在符合国家和地方环境保护标准的设

施、场所贮存或者处置固体废物的。

第五条 依法设立的城乡污水集中处理、生活垃圾集中处理场所超过国家和地方规定的排放标准向环境排放应税污染物的，应当缴纳环境保护税。

企业事业单位和其他生产经营者贮存或者处置固体废物不符合国家和地方环境保护标准的，应当缴纳环境保护税。

第六条 环境保护税的税目、税额，依照本法所附《环境保护税税目税额表》执行。

应税大气污染物和水污染物的具体适用税额的确定和调整，由省、自治区、直辖市人民政府统筹考虑本地区环境承载能力、污染物排放现状和经济社会生态发展目标要求，在本法所附《环境保护税税目税额表》规定的税额幅度内提出，报同级人民代表大会常务委员会决定，并报全国人民代表大会常务委员会和国务院备案。

第二章 计税依据和应纳税额

第七条 应税污染物的计税依据，按照下列方法确定：

（一）应税大气污染物按照污染物排放量折合的污染当量数确定；

（二）应税水污染物按照污染物排放量折合的污染当量数确定；

（三）应税固体废物按照固体废物的排放量确定；

（四）应税噪声按照超过国家规定标准的分贝数确定。

第八条 应税大气污染物、水污染物的污染当量数，以该污染物的排放量除以该污染物的污染当量值计算。每种应税大气污染物、水污染物的具体污染当量值，依照本法所附《应税污染物和当量值表》执行。

第九条 每一排放口或者没有排放口的应税大气污染物，按照污染当量数从大到小排序，对前三项污染物征收环境保护税。

每一排放口的应税水污染物，按照本法所附《应税污染物和当量值表》，区分第一类水污染物和其他类水污染物，按照污染当量数从大到小排序，对第一类水污染物按照前五项征收环境保护税，对其他类水污染物按照前三项征收环境保护税。

省、自治区、直辖市人民政府根据本地区污染物减排的特殊需要，可以增加同一排放口征收环境保护税的应税污染物项目数，报同级人民代表大会常务委员会决定，并报全国人民代表大会常务委员会和国务院备案。

第十条 应税大气污染物、水污染物、固体废物的排放量和噪声的分贝数，按照下列方法和顺序计算：

（一）纳税人安装使用符合国家规定和监测规范的污染物自动监测设备的，按照污染物自动监测数据计算；

（二）纳税人未安装使用污染物自动监测设备的，按照监测机构出具的符合国家有关规定和监测规范的监测数据计算；

（三）因排放污染物种类多等原因不具备监测条件的，按照国务院生态环境主管部门规定的排污系数、物料衡算方法计算；

（四）不能按照本条第一项至第三项规定的方法计算的，按照省、自治区、直辖市人民政府生态环境主管部门规定的抽样测算的方法核定计算。

第十一条 环境保护税应纳税额按照下列方法计算：

（一）应税大气污染物的应纳税额为污染当量数乘以具体适用税额；

（二）应税水污染物的应纳税额为污染当量数乘以具体适用税额；

（三）应税固体废物的应纳税额为固体废物排放量乘以具体适用税额；

（四）应税噪声的应纳税额为超过国家规定标准的分贝数对应的具体适用税额。

第三章 税收减免

第十二条 下列情形，暂予免征环境保护税：

（一）农业生产（不包括规模化养殖）排放应税污染物的；

（二）机动车、铁路机车、非道路移动机械、船舶和航空器等流动污染源排放应税污染物的；

（三）依法设立的城乡污水集中处理、生活垃圾集中处理场所排放相应应税污染物，不超过国家和地方规定的排放标准的；

（四）纳税人综合利用的固体废物，符合国家和地方环境保护标准的；

（五）国务院批准免税的其他情形。

前款第五项免税规定，由国务院报全国人民代表大会常务委员会备案。

第十三条 纳税人排放应税大气污染物或者水污染物的浓度值低于国家和地方规定的污染物排放标准百分之三十的，减按百分之七十五征收环境保护税。纳税人排放应税大气污染物或者水污染物的浓度值低于国家和地方规定的污染物排放标准百分之五十的，减按百分之五十征收环境保护税。

第四章　征收管理

第十四条　环境保护税由税务机关依照《中华人民共和国税收征收管理法》和本法的有关规定征收管理。

生态环境主管部门依照本法和有关环境保护法律法规的规定负责对污染物的监测管理。

县级以上地方人民政府应当建立税务机关、生态环境主管部门和其他相关单位分工协作工作机制，加强环境保护税征收管理，保障税款及时足额入库。

第十五条　生态环境主管部门和税务机关应当建立涉税信息共享平台和工作配合机制。

生态环境主管部门应当将排污单位的排污许可、污染物排放数据、环境违法和受行政处罚情况等环境保护相关信息，定期交送税务机关。

税务机关应当将纳税人的纳税申报、税款入库、减免税额、欠缴税款以及风险疑点等环境保护税涉税信息，定期交送生态环境主管部门。

第十六条　纳税义务发生时间为纳税人排放应税污染物的当日。

第十七条　纳税人应当向应税污染物排放地的税务机关申报缴纳环境保护税。

第十八条　环境保护税按月计算，按季申报缴纳。不能按固定期限计算缴纳的，可以按次申报缴纳。

纳税人申报缴纳时，应当向税务机关报送所排放应税污染物的种类、数量，大气污染物、水污染物的浓度值，以及税务机关根据实际需要要求纳税人报送的其他纳税资料。

第十九条　纳税人按季申报缴纳的，应当自季度终了之日起十五日内，向税务机关办理纳税申报并缴纳税款。纳税人按次申报缴纳的，应当自纳税义务发生之日起十五日内，向税务机关办理纳税申报并缴纳税款。

纳税人应当依法如实办理纳税申报，对申报的真实性和完整性承担责任。

第二十条　税务机关应当将纳税人的纳税申报数据资料与生态环境主管部门交送的相关数据资料进行比对。

税务机关发现纳税人的纳税申报数据资料异常或者纳税人未按照规定期限办

理纳税申报的，可以提请生态环境主管部门进行复核，生态环境主管部门应当自收到税务机关的数据资料之日起十五日内向税务机关出具复核意见。税务机关应当按照生态环境主管部门复核的数据资料调整纳税人的应纳税额。

第二十一条 依照本法第十条第四项的规定核定计算污染物排放量的，由税务机关会同生态环境主管部门核定污染物排放种类、数量和应纳税额。

第二十二条 纳税人从事海洋工程向中华人民共和国管辖海域排放应税大气污染物、水污染物或者固体废物，申报缴纳环境保护税的具体办法，由国务院税务主管部门会同国务院生态环境主管部门规定。

第二十三条 纳税人和税务机关、生态环境主管部门及其工作人员违反本法规定的，依照《中华人民共和国税收征收管理法》《中华人民共和国环境保护法》和有关法律法规的规定追究法律责任。

第二十四条 各级人民政府应当鼓励纳税人加大环境保护建设投入，对纳税人用于污染物自动监测设备的投资予以资金和政策支持。

第五章 附 则

第二十五条 本法下列用语的含义：

（一）污染当量，是指根据污染物或者污染排放活动对环境的有害程度以及处理的技术经济性，衡量不同污染物对环境污染的综合性指标或者计量单位。同一介质相同污染当量的不同污染物，其污染程度基本相当。

（二）排污系数，是指在正常技术经济和管理条件下，生产单位产品所应排放的污染物量的统计平均值。

（三）物料衡算，是指根据物质质量守恒原理对生产过程中使用的原料、生产的产品和产生的废物等进行测算的一种方法。

第二十六条 直接向环境排放应税污染物的企业事业单位和其他生产经营者，除依照本法规定缴纳环境保护税外，应当对所造成的损害依法承担责任。

第二十七条 自本法施行之日起，依照本法规定征收环境保护税，不再征收排污费。

第二十八条 本法自 2018 年 1 月 1 日起施行。

中华人民共和国刑法修正案（十一）（摘录）

（2020 年 12 月 26 日）

（2020年12月26日第十三届全国人民代表大会常务委员会第二十四次会议通过）

……

二十五、将刑法第二百二十九条修改为："承担资产评估、验资、验证、会计、审计、法律服务、保荐、安全评价、环境影响评价、环境监测等职责的中介组织的人员故意提供虚假证明文件，情节严重的，处五年以下有期徒刑或者拘役，并处罚金；有下列情形之一的，处五年以上十年以下有期徒刑，并处罚金：

"（一）提供与证券发行相关的虚假的资产评估、会计、审计、法律服务、保荐等证明文件，情节特别严重的；

"（二）提供与重大资产交易相关的虚假的资产评估、会计、审计等证明文件，情节特别严重的；

"（三）在涉及公共安全的重大工程、项目中提供虚假的安全评价、环境影响评价等证明文件，致使公共财产、国家和人民利益遭受特别重大损失的。

"有前款行为，同时索取他人财物或者非法收受他人财物构成犯罪的，依照处罚较重的规定定罪处罚。

"第一款规定的人员，严重不负责任，出具的证明文件有重大失实，造成严重后果的，处三年以下有期徒刑或者拘役，并处或者单处罚金。"

最高人民法院　最高人民检察院关于办理环境污染刑事案件适用法律若干问题的解释

（2016 年 12 月 8 日）

（2016 年 11 月 7 日最高人民法院审判委员会第 1698 次会议、2016 年 12 月 8 日最高人民检察院第十二届检察委员会第 58 次会议通过，自 2017 年 1 月 1 日起施行）

为依法惩治有关环境污染犯罪，根据《中华人民共和国刑法》《中华人民共和国刑事诉讼法》的有关规定，现就办理此类刑事案件适用法律的若干问题解释如下：

第一条　实施刑法第三百三十八条规定的行为，具有下列情形之一的，应当认定为“严重污染环境”：

（一）在饮用水水源一级保护区、自然保护区核心区排放、倾倒、处置有放射性的废物、含传染病病原体的废物、有毒物质的；

（二）非法排放、倾倒、处置危险废物三吨以上的；

（三）排放、倾倒、处置含铅、汞、镉、铬、砷、铊、锑的污染物，超过国家或者地方污染物排放标准三倍以上的；

（四）排放、倾倒、处置含镍、铜、锌、银、钒、锰、钴的污染物，超过国家或者地方污染物排放标准十倍以上的；

（五）通过暗管、渗井、渗坑、裂隙、溶洞、灌注等逃避监管的方式排放、倾倒、处置有放射性的废物、含传染病病原体的废物、有毒物质的；

（六）二年内曾因违反国家规定，排放、倾倒、处置有放射性的废物、含传染病病原体的废物、有毒物质受过两次以上行政处罚，又实施前列行为的；

（七）重点排污单位篡改、伪造自动监测数据或者干扰自动监测设施，排放化学需氧量、氨氮、二氧化硫、氮氧化物等污染物的；

（八）违法减少防治污染设施运行支出一百万元以上的；

（九）违法所得或者致使公私财产损失三十万元以上的；

（十）造成生态环境严重损害的；

（十一）致使乡镇以上集中式饮用水水源取水中断十二小时以上的；

（十二）致使基本农田、防护林地、特种用途林地五亩以上，其他农用地十亩以上，其他土地二十亩以上基本功能丧失或者遭受永久性破坏的；

（十三）致使森林或者其他林木死亡五十立方米以上，或者幼树死亡二千五百株以上的；

（十四）致使疏散、转移群众五千人以上的；

（十五）致使三十人以上中毒的；

（十六）致使三人以上轻伤、轻度残疾或者器官组织损伤导致一般功能障碍的；

（十七）致使一人以上重伤、中度残疾或者器官组织损伤导致严重功能障碍的；

（十八）其他严重污染环境的情形。

第二条 实施刑法第三百三十九条、第四百零八条规定的行为，致使公私财产损失三十万元以上，或者具有本解释第一条第十项至第十七项规定情形之一的，应当认定为“致使公私财产遭受重大损失或者严重危害人体健康”或者“致使公私财产遭受重大损失或者造成人身伤亡的严重后果”。

第三条 实施刑法第三百三十八条、第三百三十九条规定的行为，具有下列情形之一的，应当认定为“后果特别严重”：

（一）致使县级以上城区集中式饮用水水源取水中断十二小时以上的；

（二）非法排放、倾倒、处置危险废物一百吨以上的；

（三）致使基本农田、防护林地、特种用途林地十五亩以上，其他农用地三十亩以上，其他土地六十亩以上基本功能丧失或者遭受永久性破坏的；

（四）致使森林或者其他林木死亡一百五十立方米以上，或者幼树死亡七千五百株以上的；

（五）致使公私财产损失一百万元以上的；

（六）造成生态环境特别严重损害的；

（七）致使疏散、转移群众一万五千人以上的；

（八）致使一百人以上中毒的；

（九）致使十人以上轻伤、轻度残疾或者器官组织损伤导致一般功能障碍的；

（十）致使三人以上重伤、中度残疾或者器官组织损伤导致严重功能障碍的；

（十一）致使一人以上重伤、中度残疾或者器官组织损伤导致严重功能障碍，并致使五人以上轻伤、轻度残疾或者器官组织损伤导致一般功能障碍的；

（十二）致使一人以上死亡或者重度残疾的；

（十三）其他后果特别严重的情形。

第四条 实施刑法第三百三十八条、第三百三十九条规定的犯罪行为，具有下列情形之一的，应当从重处罚：

（一）阻挠环境监督检查或者突发环境事件调查，尚不构成妨害公务等犯罪的；

（二）在医院、学校、居民区等人口集中地区及其附近，违反国家规定排放、倾倒、处置有放射性的废物、含传染病病原体的废物、有毒物质或者其他有害物质的；

（三）在重污染天气预警期间、突发环境事件处置期间或者被责令限期整改期间，违反国家规定排放、倾倒、处置有放射性的废物、含传染病病原体的废物、有毒物质或者其他有害物质的；

（四）具有危险废物经营许可证的企业违反国家规定排放、倾倒、处置有放射性的废物、含传染病病原体的废物、有毒物质或者其他有害物质的。

第五条 实施刑法第三百三十八条、第三百三十九条规定的行为，刚达到应当追究刑事责任的标准，但行为人及时采取措施，防止损失扩大、消除污染，全部赔偿损失，积极修复生态环境，且系初犯，确有悔罪表现的，可以认定为情节轻微，不起诉或者免予刑事处罚；确有必要判处刑罚的，应当从宽处罚。

第六条 无危险废物经营许可证从事收集、贮存、利用、处置危险废物经营活动，严重污染环境的，按照污染环境罪定罪处罚；同时构成非法经营罪的，依照处罚较重的规定定罪处罚。

实施前款规定的行为，不具有超标排放污染物、非法倾倒污染物或者其他违法造成环境污染的情形的，可以认定为非法经营情节显著轻微危害不大，不认为是犯罪；构成生产、销售伪劣产品等其他犯罪的，以其他犯罪论处。

第七条 明知他人无危险废物经营许可证，向其提供或者委托其收集、贮存、利用、处置危险废物，严重污染环境的，以共同犯罪论处。

第八条 违反国家规定，排放、倾倒、处置含有毒害性、放射性、传染病病原体等物质的污染物，同时构成污染环境罪、非法处置进口的固体废物罪、投放危险物质罪等犯罪的，依照处罚较重的规定定罪处罚。

第九条 环境影响评价机构或其人员，故意提供虚假环境影响评价文件，情节严重的，或者严重不负责任，出具的环境影响评价文件存在重大失实，造成严重后果的，应当依照刑法第二百二十九条、第二百三十一条的规定，以提供虚假证明文件罪或者出具证明文件重大失实罪定罪处罚。

第十条 违反国家规定，针对环境质量监测系统实施下列行为，或者强令、指使、授意他人实施下列行为的，应当依照刑法第二百八十六条的规定，以破坏计算机信息系统罪论处：

（一）修改参数或者监测数据的；

（二）干扰采样，致使监测数据严重失真的；

（三）其他破坏环境质量监测系统的行为。

重点排污单位篡改、伪造自动监测数据或者干扰自动监测设施，排放化学需氧量、氨氮、二氧化硫、氮氧化物等污染物，同时构成污染环境罪和破坏计算机信息系统罪的，依照处罚较重的规定定罪处罚。

从事环境监测设施维护、运营的人员实施或者参与实施篡改、伪造自动监测数据、干扰自动监测设施、破坏环境质量监测系统等行为的，应当从重处罚。

第十一条 单位实施本解释规定的犯罪的，依照本解释规定的定罪量刑标准，对直接负责的主管人员和其他直接责任人员定罪处罚，并对单位判处罚金。

第十二条 环境保护主管部门及其所属监测机构在行政执法过程中收集的监测数据，在刑事诉讼中可以作为证据使用。

公安机关单独或者会同环境保护主管部门，提取污染物样品进行检测获取的数据，在刑事诉讼中可以作为证据使用。

第十三条 对国家危险废物名录所列的废物，可以依据涉案物质的来源、产生过程、被告人供述、证人证言以及经批准或者备案的环境影响评价文件等证据，结合环境保护主管部门、公安机关等出具的书面意见作出认定。

对于危险废物的数量，可以综合被告人供述，涉案企业的生产工艺、物耗、能耗情况，以及经批准或者备案的环境影响评价文件等证据作出认定。

第十四条 对案件所涉的环境污染专门性问题难以确定的，依据司法鉴定机构出具的鉴定意见，或者国务院环境保护主管部门、公安部门指定的机构出具的报告，结合其他证据作出认定。

第十五条 下列物质应当认定为刑法第三百三十八条规定的“有毒物质”：

（一）危险废物，是指列入国家危险废物名录，或者根据国家规定的危险废物鉴别标准和鉴别方法认定的，具有危险特性的废物；

（二）《关于持久性有机污染物的斯德哥尔摩公约》附件所列物质；

（三）含重金属的污染物；

（四）其他具有毒性，可能污染环境的物质。

第十六条 无危险废物经营许可证，以营利为目的，从危险废物中提取物质作为原材料或者燃料，并具有超标排放污染物、非法倾倒污染物或者其他违法造成环境污染的情形的行为，应当认定为“非法处置危险废物”。

第十七条 本解释所称“二年内”，以第一次违法行为受到行政处罚的生效之日与又实施相应行为之日的时间间隔计算确定。

本解释所称“重点排污单位”，是指设区的市级以上人民政府环境保护主管部门依法确定的应当安装、使用污染物排放自动监测设备的重点监控企业及其他单位。

本解释所称“违法所得”，是指实施刑法第三百三十八条、第三百三十九条规定的行为所得和可得的全部违法收入。

本解释所称“公私财产损失”，包括实施刑法第三百三十八条、第三百三十九条规定的行为直接造成财产损毁、减少的实际价值，为防止污染扩大、消除污染而采取必要合理措施所产生的费用，以及处置突发环境事件的应急监测费用。

本解释所称“生态环境损害”，包括生态环境修复费用，生态环境修复期间服务功能的损失和生态环境功能永久性损害造成的损失，以及其他必要合理费用。

本解释所称“无危险废物经营许可证”，是指未取得危险废物经营许可证，或者超出危险废物经营许可证的经营范围。

第十八条 本解释自 2017 年 1 月 1 日起施行。本解释施行后，《最高人民法院、最高人民检察院关于办理环境污染刑事案件适用法律若干问题的解释》（法释〔2013〕15 号）同时废止；之前发布的司法解释与本解释不一致的，以本解释为准。

排污许可管理条例

（2021年3月1日）

（2020年12月9日国务院第117次常务会议通过　国务院令第736号公布　自2021年3月1日起施行）

第一章　总　　则

第一条　为了加强排污许可管理，规范企业事业单位和其他生产经营者排污行为，控制污染物排放，保护和改善生态环境，根据《中华人民共和国环境保护法》等有关法律，制定本条例。

第二条　依照法律规定实行排污许可管理的企业事业单位和其他生产经营者（以下称排污单位），应当依照本条例规定申请取得排污许可证；未取得排污许可证的，不得排放污染物。

根据污染物产生量、排放量、对环境的影响程度等因素，对排污单位实行排污许可分类管理：

（一）污染物产生量、排放量或者对环境的影响程度较大的排污单位，实行排污许可重点管理；

（二）污染物产生量、排放量和对环境的影响程度都较小的排污单位，实行排污许可简化管理。

实行排污许可管理的排污单位范围、实施步骤和管理类别名录，由国务院生态环境主管部门拟订并报国务院批准后公布实施。制定实行排污许可管理的排污单位范围、实施步骤和管理类别名录，应当征求有关部门、行业协会、企业事业单位和社会公众等方面的意见。

第三条　国务院生态环境主管部门负责全国排污许可的统一监督管理。

设区的市级以上地方人民政府生态环境主管部门负责本行政区域排污许可的监督管理。

第四条 国务院生态环境主管部门应当加强全国排污许可证管理信息平台建设和管理，提高排污许可在线办理水平。

排污许可证审查与决定、信息公开等应当通过全国排污许可证管理信息平台办理。

第五条 设区的市级以上人民政府应当将排污许可管理工作所需经费列入本级预算。

第二章 申请与审批

第六条 排污单位应当向其生产经营场所所在地设区的市级以上地方人民政府生态环境主管部门（以下称审批部门）申请取得排污许可证。

排污单位有两个以上生产经营场所排放污染物的，应当按照生产经营场所分别申请取得排污许可证。

第七条 申请取得排污许可证，可以通过全国排污许可证管理信息平台提交排污许可证申请表，也可以通过信函等方式提交。

排污许可证申请表应当包括下列事项：

（一）排污单位名称、住所、法定代表人或者主要负责人、生产经营场所所在地、统一社会信用代码等信息；

（二）建设项目环境影响报告书（表）批准文件或者环境影响登记表备案材料；

（三）按照污染物排放口、主要生产设施或者车间、厂界申请的污染物排放种类、排放浓度和排放量，执行的污染物排放标准和重点污染物排放总量控制指标；

（四）污染防治设施、污染物排放口位置和数量，污染物排放方式、排放去向、自行监测方案等信息；

（五）主要生产设施、主要产品及产能、主要原辅材料、产生和排放污染物环节等信息，及其是否涉及商业秘密等不宜公开情形的情况说明。

第八条 有下列情形之一的，申请取得排污许可证还应当提交相应材料：

（一）属于实行排污许可重点管理的，排污单位在提出申请前已通过全国排污许可证管理信息平台公开单位基本信息、拟申请许可事项的说明材料；

（二）属于城镇和工业污水集中处理设施的，排污单位的纳污范围、管网布置、最终排放去向等说明材料；

（三）属于排放重点污染物的新建、改建、扩建项目以及实施技术改造项目的，排污单位通过污染物排放量削减替代获得重点污染物排放总量控制指标的说明材料。

第九条 审批部门对收到的排污许可证申请，应当根据下列情况分别作出处理：

（一）依法不需要申请取得排污许可证的，应当即时告知不需要申请取得排污许可证；

（二）不属于本审批部门职权范围的，应当即时作出不予受理的决定，并告知排污单位向有审批权的生态环境主管部门申请；

（三）申请材料存在可以当场更正的错误的，应当允许排污单位当场更正；

（四）申请材料不齐全或者不符合法定形式的，应当当场或者在3日内出具告知单，一次性告知排污单位需要补正的全部材料；逾期不告知的，自收到申请材料之日起即视为受理；

（五）属于本审批部门职权范围，申请材料齐全、符合法定形式，或者排污单位按照要求补正全部申请材料的，应当受理。

审批部门应当在全国排污许可证管理信息平台上公开受理或者不予受理排污许可证申请的决定，同时向排污单位出具加盖本审批部门专用印章和注明日期的书面凭证。

第十条 审批部门应当对排污单位提交的申请材料进行审查，并可以对排污单位的生产经营场所进行现场核查。

审批部门可以组织技术机构对排污许可证申请材料进行技术评估，并承担相应费用。

技术机构应当对其提出的技术评估意见负责，不得向排污单位收取任何费用。

第十一条 对具备下列条件的排污单位，颁发排污许可证：

（一）依法取得建设项目环境影响报告书（表）批准文件，或者已经办理环境影响登记表备案手续；

（二）污染物排放符合污染物排放标准要求，重点污染物排放符合排污许可证申请与核发技术规范、环境影响报告书（表）批准文件、重点污染物排放总量控制要求；其中，排污单位生产经营场所位于未达到国家环境质量标准的重点区域、流域的，还应当符合有关地方人民政府关于改善生态环境质量的特别要求；

（三）采用污染防治设施可以达到许可排放浓度要求或者符合污染防治可行

技术；

（四）自行监测方案的监测点位、指标、频次等符合国家自行监测规范。

第十二条 对实行排污许可简化管理的排污单位，审批部门应当自受理申请之日起20日内作出审批决定；对符合条件的颁发排污许可证，对不符合条件的不予许可并书面说明理由。

对实行排污许可重点管理的排污单位，审批部门应当自受理申请之日起30日内作出审批决定；需要进行现场核查的，应当自受理申请之日起45日内作出审批决定；对符合条件的颁发排污许可证，对不符合条件的不予许可并书面说明理由。

审批部门应当通过全国排污许可证管理信息平台生成统一的排污许可证编号。

第十三条 排污许可证应当记载下列信息：

（一）排污单位名称、住所、法定代表人或者主要负责人、生产经营场所所在地等；

（二）排污许可证有效期限、发证机关、发证日期、证书编号和二维码等；

（三）产生和排放污染物环节、污染防治设施等；

（四）污染物排放口位置和数量、污染物排放方式和排放去向等；

（五）污染物排放种类、许可排放浓度、许可排放量等；

（六）污染防治设施运行和维护要求、污染物排放口规范化建设要求等；

（七）特殊时段禁止或者限制污染物排放的要求；

（八）自行监测、环境管理台账记录、排污许可证执行报告的内容和频次等要求；

（九）排污单位环境信息公开要求；

（十）存在大气污染物无组织排放情形时的无组织排放控制要求；

（十一）法律法规规定排污单位应当遵守的其他控制污染物排放的要求。

第十四条 排污许可证有效期为5年。

排污许可证有效期届满，排污单位需要继续排放污染物的，应当于排污许可证有效期届满60日前向审批部门提出申请。审批部门应当自受理申请之日起20日内完成审查；对符合条件的予以延续，对不符合条件的不予延续并书面说明理由。

排污单位变更名称、住所、法定代表人或者主要负责人的，应当自变更之日起 30 日内，向审批部门申请办理排污许可证变更手续。

第十五条 在排污许可证有效期内，排污单位有下列情形之一的，应当重新申请取得排污许可证：

（一）新建、改建、扩建排放污染物的项目；

（二）生产经营场所、污染物排放口位置或者污染物排放方式、排放去向发生变化；

（三）污染物排放口数量或者污染物排放种类、排放量、排放浓度增加。

第十六条 排污单位适用的污染物排放标准、重点污染物总量控制要求发生变化，需要对排污许可证进行变更的，审批部门可以依法对排污许可证相应事项进行变更。

第三章 排污管理

第十七条 排污许可证是对排污单位进行生态环境监管的主要依据。

排污单位应当遵守排污许可证规定，按照生态环境管理要求运行和维护污染防治设施，建立环境管理制度，严格控制污染物排放。

第十八条 排污单位应当按照生态环境主管部门的规定建设规范化污染物排放口，并设置标志牌。

污染物排放口位置和数量、污染物排放方式和排放去向应当与排污许可证规定相符。

实施新建、改建、扩建项目和技术改造的排污单位，应当在建设污染防治设施的同时，建设规范化污染物排放口。

第十九条 排污单位应当按照排污许可证规定和有关标准规范，依法开展自行监测，并保存原始监测记录。原始监测记录保存期限不得少于 5 年。

排污单位应当对自行监测数据的真实性、准确性负责，不得篡改、伪造。

第二十条 实行排污许可重点管理的排污单位，应当依法安装、使用、维护污染物排放自动监测设备，并与生态环境主管部门的监控设备联网。

排污单位发现污染物排放自动监测设备传输数据异常的，应当及时报告生态环境主管部门，并进行检查、修复。

第二十一条 排污单位应当建立环境管理台账记录制度，按照排污许可证规定的格式、内容和频次，如实记录主要生产设施、污染防治设施运行情况以及污染物排放浓度、排放量。环境管理台账记录保存期限不得少于 5 年。

排污单位发现污染物排放超过污染物排放标准等异常情况时，应当立即采取措施消除、减轻危害后果，如实进行环境管理台账记录，并报告生态环境主管部门，说明原因。超过污染物排放标准等异常情况下的污染物排放计入排污单位的污染物排放量。

第二十二条 排污单位应当按照排污许可证规定的内容、频次和时间要求，向审批部门提交排污许可证执行报告，如实报告污染物排放行为、排放浓度、排放量等。

排污许可证有效期内发生停产的，排污单位应当在排污许可证执行报告中如实报告污染物排放变化情况并说明原因。

排污许可证执行报告中报告的污染物排放量可以作为年度生态环境统计、重点污染物排放总量考核、污染源排放清单编制的依据。

第二十三条 排污单位应当按照排污许可证规定，如实在全国排污许可证管理信息平台上公开污染物排放信息。

污染物排放信息应当包括污染物排放种类、排放浓度和排放量，以及污染防治设施的建设运行情况、排污许可证执行报告、自行监测数据等；其中，水污染物排入市政排水管网的，还应当包括污水接入市政排水管网位置、排放方式等信息。

第二十四条 污染物产生量、排放量和对环境的影响程度都很小的企业事业单位和其他生产经营者，应当填报排污登记表，不需要申请取得排污许可证。

需要填报排污登记表的企业事业单位和其他生产经营者范围名录，由国务院生态环境主管部门制定并公布。制定需要填报排污登记表的企业事业单位和其他生产经营者范围名录，应当征求有关部门、行业协会、企业事业单位和社会公众等方面的意见。

需要填报排污登记表的企业事业单位和其他生产经营者，应当在全国排污许可证管理信息平台上填报基本信息、污染物排放去向、执行的污染物排放标准以及采取的污染防治措施等信息；填报的信息发生变动的，应当自发生变动之日起 20 日内进行变更填报。

第四章 监督检查

第二十五条 生态环境主管部门应当加强对排污许可的事中事后监管，将排污许可执法检查纳入生态环境执法年度计划，根据排污许可管理类别、排污单位信用记录和生态环境管理需要等因素，合理确定检查频次和检查方式。

生态环境主管部门应当在全国排污许可证管理信息平台上记录执法检查时间、内容、结果以及处罚决定，同时将处罚决定纳入国家有关信用信息系统向社会公布。

第二十六条 排污单位应当配合生态环境主管部门监督检查，如实反映情况，并按照要求提供排污许可证、环境管理台账记录、排污许可证执行报告、自行监测数据等相关材料。

禁止伪造、变造、转让排污许可证。

第二十七条 生态环境主管部门可以通过全国排污许可证管理信息平台监控排污单位的污染物排放情况，发现排污单位的污染物排放浓度超过许可排放浓度的，应当要求排污单位提供排污许可证、环境管理台账记录、排污许可证执行报告、自行监测数据等相关材料进行核查，必要时可以组织开展现场监测。

第二十八条 生态环境主管部门根据行政执法过程中收集的监测数据，以及排污单位的排污许可证、环境管理台账记录、排污许可证执行报告、自行监测数据等相关材料，对排污单位在规定周期内的污染物排放量，以及排污单位污染防治设施运行和维护是否符合排污许可证规定进行核查。

第二十九条 生态环境主管部门依法通过现场监测、排污单位污染物排放自动监测设备、全国排污许可证管理信息平台获得的排污单位污染物排放数据，可以作为判定污染物排放浓度是否超过许可排放浓度的证据。

排污单位自行监测数据与生态环境主管部门及其所属监测机构在行政执法过程中收集的监测数据不一致的，以生态环境主管部门及其所属监测机构收集的监测数据作为行政执法依据。

第三十条 国家鼓励排污单位采用污染防治可行技术。国务院生态环境主管部门制定并公布污染防治可行技术指南。

排污单位未采用污染防治可行技术的，生态环境主管部门应当根据排污许可证、环境管理台账记录、排污许可证执行报告、自行监测数据等相关材料，以及生态环境主管部门及其所属监测机构在行政执法过程中收集的监测数据，综合判断排污单位采用的污染防治技术能否稳定达到排污许可证规定；对不能稳定达到排污许可证规定的，应当提出整改要求，并可以增加检查频次。

制定污染防治可行技术指南，应当征求有关部门、行业协会、企业事业单位和社会公众等方面的意见。

第三十一条 任何单位和个人对排污单位违反本条例规定的行为，均有向生态环境主管部门举报的权利。

接到举报的生态环境主管部门应当依法处理，按照有关规定向举报人反馈处理结果，并为举报人保密。

第五章 法律责任

第三十二条 违反本条例规定，生态环境主管部门在排污许可证审批或者监督管理中有下列行为之一的，由上级机关责令改正；对直接负责的主管人员和其他直接责任人员依法给予处分：

（一）对符合法定条件的排污许可证申请不予受理或者不在法定期限内审批；

（二）向不符合法定条件的排污单位颁发排污许可证；

（三）违反审批权限审批排污许可证；

（四）发现违法行为不予查处；

（五）不依法履行监督管理职责的其他行为。

第三十三条 违反本条例规定，排污单位有下列行为之一的，由生态环境主管部门责令改正或者限制生产、停产整治，处20万元以上100万元以下的罚款；情节严重的，报经有批准权的人民政府批准，责令停业、关闭：

（一）未取得排污许可证排放污染物；

（二）排污许可证有效期届满未申请延续或者延续申请未经批准排放污染物；

（三）被依法撤销、注销、吊销排污许可证后排放污染物；

（四）依法应当重新申请取得排污许可证，未重新申请取得排污许可证排放污染物。

第三十四条 违反本条例规定，排污单位有下列行为之一的，由生态环境主管部门责令改正或者限制生产、停产整治，处20万元以上100万元以下的罚款；情节严重的，吊销排污许可证，报经有批准权的人民政府批准，责令停业、关闭：

（一）超过许可排放浓度、许可排放量排放污染物；

（二）通过暗管、渗井、渗坑、灌注或者篡改、伪造监测数据，或者不正常运行污染防治设施等逃避监管的方式违法排放污染物。

第三十五条 违反本条例规定，排污单位有下列行为之一的，由生态环境主管部门责令改正，处5万元以上20万元以下的罚款；情节严重的，处20万元以上100万元以下的罚款，责令限制生产、停产整治：

（一）未按照排污许可证规定控制大气污染物无组织排放；

（二）特殊时段未按照排污许可证规定停止或者限制排放污染物。

第三十六条 违反本条例规定，排污单位有下列行为之一的，由生态环境主管部门责令改正，处2万元以上20万元以下的罚款；拒不改正的，责令停产整治：

（一）污染物排放口位置或者数量不符合排污许可证规定；

（二）污染物排放方式或者排放去向不符合排污许可证规定；

（三）损毁或者擅自移动、改变污染物排放自动监测设备；

（四）未按照排污许可证规定安装、使用污染物排放自动监测设备并与生态环境主管部门的监控设备联网，或者未保证污染物排放自动监测设备正常运行；

（五）未按照排污许可证规定制定自行监测方案并开展自行监测；

（六）未按照排污许可证规定保存原始监测记录；

（七）未按照排污许可证规定公开或者不如实公开污染物排放信息；

（八）发现污染物排放自动监测设备传输数据异常或者污染物排放超过污染物排放标准等异常情况不报告；

（九）违反法律法规规定的其他控制污染物排放要求的行为。

第三十七条 违反本条例规定，排污单位有下列行为之一的，由生态环境主管部门责令改正，处每次5千元以上2万元以下的罚款；法律另有规定的，从其规定：

（一）未建立环境管理台账记录制度，或者未按照排污许可证规定记录；

（二）未如实记录主要生产设施及污染防治设施运行情况或者污染物排放浓度、排放量；

（三）未按照排污许可证规定提交排污许可证执行报告；

（四）未如实报告污染物排放行为或者污染物排放浓度、排放量。

第三十八条 排污单位违反本条例规定排放污染物，受到罚款处罚，被责令改正的，生态环境主管部门应当组织复查，发现其继续实施该违法行为或者拒绝、阻挠复查的，依照《中华人民共和国环境保护法》的规定按日连续处罚。

第三十九条 排污单位拒不配合生态环境主管部门监督检查，或者在接受监督检查时弄虚作假的，由生态环境主管部门责令改正，处2万元以上20万元以下的罚款。

第四十条 排污单位以欺骗、贿赂等不正当手段申请取得排污许可证的，由审批部门依法撤销其排污许可证，处20万元以上50万元以下的罚款，3年内不得再次申请排污许可证。

第四十一条 违反本条例规定，伪造、变造、转让排污许可证的，由生态环境主管部门没收相关证件或者吊销排污许可证，处10万元以上30万元以下的罚款，3年内不得再次申请排污许可证。

第四十二条 违反本条例规定，接受审批部门委托的排污许可技术机构弄虚作假的，由审批部门解除委托关系，将相关信息记入其信用记录，在全国排污许可证管理信息平台上公布，同时纳入国家有关信用信息系统向社会公布；情节严重的，禁止从事排污许可技术服务。

第四十三条 需要填报排污登记表的企业事业单位和其他生产经营者，未依照本条例规定填报排污信息的，由生态环境主管部门责令改正，可以处5万元以下的罚款。

第四十四条 排污单位有下列行为之一，尚不构成犯罪的，除依照本条例规定予以处罚外，对其直接负责的主管人员和其他直接责任人员，依照《中华人民共和国环境保护法》的规定处以拘留：

（一）未取得排污许可证排放污染物，被责令停止排污，拒不执行；

（二）通过暗管、渗井、渗坑、灌注或者篡改、伪造监测数据，或者不正常运行污染防治设施等逃避监管的方式违法排放污染物。

第四十五条 违反本条例规定，构成违反治安管理行为的，依法给予治安管理处罚；构成犯罪的，依法追究刑事责任。

第六章 附 则

第四十六条 本条例施行前已经实际排放污染物的排污单位，不符合本条例规定条件的，应当在国务院生态环境主管部门规定的期限内进行整改，达到本条例规定的条件并申请取得排污许可证；逾期未取得排污许可证的，不得继续排放污染物。整改期限内，生态环境主管部门应当向其下达排污限期整改通知书，明确整改内容、整改期限等要求。

第四十七条 排污许可证申请表、环境管理台账记录、排污许可证执行报告等文件的格式和内容要求，以及排污许可证申请与核发技术规范等，由国务院生态环境主管部门制定。

第四十八条 企业事业单位和其他生产经营者涉及国家秘密的，其排污许可、监督管理等应当遵守保密法律法规的规定。

第四十九条 飞机、船舶、机动车、列车等移动污染源的污染物排放管理，依照相关法律法规的规定执行。

第五十条 排污单位应当遵守安全生产规定，按照安全生产管理要求运行和维护污染防治设施，建立安全生产管理制度。

在运行和维护污染防治设施过程中违反安全生产规定，发生安全生产事故的，对负有责任的排污单位依照《中华人民共和国安全生产法》的有关规定予以处罚。

第五十一条 本条例自 2021 年 3 月 1 日起施行。

中华人民共和国政府信息公开条例

（2019 年 5 月 15 日）

（2007 年 4 月 5 日中华人民共和国国务院令第 492 号公布　2019 年 4 月 3 日中华人民共和国国务院令第 711 号修订　自 2019 年 5 月 15 日起施行）

第一章　总　　则

第一条 为了保障公民、法人和其他组织依法获取政府信息，提高政府工作的透明度，建设法治政府，充分发挥政府信息对人民群众生产、生活和经济社会活动的服务作用，制定本条例。

第二条 本条例所称政府信息，是指行政机关在履行行政管理职能过程中制作或者获取的，以一定形式记录、保存的信息。

第三条 各级人民政府应当加强对政府信息公开工作的组织领导。

国务院办公厅是全国政府信息公开工作的主管部门，负责推进、指导、协调、监督全国的政府信息公开工作。

县级以上地方人民政府办公厅（室）是本行政区域的政府信息公开工作主管部门，负责推进、指导、协调、监督本行政区域的政府信息公开工作。

实行垂直领导的部门的办公厅（室）主管本系统的政府信息公开工作。

第四条 各级人民政府及县级以上人民政府部门应当建立健全本行政机关的政府信息公开工作制度，并指定机构（以下统称政府信息公开工作机构）负责本行政机关政府信息公开的日常工作。

政府信息公开工作机构的具体职能是：

（一）办理本行政机关的政府信息公开事宜；

（二）维护和更新本行政机关公开的政府信息；

（三）组织编制本行政机关的政府信息公开指南、政府信息公开目录和政府信息公开工作年度报告；

（四）组织开展对拟公开政府信息的审查；

（五）本行政机关规定的与政府信息公开有关的其他职能。

第五条 行政机关公开政府信息，应当坚持以公开为常态、不公开为例外，遵循公正、公平、合法、便民的原则。

第六条 行政机关应当及时、准确地公开政府信息。

行政机关发现影响或者可能影响社会稳定、扰乱社会和经济管理秩序的虚假或者不完整信息的，应当发布准确的政府信息予以澄清。

第七条 各级人民政府应当积极推进政府信息公开工作，逐步增加政府信息公开的内容。

第八条 各级人民政府应当加强政府信息资源的规范化、标准化、信息化管理，加强互联网政府信息公开平台建设，推进政府信息公开平台与政务服务平台融合，提高政府信息公开在线办理水平。

第九条 公民、法人和其他组织有权对行政机关的政府信息公开工作进行监督，并提出批评和建议。

第二章 公开的主体和范围

第十条 行政机关制作的政府信息，由制作该政府信息的行政机关负责公开。

行政机关从公民、法人和其他组织获取的政府信息，由保存该政府信息的行政机关负责公开；行政机关获取的其他行政机关的政府信息，由制作或者最初获取该政府信息的行政机关负责公开。法律、法规对政府信息公开的权限另有规定的，从其规定。

行政机关设立的派出机构、内设机构依照法律、法规对外以自己名义履行行政管理职能的，可以由该派出机构、内设机构负责与所履行行政管理职能有关的政府信息公开工作。

两个以上行政机关共同制作的政府信息，由牵头制作的行政机关负责公开。

第十一条 行政机关应当建立健全政府信息公开协调机制。行政机关公开政府信息涉及其他机关的，应当与有关机关协商、确认，保证行政机关公开的政府信息准确一致。

行政机关公开政府信息依照法律、行政法规和国家有关规定需要批准的，经批准予以公开。

第十二条 行政机关编制、公布的政府信息公开指南和政府信息公开目录应当及时更新。

政府信息公开指南包括政府信息的分类、编排体系、获取方式和政府信息公开工作机构的名称、办公地址、办公时间、联系电话、传真号码、互联网联系方式等内容。

政府信息公开目录包括政府信息的索引、名称、内容概述、生成日期等内容。

第十三条 除本条例第十四条、第十五条、第十六条规定的政府信息外，政府信息应当公开。

行政机关公开政府信息，采取主动公开和依申请公开的方式。

第十四条 依法确定为国家秘密的政府信息，法律、行政法规禁止公开的政府信息，以及公开后可能危及国家安全、公共安全、经济安全、社会稳定的政府信息，不予公开。

第十五条 涉及商业秘密、个人隐私等公开会对第三方合法权益造成损害的政府信息，行政机关不得公开。但是，第三方同意公开或者行政机关认为不公开会对公共利益造成重大影响的，予以公开。

第十六条 行政机关的内部事务信息，包括人事管理、后勤管理、内部工作流程等方面的信息，可以不予公开。

行政机关在履行行政管理职能过程中形成的讨论记录、过程稿、磋商信函、请示报告等过程性信息以及行政执法案卷信息，可以不予公开。法律、法规、规章规定上述信息应当公开的，从其规定。

第十七条 行政机关应当建立健全政府信息公开审查机制，明确审查的程序和责任。

行政机关应当依照《中华人民共和国保守国家秘密法》以及其他法律、法规和国家有关规定对拟公开的政府信息进行审查。

行政机关不能确定政府信息是否可以公开的，应当依照法律、法规和国家有关规定报有关主管部门或者保密行政管理部门确定。

第十八条 行政机关应当建立健全政府信息管理动态调整机制，对本行政机关不予公开的政府信息进行定期评估审查，对因情势变化可以公开的政府信息应当公开。

第三章 主动公开

第十九条 对涉及公众利益调整、需要公众广泛知晓或者需要公众参与决策的政府信息，行政机关应当主动公开。

第二十条 行政机关应当依照本条例第十九条的规定，主动公开本行政机关的下列政府信息：

（一）行政法规、规章和规范性文件；

（二）机关职能、机构设置、办公地址、办公时间、联系方式、负责人姓名；

（三）国民经济和社会发展规划、专项规划、区域规划及相关政策；

（四）国民经济和社会发展统计信息；

（五）办理行政许可和其他对外管理服务事项的依据、条件、程序以及办理结果；

（六）实施行政处罚、行政强制的依据、条件、程序以及本行政机关认为具有一定社会影响的行政处罚决定；

（七）财政预算、决算信息；

（八）行政事业性收费项目及其依据、标准；

（九）政府集中采购项目的目录、标准及实施情况；

（十）重大建设项目的批准和实施情况；

（十一）扶贫、教育、医疗、社会保障、促进就业等方面的政策、措施及其实施情况；

（十二）突发公共事件的应急预案、预警信息及应对情况；

（十三）环境保护、公共卫生、安全生产、食品药品、产品质量的监督检查情况；

（十四）公务员招考的职位、名额、报考条件等事项以及录用结果；

（十五）法律、法规、规章和国家有关规定规定应当主动公开的其他政府信息。

第二十一条 除本条例第二十条规定的政府信息外，设区的市级、县级人民政府及其部门还应当根据本地方的具体情况，主动公开涉及市政建设、公共服务、公益事业、土地征收、房屋征收、治安管理、社会救助等方面的政府信息；乡（镇）人民政府还应当根据本地方的具体情况，主动公开贯彻落实农业农村政策、农田水利工程建设运营、农村土地承包经营权流转、宅基地使用情况审核、土地征收、房屋征收、筹资筹劳、社会救助等方面的政府信息。

第二十二条 行政机关应当依照本条例第二十条、第二十一条的规定，确定主动公开政府信息的具体内容，并按照上级行政机关的部署，不断增加主动公开的内容。

第二十三条 行政机关应当建立健全政府信息发布机制，将主动公开的政府信息通过政府公报、政府网站或者其他互联网政务媒体、新闻发布会以及报刊、广播、电视等途径予以公开。

第二十四条 各级人民政府应当加强依托政府门户网站公开政府信息的工作，利用统一的政府信息公开平台集中发布主动公开的政府信息。政府信息公开平台应当具备信息检索、查阅、下载等功能。

第二十五条 各级人民政府应当在国家档案馆、公共图书馆、政务服务场所设置政府信息查阅场所，并配备相应的设施、设备，为公民、法人和其他组织获取政府信息提供便利。

行政机关可以根据需要设立公共查阅室、资料索取点、信息公告栏、电子信息屏等场所、设施，公开政府信息。

行政机关应当及时向国家档案馆、公共图书馆提供主动公开的政府信息。

第二十六条 属于主动公开范围的政府信息，应当自该政府信息形成或者变更之日起20个工作日内及时公开。法律、法规对政府信息公开的期限另有规定的，从其规定。

第四章　依申请公开

第二十七条　除行政机关主动公开的政府信息外，公民、法人或者其他组织可以向地方各级人民政府、对外以自己名义履行行政管理职能的县级以上人民政府部门（含本条例第十条第二款规定的派出机构、内设机构）申请获取相关政府信息。

第二十八条　本条例第二十七条规定的行政机关应当建立完善政府信息公开申请渠道，为申请人依法申请获取政府信息提供便利。

第二十九条　公民、法人或者其他组织申请获取政府信息的，应当向行政机关的政府信息公开工作机构提出，并采用包括信件、数据电文在内的书面形式；采用书面形式确有困难的，申请人可以口头提出，由受理该申请的政府信息公开工作机构代为填写政府信息公开申请。

政府信息公开申请应当包括下列内容：

（一）申请人的姓名或者名称、身份证明、联系方式；

（二）申请公开的政府信息的名称、文号或者便于行政机关查询的其他特征性描述；

（三）申请公开的政府信息的形式要求，包括获取信息的方式、途径。

第三十条　政府信息公开申请内容不明确的，行政机关应当给予指导和释明，并自收到申请之日起 7 个工作日内一次性告知申请人作出补正，说明需要补正的事项和合理的补正期限。答复期限自行政机关收到补正的申请之日起计算。申请人无正当理由逾期不补正的，视为放弃申请，行政机关不再处理该政府信息公开申请。

第三十一条　行政机关收到政府信息公开申请的时间，按照下列规定确定：

（一）申请人当面提交政府信息公开申请的，以提交之日为收到申请之日；

（二）申请人以邮寄方式提交政府信息公开申请的，以行政机关签收之日为收到申请之日；以平常信函等无需签收的邮寄方式提交政府信息公开申请的，政府信息公开工作机构应当于收到申请的当日与申请人确认，确认之日为收到申请之日；

（三）申请人通过互联网渠道或者政府信息公开工作机构的传真提交政府信息公开申请的，以双方确认之日为收到申请之日。

第三十二条 依申请公开的政府信息公开会损害第三方合法权益的，行政机关应当书面征求第三方的意见。第三方应当自收到征求意见书之日起 15 个工作日内提出意见。第三方逾期未提出意见的，由行政机关依照本条例的规定决定是否公开。第三方不同意公开且有合理理由的，行政机关不予公开。行政机关认为不公开可能对公共利益造成重大影响的，可以决定予以公开，并将决定公开的政府信息内容和理由书面告知第三方。

第三十三条 行政机关收到政府信息公开申请，能够当场答复的，应当当场予以答复。

行政机关不能当场答复的，应当自收到申请之日起 20 个工作日内予以答复；需要延长答复期限的，应当经政府信息公开工作机构负责人同意并告知申请人，延长的期限最长不得超过 20 个工作日。

行政机关征求第三方和其他机关意见所需时间不计算在前款规定的期限内。

第三十四条 申请公开的政府信息由两个以上行政机关共同制作的，牵头制作的行政机关收到政府信息公开申请后可以征求相关行政机关的意见，被征求意见机关应当自收到征求意见书之日起 15 个工作日内提出意见，逾期未提出意见的视为同意公开。

第三十五条 申请人申请公开政府信息的数量、频次明显超过合理范围，行政机关可以要求申请人说明理由。行政机关认为申请理由不合理的，告知申请人不予处理；行政机关认为申请理由合理，但是无法在本条例第三十三条规定的期限内答复申请人的，可以确定延迟答复的合理期限并告知申请人。

第三十六条 对政府信息公开申请，行政机关根据下列情况分别作出答复：

（一）所申请公开信息已经主动公开的，告知申请人获取该政府信息的方式、途径；

（二）所申请公开信息可以公开的，向申请人提供该政府信息，或者告知申请人获取该政府信息的方式、途径和时间；

（三）行政机关依据本条例的规定决定不予公开的，告知申请人不予公开并说明理由；

（四）经检索没有所申请公开信息的，告知申请人该政府信息不存在；

（五）所申请公开信息不属于本行政机关负责公开的，告知申请人并说明理由；能够确定负责公开该政府信息的行政机关的，告知申请人该行政机关的名称、联系方式；

（六）行政机关已就申请人提出的政府信息公开申请作出答复、申请人重复申请公开相同政府信息的，告知申请人不予重复处理；

（七）所申请公开信息属于工商、不动产登记资料等信息，有关法律、行政法规对信息的获取有特别规定的，告知申请人依照有关法律、行政法规的规定办理。

第三十七条 申请公开的信息中含有不应当公开或者不属于政府信息的内容，但是能够作区分处理的，行政机关应当向申请人提供可以公开的政府信息内容，并对不予公开的内容说明理由。

第三十八条 行政机关向申请人提供的信息，应当是已制作或者获取的政府信息。除依照本条例第三十七条的规定能够作区分处理的外，需要行政机关对现有政府信息进行加工、分析的，行政机关可以不予提供。

第三十九条 申请人以政府信息公开申请的形式进行信访、投诉、举报等活动，行政机关应当告知申请人不作为政府信息公开申请处理并可以告知通过相应渠道提出。

申请人提出的申请内容为要求行政机关提供政府公报、报刊、书籍等公开出版物的，行政机关可以告知获取的途径。

第四十条 行政机关依申请公开政府信息，应当根据申请人的要求及行政机关保存政府信息的实际情况，确定提供政府信息的具体形式；按照申请人要求的形式提供政府信息，可能危及政府信息载体安全或者公开成本过高的，可以通过电子数据以及其他适当形式提供，或者安排申请人查阅、抄录相关政府信息。

第四十一条 公民、法人或者其他组织有证据证明行政机关提供的与其自身相关的政府信息记录不准确的，可以要求行政机关更正。有权更正的行政机关审核属实的，应当予以更正并告知申请人；不属于本行政机关职能范围的，行政机关可以转送有权更正的行政机关处理并告知申请人，或者告知申请人向有权更正的行政机关提出。

第四十二条 行政机关依申请提供政府信息，不收取费用。但是，申请人申请公开政府信息的数量、频次明显超过合理范围的，行政机关可以收取信息处理费。

行政机关收取信息处理费的具体办法由国务院价格主管部门会同国务院财政部门、全国政府信息公开工作主管部门制定。

第四十三条 申请公开政府信息的公民存在阅读困难或者视听障碍的，行政机关应当为其提供必要的帮助。

第四十四条 多个申请人就相同政府信息向同一行政机关提出公开申请，且该政府信息属于可以公开的，行政机关可以纳入主动公开的范围。

对行政机关依申请公开的政府信息，申请人认为涉及公众利益调整、需要公众广泛知晓或者需要公众参与决策的，可以建议行政机关将该信息纳入主动公开的范围。行政机关经审核认为属于主动公开范围的，应当及时主动公开。

第四十五条 行政机关应当建立健全政府信息公开申请登记、审核、办理、答复、归档的工作制度，加强工作规范。

第五章 监督和保障

第四十六条 各级人民政府应当建立健全政府信息公开工作考核制度、社会评议制度和责任追究制度，定期对政府信息公开工作进行考核、评议。

第四十七条 政府信息公开工作主管部门应当加强对政府信息公开工作的日常指导和监督检查，对行政机关未按照要求开展政府信息公开工作的，予以督促整改或者通报批评；需要对负有责任的领导人员和直接责任人员追究责任的，依法向有权机关提出处理建议。

公民、法人或者其他组织认为行政机关未按照要求主动公开政府信息或者对政府信息公开申请不依法答复处理的，可以向政府信息公开工作主管部门提出。政府信息公开工作主管部门查证属实的，应当予以督促整改或者通报批评。

第四十八条 政府信息公开工作主管部门应当对行政机关的政府信息公开工作人员定期进行培训。

第四十九条 县级以上人民政府部门应当在每年 1 月 31 日前向本级政府信息公开工作主管部门提交本行政机关上一年度政府信息公开工作年度报告并向社会公布。

县级以上地方人民政府的政府信息公开工作主管部门应当在每年3月31日前向社会公布本级政府上一年度政府信息公开工作年度报告。

第五十条 政府信息公开工作年度报告应当包括下列内容：

（一）行政机关主动公开政府信息的情况；

（二）行政机关收到和处理政府信息公开申请的情况；

（三）因政府信息公开工作被申请行政复议、提起行政诉讼的情况；

（四）政府信息公开工作存在的主要问题及改进情况，各级人民政府的政府信息公开工作年度报告还应当包括工作考核、社会评议和责任追究结果情况；

（五）其他需要报告的事项。

全国政府信息公开工作主管部门应当公布政府信息公开工作年度报告统一格式，并适时更新。

第五十一条 公民、法人或者其他组织认为行政机关在政府信息公开工作中侵犯其合法权益的，可以向上一级行政机关或者政府信息公开工作主管部门投诉、举报，也可以依法申请行政复议或者提起行政诉讼。

第五十二条 行政机关违反本条例的规定，未建立健全政府信息公开有关制度、机制的，由上一级行政机关责令改正；情节严重的，对负有责任的领导人员和直接责任人员依法给予处分。

第五十三条 行政机关违反本条例的规定，有下列情形之一的，由上一级行政机关责令改正；情节严重的，对负有责任的领导人员和直接责任人员依法给予处分；构成犯罪的，依法追究刑事责任：

（一）不依法履行政府信息公开职能；

（二）不及时更新公开的政府信息内容、政府信息公开指南和政府信息公开目录；

（三）违反本条例规定的其他情形。

第六章　附　　则

第五十四条 法律、法规授权的具有管理公共事务职能的组织公开政府信息的活动，适用本条例。

第五十五条 教育、卫生健康、供水、供电、供气、供热、环境保护、公共交通等与人民群众利益密切相关的公共企事业单位，公开在提供社会公共服务过程中制作、获取的信息，依照相关法律、法规和国务院有关主管部门或者机构的规定执行。全国政府信息公开工作主管部门根据实际需要可以制定专门的规定。

前款规定的公共企事业单位未依照相关法律、法规和国务院有关主管部门或者机构的规定公开在提供社会公共服务过程中制作、获取的信息，公民、法人或者其他组织可以向有关主管部门或者机构申诉，接受申诉的部门或者机构应当及时调查处理并将处理结果告知申诉人。

第五十六条 本条例自 2019 年 5 月 15 日起施行。

防治船舶污染海洋环境管理条例（摘录）

（2018 年 3 月 19 日）

……

第七条 海事管理机构应当根据防治船舶及其有关作业活动污染海洋环境的需要，会同海洋主管部门建立健全船舶及其有关作业活动污染海洋环境的监测、监视机制，加强对船舶及其有关作业活动污染海洋环境的监测、监视。

第八条 国务院交通运输主管部门、沿海设区的市级以上地方人民政府应当按照防治船舶及其有关作业活动污染海洋环境应急能力建设规划，建立专业应急队伍和应急设备库，配备专用的设施、设备和器材。

城镇排水与污水处理条例（摘录）

（2013 年 10 月 2 日）

（2013 年 9 月 18 日国务院第 24 次常务会议通过　国务院令第 641 号公布　自 2014 年 1 月 1 日起施行）

第二十二条 排水户申请领取污水排入排水管网许可证应当具备下列条件：

（一）排放口的设置符合城镇排水与污水处理规划的要求；

（二）按照国家有关规定建设相应的预处理设施和水质、水量检测设施；

（三）排放的污水符合国家或者地方规定的有关排放标准；

（四）法律、法规规定的其他条件。

符合前款规定条件的，由城镇排水主管部门核发污水排入排水管网许可证；具体办法由国务院住房城乡建设主管部门制定。

第二十三条 城镇排水主管部门应当加强对排放口设置以及预处理设施和水质、水量检测设施建设的指导和监督；对不符合规划要求或者国家有关规定的，应当要求排水户采取措施，限期整改。

第二十四条 城镇排水主管部门委托的排水监测机构，应当对排水户排放污水的水质和水量进行监测，并建立排水监测档案。排水户应当接受监测，如实提供有关资料。

列入重点排污单位名录的排水户安装的水污染物排放自动监测设备，应当与环境保护主管部门的监控设备联网。环境保护主管部门应当将监测数据与城镇排水主管部门共享。

……

第二十九条 城镇污水处理设施维护运营单位应当保证出水水质符合国家和地方规定的排放标准，不得排放不达标污水。

城镇污水处理设施维护运营单位应当按照国家有关规定检测进出水水质，向城镇排水主管部门、环境保护主管部门报送污水处理水质和水量、主要污染物削减量等信息，并按照有关规定和维护运营合同，向城镇排水主管部门报送生产运营成本等信息。

……

第三十二条 排水单位和个人应当按照国家有关规定缴纳污水处理费。

向城镇污水处理设施排放污水、缴纳污水处理费的，不再缴纳排污费。

排水监测机构接受城镇排水主管部门委托从事有关监测活动，不得向城镇污水处理设施维护运营单位和排水户收取任何费用。

……

第三十四条 县级以上地方人民政府环境保护主管部门应当依法对城镇污水处理设施的出水水质和水量进行监督检查。

城镇排水主管部门应当对城镇污水处理设施运营情况进行监督和考核，并将监督考核情况向社会公布。有关单位和个人应当予以配合。

城镇污水处理设施维护运营单位应当为进出水在线监测系统的安全运行提供保障条件。

第三十五条 城镇排水主管部门应当根据城镇污水处理设施维护运营单位履行维护运营合同的情况以及环境保护主管部门对城镇污水处理设施出水水质和水量的监督检查结果，核定城镇污水处理设施运营服务费。地方人民政府有关部门应当及时、足额拨付城镇污水处理设施运营服务费。

……

第四十四条 县级以上人民政府城镇排水主管部门应当会同有关部门，加强对城镇排水与污水处理设施运行维护和保护情况的监督检查，并将检查情况及结果向社会公开。实施监督检查时，有权采取下列措施：

（一）进入现场进行检查、监测；

（二）查阅、复制有关文件和资料；

（三）要求被监督检查的单位和个人就有关问题作出说明。

被监督检查的单位和个人应当予以配合，不得妨碍和阻挠依法进行的监督检查活动。

……

第五十二条 违反本条例规定，城镇污水处理设施维护运营单位未按照国家有关规定检测进出水水质的，或者未报送污水处理水质和水量、主要污染物削减量等信息和生产运营成本等信息的，由城镇排水主管部门责令改正，可以处5万元以下罚款；造成损失的，依法承担赔偿责任。

违反本条例规定，城镇污水处理设施维护运营单位擅自停运城镇污水处理设施，未按照规定事先报告或者采取应急处理措施的，由城镇排水主管部门责令改正，给予警告；逾期不改正或者造成严重后果的，处10万元以上50万元以下罚款；造成损失的，依法承担赔偿责任。

畜禽规模养殖污染防治条例（摘录）

（2013年11月11日）

……

第二十三条 县级以上人民政府环境保护主管部门应当依据职责对畜禽养殖污染防治情况进行监督检查，并加强对畜禽养殖环境污染的监测。

乡镇人民政府、基层群众自治组织发现畜禽养殖环境污染行为的，应当及时制止和报告。

……

企业信息公示暂行条例（摘录）

（2014 年 8 月 7 日）

……

第三条 企业信息公示应当真实、及时。公示的企业信息涉及国家秘密、国家安全或者社会公共利益的，应当报请主管的保密行政管理部门或者国家安全机关批准。县级以上地方人民政府有关部门公示的企业信息涉及企业商业秘密或者个人隐私的，应当报请上级主管部门批准。

……

第七条 工商行政管理部门以外的其他政府部门（以下简称其他政府部门）应当公示其在履行职责过程中产生的下列企业信息：

（一）行政许可准予、变更、延续信息；

（二）行政处罚信息；

（三）其他依法应当公示的信息。

其他政府部门可以通过企业信用信息公示系统，也可以通过其他系统公示前款规定的企业信息。工商行政管理部门和其他政府部门应当按照国家社会信用信息平台建设的总体要求，实现企业信息的互联共享。

……

第十条 企业应当自下列信息形成之日起 20 个工作日内通过企业信用信息公示系统向社会公示：

（一）有限责任公司股东或者股份有限公司发起人认缴和实缴的出资额、出资时间、出资方式等信息；

（二）有限责任公司股东股权转让等股权变更信息；

（三）行政许可取得、变更、延续信息；

（四）知识产权出质登记信息；

（五）受到行政处罚的信息；

（六）其他依法应当公示的信息。

工商行政管理部门发现企业未依照前款规定履行公示义务的，应当责令其限期履行。

建设项目环境保护管理条例

（2017 年 7 月 16 日）

（1998 年 11 月 29 日中华人民共和国国务院令第 253 号发布　根据 2017 年 7 月 16 日《国务院关于修改〈建设项目环境保护管理条例〉的决定》修订）

第一章　总　　则

第一条　为了防止建设项目产生新的污染、破坏生态环境，制定本条例。

第二条　在中华人民共和国领域和中华人民共和国管辖的其他海域内建设对环境有影响的建设项目，适用本条例。

第三条　建设产生污染的建设项目，必须遵守污染物排放的国家标准和地方标准；在实施重点污染物排放总量控制的区域内，还必须符合重点污染物排放总量控制的要求。

第四条　工业建设项目应当采用能耗物耗小、污染物产生量少的清洁生产工艺，合理利用自然资源，防止环境污染和生态破坏。

第五条　改建、扩建项目和技术改造项目必须采取措施，治理与该项目有关的原有环境污染和生态破坏。

第二章　环境影响评价

第六条　国家实行建设项目环境影响评价制度。

第七条　国家根据建设项目对环境的影响程度，按照下列规定对建设项目的环境保护实行分类管理：

（一）建设项目对环境可能造成重大影响的，应当编制环境影响报告书，对建设项目产生的污染和对环境的影响进行全面、详细的评价；

（二）建设项目对环境可能造成轻度影响的，应当编制环境影响报告表，对建设项目产生的污染和对环境的影响进行分析或者专项评价；

（三）建设项目对环境影响很小，不需要进行环境影响评价的，应当填报环境影响登记表。

建设项目环境影响评价分类管理名录，由国务院环境保护行政主管部门在组织专家进行论证和征求有关部门、行业协会、企事业单位、公众等意见的基础上制定并公布。

第八条 建设项目环境影响报告书，应当包括下列内容：

（一）建设项目概况；

（二）建设项目周围环境现状；

（三）建设项目对环境可能造成影响的分析和预测；

（四）环境保护措施及其经济、技术论证；

（五）环境影响经济损益分析；

（六）对建设项目实施环境监测的建议；

（七）环境影响评价结论。

建设项目环境影响报告表、环境影响登记表的内容和格式，由国务院环境保护行政主管部门规定。

第九条 依法应当编制环境影响报告书、环境影响报告表的建设项目，建设单位应当在开工建设前将环境影响报告书、环境影响报告表报有审批权的环境保护行政主管部门审批；建设项目的环境影响评价文件未依法经审批部门审查或者审查后未予批准的，建设单位不得开工建设。

环境保护行政主管部门审批环境影响报告书、环境影响报告表，应当重点审查建设项目的环境可行性、环境影响分析预测评估的可靠性、环境保护措施的有效性、环境影响评价结论的科学性等，并分别自收到环境影响报告书之日起 60 日内、收到环境影响报告表之日起 30 日内，作出审批决定并书面通知建设单位。

环境保护行政主管部门可以组织技术机构对建设项目环境影响报告书、环境影响报告表进行技术评估，并承担相应费用；技术机构应当对其提出的技术评估意见负责，不得向建设单位、从事环境影响评价工作的单位收取任何费用。

依法应当填报环境影响登记表的建设项目，建设单位应当按照国务院环境保护行政主管部门的规定将环境影响登记表报建设项目所在地县级环境保护行政主管部门备案。

环境保护行政主管部门应当开展环境影响评价文件网上审批、备案和信息公开。

第十条 国务院环境保护行政主管部门负责审批下列建设项目环境影响报告书、环境影响报告表：

（一）核设施、绝密工程等特殊性质的建设项目；

（二）跨省、自治区、直辖市行政区域的建设项目；

（三）国务院审批的或者国务院授权有关部门审批的建设项目。

前款规定以外的建设项目环境影响报告书、环境影响报告表的审批权限，由省、自治区、直辖市人民政府规定。

建设项目造成跨行政区域环境影响，有关环境保护行政主管部门对环境影响评价结论有争议的，其环境影响报告书或者环境影响报告表由共同上一级环境保护行政主管部门审批。

第十一条 建设项目有下列情形之一的，环境保护行政主管部门应当对环境影响报告书、环境影响报告表作出不予批准的决定：

（一）建设项目类型及其选址、布局、规模等不符合环境保护法律法规和相关法定规划；

（二）所在区域环境质量未达到国家或者地方环境质量标准，且建设项目拟采取的措施不能满足区域环境质量改善目标管理要求；

（三）建设项目采取的污染防治措施无法确保污染物排放达到国家和地方排放标准，或者未采取必要措施预防和控制生态破坏；

（四）改建、扩建和技术改造项目，未针对项目原有环境污染和生态破坏提出有效防治措施；

（五）建设项目的环境影响报告书、环境影响报告表的基础资料数据明显不实，内容存在重大缺陷、遗漏，或者环境影响评价结论不明确、不合理。

第十二条 建设项目环境影响报告书、环境影响报告表经批准后，建设项目的性质、规模、地点、采用的生产工艺或者防治污染、防止生态破坏的措施发生重大变动的，建设单位应当重新报批建设项目环境影响报告书、环境影响报告表。

建设项目环境影响报告书、环境影响报告表自批准之日起满5年，建设项目方开工建设的，其环境影响报告书、环境影响报告表应当报原审批部门重新审核。原审批部门应当自收到建设项目环境影响报告书、环境影响报告表之日起10日内，将审核意见书面通知建设单位；逾期未通知的，视为审核同意。

审核、审批建设项目环境影响报告书、环境影响报告表及备案环境影响登记表，不得收取任何费用。

第十三条 建设单位可以采取公开招标的方式，选择从事环境影响评价工作的单位，对建设项目进行环境影响评价。

任何行政机关不得为建设单位指定从事环境影响评价工作的单位，进行环境影响评价。

第十四条 建设单位编制环境影响报告书，应当依照有关法律规定，征求建设项目所在地有关单位和居民的意见。

第三章 环境保护设施建设

第十五条 建设项目需要配套建设的环境保护设施，必须与主体工程同时设计、同时施工、同时投产使用。

第十六条 建设项目的初步设计，应当按照环境保护设计规范的要求，编制环境保护篇章，落实防治环境污染和生态破坏的措施以及环境保护设施投资概算。

建设单位应当将环境保护设施建设纳入施工合同，保证环境保护设施建设进度和资金，并在项目建设过程中同时组织实施环境影响报告书、环境影响报告表及其审批部门审批决定中提出的环境保护对策措施。

第十七条 编制环境影响报告书、环境影响报告表的建设项目竣工后，建设单位应当按照国务院环境保护行政主管部门规定的标准和程序，对配套建设的环境保护设施进行验收，编制验收报告。

建设单位在环境保护设施验收过程中，应当如实查验、监测、记载建设项目环境保护设施的建设和调试情况，不得弄虚作假。

除按照国家规定需要保密的情形外，建设单位应当依法向社会公开验收报告。

第十八条 分期建设、分期投入生产或者使用的建设项目，其相应的环境保护设施应当分期验收。

第十九条 编制环境影响报告书、环境影响报告表的建设项目，其配套建设的环境保护设施经验收合格，方可投入生产或者使用；未经验收或者验收不合格的，不得投入生产或者使用。

前款规定的建设项目投入生产或者使用后，应当按照国务院环境保护行政主管部门的规定开展环境影响后评价。

第二十条 环境保护行政主管部门应当对建设项目环境保护设施设计、施工、验收、投入生产或者使用情况，以及有关环境影响评价文件确定的其他环境保护措施的落实情况，进行监督检查。

环境保护行政主管部门应当将建设项目有关环境违法信息记入社会诚信档案，及时向社会公开违法者名单。

第四章　法律责任

第二十一条 建设单位有下列行为之一的，依照《中华人民共和国环境影响评价法》的规定处罚：

（一）建设项目环境影响报告书、环境影响报告表未依法报批或者报请重新审核，擅自开工建设；

（二）建设项目环境影响报告书、环境影响报告表未经批准或者重新审核同意，擅自开工建设；

（三）建设项目环境影响登记表未依法备案。

第二十二条 违反本条例规定，建设单位编制建设项目初步设计未落实防治环境污染和生态破坏的措施以及环境保护设施投资概算，未将环境保护设施建设纳入施工合同，或者未依法开展环境影响后评价的，由建设项目所在地县级以上环境保护行政主管部门责令限期改正，处 5 万元以上 20 万元以下的罚款；逾期不改正的，处 20 万元以上 100 万元以下的罚款。

违反本条例规定，建设单位在项目建设过程中未同时组织实施环境影响报告书、环境影响报告表及其审批部门审批决定中提出的环境保护对策措施的，由建设项目所在地县级以上环境保护行政主管部门责令限期改正，处 20 万元以上 100 万元以下的罚款；逾期不改正的，责令停止建设。

第二十三条 违反本条例规定，需要配套建设的环境保护设施未建成、未经验收或者验收不合格，建设项目即投入生产或者使用，或者在环境保护设施验收中弄虚作假的，由县级以上环境保护行政主管部门责令限期改正，处20万元以上100万元以下的罚款；逾期不改正的，处100万元以上200万元以下的罚款；对直接负责的主管人员和其他责任人员，处5万元以上20万元以下的罚款；造成重大环境污染或者生态破坏的，责令停止生产或者使用，或者报经有批准权的人民政府批准，责令关闭。

违反本条例规定，建设单位未依法向社会公开环境保护设施验收报告的，由县级以上环境保护行政主管部门责令公开，处5万元以上20万元以下的罚款，并予以公告。

第二十四条 违反本条例规定，技术机构向建设单位、从事环境影响评价工作的单位收取费用的，由县级以上环境保护行政主管部门责令退还所收费用，处所收费用1倍以上3倍以下的罚款。

第二十五条 从事建设项目环境影响评价工作的单位，在环境影响评价工作中弄虚作假的，由县级以上环境保护行政主管部门处所收费用1倍以上3倍以下的罚款。

第二十六条 环境保护行政主管部门的工作人员徇私舞弊、滥用职权、玩忽职守，构成犯罪的，依法追究刑事责任；尚不构成犯罪的，依法给予行政处分。

第五章 附 则

第二十七条 流域开发、开发区建设、城市新区建设和旧区改建等区域性开发，编制建设规划时，应当进行环境影响评价。具体办法由国务院环境保护行政主管部门会同国务院有关部门另行规定。

第二十八条 海洋工程建设项目的环境保护管理，按照国务院关于海洋工程环境保护管理的规定执行。

第二十九条 军事设施建设项目的环境保护管理，按照中央军事委员会的有关规定执行。

第三十条 本条例自发布之日起施行。

中华人民共和国环境保护税法实施条例

（2018 年 1 月 1 日）

（2017 年 12 月 25 日中华人民共和国国务院令第 693 号公布　自 2018 年 1 月 1 日起施行）

第一章　总　　则

第一条　根据《中华人民共和国环境保护税法》（以下简称环境保护税法），制定本条例。

第二条　环境保护税法所附《环境保护税税目税额表》所称其他固体废物的具体范围，依照环境保护税法第六条第二款规定的程序确定。

第三条　环境保护税法第五条第一款、第十二条第一款第三项规定的城乡污水集中处理场所，是指为社会公众提供生活污水处理服务的场所，不包括为工业园区、开发区等工业聚集区域内的企业事业单位和其他生产经营者提供污水处理服务的场所，以及企业事业单位和其他生产经营者自建自用的污水处理场所。

第四条　达到省级人民政府确定的规模标准并且有污染物排放口的畜禽养殖场，应当依法缴纳环境保护税；依法对畜禽养殖废弃物进行综合利用和无害化处理的，不属于直接向环境排放污染物，不缴纳环境保护税。

第二章　计税依据

第五条　应税固体废物的计税依据，按照固体废物的排放量确定。固体废物的排放量为当期应税固体废物的产生量减去当期应税固体废物的贮存量、处置量、综合利用量的余额。

前款规定的固体废物的贮存量、处置量，是指在符合国家和地方环境保护标准的设施、场所贮存或者处置的固体废物数量；固体废物的综合利用量，是指按照国务院发展改革、工业和信息化主管部门关于资源综合利用要求以及国家和地方环境保护标准进行综合利用的固体废物数量。

第六条 纳税人有下列情形之一的，以其当期应税固体废物的产生量作为固体废物的排放量：

（一）非法倾倒应税固体废物；

（二）进行虚假纳税申报。

第七条 应税大气污染物、水污染物的计税依据，按照污染物排放量折合的污染当量数确定。

纳税人有下列情形之一的，以其当期应税大气污染物、水污染物的产生量作为污染物的排放量：

（一）未依法安装使用污染物自动监测设备或者未将污染物自动监测设备与环境保护主管部门的监控设备联网；

（二）损毁或者擅自移动、改变污染物自动监测设备；

（三）篡改、伪造污染物监测数据；

（四）通过暗管、渗井、渗坑、灌注或者稀释排放以及不正常运行防治污染设施等方式违法排放应税污染物；

（五）进行虚假纳税申报。

第八条 从两个以上排放口排放应税污染物的，对每一排放口排放的应税污染物分别计算征收环境保护税；纳税人持有排污许可证的，其污染物排放口按照排污许可证载明的污染物排放口确定。

第九条 属于环境保护税法第十条第二项规定情形的纳税人，自行对污染物进行监测所获取的监测数据，符合国家有关规定和监测规范的，视同环境保护税法第十条第二项规定的监测机构出具的监测数据。

第三章 税收减免

第十条 环境保护税法第十三条所称应税大气污染物或者水污染物的浓度值，是指纳税人安装使用的污染物自动监测设备当月自动监测的应税大气污染物浓度值的小时平均值再平均所得数值或者应税水污染物浓度值的日平均值再平均所得数值，或者监测机构当月监测的应税大气污染物、水污染物浓度值的平均值。

依照环境保护税法第十三条的规定减征环境保护税的，前款规定的应税大气污染物浓度值的小时平均值或者应税水污染物浓度值的日平均值，以及监测机构当月每次监测的应税大气污染物、水污染物的浓度值，均不得超过国家和地方规定的污染物排放标准。

第十一条 依照环境保护税法第十三条的规定减征环境保护税的，应当对每一排放口排放的不同应税污染物分别计算。

第四章 征收管理

第十二条 税务机关依法履行环境保护税纳税申报受理、涉税信息比对、组织税款入库等职责。

环境保护主管部门依法负责应税污染物监测管理，制定和完善污染物监测规范。

第十三条 县级以上地方人民政府应当加强对环境保护税征收管理工作的领导，及时协调、解决环境保护税征收管理工作中的重大问题。

第十四条 国务院税务、环境保护主管部门制定涉税信息共享平台技术标准以及数据采集、存储、传输、查询和使用规范。

第十五条 环境保护主管部门应当通过涉税信息共享平台向税务机关交送在环境保护监督管理中获取的下列信息：

（一）排污单位的名称、统一社会信用代码以及污染物排放口、排放污染物种类等基本信息；

（二）排污单位的污染物排放数据（包括污染物排放量以及大气污染物、水污染物的浓度值等数据）；

（三）排污单位环境违法和受行政处罚情况；

（四）对税务机关提请复核的纳税人的纳税申报数据资料异常或者纳税人未按照规定期限办理纳税申报的复核意见；

（五）与税务机关商定交送的其他信息。

第十六条 税务机关应当通过涉税信息共享平台向环境保护主管部门交送下列环境保护税涉税信息：

（一）纳税人基本信息；

（二）纳税申报信息；

（三）税款入库、减免税额、欠缴税款以及风险疑点等信息；

（四）纳税人涉税违法和受行政处罚情况；

（五）纳税人的纳税申报数据资料异常或者纳税人未按照规定期限办理纳税申报的信息；

（六）与环境保护主管部门商定交送的其他信息。

第十七条 环境保护税法第十七条所称应税污染物排放地是指：

（一）应税大气污染物、水污染物排放口所在地；

（二）应税固体废物产生地；

（三）应税噪声产生地。

第十八条 纳税人跨区域排放应税污染物，税务机关对税收征收管辖有争议的，由争议各方按照有利于征收管理的原则协商解决；不能协商一致的，报请共同的上级税务机关决定。

第十九条 税务机关应当依据环境保护主管部门交送的排污单位信息进行纳税人识别。

在环境保护主管部门交送的排污单位信息中没有对应信息的纳税人，由税务机关在纳税人首次办理环境保护税纳税申报时进行纳税人识别，并将相关信息交送环境保护主管部门。

第二十条 环境保护主管部门发现纳税人申报的应税污染物排放信息或者适用的排污系数、物料衡算方法有误的，应当通知税务机关处理。

第二十一条 纳税人申报的污染物排放数据与环境保护主管部门交送的相关数据不一致的，按照环境保护主管部门交送的数据确定应税污染物的计税依据。

第二十二条 环境保护税法第二十条第二款所称纳税人的纳税申报数据资料异常，包括但不限于下列情形：

（一）纳税人当期申报的应税污染物排放量与上一年同期相比明显偏低，且无正当理由；

（二）纳税人单位产品污染物排放量与同类型纳税人相比明显偏低，且无正当理由。

第二十三条 税务机关、环境保护主管部门应当无偿为纳税人提供与缴纳环境保护税有关的辅导、培训和咨询服务。

第二十四条 税务机关依法实施环境保护税的税务检查，环境保护主管部门予以配合。

第二十五条 纳税人应当按照税收征收管理的有关规定，妥善保管应税污染物监测和管理的有关资料。

第五章　附　　则

第二十六条　本条例自 2018 年 1 月 1 日起施行。2003 年 1 月 2 日国务院公布的《排污费征收使用管理条例》同时废止。

重要文件 二

中共中央　国务院关于深入打好污染防治攻坚战的意见

（2021 年 11 月 2 日）

良好生态环境是实现中华民族永续发展的内在要求，是增进民生福祉的优先领域，是建设美丽中国的重要基础。党的十八大以来，以习近平同志为核心的党中央全面加强对生态文明建设和生态环境保护的领导，开展了一系列根本性、开创性、长远性工作，推动污染防治的措施之实、力度之大、成效之显著前所未有，污染防治攻坚战阶段性目标任务圆满完成，生态环境明显改善，人民群众获得感显著增强，厚植了全面建成小康社会的绿色底色和质量成色。同时应该看到，我国生态环境保护结构性、根源性、趋势性压力总体上尚未根本缓解，重点区域、重点行业污染问题仍然突出，实现碳达峰、碳中和任务艰巨，生态环境保护任重道远。为进一步加强生态环境保护，深入打好污染防治攻坚战，现提出如下意见。

一、总体要求

（一）指导思想。以习近平新时代中国特色社会主义思想为指导，全面贯彻党的十九大和十九届二中、三中、四中、五中全会精神，深入贯彻习近平生态文明思想，坚持以人民为中心的发展思想，立足新发展阶段，完整、准确、全面贯彻新发展理念，构建新发展格局，以实现减污降碳协同增效为总抓手，以改善生态环境质量为核心，以精准治污、科学治污、依法治污为工作方针，统筹污染治理、生态保护、应对气候变化，保持力度、延伸深度、拓宽广度，以更高标准打好蓝天、碧水、净土保卫战，以高水平保护推动高质量发展、创造高品质生活，努力建设人与自然和谐共生的美丽中国。

（二）工作原则

——坚持方向不变、力度不减。保持战略定力，坚定不移走生态优先、绿色发展之路，巩固拓展“十三五”时期污染防治攻坚成果，继续打好一批标志性战役，接续攻坚、久久为功。

——坚持问题导向、环保为民。把人民群众反映强烈的突出生态环境问题摆上重要议事日程，不断加以解决，增强广大人民群众的获得感、幸福感、安全感，以生态环境保护实际成效取信于民。

——坚持精准科学、依法治污。遵循客观规律，抓住主要矛盾和矛盾的主要方面，因地制宜、科学施策，落实最严格制度，加强全过程监管，提高污染治理的针对性、科学性、有效性。

——坚持系统观念、协同增效。推进山水林田湖草沙一体化保护和修复，强化多污染物协同控制和区域协同治理，注重综合治理、系统治理、源头治理，保障国家重大战略实施。

——坚持改革引领、创新驱动。深入推进生态文明体制改革，完善生态环境保护领导体制和工作机制，加大技术、政策、管理创新力度，加快构建现代环境治理体系。

（三）主要目标

到 2025 年，生态环境持续改善，主要污染物排放总量持续下降，单位国内生产总值二氧化碳排放比 2020 年下降 18%，地级及以上城市细颗粒物（$PM_{2.5}$）浓度下降 10%，空气质量优良天数比率达到 87.5%，地表水Ⅰ～Ⅲ类水体比例达到 85%，近岸海域水质优良（一、二类）比例达到 79%左右，重污染天气、城市黑臭水体基本消除，土壤污染风险得到有效管控，固体废物和新污染物治理能力明显增强，生态系统质量和稳定性持续提升，生态环境治理体系更加完善，生态文明建设实现新进步。

到 2035 年，广泛形成绿色生产生活方式，碳排放达峰后稳中有降，生态环境根本好转，美丽中国建设目标基本实现。

二、加快推动绿色低碳发展

（四）深入推进碳达峰行动。处理好减污降碳和能源安全、产业链供应链安全、粮食安全、群众正常生活的关系，落实 2030 年应对气候变化国家自主贡献目标，以能源、工业、城乡建设、交通运输等领域和钢铁、有色金属、建材、石化化工等行业为重点，深入开展碳达峰行动。在国家统一规划的前提下，支持有条件的地方和重点行业、重点企业率先达峰。统筹建立二氧化碳排放总量控制制度。建设完善全国碳排放权交易市场，有序扩大覆盖范围，丰富交易品种和交易方式，并纳入全国统一公共资源交易平台。加强甲烷等非二氧化碳温室气体排放管控。制定国家适应气候变化战略2035。大力推进低碳和适应气候变化试点工作。健全排放源统计调查、核算核查、监管制度，将温室气体管控纳入环评管理。

（五）聚焦国家重大战略打造绿色发展高地。强化京津冀协同发展生态环境联建联防联治，打造雄安新区绿色高质量发展“样板之城”。积极推动长江经济带成为我国生态优先绿色发展主战场，深化长三角地区生态环境共保联治。扎实推动黄河流域生态保护和高质量发展。加快建设美丽粤港澳大湾区。加强海南自由贸易港生态环境保护和建设。

（六）推动能源清洁低碳转型。在保障能源安全的前提下，加快煤炭减量步伐，实施可再生能源替代行动。“十四五”时期，严控煤炭消费增长，非化石能源消费比重提高到20%左右，京津冀及周边地区、长三角地区煤炭消费量分别下降10%、5%左右，汾渭平原煤炭消费量实现负增长。原则上不再新增自备燃煤机组，支持自备燃煤机组实施清洁能源替代，鼓励自备电厂转为公用电厂。坚持“增气减煤”同步，新增天然气优先保障居民生活和清洁取暖需求。提高电能占终端能源消费比重。重点区域的平原地区散煤基本清零。有序扩大清洁取暖试点城市范围，稳步提升北方地区清洁取暖水平。

（七）坚决遏制高耗能高排放项目盲目发展。严把高耗能高排放项目准入关口，严格落实污染物排放区域削减要求，对不符合规定的项目坚决停批停建。依法依规淘汰落后产能和化解过剩产能。推动高炉－转炉长流程炼钢转型为电炉短流程炼钢。重点区域严禁新增钢铁、焦化、水泥熟料、平板玻璃、电解铝、氧化铝、煤化工产能，合理控制煤制油气产能规模，严控新增炼油产能。

（八）推进清洁生产和能源资源节约高效利用。引导重点行业深入实施清洁生产改造，依法开展自愿性清洁生产评价认证。大力推行绿色制造，构建资源循环利用体系。推动煤炭等化石能源清洁高效利用。加强重点领域节能，提高能源使用效率。实施国家节水行动，强化农业节水增效、工业节水减排、城镇节水降损。推进污水资源化利用和海水淡化规模化利用。

（九）加强生态环境分区管控。衔接国土空间规划分区和用途管制要求，将生态保护红线、环境质量底线、资源利用上线的硬约束落实到环境管控单元，建立差别化的生态环境准入清单，加强“三线一单”成果在政策制定、环境准入、园区管理、执法监管等方面的应用。健全以环评制度为主体的源头预防体系，严格规划环评审查和项目环评准入，开展重大经济技术政策的生态环境影响分析和重大生态环境政策的社会经济影响评估。

（十）加快形成绿色低碳生活方式。把生态文明教育纳入国民教育体系，增强全民节约意识、环保意识、生态意识。因地制宜推行垃圾分类制度，加快快递包装绿色转型，加强塑料污染全链条防治。深入开展绿色生活创建行动。建立绿色消费激励机制，推进绿色产品认证、标识体系建设，营造绿色低碳生活新时尚。

三、深入打好蓝天保卫战

（十一）着力打好重污染天气消除攻坚战。聚焦秋冬季细颗粒物污染，加大重点区域、重点行业结构调整和污染治理力度。京津冀及周边地区、汾渭平原持续开展秋冬季大气污染综合治理专项行动。东北地区加强秸秆禁烧管控和采暖燃煤污染治理。天山北坡城市群加强兵地协作，钢铁、有色金属、化工等行业参照重点区域执行重污染天气应急减排措施。科学调整大气污染防治重点区域范围，构建省市县三级重污染天气应急预案体系，实施重点行业企业绩效分级管理，依法严厉打击不落实应急减排措施行为。到2025年，全国重度及以上污染天数比率控制在1%以内。

（十二）着力打好臭氧污染防治攻坚战。聚焦夏秋季臭氧污染，大力推进挥发性有机物和氮氧化物协同减排。以石化、化工、涂装、医药、包装印刷、油品储运销等行业领域为重点，安全高效推进挥发性有机物综合治理，实施原辅材料和产品源头替代工程。完善挥发性有机物产品标准体系，建立低挥发性有机物含量产品标识制度。完善挥发性有机物监测技术和排放量计算方法，在相关条件成熟后，研究适时将挥发性有机物纳入环境保护税征收范围。推进钢铁、水泥、焦化行业企业超低排放改造，重点区域钢铁、燃煤机组、燃煤锅炉实现超低排放。开展涉气产业集群排查及分类治理，推进企业升级改造和区域环境综合整治。到2025年，挥发性有机物、氮氧化物排放总量比2020年分别下降10%以上，臭氧浓度增长趋势得到有效遏制，实现细颗粒物和臭氧协同控制。

（十三）持续打好柴油货车污染治理攻坚战。深入实施清洁柴油车（机）行动，全国基本淘汰国三及以下排放标准汽车，推动氢燃料电池汽车示范应用，有序推广清洁能源汽车。进一步推进大中城市公共交通、公务用车电动化进程。不断提高船舶靠港岸电使用率。实施更加严格的车用汽油质量标准。加快大宗货物和中长途货物运输“公转铁”、“公转水”，大力发展公铁、铁水等多式联运。“十四五”时期，铁路货运量占比提高 0.5 个百分点，水路货运量年均增速超过 2%。

（十四）加强大气面源和噪声污染治理。强化施工、道路、堆场、裸露地面等扬尘管控，加强城市保洁和清扫。加大餐饮油烟污染、恶臭异味治理力度。强化秸秆综合利用和禁烧管控。到 2025 年，京津冀及周边地区大型规模化养殖场氨排放总量比 2020 年下降 5%。深化消耗臭氧层物质和氢氟碳化物环境管理。实施噪声污染防治行动，加快解决群众关心的突出噪声问题。到 2025 年，地级及以上城市全面实现功能区声环境质量自动监测，全国声环境功能区夜间达标率达到 85%。

四、深入打好碧水保卫战

（十五）持续打好城市黑臭水体治理攻坚战。统筹好上下游、左右岸、干支流、城市和乡村，系统推进城市黑臭水体治理。加强农业农村和工业企业污染防治，有效控制入河污染物排放。强化溯源整治，杜绝污水直接排入雨水管网。推进城镇污水管网全覆盖，对进水情况出现明显异常的污水处理厂，开展片区管网系统化整治。因地制宜开展水体内源污染治理和生态修复，增强河湖自净功能。充分发挥河长制、湖长制作用，巩固城市黑臭水体治理成效，建立防止返黑返臭的长效机制。2022 年 6 月底前，县级城市政府完成建成区内黑臭水体排查并制定整治方案，统一公布黑臭水体清单及达标期限。到 2025 年，县级城市建成区基本消除黑臭水体，京津冀、长三角、珠三角等区域力争提前 1 年完成。

（十六）持续打好长江保护修复攻坚战。推动长江全流域按单元精细化分区管控。狠抓突出生态环境问题整改，扎实推进城镇污水垃圾处理和工业、农业面源、船舶、尾矿库等污染治理工程。加强渝湘黔交界武陵山区“锰三角”污染综合整治。持续开展工业园区污染治理、“三磷”行业整治等专项行动。推进长江岸线生态修复，巩固小水电清理整改成果。实施好长江流域重点水域十年禁渔，有效恢复长江水生生物多样性。建立健全长江流域水生态环境考核评价制度并抓好组织实施。加强太湖、巢湖、滇池等重要湖泊蓝藻水华防控，开展河湖水生植被恢复、氮磷通量监测等试点。到2025年，长江流域总体水质保持为优，干流水质稳定达到Ⅱ类，重要河湖生态用水得到有效保障，水生态质量明显提升。

（十七）着力打好黄河生态保护治理攻坚战。全面落实以水定城、以水定地、以水定人、以水定产要求，实施深度节水控水行动，严控高耗水行业发展。维护上游水源涵养功能，推动以草定畜、定牧。加强中游水土流失治理，开展汾渭平原、河套灌区等农业面源污染治理。实施黄河三角洲湿地保护修复，强化黄河河口综合治理。加强沿黄河城镇污水处理设施及配套管网建设，开展黄河流域“清废行动”，基本完成尾矿库污染治理。到2025年，黄河干流上中游（花园口以上）水质达到Ⅱ类，干流及主要支流生态流量得到有效保障。

（十八）巩固提升饮用水安全保障水平。加快推进城市水源地规范化建设，加强农村水源地保护。基本完成乡镇级水源保护区划定、立标并开展环境问题排查整治。保障南水北调等重大输水工程水质安全。到2025年，全国县级及以上城市集中式饮用水水源水质达到或优于Ⅲ类比例总体高于93%。

（十九）着力打好重点海域综合治理攻坚战。巩固深化渤海综合治理成果，实施长江口－杭州湾、珠江口邻近海域污染防治行动，“一湾一策”实施重点海湾综合治理。深入推进入海河流断面水质改善、沿岸直排海污染源整治、海水养殖环境治理，加强船舶港口、海洋垃圾等污染防治。推进重点海域生态系统保护修复，加强海洋伏季休渔监管执法。推进海洋环境风险排查整治和应急能力建设。到2025年，重点海域水质优良比例比2020年提升2个百分点左右，省控及以上河流入海断面基本消除劣Ⅴ类，滨海湿地和岸线得到有效保护。

（二十）强化陆域海域污染协同治理。持续开展入河入海排污口“查、测、溯、治”，到2025年，基本完成长江、黄河、渤海及赤水河等长江重要支流排污口整治。完善水污染防治流域协同机制，深化海河、辽河、淮河、松花江、珠江等重点流域综合治理，推进重要湖泊污染防治和生态修复。沿海城市加强固定污染源总氮排放控制和面源污染治理，实施入海河流总氮削减工程。建成一批具有全国示范价值的美丽河湖、美丽海湾。

五、深入打好净土保卫战

（二十一）持续打好农业农村污染治理攻坚战。注重统筹规划、有效衔接，因地制宜推进农村厕所革命、生活污水治理、生活垃圾治理，基本消除较大面积的农村黑臭水体，改善农村人居环境。实施化肥农药减量增效行动和农膜回收行动。加强种养结合，整县推进畜禽粪污资源化利用。规范工厂化水产养殖尾水排污口设置，在水产养殖主产区推进养殖尾水治理。到 2025 年，农村生活污水治理率达到 40%，化肥农药利用率达到 43%，全国畜禽粪污综合利用率达到 80%以上。

（二十二）深入推进农用地土壤污染防治和安全利用。实施农用地土壤镉等重金属污染源头防治行动。依法推行农用地分类管理制度，强化受污染耕地安全利用和风险管控，受污染耕地集中的县级行政区开展污染溯源，因地制宜制定实施安全利用方案。在土壤污染面积较大的 100 个县级行政区推进农用地安全利用示范。严格落实粮食收购和销售出库质量安全检验制度和追溯制度。到 2025 年，受污染耕地安全利用率达到 93%左右。

（二十三）有效管控建设用地土壤污染风险。严格建设用地土壤污染风险管控和修复名录内地块的准入管理。未依法完成土壤污染状况调查和风险评估的地块，不得开工建设与风险管控和修复无关的项目。从严管控农药、化工等行业的重度污染地块规划用途，确需开发利用的，鼓励用于拓展生态空间。完成重点地区危险化学品生产企业搬迁改造，推进腾退地块风险管控和修复。

（二十四）稳步推进“无废城市”建设。健全“无废城市”建设相关制度、技术、市场、监管体系，推进城市固体废物精细化管理。“十四五”时期，推进 100 个左右地级及以上城市开展“无废城市”建设，鼓励有条件的省份全域推进“无废城市”建设。

（二十五）加强新污染物治理。制定实施新污染物治理行动方案。针对持久性有机污染物、内分泌干扰物等新污染物，实施调查监测和环境风险评估，建立健全有毒有害化学物质环境风险管理制度，强化源头准入，动态发布重点管控新污染物清单及其禁止、限制、限排等环境风险管控措施。

（二十六）强化地下水污染协同防治。持续开展地下水环境状况调查评估，划定地下水型饮用水水源补给区并强化保护措施，开展地下水污染防治重点区划定及污染风险管控。健全分级分类的地下水环境监测评价体系。实施水土环境风险协同防控。在地表水、地下水交互密切的典型地区开展污染综合防治试点。

六、切实维护生态环境安全

（二十七）持续提升生态系统质量。实施重要生态系统保护和修复重大工程、山水林田湖草沙一体化保护和修复工程。科学推进荒漠化、石漠化、水土流失综合治理和历史遗留矿山生态修复，开展大规模国土绿化行动，实施河口、海湾、滨海湿地、典型海洋生态系统保护修复。推行草原森林河流湖泊休养生息，加强黑土地保护。有效应对气候变化对冰冻圈融化的影响。推进城市生态修复。加强生态保护修复监督评估。到2025年，森林覆盖率达到24.1%，草原综合植被盖度稳定在57%左右，湿地保护率达到55%。

（二十八）实施生物多样性保护重大工程。加快推进生物多样性保护优先区域和国家重大战略区域调查、观测、评估。完善以国家公园为主体的自然保护地体系，构筑生物多样性保护网络。加大珍稀濒危野生动植物保护拯救力度。加强生物遗传资源保护和管理，严格外来入侵物种防控。

（二十九）强化生态保护监管。用好第三次全国国土调查成果，构建完善生态监测网络，建立全国生态状况评估报告制度，加强重点区域流域海域、生态保护红线、自然保护地、县域重点生态功能区等生态状况监测评估。加强自然保护地和生态保护红线监管，依法加大生态破坏问题监督和查处力度，持续推进“绿盾”自然保护地强化监督专项行动。深入推动生态文明建设示范创建、“绿水青山就是金山银山”实践创新基地建设和美丽中国地方实践。

（三十）确保核与辐射安全。坚持安全第一、质量第一，实行最严格的安全标准和最严格的监管，持续强化在建和运行核电厂安全监管，加强核安全监管制度、队伍、能力建设，督促营运单位落实全面核安全责任。严格研究堆、核燃料循环设施、核技术利用等安全监管，积极稳妥推进放射性废物、伴生放射性废物处置，加强电磁辐射污染防治。强化风险预警监测和应急响应，不断提升核与辐射安全保障能力。

（三十一）严密防控环境风险。开展涉危险废物涉重金属企业、化工园区等重点领域环境风险调查评估，完成重点河流突发水污染事件“一河一策一图”全覆盖。开展涉铊企业排查整治行动。加强重金属污染防控，到2025年，全国重点行业重点重金属污染物排放量比2020年下降5%。强化生态环境与健康管理。健全国家环境应急指挥平台，推进流域及地方环境应急物资库建设，完善环境应急管理体系。

七、提高生态环境治理现代化水平

（三十二）全面强化生态环境法治保障。完善生态环境保护法律法规和适用规则，在法治轨道上推进生态环境治理，依法对生态环境违法犯罪行为严惩重罚。推进重点区域协同立法，探索深化区域执法协作。完善生态环境标准体系，鼓励有条件的地方制定出台更加严格的标准。健全生态环境损害赔偿制度。深化环境信息依法披露制度改革。加强生态环境保护法律宣传普及。强化生态环境行政执法与刑事司法衔接，联合开展专项行动。

（三十三）健全生态环境经济政策。扩大环境保护、节能节水等企业所得税优惠目录范围，完善绿色电价政策。大力发展绿色信贷、绿色债券、绿色基金，加快发展气候投融资，在环境高风险领域依法推行环境污染强制责任保险，强化对金融机构的绿色金融业绩评价。加快推进排污权、用能权、碳排放权市场化交易。全面实施环保信用评价，发挥环境保护综合名录的引导作用。完善市场化多元化生态保护补偿，推动长江、黄河等重要流域建立全流域生态保护补偿机制，建立健全森林、草原、湿地、沙化土地、海洋、水流、耕地等领域生态保护补偿制度。

（三十四）完善生态环境资金投入机制。各级政府要把生态环境作为财政支出的重点领域，把生态环境资金投入作为基础性、战略性投入予以重点保障，确保与污染防治攻坚任务相匹配。加快生态环境领域省以下财政事权和支出责任划分改革。加强有关转移支付分配与生态环境质量改善相衔接。综合运用土地、规划、金融、税收、价格等政策，引导和鼓励更多社会资本投入生态环境领域。

（三十五）实施环境基础设施补短板行动。构建集污水、垃圾、固体废物、危险废物、医疗废物处理处置设施和监测监管能力于一体的环境基础设施体系，形成由城市向建制镇和乡村延伸覆盖的环境基础设施网络。开展污水处理厂差别化精准提标。优先推广运行费用低、管护简便的农村生活污水治理技术，加强农村生活污水处理设施长效化运行维护。推动省域内危险废物处置能力与产废情况总体匹配，加快完善医疗废物收集转运处置体系。

（三十六）提升生态环境监管执法效能。全面推行排污许可“一证式”管理，建立基于排污许可证的排污单位监管执法体系和自行监测监管机制。建立健全以污染源自动监控为主的非现场监管执法体系，强化关键工况参数和用水用电等控制参数自动监测。加强移动源监管能力建设。深入开展生活垃圾焚烧发电行业达标排放专项整治。全面禁止进口“洋垃圾”。依法严厉打击危险废物非法转移、倾倒、处置等环境违法犯罪，严肃查处环评、监测等领域弄虚作假行为。

（三十七）建立完善现代化生态环境监测体系。构建政府主导、部门协同、企业履责、社会参与、公众监督的生态环境监测格局，建立健全基于现代感知技术和大数据技术的生态环境监测网络，优化监测站网布局，实现环境质量、生态质量、污染源监测全覆盖。提升国家、区域流域海域和地方生态环境监测基础能力，补齐细颗粒物和臭氧协同控制、水生态环境、温室气体排放等监测短板。加强监测质量监督检查，确保数据真实、准确、全面。

（三十八）构建服务型科技创新体系。组织开展生态环境领域科技攻关和技术创新，规范布局建设各类创新平台。加快发展节能环保产业，推广生态环境整体解决方案、托管服务和第三方治理。构建智慧高效的生态环境管理信息化体系。加强生态环境科技成果转化服务，组织开展百城千县万名专家生态环境科技帮扶行动。

八、加强组织实施

（三十九）加强组织领导。全面加强党对生态环境保护工作的领导，进一步完善中央统筹、省负总责、市县抓落实的攻坚机制。强化地方各级生态环境保护议事协调机制作用，研究推动解决本地区生态环境保护重要问题，加强统筹协调，形成工作合力，确保日常工作机构有场所、有人员、有经费。加快构建减污降碳一体谋划、一体部署、一体推进、一体考核的制度机制。研究制定强化地方党政领导干部生态环境保护责任有关措施。

（四十）强化责任落实。地方各级党委和政府要坚决扛起生态文明建设政治责任，深入打好污染防治攻坚战，把解决群众身边的生态环境问题作为“我为群众办实事”实践活动的重要内容，列出清单、建立台账，长期坚持、确保实效。各有关部门要全面落实生态环境保护责任，细化实化污染防治攻坚政策措施，分工协作、共同发力。各级人大及其常委会加强生态环境保护立法和监督。

各级政协加大生态环境保护专题协商和民主监督力度。各级法院和检察院加强环境司法。生态环境部要做好任务分解，加强调度评估，重大情况及时向党中央、国务院报告。

（四十一）强化监督考核。完善中央生态环境保护督察制度，健全中央和省级两级生态环境保护督察体制，将污染防治攻坚战任务落实情况作为重点，深化例行督察，强化专项督察。深入开展重点区域、重点领域、重点行业监督帮扶。继续开展污染防治攻坚战成效考核，完善相关考核措施，强化考核结果运用。

（四十二）强化宣传引导。创新生态环境宣传方式方法，广泛传播生态文明理念。构建生态环境治理全民行动体系，发展壮大生态环境志愿服务力量，深入推动环保设施向公众开放，完善生态环境信息公开和有奖举报机制。积极参与生态环境保护国际合作，讲好生态文明建设"中国故事"。

（四十三）强化队伍建设。完善省以下生态环境机构监测监察执法垂直管理制度，全面推进生态环境监测监察执法机构能力标准化建设。将生态环境保护综合执法机构列入政府行政执法机构序列，统一保障执法用车和装备。持续加强生态环境保护铁军建设，锤炼过硬作风，严格对监督者的监督管理。注重选拔在生态文明建设和生态环境保护工作中敢于负责、勇于担当、善于作为、实绩突出的干部。按照有关规定表彰在污染防治攻坚战中成绩显著、贡献突出的先进单位和个人。

国务院办公厅关于印发生态环境监测网络建设方案的通知

（国办发〔2015〕56号）

各省、自治区、直辖市人民政府，国务院各部委、各直属机构：

《生态环境监测网络建设方案》已经党中央、国务院同意，现印发给你们，请认真贯彻执行。

国务院办公厅

2015年7月26日

生态环境监测网络建设方案

生态环境监测是生态环境保护的基础，是生态文明建设的重要支撑。目前，我国生态环境监测网络存在范围和要素覆盖不全，建设规划、标准规范与信息发布不统一，信息化水平和共享程度不高，监测与监管结合不紧密，监测数据质量有待提高等突出问题，难以满足生态文明建设需要，影响了监测的科学性、权威性和政府公信力，必须加快推进生态环境监测网络建设。

一、总体要求

（一）指导思想。全面贯彻落实党的十八大和十八届二中、三中、四中全会精神，按照党中央、国务院决策部署，落实《中华人民共和国环境保护法》和《中共中央国务院关于加快推进生态文明建设的意见》要求，坚持全面设点、全国联网、自动预警、依法追责，形成政府主导、部门协同、社会参与、公众监督的生态环境监测新格局，为加快推进生态文明建设提供有力保障。

（二）基本原则。

明晰事权、落实责任。依法明确各方生态环境监测事权，推进部门分工合作，强化监测质量监管，落实政府、企业、社会责任和权利。

健全制度、统筹规划。健全生态环境监测法律法规、标准和技术规范体系，统一规划布局监测网络。

科学监测、创新驱动。依靠科技创新与技术进步，加强监测科研和综合分析，强化卫星遥感等高新技术、先进装备与系统的应用，提高生态环境监测立体化、自动化、智能化水平。

综合集成、测管协同。推进全国生态环境监测数据联网和共享，开展监测大数据分析，实现生态环境监测与监管有效联动。

（三）主要目标。到 2020 年，全国生态环境监测网络基本实现环境质量、重点污染源、生态状况监测全覆盖，各级各类监测数据系统互联共享，监测预报预警、信息化能力和保障水平明显提升，监测与监管协同联动，初步建成陆海统筹、天地一体、上下协同、信息共享的生态环境监测网络，使生态环境监测能力与生态文明建设要求相适应。

二、全面设点，完善生态环境监测网络

（四）建立统一的环境质量监测网络。环境保护部会同有关部门统一规划、整合优化环境质量监测点位，建设涵盖大气、水、土壤、噪声、辐射等要素，布局合理、功能完善的全国环境质量监测网络，按照统一的标准规范开展监测和评价，客观、准确反映环境质量状况。

（五）健全重点污染源监测制度。各级环境保护部门确定的重点排污单位必须落实污染物排放自行监测及信息公开的法定责任，严格执行排放标准和相关法律法规的监测要求。国家重点监控排污单位要建设稳定运行的污染物排放在线监测系统。各级环境保护部门要依法开展监督性监测，组织开展面源、移动源等监测与统计工作。

（六）加强生态监测系统建设。建立天地一体化的生态遥感监测系统，研制、

发射系列化的大气环境监测卫星和环境卫星后续星并组网运行；加强无人机遥感监测和地面生态监测，实现对重要生态功能区、自然保护区等大范围、全天候监测。

三、全国联网，实现生态环境监测信息集成共享

（七）建立生态环境监测数据集成共享机制。各级环境保护部门以及国土资源、住房城乡建设、交通运输、水利、农业、卫生、林业、气象、海洋等部门和单位获取的环境质量、污染源、生态状况监测数据要实现有效集成、互联共享。国家和地方建立重点污染源监测数据共享与发布机制，重点排污单位要按照环境保护部门要求将自行监测结果及时上传。

（八）构建生态环境监测大数据平台。加快生态环境监测信息传输网络与大数据平台建设，加强生态环境监测数据资源开发与应用，开展大数据关联分析，为生态环境保护决策、管理和执法提供数据支持。

（九）统一发布生态环境监测信息。依法建立统一的生态环境监测信息发布机制，规范发布内容、流程、权限、渠道等，及时准确发布全国环境质量、重点污染源及生态状况监测信息，提高政府环境信息发布的权威性和公信力，保障公众知情权。

四、自动预警，科学引导环境管理与风险防范

（十）加强环境质量监测预报预警。提高空气质量预报和污染预警水平，强化污染源追踪与解析。加强重要水体、水源地、源头区、水源涵养区等水质监测与预报预警。加强土壤中持久性、生物富集性和对人体健康危害大的污染物监测。提高辐射自动监测预警能力。

（十一）严密监控企业污染排放。完善重点排污单位污染排放自动监测与异常报警机制，提高污染物超标排放、在线监测设备运行和重要核设施流出物异常等信息追踪、捕获与报警能力以及企业排污状况智能化监控水平。增强工业园区环境风险预警与处置能力。

（十二）提升生态环境风险监测评估与预警能力。定期开展全国生态状况调

查与评估，建立生态保护红线监管平台，对重要生态功能区人类干扰、生态破坏等活动进行监测、评估与预警。开展化学品、持久性有机污染物、新型特征污染物及危险废物等环境健康危害因素监测，提高环境风险防控和突发事件应急监测能力。

五、依法追责，建立生态环境监测与监管联动机制

（十三）为考核问责提供技术支撑。完善生态环境质量监测与评估指标体系，利用监测与评价结果，为考核问责地方政府落实本行政区域环境质量改善、污染防治、主要污染物排放总量控制、生态保护、核与辐射安全监管等职责任务提供科学依据和技术支撑。

（十四）实现生态环境监测与执法同步。各级环境保护部门依法履行对排污单位的环境监管职责，依托污染源监测开展监管执法，建立监测与监管执法联动快速响应机制，根据污染物排放和自动报警信息，实施现场同步监测与执法。

（十五）加强生态环境监测机构监管。各级相关部门所属生态环境监测机构、环境监测设备运营维护机构、社会环境监测机构及其负责人要严格按照法律法规要求和技术规范开展监测，健全并落实监测数据质量控制与管理制度，对监测数据的真实性和准确性负责。环境保护部依法建立健全对不同类型生态环境监测机构及环境监测设备运营维护机构的监管制度，制定环境监测数据弄虚作假行为处理办法等规定。各级环境保护部门要加大监测质量核查巡查力度，严肃查处故意违反环境监测技术规范，篡改、伪造监测数据的行为。党政领导干部指使篡改、伪造监测数据的，按照《党政领导干部生态环境损害责任追究办法（试行）》等有关规定严肃处理。

六、健全生态环境监测制度与保障体系

（十六）健全生态环境监测法律法规及标准规范体系。研究制定环境监测条例、生态环境质量监测网络管理办法、生态环境监测信息发布管理规定等法规、规章。统一大气、地表水、地下水、土壤、海洋、生态、污染源、噪声、振动、辐射等监测布点、监测和评价技术标准规范，并根据工作需要及时修订完善。

增强各部门生态环境监测数据的可比性，确保排污单位、各类监测机构的监测活动执行统一的技术标准规范。

（十七）明确生态环境监测事权。各级环境保护部门主要承担生态环境质量监测、重点污染源监督性监测、环境执法监测、环境应急监测与预报预警等职能。环境保护部适度上收生态环境质量监测事权，准确掌握、客观评价全国生态环境质量总体状况。重点污染源监督性监测和监管重心下移，加强对地方重点污染源监督性监测的管理。地方各级环境保护部门相应上收生态环境质量监测事权，逐级承担重点污染源监督性监测及环境应急监测等职能。

（十八）积极培育生态环境监测市场。开放服务性监测市场，鼓励社会环境监测机构参与排污单位污染源自行监测、污染源自动监测设施运行维护、生态环境损害评估监测、环境影响评价现状监测、清洁生产审核、企事业单位自主调查等环境监测活动。在基础公益性监测领域积极推进政府购买服务，包括环境质量自动监测站运行维护等。环境保护部要制定相关政策和办法，有序推进环境监测服务社会化、制度化、规范化。

（十九）强化监测科技创新能力。推进环境监测新技术和新方法研究，健全生态环境监测技术体系，促进和鼓励高科技产品与技术手段在环境监测领域的推广应用。鼓励国内科研部门和相关企业研发具有自主知识产权的环境监测仪器设备，推进监测仪器设备国产化；在满足需求的条件下优先使用国产设备，促进国产监测仪器产业发展。积极开展国际合作，借鉴监测科技先进经验，提升我国技术创新能力。

（二十）提升生态环境监测综合能力。研究制定环境监测机构编制标准，加强环境监测队伍建设。加快实施生态环境保护人才发展相关规划，不断提高监测人员综合素质和能力水平。完善与生态环境监测网络发展需求相适应的财政保障机制，重点加强生态环境质量监测、监测数据质量控制、卫星和无人机遥感监测、环境应急监测、核与辐射监测等能力建设，提高样品采集、实验室测试分析及现场快速分析测试能力。完善环境保护监测岗位津贴政策。根据生态环境监测事权，将所需经费纳入各级财政预算重点保障。

地方各级人民政府要加强对生态环境监测网络建设的组织领导，制定具体工作方案，明确职责分工，落实各项任务。

中共中央办公厅 国务院办公厅印发《关于省以下环保机构监测监察执法垂直管理制度改革试点工作的指导意见》

（中办发〔2016〕63号）

为加快解决现行以块为主的地方环保管理体制存在的突出问题，现就省以下环保机构监测监察执法垂直管理制度改革试点工作提出如下意见。

一、总体要求

（一）指导思想。全面贯彻党的十八大和十八届三中、四中、五中全会精神，深入学习贯彻习近平总书记系列重要讲话精神，紧紧围绕统筹推进“五位一体”总体布局和协调推进“四个全面”战略布局，牢固树立新发展理念，认真落实党中央、国务院决策部署，改革环境治理基础制度，建立健全条块结合、各司其职、权责明确、保障有力、权威高效的地方环境保护管理体制，切实落实对地方政府及其相关部门的监督责任，增强环境监测监察执法的独立性、统一性、权威性和有效性，适应统筹解决跨区域、跨流域环境问题的新要求，规范和加强地方环保机构队伍建设，为建设天蓝、地绿、水净的美丽中国提供坚强体制保障。

（二）基本原则

——坚持问题导向。改革试点要有利于推动解决地方环境保护管理体制存在的突出问题，有利于环境保护责任目标任务的明确、分解及落实，有利于调动地方党委和政府及其相关部门的积极性，有利于新老环境保护管理体制平稳过渡。

——强化履职尽责。地方党委和政府对本地区生态环境负总责。建立健全职责明晰、分工合理的环境保护责任体系，加强监督检查，推动落实环境保护党政同责、一岗双责。对失职失责的，严肃追究责任。

——确保顺畅高效。改革完善体制机制，强化省级环保部门对市县两级环境监测监察的管理，协调处理好环保部门统一监督管理与属地主体责任、相关部门分工负责的关系，提升生态环境治理能力。

——搞好统筹协调。做好顶层设计，要与生态文明体制改革各项任务相协调，与生态环境保护制度完善相联动，与事业单位分类改革、行政审批制度改革、综合行政执法改革相衔接，提升改革综合效能。

二、强化地方党委和政府及其相关部门的环境保护责任

（三）落实地方党委和政府对生态环境负总责的要求。试点省份要进一步强化地方各级党委和政府环境保护主体责任、党委和政府主要领导成员主要责任，完善领导干部目标责任考核制度，把生态环境质量状况作为党政领导班子考核评价的重要内容。建立和实行领导干部违法违规干预环境监测执法活动、插手具体环境保护案件查处的责任追究制度，支持环保部门依法依规履职尽责。

（四）强化地方环保部门职责。省级环保部门对全省（自治区、直辖市）环境保护工作实施统一监督管理，在全省（自治区、直辖市）范围内统一规划建设环境监测网络，对省级环境保护许可事项等进行执法，对市县两级环境执法机构给予指导，对跨市相关纠纷及重大案件进行调查处理。市级环保部门对全市区域范围内环境保护工作实施统一监督管理，负责属地环境执法，强化综合统筹协调。县级环保部门强化现场环境执法，现有环境保护许可等职能上交市级环保部门，在市级环保部门授权范围内承担部分环境保护许可具体工作。

（五）明确相关部门环境保护责任。试点省份要制定负有生态环境监管职责相关部门的环境保护责任清单，明确各相关部门在工业污染防治、农业污染防治、城乡污水垃圾处理、国土资源开发环境保护、机动车船污染防治、自然生态保护等方面的环境保护责任，按职责开展监督管理。管发展必须管环保，管生产必须管环保，形成齐抓共管的工作格局，实现发展与环境保护的内在统一、相互促进。地方各级党委和政府将相关部门环境保护履职尽责情况纳入年度部门绩效考核。

三、调整地方环境保护管理体制

（六）调整市县环保机构管理体制。市级环保局实行以省级环保厅（局）为主

的双重管理，仍为市级政府工作部门。省级环保厅（局）党组负责提名市级环保局局长、副局长，会同市级党委组织部门进行考察，征求市级党委意见后，提交市级党委和政府按有关规定程序办理，其中局长提交市级人大任免；市级环保局党组书记、副书记、成员，征求市级党委意见后，由省级环保厅（局）党组审批任免。直辖市所属区县及省直辖县（市、区）环保局参照市级环保局实施改革。计划单列市、副省级城市环保局实行以省级环保厅（局）为主的双重管理；涉及厅级干部任免的，按照相应干部管理权限进行管理。

县级环保局调整为市级环保局的派出分局，由市级环保局直接管理，领导班子成员由市级环保局任免。开发区（高新区）等的环境保护管理体制改革方案由试点省份确定。

地方环境保护管理体制调整后，要注意统筹环保干部的交流使用。

（七）加强环境监察工作。试点省份将市县两级环保部门的环境监察职能上收，由省级环保部门统一行使，通过向市或跨市县区域派驻等形式实施环境监察。经省级政府授权，省级环保部门对本行政区域内各市县两级政府及相关部门环境保护法律法规、标准、政策、规划执行情况，一岗双责落实情况，以及环境质量责任落实情况进行监督检查，及时向省级党委和政府报告。

（八）调整环境监测管理体制。本省（自治区、直辖市）及所辖各市县生态环境质量监测、调查评价和考核工作由省级环保部门统一负责，实行生态环境质量省级监测、考核。现有市级环境监测机构调整为省级环保部门驻市环境监测机构，由省级环保部门直接管理，人员和工作经费由省级承担；领导班子成员由省级环保厅（局）任免；主要负责人任市级环保局党组成员，事先应征求市级环保局意见。省级和驻市环境监测机构主要负责生态环境质量监测工作。直辖市所属区县环境监测机构改革方案由直辖市环保局结合实际确定。

现有县级环境监测机构主要职能调整为执法监测，随县级环保局一并上收到市级，由市级承担人员和工作经费，具体工作接受县级环保分局领导，支持配合属地环境执法，形成环境监测与环境执法有效联动、快速响应，同时按要求做好生态环境质量监测相关工作。

（九）加强市县环境执法工作。环境执法重心向市县下移，加强基层执法队伍建设，强化属地环境执法。市级环保局统一管理、统一指挥本行政区域内县级环境执法力量，由市级承担人员和工作经费。依法赋予环境执法机构实施现场检查、行政处罚、行政强制的条件和手段。将环境执法机构列入政府行政执法部门序列，配备调查取证、移动执法等装备，统一环境执法人员着装，保障一线环境执法用车。

四、规范和加强地方环保机构和队伍建设

（十）加强环保机构规范化建设。试点省份要在不突破地方现有机构限额和编制总额的前提下，统筹解决好体制改革涉及的环保机构编制和人员身份问题，保障环保部门履职需要。目前仍为事业机构、使用事业编制的市县两级环保局，要结合体制改革和事业单位分类改革，逐步转为行政机构，使用行政编制。

强化环境监察职能，建立健全环境监察体系，加强对环境监察工作的组织领导。要配强省级环保厅（局）专职负责环境监察的领导，结合工作需要，加强环境监察内设机构建设，探索建立环境监察专员制度。

规范和加强环境监测机构建设，强化环保部门对社会监测机构和运营维护机构的管理。试点省份结合事业单位分类改革和综合行政执法改革，规范设置环境执法机构。健全执法责任制，严格规范和约束环境监管执法行为。市县两级环保机构精简的人员编制要重点充实一线环境执法力量。

乡镇（街道）要落实环境保护职责，明确承担环境保护责任的机构和人员，确保责有人负、事有人干；有关地方要建立健全农村环境治理体制机制，提高农村环境保护公共服务水平。

（十一）加强环保能力建设。尽快出台环保监测监察执法等方面的规范性文件，全面推进环保监测监察执法能力标准化建设，加强人员培训，提高队伍专业化水平。加强县级环境监测机构的能力建设，妥善解决监测机构改革中监测资质问题。实行行政执法人员持证上岗和资格管理制度。继续强化核与辐射安全监测执法能力建设。

（十二）加强党组织建设。认真落实党建工作责任制，把全面从严治党落到实处。应按照规定，在符合条件的市级环保局设立党组，接受批准其设立的市级党委领导，并向省级环保厅（局）党组请示报告党的工作。市级环保局党组报市级党委组织部门审批后，可在县级环保分局设立分党组。按照属地管理原则，建立健全党的基层组织，市县两级环保部门基层党组织接受所在地方党的机关工作委

员会领导和本级环保局（分局）党组指导。省以下环保部门纪检机构的设置，由省级环保厅（局）商省级纪检机关同意后，按程序报批确定。

五、建立健全高效协调的运行机制

（十三）加强跨区域、跨流域环境管理。试点省份要积极探索按流域设置环境监管和行政执法机构、跨地区环保机构，有序整合不同领域、不同部门、不同层次的监管力量。省级环保厅（局）可选择综合能力较强的驻市环境监测机构，承担跨区域、跨流域生态环境质量监测职能。

试点省份环保厅（局）牵头建立健全区域协作机制，推行跨区域、跨流域环境污染联防联控，加强联合监测、联合执法、交叉执法。

鼓励市级党委和政府在全市域范围内按照生态环境系统完整性实施统筹管理，统一规划、统一标准、统一环评、统一监测、统一执法，整合设置跨市辖区的环境执法和环境监测机构。

（十四）建立健全环境保护议事协调机制。试点省份县级以上地方政府要建立健全环境保护议事协调机制，研究解决本地区环境保护重大问题，强化综合决策，形成工作合力。日常工作由同级环保部门承担。

（十五）强化环保部门与相关部门协作。地方各级环保部门应为属地党委和政府履行环境保护责任提供支持，为突发环境事件应急处置提供监测支持。市级环保部门要协助做好县级生态环境保护工作的统筹谋划和科学决策。省级环保部门驻市环境监测机构要主动加强与属地环保部门的协调联动，参加其相关会议，为市县环境管理和执法提供支持。目前未设置环境监测机构的县，其环境监测任务由市级环保部门整合现有县级环境监测机构承担，或由驻市环境监测机构协助承担。加强地方各级环保部门与有关部门和单位的联动执法、应急响应，协同推进环境保护工作。

（十六）实施环境监测执法信息共享。试点省份环保厅（局）要建立健全生态环境监测与环境执法信息共享机制，牵头建立、运行生态环境监测信息传输网络与大数据平台，实现与市级政府及其环保部门、县级政府及县级环保分局互联互通、实时共享、成果共用。环保部门应将环境监测监察执法等情况及时通报属地党委和政府及其相关部门。

六、落实改革相关政策措施

（十七）稳妥开展人员划转。试点省份依据有关规定，结合机构隶属关系调整，相应划转编制和人员，对本行政区域内环保部门的机构和编制进行优化配置，合理调整，实现人事相符。试点省份根据地方实际，研究确定人员划转的数量、条件、程序，公开公平公正开展划转工作。地方各级政府要研究出台政策措施，解决人员划转、转岗、安置等问题，确保环保队伍稳定。改革后，县级环保部门继续按国家规定执行公务员职务与职级并行制度。

（十八）妥善处理资产债务。依据有关规定开展资产清查，做好账务清理和清产核资，确保账实相符，严防国有资产流失。对清查中发现的国有资产损益，按照有关规定，经同级财政部门核实并报经同级政府同意后处理。按照资产随机构走原则，根据国有资产管理相关制度规定的程序和要求，做好资产划转和交接。按照债权债务随资产（机构）走原则，明确债权债务责任人，做好债权债务划转和交接。地方政府承诺需要通过后续年度财政资金或其他资金安排解决的债务问题，待其处理稳妥后再行划转。

（十九）调整经费保障渠道。试点期间，环保部门开展正常工作所需的基本支出和相应的工作经费原则上由原渠道解决，核定划转基数后随机构调整划转。地方财政要充分考虑人员转岗安置经费，做好改革经费保障工作。要按照事权和支出责任相匹配的原则，将环保部门纳入相应级次的财政预算体系给予保障。人员待遇按属地化原则处理。环保部门经费保障标准由各地依法在现有制度框架内结合实际确定。

七、加强组织实施

（二十）加强组织领导。试点省份党委和政府对环保垂直管理制度改革试点工作负总责，成立相关工作领导小组。试点省份党委要把握改革方向，研究解决改革中的重大问题。试点省份政府要制定改革实施方案，明确责任，积极稳妥实施改革试点。试点省份环保、机构编制、组织、发展改革、财政、人力资源社会保障、法制等部门要密切配合，协力推动。市县两级党委和政府要切实解决改革过程中出现的问题，确保改革工作顺利开展、环保工作有序推进。

环境保护部、中央编办要加强对试点工作的分类指导和跟踪分析，做好典型引导和交流培训，加强统筹协调和督促检查，研究出台有关政策措施，重大事项要及时向党中央、国务院请示报告。涉及需要修改法律法规的，按法定程序办理。

（二十一）严明工作纪律。试点期间，严肃政治纪律、组织纪律、财经纪律等各项纪律，扎实做好宣传舆论引导，认真做好干部职工思想稳定工作。

（二十二）有序推进改革。鼓励各省（自治区、直辖市）申请开展试点工作，并积极做好前期准备。环境保护部、中央编办根据不同区域经济社会发展特点和环境问题类型，结合地方改革基础，对申请试点的省份改革实施方案进行研究，统筹确定试点省份。试点省份改革实施方案须经环境保护部、中央编办备案同意后方可组织实施。

试点省份要按照本指导意见要求和改革实施方案，因地制宜创新方式方法，细化举措，落实政策，先行先试，力争在 2017 年 6 月底前完成试点工作，形成自评估报告。环境保护部、中央编办对试点工作进行总结评估，提出配套政策和工作安排建议，报党中央、国务院批准后全面推开改革工作。

未纳入试点的省份要积极做好调查摸底、政策研究等前期工作，组织制定改革实施方案，经环境保护部、中央编办备案同意后组织实施、有序开展，力争在 2018 年 6 月底前完成省以下环境保护管理体制调整工作。在此基础上，各省（自治区、直辖市）要进一步完善配套措施，健全机制，确保“十三五”时期全面完成环保机构监测监察执法垂直管理制度改革任务，到 2020 年全国省以下环保部门按照新制度高效运行。

中共中央办公厅　国务院办公厅印发《关于深化环境监测改革　提高环境监测数据质量的意见》

（厅字〔2017〕35 号）

环境监测是保护环境的基础工作，是推进生态文明建设的重要支撑。环境监测数据是客观评价环境质量状况、反映污染治理成效、实施环境管理与决策的基本依据。当前，地方不当干预环境监测行为时有发生，相关部门环境监测数据不一致现象依然存在，排污单位监测数据弄虚作假屡禁不止，环境监测机构服务水平良莠不齐，导致环境监测数据质量问题突出，制约了环境管理水平提高。为切实提高环境监测数据质量，现提出如下意见。

一、总体要求

（一）指导思想。全面贯彻党的十八大和十八届三中、四中、五中、六中全会精神，深入贯彻习近平总书记系列重要讲话精神和治国理政新理念新思想新战略，紧紧围绕统筹推进“五位一体”总体布局和协调推进“四个全面”战略布局，牢固树立和贯彻落实新发展理念，认真落实党中央、国务院决策部署，立足我国生态环境保护需要，坚持依法监测、科学监测、诚信监测，深化环境监测改革，构建责任体系，创新管理制度，强化监管能力，依法依规严肃查处弄虚作假行为，切实保障环境监测数据质量，提高环境监测数据公信力和权威性，促进环境管理水平全面提升。

（二）基本原则

——创新机制，健全法规。改革环境监测质量保障机制，完善环境监测质量管理制度，健全环境监测法律法规和标准规范。

——多措并举，综合防范。综合运用法律、经济、技术和必要的行政手段，预防不当干预，规范监测行为，加强部门协作，推进信息公开，形成政策措施合力。

——明确责任，强化监管。明确地方党委和政府以及相关部门、排污单位和环境监测机构的责任，加大弄虚作假行为查处力度，严格问责，形成高压震慑态势。

（三）主要目标。到2020年，通过深化改革，全面建立环境监测数据质量保障责任体系，健全环境监测质量管理制度，建立环境监测数据弄虚作假防范和惩治机制，确保环境监测机构和人员独立公正开展工作，确保环境监测数据全面、准确、客观、真实。

二、坚决防范地方和部门不当干预

（四）明确领导责任和监管责任。地方各级党委和政府建立健全防范和惩治环境监测数据弄虚作假的责任体系和工作机制，并对防范和惩治环境监测数据弄虚作假负领导责任。对弄虚作假问题突出的市（地、州、盟），环境保护部或省级环境保护部门可公开约谈其政府负责人，责成当地政府查处和整改。被环境保护部约谈的市（地、州、盟），省级环境保护部门对相关责任人依照有关规定提出处分建议，交由所在地党委和政府依纪依法予以处理，并将处理结果书面报告环境保护部、省级党委和政府。（环境保护部牵头，中央组织部、监察部参与）

各级环境保护、质量技术监督部门依法对环境监测机构负监管责任，其他相关部门要加强对所属环境监测机构的数据质量管理。各相关部门发现对弄虚作假行为包庇纵容、监管不力，以及有其他未依法履职行为的，依照规定向有关部门移送直接负责的主管人员和其他责任人员的违规线索，依纪依法追究其责任。（环境保护部、质检总局牵头，国土资源部、住房城乡建设部、水利部、农业部、国家卫生计生委、国家林业局、中国气象局、国家海洋局等参与）

（五）强化防范和惩治。研究制定防范和惩治领导干部干预环境监测活动的管理办法，明确情形认定，规范查处程序，细化处理规定，重点解决地方党政领导干部和相关部门工作人员利用职务影响，指使篡改、伪造环境监测数据，限制、阻挠环境监测数据质量监管执法，影响、干扰对环境监测数据弄虚作假行为查处和责任追究，以及给环境监测机构和人员下达环境质量改善考核目标任务等问题。

（环境保护部牵头，中央组织部、监察部参与）

（六）实行干预留痕和记录。明确环境监测机构和人员的记录责任与义务，规范记录事项和方式，对党政领导干部与相关部门工作人员干预环境监测的批示、函文、口头意见或暗示等信息，做到全程留痕、依法提取、介质存储、归档备查。对不如实记录或隐瞒不报不当干预行为并造成严重后果的相关人员，应予以通报批评和警告。（环境保护部牵头，国土资源部、住房城乡建设部、水利部、农业部、国家卫生计生委、国家林业局、中国气象局、国家海洋局等参与）

三、大力推进部门环境监测协作

（七）依法统一监测标准规范与信息发布。环境保护部依法制定全国统一的环境监测规范，加快完善大气、水、土壤等要素的环境质量监测和排污单位自行监测标准规范，健全国家环境监测量值溯源体系。会同有关部门建设覆盖我国陆地、海洋、岛礁的国家环境质量监测网络。各级各类环境监测机构和排污单位要按照统一的环境监测标准规范开展监测活动，切实解决不同部门同类环境监测数据不一致、不可比的问题。（环境保护部、质检总局牵头，国土资源部、住房城乡建设部、水利部、农业部、国家卫生计生委、国家林业局、中国气象局、国家海洋局等参与）

环境保护部门统一发布环境质量和其他重大环境信息。其他相关部门发布信息中涉及环境质量内容的，应与同级环境保护部门协商一致或采用环境保护部门依法公开发布的环境质量信息。（环境保护部牵头，国土资源部、住房城乡建设部、水利部、农业部、国家卫生计生委、国家林业局、中国气象局、国家海洋局等参与）

（八）健全行政执法与刑事司法衔接机制。环境保护部门查实的篡改伪造环境监测数据案件，尚不构成犯罪的，除依照有关法律法规进行处罚外，依法移送公安机关予以拘留；对涉嫌犯罪的，应当制作涉嫌犯罪案件移送书、调查报告、现场勘查笔录、涉案物品清单等证据材料，及时向同级公安机关移送，并将案件移送书抄送同级检察机关。公安机关应当依法接受，并在规定期限内书面通知环境保护部门是否立案。检察机关依法履行法律监督职责。环境保护部门与公安机关及检察机关对企业超标排放污染物情况通报、环境执法督察报告等信息资源实行

共享。（环境保护部、公安部、最高人民检察院负责）

四、严格规范排污单位监测行为

（九）落实自行监测数据质量主体责任。排污单位要按照法律法规和相关监测标准规范开展自行监测，制定监测方案，保存完整的原始记录、监测报告，对数据的真实性负责，并按规定公开相关监测信息。对通过篡改、伪造监测数据等逃避监管方式违法排放污染物的，环境保护部门依法实施按日连续处罚。（环境保护部负责）

（十）明确污染源自动监测要求。建立重点排污单位自行监测与环境质量监测原始数据全面直传上报制度。重点排污单位应当依法安装使用污染源自动监测设备，定期检定或校准，保证正常运行，并公开自动监测结果。自动监测数据要逐步实现全国联网。逐步在污染治理设施、监测站房、排放口等位置安装视频监控设施，并与地方环境保护部门联网。取消环境保护部门负责的有效性审核。重点排污单位自行开展污染源自动监测的手工比对，及时处理异常情况，确保监测数据完整有效。自动监测数据可作为环境行政处罚等监管执法的依据。（环境保护部牵头，质检总局参与）

五、准确界定环境监测机构数据质量责任

（十一）建立“谁出数谁负责、谁签字谁负责”的责任追溯制度。环境监测机构及其负责人对其监测数据的真实性和准确性负责。采样与分析人员、审核与授权签字人分别对原始监测数据、监测报告的真实性终身负责。对违法违规操作或直接篡改、伪造监测数据的，依纪依法追究相关人员责任。（环境保护部牵头，质检总局参与）

（十二）落实环境监测质量管理制度。环境监测机构应当依法取得检验检测机构资质认定证书。建立覆盖布点、采样、现场测试、样品制备、分析测试、数据传输、评价和综合分析报告编制等全过程的质量管理体系。专门用于在线自动监测监控的仪器设备应当符合环境保护相关标准规范要求。使用的标准物质应当是有证标准物质或具有溯源性的标准物质。（环境保护部，质检总局负责）

六、严厉惩处环境监测数据弄虚作假行为

（十三）严肃查处监测机构和人员弄虚作假行为。环境保护、质量技术监督部门对环境监测机构开展“双随机”检查，强化事中事后监管。环境监测机构和人员弄虚作假或参与弄虚作假的，环境保护、质量技术监督部门及公安机关依法给予处罚；涉嫌犯罪的，移交司法机关依法追究相关责任人的刑事责任。从事环境监测设施维护、运营的人员有实施或参与篡改、伪造自动监测数据、干扰自动监测设施、破坏环境质量监测系统等行为的，依法从重处罚。（环境保护部、质检总局牵头，公安部、最高人民法院、最高人民检察院参与）

环境监测机构在提供环境服务中弄虚作假，对造成的环境污染和生态破坏负有责任的，除依法处罚外，检察机关、社会组织和其他法律规定的机关提起民事公益诉讼或者省级政府授权的行政机关依法提起生态环境损害赔偿诉讼时，可以要求环境监测机构与造成环境污染和生态破坏的其他责任者承担连带责任。（环境保护部、最高人民检察院牵头，公安部、质检总局、最高人民法院参与）

（十四）严厉打击排污单位弄虚作假行为。排污单位存在监测数据弄虚作假行为的，环境保护部门、公安机关依法予以处罚；涉嫌犯罪的，移交司法机关依法追究直接负责的主管人员和其他责任人的刑事责任，并对单位判处罚金；排污单位法定代表人强令、指使、授意、默许监测数据弄虚作假的，依纪依法追究其责任。（环境保护部牵头，公安部、最高人民法院、最高人民检察院参与）

（十五）推进联合惩戒。各级环境保护部门应当将依法处罚的环境监测数据弄虚作假企业、机构和个人信息向社会公开，并依法纳入全国信用信息共享平台，同时将企业违法信息依法纳入国家企业信用信息公示系统，实现一处违法、处处受限。（环境保护部牵头，国家发展改革委、工商总局、质检总局、中国人民银行等相关部门参与）

（十六）加强社会监督。广泛开展宣传教育，鼓励公众参与，完善举报制度，将环境监测数据弄虚作假行为的监督举报纳入“12369”环境保护举报和“12365”质量技术监督举报受理范围。充分发挥环境监测行业协会的作用，推动行业自律。（环境保护部、质检总局牵头，民政部参与）

七、加快提高环境监测质量监管能力

（十七）完善法规制度。研究制定环境监测条例，加大对环境监测数据弄虚作假行为的惩处力度。对侵占、损毁或擅自移动、改变环境质量监测设施和污染物排放自动监测设备的，依法处罚。制定环境监测与执法联动办法、环境监测机构监管办法等规章制度。探索建立环境监测人员数据弄虚作假从业禁止制度。研究建立排污单位环境监测数据真实性自我举证制度。推进监测数据采集、传输、存储的标准化建设。（环境保护部牵头，国务院法制办参与）

（十八）健全质量管理体系。结合现有资源建设国家环境监测量值溯源与传递实验室、污染物计量与实物标准实验室、环境监测标准规范验证实验室、专用仪器设备适用性检测实验室，提高国家环境监测质量控制水平。提升区域环境监测质量控制和管理能力，在华北、东北、西北、华东、华南、西南等地区，委托有条件的省级环境监测机构承担区域环境监测质量控制任务，对区域内环境质量监测活动进行全过程监督。（环境保护部牵头，国家发展改革委、财政部、质检总局等参与）

（十九）强化高新技术应用。加强大数据、人工智能、卫星遥感等高新技术在环境监测和质量管理中的应用，通过对环境监测活动全程监控，实现对异常数据的智能识别、自动报警。开展环境监测新技术、新方法和全过程质控技术研究，加快便携、快速、自动监测仪器设备的研发与推广应用，提升环境监测科技水平。（科技部、环境保护部牵头）

各地区各有关部门要按照党中央、国务院统一部署和要求，结合实际制定具体实施方案，明确任务分工、时间节点，扎实推进各项任务落实。地方各级党委和政府要结合环保机构监测监察执法垂直管理制度改革，加强对环境监测工作的组织领导，及时研究解决环境监测发展改革、机构队伍建设等问题，保障监测业务用房、业务用车和工作经费。环境保护部要把各地落实本意见情况作为中央环境保护督察的重要内容。中央组织部、国家发展改革委、财政部、监察部等有关部门要统筹落实责任追究、项目建设、经费保障、执纪问责等方面的事项。

中共中央办公厅　国务院办公厅印发《关于构建现代环境治理体系的指导意见》的通知

（中办发〔2020〕6号）

为贯彻落实党的十九大部署，构建党委领导、政府主导、企业主体、社会组织和公众共同参与的现代环境治理体系，现提出如下意见。

一、总体要求

（一）指导思想。以习近平新时代中国特色社会主义思想为指导，全面贯彻党的十九大和十九届二中、三中、四中全会精神，深入贯彻习近平生态文明思想，紧紧围绕统筹推进“五位一体”总体布局和协调推进“四个全面”战略布局，认真落实党中央、国务院决策部署，牢固树立绿色发展理念，以坚持党的集中统一领导为统领，以强化政府主导作用为关键，以深化企业主体作用为根本，以更好动员社会组织和公众共同参与为支撑，实现政府治理和社会调节、企业自治良性互动，完善体制机制，强化源头治理，形成工作合力，为推动生态环境根本好转、建设生态文明和美丽中国提供有力制度保障。

（二）基本原则

——坚持党的领导。贯彻党中央关于生态环境保护的总体要求，实行生态环境保护党政同责、一岗双责。

——坚持多方共治。明晰政府、企业、公众等各类主体权责，畅通参与渠道，形成全社会共同推进环境治理的良好格局。

——坚持市场导向。完善经济政策，健全市场机制，规范环境治理市场行为，强化环境治理诚信建设，促进行业自律。

——坚持依法治理。健全法律法规标准，严格执法、加强监管，加快补齐环境治理体制机制短板。

（三）主要目标。到2025年，建立健全环境治理的领导责任体系、企业责任体系、全民行动体系、监管体系、市场体系、信用体系、法律法规政策体系，落实各类主体责任，提高市场主体和公众参与的积极性，形成导向清晰、决策科学、执行有力、激励有效、多元参与、良性互动的环境治理体系。

二、健全环境治理领导责任体系

（四）完善中央统筹、省负总责、市县抓落实的工作机制。党中央、国务院统筹制定生态环境保护的大政方针，提出总体目标，谋划重大战略举措。制定实施中央和国家机关有关部门生态环境保护责任清单。省级党委和政府对本地区环境治理负总体责任，贯彻执行党中央、国务院各项决策部署，组织落实目标任务、政策措施，加大资金投入。市县党委和政府承担具体责任，统筹做好监管执法、市场规范、资金安排、宣传教育等工作。

（五）明确中央和地方财政支出责任。制定实施生态环境领域中央与地方财政事权和支出责任划分改革方案，除全国性、重点区域流域、跨区域、国际合作等环境治理重大事务外，主要由地方财政承担环境治理支出责任。按照财力与事权相匹配的原则，在进一步理顺中央与地方收入划分和完善转移支付制度改革中统筹考虑地方环境治理的财政需求。

（六）开展目标评价考核。着眼环境质量改善，合理设定约束性和预期性目标，纳入国民经济和社会发展规划、国土空间规划以及相关专项规划。各地区可制定符合实际、体现特色的目标。完善生态文明建设目标评价考核体系，对相关专项考核进行精简整合，促进开展环境治理。

（七）深化生态环境保护督察。实行中央和省（自治区、直辖市）两级生态环境保护督察体制。以解决突出生态环境问题、改善生态环境质量、推动经济高质量发展为重点，推进例行督察，加强专项督察，严格督察整改。进一步完善排查、交办、核查、约谈、专项督察“五步法”工作模式，强化监督帮扶，压实生态环境保护责任。

三、健全环境治理企业责任体系

（八）依法实行排污许可管理制度。加快排污许可管理条例立法进程，完善排污许可制度，加强对企业排污行为的监督检查。按照新老有别、平稳过渡原则，妥善处理排污许可与环评制度的关系。

（九）推进生产服务绿色化。从源头防治污染，优化原料投入，依法依规淘汰落后生产工艺技术。积极践行绿色生产方式，大力开展技术创新，加大清洁生产推行力度，加强全过程管理，减少污染物排放。提供资源节约、环境友好的产品和服务。落实生产者责任延伸制度。

（十）提高治污能力和水平。加强企业环境治理责任制度建设，督促企业严格执行法律法规，接受社会监督。重点排污企业要安装使用监测设备并确保正常运行，坚决杜绝治理效果和监测数据造假。

（十一）公开环境治理信息。排污企业应通过企业网站等途径依法公开主要污染物名称、排放方式、执行标准以及污染防治设施建设和运行情况，并对信息真实性负责。鼓励排污企业在确保安全生产前提下，通过设立企业开放日、建设教育体验场所等形式，向社会公众开放。

四、健全环境治理全民行动体系

（十二）强化社会监督。完善公众监督和举报反馈机制，充分发挥“12369”环保举报热线作用，畅通环保监督渠道。加强舆论监督，鼓励新闻媒体对各类破坏生态环境问题、突发环境事件、环境违法行为进行曝光。引导具备资格的环保组织依法开展生态环境公益诉讼等活动。

（十三）发挥各类社会团体作用。工会、共青团、妇联等群团组织要积极动员广大职工、青年、妇女参与环境治理。行业协会、商会要发挥桥梁纽带作用，促进行业自律。加强对社会组织的管理和指导，积极推进能力建设，大力发挥环保志愿者作用。

（十四）提高公民环保素养。把环境保护纳入国民教育体系和党政领导干部培训体系，组织编写环境保护读本，推进环境保护宣传教育进学校、进家庭、进社区、进工厂、进机关。加大环境公益广告宣传力度，研发推广环境文化产品。引导公民自觉履行环境保护责任，逐步转变落后的生活风俗习惯，积极开展垃圾分类，践行绿色生活方式，倡导绿色出行、绿色消费。

五、健全环境治理监管体系

（十五）完善监管体制。整合相关部门污染防治和生态环境保护执法职责、队伍，统一实行生态环境保护执法。全面完成省以下生态环境机构监测监察执法垂直管理制度改革。实施“双随机、一公开”环境监管模式。推动跨区域跨流域污染防治联防联控。除国家组织的重大活动外，各地不得因召开会议、论坛和举办大型活动等原因，对企业采取停产、限产措施。

（十六）加强司法保障。建立生态环境保护综合行政执法机关、公安机关、检察机关、审判机关信息共享、案情通报、案件移送制度。强化对破坏生态环境违法犯罪行为的查处侦办，加大对破坏生态环境案件起诉力度，加强检察机关提起生态环境公益诉讼工作。在高级人民法院和具备条件的中基层人民法院调整设立专门的环境审判机构，统一涉生态环境案件的受案范围、审理程序等。探索建立“恢复性司法实践+社会化综合治理”审判结果执行机制。

（十七）强化监测能力建设。加快构建陆海统筹、天地一体、上下协同、信息共享的生态环境监测网络，实现环境质量、污染源和生态状况监测全覆盖。实行“谁考核、谁监测”，不断完善生态环境监测技术体系，全面提高监测自动化、标准化、信息化水平，推动实现环境质量预报预警，确保监测数据“真、准、全”。推进信息化建设，形成生态环境数据一本台账、一张网络、一个窗口。加大监测技术装备研发与应用力度，推动监测装备精准、快速、便携化发展。

六、健全环境治理市场体系

（十八）构建规范开放的市场。深入推进“放管服”改革，打破地区、行业壁垒，对各类所有制企业一视同仁，平等对待各类市场主体，引导各类资本参与环境治理投资、建设、运行。规范市场秩序，减少恶性竞争，防止恶意低价中标，加快形成公开透明、规范有序的环境治理市场环境。

（十九）强化环保产业支撑。加强关键环保技术产品自主创新，推动环保首台（套）重大技术装备示范应用，加快提高环保产业技术装备水平。做大做强龙头企业，培育一批专业化骨干企业，扶持一批专特优精中小企业。鼓励企业参与绿色“一带一路”建设，带动先进的环保技术、装备、产能“走出去”。

（二十）创新环境治理模式。积极推行环境污染第三方治理，开展园区污染防治第三方治理示范，探索统一规划、统一监测、统一治理的一体化服务模式。开展小城镇环境综合治理托管服务试点，强化系统治理，实行按效付费。对工业污染地块，鼓励采用“环境修复+开发建设”模式。

（二十一）健全价格收费机制。严格落实“谁污染、谁付费”政策导向，建立健全“污染者付费+第三方治理”等机制。按照补偿处理成本并合理盈利原则，完善并落实污水垃圾处理收费政策。综合考虑企业和居民承受能力，完善差别化电价政策。

七、健全环境治理信用体系

（二十二）加强政务诚信建设。建立健全环境治理政务失信记录，将地方各级政府和公职人员在环境保护工作中因违法违规、失信违约被司法判决、行政处罚、纪律处分、问责处理等信息纳入政务失信记录，并归集至相关信用信息共享平台，依托“信用中国”网站等依法依规逐步公开。

（二十三）健全企业信用建设。完善企业环保信用评价制度，依据评价结果实施分级分类监管。建立排污企业黑名单制度，将环境违法企业依法依规纳入失信联合惩戒对象名单，将其违法信息记入信用记录，并按照国家有关规定纳入全国信用信息共享平台，依法向社会公开。建立完善上市公司和发债企业强制性环境治理信息披露制度。

八、健全环境治理法律法规政策体系

（二十四）完善法律法规。制定修订固体废物污染防治、长江保护、海洋环境保护、生态环境监测、环境影响评价、清洁生产、循环经济等方面的法律法规。鼓励有条件的地方在环境治理领域先于国家进行立法。严格执法，对造成生态环境损害的，依法依规追究赔偿责任；对构成犯罪的，依法追究刑事责任。

（二十五）完善环境保护标准。立足国情实际和生态环境状况，制定修订环境质量标准、污染物排放（控制）标准以及环境监测标准等。推动完善产品环保强制性国家标准。做好生态环境保护规划、环境保护标准与产业政策的衔接配套，健全标准实施信息反馈和评估机制。鼓励开展各类涉及环境治理的绿色认证制度。

（二十六）加强财税支持。建立健全常态化、稳定的中央和地方环境治理财政资金投入机制。健全生态保护补偿机制。制定出台有利于推进产业结构、能源结构、运输结构和用地结构调整优化的相关政策。严格执行环境保护税法，促进企业降低大气污染物、水污染物排放浓度，提高固体废物综合利用率。贯彻落实好现行促进环境保护和污染防治的税收优惠政策。

（二十七）完善金融扶持。设立国家绿色发展基金。推动环境污染责任保险发展，在环境高风险领域研究建立环境污染强制责任保险制度。开展排污权交易，研究探索对排污权交易进行抵质押融资。鼓励发展重大环保装备融资租赁。加快建立省级土壤污染防治基金。统一国内绿色债券标准。

九、强化组织领导

（二十八）加强组织实施。地方各级党委和政府要根据本意见要求，结合本地区发展实际，进一步细化落实构建现代环境治理体系的目标任务和政策措施，确保本意见确定的重点任务及时落地见效。国家发展改革委要加强统筹协调和政策支持，生态环境部要牵头推进相关具体工作，有关部门各负其责、密切配合，重大事项及时向党中央、国务院报告。

国务院办公厅关于印发国家突发环境事件应急预案的通知

（国办函〔2014〕119号）

各省、自治区、直辖市人民政府，国务院各部委、各直属机构：

经国务院同意，现将修订后的《国家突发环境事件应急预案》印发给你们，请认真组织实施。2005年5月24日经国务院批准、由国务院办公厅印发的《国家突发环境事件应急预案》同时废止。

国务院办公厅

2014年12月29日

国家突发环境事件应急预案

1 总则

1.1 编制目的

健全突发环境事件应对工作机制，科学有序高效应对突发环境事件，保障人民群众生命财产安全和环境安全，促进社会全面、协调、可持续发展。

1.2 编制依据

依据《中华人民共和国环境保护法》、《中华人民共和国突发事件应对法》、《中华人民共和国放射性污染防治法》、《国家突发公共事件总体应急预案》及相关法律法规等，制定本预案。

1.3 适用范围

本预案适用于我国境内突发环境事件应对工作。

突发环境事件是指由于污染物排放或自然灾害、生产安全事故等因素，导致污染物或放射性物质等有毒有害物质进入大气、水体、土壤等环境介质，突然造成或可能造成环境质量下降，危及公众身体健康和财产安全，或造成生态环境破坏，或造成重大社会影响，需要采取紧急措施予以应对的事件，主要包括大气污染、水体污染、土壤污染等突发性环境污染事件和辐射污染事件。

核设施及有关核活动发生的核事故所造成的辐射污染事件、海上溢油事件、船舶污染事件的应对工作按照其他相关应急预案规定执行。重污染天气应对工作按照国务院《大气污染防治行动计划》等有关规定执行。

1.4 工作原则

突发环境事件应对工作坚持统一领导、分级负责，属地为主、协调联动，快速反应、科学处置，资源共享、保障有力的原则。突发环境事件发生后，地方人民政府和有关部门立即自动按照职责分工和相关预案开展应急处置工作。

1.5 事件分级

按照事件严重程度，突发环境事件分为特别重大、重大、较大和一般四级。突发环境事件分级标准见附件 1。

2 组织指挥体系

2.1 国家层面组织指挥机构

环境保护部负责重特大突发环境事件应对的指导协调和环境应急的日常监督管理工作。根据突发环境事件的发展态势及影响，环境保护部或省级人民政府可报请国务院批准，或根据国务院领导同志指示，成立国务院工作组，负责指导、协调、督促有关地区和部门开展突发环境事件应对工作。必要时，成立国家环境应急指挥部，由国务院领导同志担任总指挥，统一领导、组织和指挥应急处置工作；国务院办公厅履行信息汇总和综合协调职责，发挥运转枢纽作用。国家环境应急指挥部组成及工作组职责见附件 2。

2.2 地方层面组织指挥机构

县级以上地方人民政府负责本行政区域内的突发环境事件应对工作，明确相应组织指挥机构。跨行政区域的突发环境事件应对工作，由各有关行政区域人民政府共同负责，或由有关行政区域共同的上一级地方人民政府负责。对需要国家层面协调处置的跨省级行政区域突发环境事件，由有关省级人民政府向国务院提出请求，或由有关省级环境保护主管部门向环境保护部提出请求。

地方有关部门按照职责分工，密切配合，共同做好突发环境事件应对工作。

2.3 现场指挥机构

负责突发环境事件应急处置的人民政府根据需要成立现场指挥部，负责现场组织指挥工作。参与现场处置的有关单位和人员要服从现场指挥部的统一指挥。

3 监测预警和信息报告

3.1 监测和风险分析

各级环境保护主管部门及其他有关部门要加强日常环境监测，并对可能导致突发环境事件的风险信息加强收集、分析和研判。安全监管、交通运输、公安、住房城乡建设、水利、农业、卫生计生、气象等有关部门按照职责分工，应当及时将可能导致突发环境事件的信息通报同级环境保护主管部门。

企业事业单位和其他生产经营者应当落实环境安全主体责任，定期排查环境安全隐患，开展环境风险评估，健全风险防控措施。当出现可能导致突发环境事件的情况时，要立即报告当地环境保护主管部门。

3.2 预警

3.2.1 预警分级

对可以预警的突发环境事件，按照事件发生的可能性大小、紧急程度和可能造成的危害程度，将预警分为四级，由低到高依次用蓝色、黄色、橙色和红色表示。

预警级别的具体划分标准，由环境保护部制定。

3.2.2 预警信息发布

地方环境保护主管部门研判可能发生突发环境事件时，应当及时向本级人民政府提出预警信息发布建议，同时通报同级相关部门和单位。地方人民政府或其授权的相关部门，及时通过电视、广播、报纸、互联网、手机短信、当面告知等渠道或方式向本行政区域公众发布预警信息，并通报可能影响到的相关地区。

上级环境保护主管部门要将监测到的可能导致突发环境事件的有关信息，及时通报可能受影响地区的下一级环境保护主管部门。

3.2.3 预警行动

预警信息发布后，当地人民政府及其有关部门视情采取以下措施：

（1）分析研判。组织有关部门和机构、专业技术人员及专家，及时对预警信息进行分析研判，预估可能的影响范围和危害程度。

（2）防范处置。迅速采取有效处置措施，控制事件苗头。在涉险区域设置注意事项提示或事件危害警告标志，利用各种渠道增加宣传频次，告知公众避险和减轻危害的常识、需采取的必要的健康防护措施。

（3）应急准备。提前疏散、转移可能受到危害的人员，并进行妥善安置。责令应急救援队伍、负有特定职责的人员进入待命状态，动员后备人员做好参加应急救援和处置工作的准备，并调集应急所需物资和设备，做好应急保障工作。对可能导致突发环境事件发生的相关企业事业单位和其他生产经营者加强环境监管。

（4）舆论引导。及时准确发布事态最新情况，公布咨询电话，组织专家解读。加强相关舆情监测，做好舆论引导工作。

3.2.4 预警级别调整和解除

发布突发环境事件预警信息的地方人民政府或有关部门，应当根据事态发展情况和采取措施的效果适时调整预警级别；当判断不可能发生突发环境事件或者危险已经消除时，宣布解除预警，适时终止相关措施。

3.3 信息报告与通报

突发环境事件发生后，涉事企业事业单位或其他生产经营者必须采取应对措施，并立即向当地环境保护主管部门和相关部门报告，同时通报可能受到污染危害的单位和居民。因生产安全事故导致突发环境事件的，安全监管等有关部门应当及时通报同级环境保护主管部门。环境保护主管部门通过互联网信息监测、环境污染举报热线等多种渠道，加强对突发环境事件的信息收集，及时掌握突发环境事件发生情况。

事发地环境保护主管部门接到突发环境事件信息报告或监测到相关信息后，应当立即进行核实，对突发环境事件的性质和类别作出初步认定，按照国家规定的时限、程序和要求向上级环境保护主管部门和同级人民政府报告，并通报同级其他相关部门。突发环境事件已经或者可能涉及相邻行政区域的，事发地人民政府或环境保护主管部门应当及时通报相邻行政区域同级人民政府或环境保护主管部门。地方各级人民政府及其环境保护主管部门应当按照有关规定逐级上报，必要时可越级上报。

接到已经发生或者可能发生跨省级行政区域突发环境事件信息时，环境保护部要及时通报相关省级环境保护主管部门。

对以下突发环境事件信息，省级人民政府和环境保护部应当立即向国务院报告：

（1）初判为特别重大或重大突发环境事件；

（2）可能或已引发大规模群体性事件的突发环境事件；

（3）可能造成国际影响的境内突发环境事件；

（4）境外因素导致或可能导致我境内突发环境事件；

（5）省级人民政府和环境保护部认为有必要报告的其他突发环境事件。

4 应急响应

4.1 响应分级

根据突发环境事件的严重程度和发展态势，将应急响应设定为Ⅰ级、Ⅱ级、Ⅲ级和Ⅳ级四个等级。初判发生特别重大、重大突发环境事件，分别启动Ⅰ级、Ⅱ级应急响应，由事发地省级人民政府负责应对工作；初判发生较大突发环境事件，启动Ⅲ级应急响应，由事发地设区的市级人民政府负责应对工作；初判发生一般突发环境事件，启动Ⅳ级应急响应，由事发地县级人民政府负责应对工作。

突发环境事件发生在易造成重大影响的地区或重要时段时，可适当提高响应级别。应急响应启动后，可视事件损失情况及其发展趋势调整响应级别，避免响应不足或响应过度。

4.2 响应措施

突发环境事件发生后，各有关地方、部门和单位根据工作需要，组织采取以下措施。

4.2.1 现场污染处置

涉事企业事业单位或其他生产经营者要立即采取关闭、停产、封堵、围挡、喷淋、转移等措施，切断和控制污染源，防止污染蔓延扩散。做好有毒有害物质和消防废水、废液等的收集、清理和安全处置工作。当涉事企业事业单位或其他生产经营者不明时，由当地环境保护主管部门组织对污染来源开展调查，查明涉事单位，确定污染物种类和污染范围，切断污染源。

事发地人民政府应组织制订综合治污方案，采用监测和模拟等手段追踪污染气体扩散途径和范围；采取拦截、导流、疏浚等形式防止水体污染扩大；采取隔离、吸附、打捞、氧化还原、中和、沉淀、消毒、去污洗消、临时收贮、微生物消解、调水稀释、转移异地处置、临时改造污染处置工艺或临时建设污染处置工程等方法处置污染物。必要时，要求其他排污单位停产、限产、限排，减轻环境污染负荷。

4.2.2　转移安置人员

根据突发环境事件影响及事发当地的气象、地理环境、人员密集度等，建立现场警戒区、交通管制区域和重点防护区域，确定受威胁人员疏散的方式和途径，有组织、有秩序地及时疏散转移受威胁人员和可能受影响地区居民，确保生命安全。妥善做好转移人员安置工作，确保有饭吃、有水喝、有衣穿、有住处和必要医疗条件。

4.2.3　医学救援

迅速组织当地医疗资源和力量，对伤病员进行诊断治疗，根据需要及时、安全地将重症伤病员转运到有条件的医疗机构加强救治。指导和协助开展受污染人员的去污洗消工作，提出保护公众健康的措施建议。视情增派医疗卫生专家和卫生应急队伍、调配急需医药物资，支持事发地医学救援工作。做好受影响人员的心理援助。

4.2.4　应急监测

加强大气、水体、土壤等应急监测工作，根据突发环境事件的污染物种类、性质以及当地自然、社会环境状况等，明确相应的应急监测方案及监测方法，确定监测的布点和频次，调配应急监测设备、车辆，及时准确监测，为突发环境事件应急决策提供依据。

4.2.5　市场监管和调控

密切关注受事件影响地区市场供应情况及公众反应，加强对重要生活必需品等商品的市场监管和调控。禁止或限制受污染食品和饮用水的生产、加工、流通和食用，防范因突发环境事件造成的集体中毒等。

4.2.6　信息发布和舆论引导

通过政府授权发布、发新闻稿、接受记者采访、举行新闻发布会、组织专家解读等方式，借助电视、广播、报纸、互联网等多种途径，主动、及时、准确、客观向社会发布突发环境事件和应对工作信息，回应社会关切，澄清不实信息，正确引导社会舆论。信息发布内容包括事件原因、污染程度、影响范围、应对措施、需要公众配合采取的措施、公众防范常识和事件调查处理进展情况等。

4.2.7 维护社会稳定

加强受影响地区社会治安管理，严厉打击借机传播谣言制造社会恐慌、哄抢救灾物资等违法犯罪行为；加强转移人员安置点、救灾物资存放点等重点地区治安管控；做好受影响人员与涉事单位、地方人民政府及有关部门矛盾纠纷化解和法律服务工作，防止出现群体性事件，维护社会稳定。

4.2.8 国际通报和援助

如需向国际社会通报或请求国际援助时，环境保护部商外交部、商务部提出需要通报或请求援助的国家（地区）和国际组织、事项内容、时机等，按照有关规定由指定机构向国际社会发出通报或呼吁信息。

4.3 国家层面应对工作

4.3.1 部门工作组应对

初判发生重大以上突发环境事件或事件情况特殊时，环境保护部立即派出工作组赴现场指导督促当地开展应急处置、应急监测、原因调查等工作，并根据需要协调有关方面提供队伍、物资、技术等支持。

4.3.2 国务院工作组应对

当需要国务院协调处置时，成立国务院工作组。主要开展以下工作：

（1）了解事件情况、影响、应急处置进展及当地需求等；

（2）指导地方制订应急处置方案；

（3）根据地方请求，组织协调相关应急队伍、物资、装备等，为应急处置提供支援和技术支持；

（4）对跨省级行政区域突发环境事件应对工作进行协调；

（5）指导开展事件原因调查及损害评估工作。

4.3.3 国家环境应急指挥部应对

根据事件应对工作需要和国务院决策部署，成立国家环境应急指挥部。主要开展以下工作：

（1）组织指挥部成员单位、专家组进行会商，研究分析事态，部署应急处置工作；

（2）根据需要赴事发现场或派出前方工作组赴事发现场协调开展应对工作；

（3）研究决定地方人民政府和有关部门提出的请求事项；

（4）统一组织信息发布和舆论引导；

（5）视情向国际通报，必要时与相关国家和地区、国际组织领导人通电话；

（6）组织开展事件调查。

4.4 响应终止

当事件条件已经排除、污染物质已降至规定限值以内、所造成的危害基本消除时，由启动响应的人民政府终止应急响应。

5 后期工作

5.1 损害评估

突发环境事件应急响应终止后，要及时组织开展污染损害评估，并将评估结果向社会公布。评估结论作为事件调查处理、损害赔偿、环境修复和生态恢复重建的依据。

突发环境事件损害评估办法由环境保护部制定。

5.2 事件调查

突发环境事件发生后，根据有关规定，由环境保护主管部门牵头，可会同监察机关及相关部门，组织开展事件调查，查明事件原因和性质，提出整改防范措施和处理建议。

5.3 善后处置

事发地人民政府要及时组织制订补助、补偿、抚慰、抚恤、安置和环境恢复等善后工作方案并组织实施。保险机构要及时开展相关理赔工作。

6 应急保障

6.1 队伍保障

国家环境应急监测队伍、公安消防部队、大型国有骨干企业应急救援队伍及其他相关方面应急救援队伍等力量，要积极参加突发环境事件应急监测、应急处置与救援、调查处理等工作任务。发挥国家环境应急专家组作用，为重特大突发环境事件应急处置方案制订、污染损害评估和调查处理工作提供决策建议。县级以上地方人民政府要强化环境应急救援队伍能力建设，加强环境应急专家队伍管理，提高突发环境事件快速响应及应急处置能力。

6.2 物资与资金保障

国务院有关部门按照职责分工，组织做好环境应急救援物资紧急生产、储备调拨和紧急配送工作，保障支援突发环境事件应急处置和环境恢复治理工作的需要。县级以上地方人民政府及其有关部门要加强应急物资储备，鼓励支持社会化应急物资储备，保障应急物资、生活必需品的生产和供给。环境保护主管部门要加强对当地环境应急物资储备信息的动态管理。

突发环境事件应急处置所需经费首先由事件责任单位承担。县级以上地方人民政府对突发环境事件应急处置工作提供资金保障。

6.3 通信、交通与运输保障

地方各级人民政府及其通信主管部门要建立健全突发环境事件应急通信保障体系，确保应急期间通信联络和信息传递需要。交通运输部门要健全公路、铁路、航空、水运紧急运输保障体系，保障应急响应所需人员、物资、装备、器材等的运输。公安部门要加强应急交通管理，保障运送伤病员、应急救援人员、物资、装备、器材车辆的优先通行。

6.4 技术保障

支持突发环境事件应急处置和监测先进技术、装备的研发。依托环境应急指挥技术平台，实现信息综合集成、分析处理、污染损害评估的智能化和数字化。

7 附则

7.1 预案管理

预案实施后，环境保护部要会同有关部门组织预案宣传、培训和演练，并根据实际情况，适时组织评估和修订。地方各级人民政府要结合当地实际制定或修订突发环境事件应急预案。

7.2 预案解释

本预案由环境保护部负责解释。

7.3 预案实施时间

本预案自印发之日起实施。

附件：1. 突发环境事件分级标准

2. 国家环境应急指挥部组成及工作组职责

附件 1

突发环境事件分级标准

一、特别重大突发环境事件

凡符合下列情形之一的，为特别重大突发环境事件：

1．因环境污染直接导致 30 人以上死亡或 100 人以上中毒或重伤的；

2．因环境污染疏散、转移人员 5 万人以上的；

3．因环境污染造成直接经济损失 1 亿元以上的；

4．因环境污染造成区域生态功能丧失或该区域国家重点保护物种灭绝的；

5．因环境污染造成设区的市级以上城市集中式饮用水水源地取水中断的；

6．Ⅰ、Ⅱ类放射源丢失、被盗、失控并造成大范围严重辐射污染后果的；放射性同位素和射线装置失控导致 3 人以上急性死亡的；放射性物质泄漏，造成大范围辐射污染后果的；

7．造成重大跨国境影响的境内突发环境事件。

二、重大突发环境事件

凡符合下列情形之一的，为重大突发环境事件：

1．因环境污染直接导致 10 人以上 30 人以下死亡或 50 人以上 100 人以下中毒或重伤的；

2．因环境污染疏散、转移人员 1 万人以上 5 万人以下的；

3．因环境污染造成直接经济损失 2000 万元以上 1 亿元以下的；

4．因环境污染造成区域生态功能部分丧失或该区域国家重点保护野生动植物种群大批死亡的；

5．因环境污染造成县级城市集中式饮用水水源地取水中断的；

6．Ⅰ、Ⅱ类放射源丢失、被盗的；放射性同位素和射线装置失控导致 3 人以下急性死亡或者 10 人以上急性重度放射病、局部器官残疾的；放射性物质泄漏，造成较大范围辐射污染后果的；

7．造成跨省级行政区域影响的突发环境事件。

三、较大突发环境事件

凡符合下列情形之一的，为较大突发环境事件：

1．因环境污染直接导致3人以上10人以下死亡或10人以上50人以下中毒或重伤的；

2．因环境污染疏散、转移人员5000人以上1万人以下的；

3．因环境污染造成直接经济损失500万元以上2000万元以下的；

4．因环境污染造成国家重点保护的动植物物种受到破坏的；

5．因环境污染造成乡镇集中式饮用水水源地取水中断的；

6．Ⅲ类放射源丢失、被盗的；放射性同位素和射线装置失控导致10人以下急性重度放射病、局部器官残疾的；放射性物质泄漏，造成小范围辐射污染后果的；

7．造成跨设区的市级行政区域影响的突发环境事件。

四、一般突发环境事件

凡符合下列情形之一的，为一般突发环境事件：

1．因环境污染直接导致3人以下死亡或10人以下中毒或重伤的；

2．因环境污染疏散、转移人员5000人以下的；

3．因环境污染造成直接经济损失500万元以下的；

4．因环境污染造成跨县级行政区域纠纷，引起一般性群体影响的；

5．Ⅳ、Ⅴ类放射源丢失、被盗的；放射性同位素和射线装置失控导致人员受到超过年剂量限值的照射的；放射性物质泄漏，造成厂区内或设施内局部辐射污染后果的；铀矿冶、伴生矿超标排放，造成环境辐射污染后果的；

6．对环境造成一定影响，尚未达到较大突发环境事件级别的。

上述分级标准有关数量的表述中，“以上”含本数，“以下”不含本数。

附件 2

国家环境应急指挥部组成及工作组职责

国家环境应急指挥部主要由环境保护部、中央宣传部（国务院新闻办）、中央网信办、外交部、发展改革委、工业和信息化部、公安部、民政部、财政部、住房城乡建设部、交通运输部、水利部、农业部、商务部、卫生计生委、新闻出版广电总局、安全监管总局、食品药品监管总局、林业局、气象局、海洋局、测绘地信局、铁路局、民航局、总参作战部、总后基建营房部、武警总部、中国铁路总公司等部门和单位组成，根据应对工作需要，增加有关地方人民政府和其他有关部门。

国家环境应急指挥部设立相应工作组，各工作组组成及职责分工如下：

一、污染处置组。由环境保护部牵头，公安部、交通运输部、水利部、农业部、安全监管总局、林业局、海洋局、总参作战部、武警总部等参加。

主要职责：收集汇总相关数据，组织进行技术研判，开展事态分析；迅速组织切断污染源，分析污染途径，明确防止污染物扩散的程序；组织采取有效措施，消除或减轻已经造成的污染；明确不同情况下的现场处置人员须采取的个人防护措施；组织建立现场警戒区和交通管制区域，确定重点防护区域，确定受威胁人员疏散的方式和途径，疏散转移受威胁人员至安全紧急避险场所；协调军队、武警有关力量参与应急处置。

二、应急监测组。由环境保护部牵头，住房城乡建设部、水利部、农业部、气象局、海洋局、总参作战部、总后基建营房部等参加。

主要职责：根据突发环境事件的污染物种类、性质以及当地气象、自然、社会环境状况等，明确相应的应急监测方案及监测方法；确定污染物扩散范围，明确监测的布点和频次，做好大气、水体、土壤等应急监测，为突发环境事件应急决策提供依据；协调军队力量参与应急监测。

三、医学救援组。由卫生计生委牵头，环境保护部、食品药品监管总局等参加。

主要职责：组织开展伤病员医疗救治、应急心理援助；指导和协助开展受污染人员的去污洗消工作；提出保护公众健康的措施建议；禁止或限制受污染食品和饮用水的生产、加工、流通和食用，防范因突发环境事件造成集体中毒等。

四、应急保障组。由发展改革委牵头，工业和信息化部、公安部、民政部、财政部、环境保护部、住房城乡建设部、交通运输部、水利部、商务部、测绘地信局、铁路局、民航局、中国铁路总公司等参加。

主要职责：指导做好事件影响区域有关人员的紧急转移和临时安置工作；组织做好环境应急救援物资及临时安置重要物资的紧急生产、储备调拨和紧急配送工作；及时组织调运重要生活必需品，保障群众基本生活和市场供应；开展应急测绘。

五、新闻宣传组。由中央宣传部（国务院新闻办）牵头，中央网信办、工业和信息化部、环境保护部、新闻出版广电总局等参加。

主要职责：组织开展事件进展、应急工作情况等权威信息发布，加强新闻宣传报道；收集分析国内外舆情和社会公众动态，加强媒体、电信和互联网管理，正确引导舆论；通过多种方式，通俗、权威、全面、前瞻地做好相关知识普及；及时澄清不实信息，回应社会关切。

六、社会稳定组。由公安部牵头，中央网信办、工业和信息化部、环境保护部、商务部等参加。

主要职责：加强受影响地区社会治安管理，严厉打击借机传播谣言制造社会恐慌、哄抢物资等违法犯罪行为；加强转移人员安置点、救灾物资存放点等重点地区治安管控；做好受影响人员与涉事单位、地方人民政府及有关部门矛盾纠纷化解和法律服务工作，防止出现群体性事件，维护社会稳定；加强对重要生活必需品等商品的市场监管和调控，打击囤积居奇行为。

七、涉外事务组。由外交部牵头，环境保护部、商务部、海洋局等参加。

主要职责：根据需要向有关国家和地区、国际组织通报突发环境事件信息，协调处理对外交涉、污染检测、危害防控、索赔等事宜，必要时申请、接受国际援助。

工作组设置、组成和职责可根据工作需要作适当调整。

国务院办公厅关于印发控制污染物排放许可制实施方案的通知

（国办发〔2016〕81号）

各省、自治区、直辖市人民政府，国务院各部委、各直属机构：

《控制污染物排放许可制实施方案》已经国务院同意，现印发给你们，请认真贯彻执行。

国务院办公厅

2016年11月10日

控制污染物排放许可制实施方案

控制污染物排放许可制（以下称排污许可制）是依法规范企事业单位排污行为的基础性环境管理制度，环境保护部门通过对企事业单位发放排污许可证并依证监管实施排污许可制。近年来，各地积极探索排污许可制，取得初步成效。但总体看，排污许可制定位不明确，企事业单位治污责任不落实，环境保护部门依证监管不到位，使得管理制度效能难以充分发挥。为进一步推动环境治理基础制度改革，改善环境质量，根据《中华人民共和国环境保护法》和《生态文明体制改革总体方案》等，制定本方案。

一、总体要求

（一）指导思想。全面贯彻落实党的十八大和十八届三中、四中、五中、六中全会精神，深入学习贯彻习近平总书记系列重要讲话精神，紧紧围绕统筹推进“五位一体”总体布局和协调推进“四个全面”战略布局，牢固树立“创新、协调、绿色、开放、共享”的发展理念，认真落实党中央、国务院决策部署，加大生态文明建设和环境保护力度，将排污许可制建设成为固定污染源环境管理的核心制度，作为企业守法、部门执法、社会监督的依据，为提高环境管理效能和改善环境质量奠定坚实基础。

（二）基本原则。

精简高效，衔接顺畅。排污许可制衔接环境影响评价管理制度，融合总量控制制度，为排污收费、环境统计、排污权交易等工作提供统一的污染物排放数据，减少重复申报，减轻企事业单位负担，提高管理效能。

公平公正，一企一证。企事业单位持证排污，按照所在地改善环境质量和保障环境安全的要求承担相应的污染治理责任，多排放多担责、少排放可获益。向企事业单位核发排污许可证，作为生产运营期排污行为的唯一行政许可，并明确其排污行为依法应当遵守的环境管理要求和承担的法律责任义务。

权责清晰，强化监管。排污许可证是企事业单位在生产运营期接受环境监管和环境保护部门实施监管的主要法律文书。企事业单位依法申领排污许可证，按证排污，自证守法。环境保护部门基于企事业单位守法承诺，依法发放排污许可证，依证强化事中事后监管，对违法排污行为实施严厉打击。

公开透明，社会共治。排污许可证申领、核发、监管流程全过程公开，企事业单位污染物排放和环境保护部门监管执法信息及时公开，为推动企业守法、部门联动、社会监督创造条件。

（三）目标任务。到2020年，完成覆盖所有固定污染源的排污许可证核发工作，全国排污许可证管理信息平台有效运转，各项环境管理制度精简合理、有机衔接，企事业单位环保主体责任得到落实，基本建立法规体系完备、技术体系科学、管理体系高效的排污许可制，对固定污染源实施全过程管理和多污染物协同控制，实现系统化、科学化、法治化、精细化、信息化的“一证式”管理。

二、衔接整合相关环境管理制度

（四）建立健全企事业单位污染物排放总量控制制度。改变单纯以行政区域为单元分解污染物排放总量指标的方式和总量减排核算考核办法，通过实施排污许可制，落实企事业单位污染物排放总量控制要求，逐步实现由行政区域污染物排放总量控制向企事业单位污染物排放总量控制转变，控制的范围逐渐统一到固定污染源。环境质量不达标地区，要通过提高排放标准或加严许可排放量等措施，对企事业单位实施更为严格的污染物排放总量控制，推动改善环境质量。

（五）有机衔接环境影响评价制度。环境影响评价制度是建设项目的环境准入门槛，排污许可制是企事业单位生产运营期排污的法律依据，必须做好充分衔接，实现从污染预防到污染治理和排放控制的全过程监管。新建项目必须在发生实际排污行为之前申领排污许可证，环境影响评价文件及批复中与污染物排放相关的主要内容应当纳入排污许可证，其排污许可证执行情况应作为环境影响后评价的重要依据。

三、规范有序发放排污许可证

（六）制定排污许可管理名录。环境保护部依法制订并公布排污许可分类管理名录，考虑企事业单位及其他生产经营者，确定实行排污许可管理的行业类别。对不同行业或同一行业内的不同类型企事业单位，按照污染物产生量、排放量以及环境危害程度等因素进行分类管理，对环境影响较小、环境危害程度较低的行业或企事业单位，简化排污许可内容和相应的自行监测、台账管理等要求。

（七）规范排污许可证核发。由县级以上地方政府环境保护部门负责排污许可证核发，地方性法规另有规定的从其规定。企事业单位应按相关法规标准和技术规定提交申请材料，申报污染物排放种类、排放浓度等，测算并申报污染物排放量。环境保护部门对符合要求的企事业单位应及时核发排污许可证，对存在疑问的开展现场核查。首次发放的排污许可证有效期三年，延续换发的排污许可证有效期五年。上级环境保护部门要加强监督抽查，有权依法撤销下级环境保护部门作出的核发排污许可证的决定。环境保护部统一制定排污许可证申领核发程序、排污许可证样式、信息编码和平台接口标准、相关数据格式要求等。各地区现有排污许可证及其管理要按国家统一要求及时进行规范。

（八）合理确定许可内容。排污许可证中明确许可排放的污染物种类、浓度、排放量、排放去向等事项，载明污染治理设施、环境管理要求等相关内容。根据污染物排放标准、总量控制指标、环境影响评价文件及批复要求等，依法合理确定许可排放的污染物种类、浓度及排放量。按照《国务院办公厅关于加强环境监管执法的通知》（国办发〔2014〕56 号）要求，经地方政府依法处理、整顿规范并符合要求的项目，纳入排污许可管理范围。地方政府制定的环境质量限期达标规划、重污染天气应对措施中对企事业单位有更加严格的排放控制要求的，应当在排污许可证中予以明确。

（九）分步实现排污许可全覆盖。排污许可证管理内容主要包括大气污染物、水污染物，并依法逐步纳入其他污染物。按行业分步实现对固定污染源的全覆盖，率先对火电、造纸行业企业核发排污许可证，2017 年完成《大气污染防治行动计划》和《水污染防治行动计划》重点行业及产能过剩行业企业排污许可证核发，2020 年全国基本完成排污许可证核发。

四、严格落实企事业单位环境保护责任

（十）落实按证排污责任。纳入排污许可管理的所有企事业单位必须按期持证排污、按证排污，不得无证排污。企事业单位应及时申领排污许可证，对申请材料的真实性、准确性和完整性承担法律责任，承诺按照排污许可证的规定排污并严格执行；落实污染物排放控制措施和其他各项环境管理要求，确保污染物排放种类、浓度和排放量等达到许可要求；明确单位负责人和相关人员环境保护责任，不断提高污染治理和环境管理水平，自觉接受监督检查。

（十一）实行自行监测和定期报告。企事业单位应依法开展自行监测，安装或使用监测设备应符合国家有关环境监测、计量认证规定和技术规范，保障数据合法有效，保证设备正常运行，妥善保存原始记录，建立准确完整的环境管理台账，安装在线监测设备的应与环境保护部门联网。企事业单位应如实向环境保护部门报告排污许可证执行情况，依法向社会公开污染物排放数据并对数据真实性负责。排放情况与排污许可证要求不符的，应及时向环境保护部门报告。

五、加强监督管理

（十二）依证严格开展监管执法。依证监管是排污许可制实施的关键，重点检

查许可事项和管理要求的落实情况，通过执法监测、核查台账等手段，核实排放数据和报告的真实性，判定是否达标排放，核定排放量。企事业单位在线监测数据可以作为环境保护部门监管执法的依据。按照“谁核发、谁监管”的原则定期开展监管执法，首次核发排污许可证后，应及时开展检查；对有违规记录的，应提高检查频次；对污染严重的产能过剩行业企业加大执法频次与处罚力度，推动去产能工作。现场检查的时间、内容、结果以及处罚决定应记入排污许可证管理信息平台。

（十三）严厉查处违法排污行为。根据违法情节轻重，依法采取按日连续处罚、限制生产、停产整治、停业、关闭等措施，严厉处罚无证和不按证排污行为，对构成犯罪的，依法追究刑事责任。环境保护部门检查发现实际情况与环境管理台账、排污许可证执行报告等不一致的，可以责令作出说明，对未能说明且无法提供自行监测原始记录的，依法予以处罚。

（十四）综合运用市场机制政策。对自愿实施严于许可排放浓度和排放量且在排污许可证中载明的企事业单位，加大电价等价格激励措施力度，符合条件的可以享受相关环保、资源综合利用等方面的优惠政策。与拟开征的环境保护税有机衔接，交换共享企事业单位实际排放数据与纳税申报数据，引导企事业单位按证排污并诚信纳税。排污许可证是排污权的确认凭证、排污交易的管理载体，企事业单位在履行法定义务的基础上，通过淘汰落后和过剩产能、清洁生产、污染治理、技术改造升级等产生的污染物排放削减量，可按规定在市场交易。

六、强化信息公开和社会监督

（十五）提高管理信息化水平。2017 年建成全国排污许可证管理信息平台，将排污许可证申领、核发、监管执法等工作流程及信息纳入平台，各地现有的排污许可证管理信息平台逐步接入。在统一社会信用代码基础上适当扩充，制定全国统一的排污许可证编码。通过排污许可证管理信息平台统一收集、存储、管理排污许可证信息，实现各级联网、数据集成、信息共享。形成的实际排放数据作为环境保护部门排污收费、环境统计、污染源排放清单等各项固定污染源环境管理的数据来源。

（十六）加大信息公开力度。在全国排污许可证管理信息平台上及时公开企事业单位自行监测数据和环境保护部门监管执法信息，公布不按证排污的企事业单位名单，纳入企业环境行为信用评价，并通过企业信用信息公示系统进行公示。与环保举报平台共享污染源信息，鼓励公众举报无证和不按证排污行为。依法推进环境公益诉讼，加强社会监督。

七、做好排污许可制实施保障

（十七）加强组织领导。各地区要高度重视排污许可制实施工作，统一思想，提高认识，明确目标任务，制定实施计划，确保按时限完成排污许可证核发工作。要做好排污许可制推进期间各项环境管理制度的衔接，避免出现管理真空。环境保护部要加强对全国排污许可制实施工作的指导，制定相关管理办法，总结推广经验，跟踪评估实施情况。将排污许可制落实情况纳入环境保护督察工作，对落实不力的进行问责。

（十八）完善法律法规。加快修订建设项目环境保护管理条例，制定排污许可管理条例。配合修订水污染防治法，研究建立企事业单位守法排污的自我举证、加严对无证或不按证排污连续违法行为的处罚规定。推动修订固体废物污染环境防治法、环境噪声污染防治法，探索将有关污染物纳入排污许可证管理。

（十九）健全技术支撑体系。梳理和评估现有污染物排放标准，并适时修订。建立健全基于排放标准的可行技术体系，推动企事业单位污染防治措施升级改造和技术进步。完善排污许可证执行和监管执法技术体系，指导企事业单位自行监测、台账记录、执行报告、信息公开等工作，规范环境保护部门台账核查、现场执法等行为。培育和规范咨询与监测服务市场，促进人才队伍建设。

（二十）开展宣传培训。加大对排污许可制的宣传力度，做好制度解读，及时回应社会关切。组织各级环境保护部门、企事业单位、咨询与监测机构开展专业培训。强化地方政府环境保护主体责任，树立企事业单位持证排污意识，有序引导社会公众更好参与监督企事业单位排污行为，形成政府综合管控、企业依证守法、社会共同监督的良好氛围。

国务院关于印发2030年前碳达峰行动方案的通知

（国发〔2021〕23号）

各省、自治区、直辖市人民政府，国务院各部委、各直属机构：

现将《2030年前碳达峰行动方案》印发给你们，请认真贯彻执行。

国务院

2021年10月24日

（本文有删减）

2030年前碳达峰行动方案

为深入贯彻落实党中央、国务院关于碳达峰、碳中和的重大战略决策，扎实推进碳达峰行动，制定本方案。

一、总体要求

（一）指导思想。以习近平新时代中国特色社会主义思想为指导，全面贯彻党的十九大和十九届二中、三中、四中、五中全会精神，深入贯彻习近平生态文明思想，立足新发展阶段，完整、准确、全面贯彻新发展理念，构建新发展格局，坚持系统观念，处理好发展和减排、整体和局部、短期和中长期的关系，统筹稳增长和调结构，把碳达峰、碳中和纳入经济社会发展全局，坚持“全国统筹、节约优先、双轮驱动、内外畅通、防范风险”的总方针，有力有序有效做好碳达峰工作，明确各地区、各领域、各行业目标任务，加快实现生产生活方式绿色变革，推动经济社会发展建立在资源高效利用和绿色低碳发展的基础之上，确保如期实现2030年前碳达峰目标。

（二）工作原则。

——总体部署、分类施策。坚持全国“一盘棋”，强化顶层设计和各方统筹。各地区、各领域、各行业因地制宜、分类施策，明确既符合自身实际又满足总体要求的目标任务。

——系统推进、重点突破。全面准确认识碳达峰行动对经济社会发展的深远影响，加强政策的系统性、协同性。抓住主要矛盾和矛盾的主要方面，推动重点领域、重点行业和有条件的地方率先达峰。

——双轮驱动、两手发力。更好发挥政府作用，构建新型举国体制，充分发挥市场机制作用，大力推进绿色低碳科技创新，深化能源和相关领域改革，形成有效激励约束机制。

——稳妥有序、安全降碳。立足我国富煤贫油少气的能源资源禀赋，坚持先立后破，稳住存量，拓展增量，以保障国家能源安全和经济发展为底线，争取时间实现新能源的逐渐替代，推动能源低碳转型平稳过渡，切实保障国家能源安全、产业链供应链安全、粮食安全和群众正常生产生活，着力化解各类风险隐患，防止过度反应，稳妥有序、循序渐进推进碳达峰行动，确保安全降碳。

二、主要目标

“十四五”期间，产业结构和能源结构调整优化取得明显进展，重点行业能源利用效率大幅提升，煤炭消费增长得到严格控制，新型电力系统加快构建，绿色低碳技术研发和推广应用取得新进展，绿色生产生活方式得到普遍推行，有利于绿色低碳循环发展的政策体系进一步完善。到2025年，非化石能源消费比重达到20%左右，单位国内生产总值能源消耗比2020年下降13.5%，单位国内生产总值二氧化碳排放比2020年下降18%，为实现碳达峰奠定坚实基础。

“十五五”期间，产业结构调整取得重大进展，清洁低碳安全高效的能源体系初步建立，重点领域低碳发展模式基本形成，重点耗能行业能源利用效率达到国际先进水平，非化石能源消费比重进一步提高，煤炭消费逐步减少，绿色低碳技术取得关键突破，绿色生活方式成为公众自觉选择，绿色低碳循环发展政策体系基本健全。到2030年，非化石能源消费比重达到25%左右，单位国内生产总值二氧化碳排放比2005年下降65%以上，顺利实现2030年前碳达峰目标。

三、重点任务

将碳达峰贯穿于经济社会发展全过程和各方面，重点实施能源绿色低碳转型行动、节能降碳增效行动、工业领域碳达峰行动、城乡建设碳达峰行动、交通运输绿色低碳行动、循环经济助力降碳行动、绿色低碳科技创新行动、碳汇能力巩固提升行动、绿色低碳全民行动、各地区梯次有序碳达峰行动等“碳达峰十大行动”。

（一）能源绿色低碳转型行动。

能源是经济社会发展的重要物质基础，也是碳排放的最主要来源。要坚持安全降碳，在保障能源安全的前提下，大力实施可再生能源替代，加快构建清洁低碳安全高效的能源体系。

1．推进煤炭消费替代和转型升级。加快煤炭减量步伐，“十四五”时期严格合理控制煤炭消费增长，“十五五”时期逐步减少。严格控制新增煤电项目，新建机组煤耗标准达到国际先进水平，有序淘汰煤电落后产能，加快现役机组节能升级和灵活性改造，积极推进供热改造，推动煤电向基础保障性和系统调节性电源并重转型。严控跨区外送可再生能源电力配套煤电规模，新建通道可再生能源电量比例原则上不低于50%。推动重点用煤行业减煤限煤。大力推动煤炭清洁利用，合理划定禁止散烧区域，多措并举、积极有序推进散煤替代，逐步减少直至禁止煤炭散烧。

2．大力发展新能源。全面推进风电、太阳能发电大规模开发和高质量发展，坚持集中式与分布式并举，加快建设风电和光伏发电基地。加快智能光伏产业创新升级和特色应用，创新“光伏+”模式，推进光伏发电多元布局。坚持陆海并重，推动风电协调快速发展，完善海上风电产业链，鼓励建设海上风电基地。积极发展太阳能光热发电，推动建立光热发电与光伏发电、风电互补调节的风光热综合可再生能源发电基地。因地制宜发展生物质发电、生物质能清洁供暖和生物天然气。探索深化地热能以及波浪能、潮流能、温差能等海洋新能源开发利用。进一步完善可再生能源电力消纳保障机制。到 2030 年，风电、太阳能发电总装机容量达到 12 亿千瓦以上。

3. 因地制宜开发水电。积极推进水电基地建设，推动金沙江上游、澜沧江上游、雅砻江中游、黄河上游等已纳入规划、符合生态保护要求的水电项目开工建设，推进雅鲁藏布江下游水电开发，推动小水电绿色发展。推动西南地区水电与风电、太阳能发电协同互补。统筹水电开发和生态保护，探索建立水能资源开发生态保护补偿机制。“十四五”、“十五五”期间分别新增水电装机容量 4000 万千瓦左右，西南地区以水电为主的可再生能源体系基本建立。

4. 积极安全有序发展核电。合理确定核电站布局和开发时序，在确保安全的前提下有序发展核电，保持平稳建设节奏。积极推动高温气冷堆、快堆、模块化小型堆、海上浮动堆等先进堆型示范工程，开展核能综合利用示范。加大核电标准化、自主化力度，加快关键技术装备攻关，培育高端核电装备制造产业集群。实行最严格的安全标准和最严格的监管，持续提升核安全监管能力。

5. 合理调控油气消费。保持石油消费处于合理区间，逐步调整汽油消费规模，大力推进先进生物液体燃料、可持续航空燃料等替代传统燃油，提升终端燃油产品能效。加快推进页岩气、煤层气、致密油（气）等非常规油气资源规模化开发。有序引导天然气消费，优化利用结构，优先保障民生用气，大力推动天然气与多种能源融合发展，因地制宜建设天然气调峰电站，合理引导工业用气和化工原料用气。支持车船使用液化天然气作为燃料。

6. 加快建设新型电力系统。构建新能源占比逐渐提高的新型电力系统，推动清洁电力资源大范围优化配置。大力提升电力系统综合调节能力，加快灵活调节电源建设，引导自备电厂、传统高载能工业负荷、工商业可中断负荷、电动汽车充电网络、虚拟电厂等参与系统调节，建设坚强智能电网，提升电网安全保障水平。积极发展“新能源+储能”、源网荷储一体化和多能互补，支持分布式新能源合理配置储能系统。制定新一轮抽水蓄能电站中长期发展规划，完善促进抽水蓄能发展的政策机制。加快新型储能示范推广应用。深化电力体制改革，加快构建全国统一电力市场体系。到 2025 年，新型储能装机容量达到 3000 万千瓦以上。到 2030 年，抽水蓄能电站装机容量达到 1.2 亿千瓦左右，省级电网基本具备 5% 以上的尖峰负荷响应能力。

（二）节能降碳增效行动。

落实节约优先方针，完善能源消费强度和总量双控制度，严格控制能耗强度，合理控制能源消费总量，推动能源消费革命，建设能源节约型社会。

1. 全面提升节能管理能力。推行用能预算管理，强化固定资产投资项目节能审查，对项目用能和碳排放情况进行综合评价，从源头推进节能降碳。提高节能管理信息化水平，完善重点用能单位能耗在线监测系统，建立全国性、行业性节能技术推广服务平台，推动高耗能企业建立能源管理中心。完善能源计量体系，鼓励采用认证手段提升节能管理水平。加强节能监察能力建设，健全省、市、县三级节能监察体系，建立跨部门联动机制，综合运用行政处罚、信用监管、绿色电价等手段，增强节能监察约束力。

2. 实施节能降碳重点工程。实施城市节能降碳工程，开展建筑、交通、照明、供热等基础设施节能升级改造，推进先进绿色建筑技术示范应用，推动城市综合能效提升。实施园区节能降碳工程，以高耗能高排放项目（以下称“两高”项目）集聚度高的园区为重点，推动能源系统优化和梯级利用，打造一批达到国际先进水平的节能低碳园区。实施重点行业节能降碳工程，推动电力、钢铁、有色金属、建材、石化化工等行业开展节能降碳改造，提升能源资源利用效率。实施重大节能降碳技术示范工程，支持已取得突破的绿色低碳关键技术开展产业化示范应用。

3. 推进重点用能设备节能增效。以电机、风机、泵、压缩机、变压器、换热器、工业锅炉等设备为重点，全面提升能效标准。建立以能效为导向的激励约束机制，推广先进高效产品设备，加快淘汰落后低效设备。加强重点用能设备节能审查和日常监管，强化生产、经营、销售、使用、报废全链条管理，严厉打击违法违规行为，确保能效标准和节能要求全面落实。

4. 加强新型基础设施节能降碳。优化新型基础设施空间布局，统筹谋划、科学配置数据中心等新型基础设施，避免低水平重复建设。优化新型基础设施用能结构，采用直流供电、分布式储能、“光伏+储能”等模式，探索多样化能源供应，提高非化石能源消费比重。对标国际先进水平，加快完善通信、运算、存储、传输等设备能效标准，提升准入门槛，淘汰落后设备和技术。加强新型基础设施用能管理，将年综合能耗超过 1 万吨标准煤的数据中心全部纳入重点用能单位能耗在线监测系统，开展能源计量审查。推动既有设施绿色升级改造，积极推广使用高效制冷、先进通风、余热利用、智能化用能控制等技术，提高设施能效水平。

（三）工业领域碳达峰行动。

工业是产生碳排放的主要领域之一，对全国整体实现碳达峰具有重要影响。工业领域要加快绿色低碳转型和高质量发展，力争率先实现碳达峰。

1．推动工业领域绿色低碳发展。优化产业结构，加快退出落后产能，大力发展战略性新兴产业，加快传统产业绿色低碳改造。促进工业能源消费低碳化，推动化石能源清洁高效利用，提高可再生能源应用比重，加强电力需求侧管理，提升工业电气化水平。深入实施绿色制造工程，大力推行绿色设计，完善绿色制造体系，建设绿色工厂和绿色工业园区。推进工业领域数字化、智能化、绿色化融合发展，加强重点行业和领域技术改造。

2．推动钢铁行业碳达峰。深化钢铁行业供给侧结构性改革，严格执行产能置换，严禁新增产能，推进存量优化，淘汰落后产能。推进钢铁企业跨地区、跨所有制兼并重组，提高行业集中度。优化生产力布局，以京津冀及周边地区为重点，继续压减钢铁产能。促进钢铁行业结构优化和清洁能源替代，大力推进非高炉炼铁技术示范，提升废钢资源回收利用水平，推行全废钢电炉工艺。推广先进适用技术，深挖节能降碳潜力，鼓励钢化联产，探索开展氢冶金、二氧化碳捕集利用一体化等试点示范，推动低品位余热供暖发展。

3．推动有色金属行业碳达峰。巩固化解电解铝过剩产能成果，严格执行产能置换，严控新增产能。推进清洁能源替代，提高水电、风电、太阳能发电等应用比重。加快再生有色金属产业发展，完善废弃有色金属资源回收、分选和加工网络，提高再生有色金属产量。加快推广应用先进适用绿色低碳技术，提升有色金属生产过程余热回收水平，推动单位产品能耗持续下降。

4．推动建材行业碳达峰。加强产能置换监管，加快低效产能退出，严禁新增水泥熟料、平板玻璃产能，引导建材行业向轻型化、集约化、制品化转型。推动水泥错峰生产常态化，合理缩短水泥熟料装置运转时间。因地制宜利用风能、太阳能等可再生能源，逐步提高电力、天然气应用比重。鼓励建材企业使用粉煤灰、工业废渣、尾矿渣等作为原料或水泥混合材。加快推进绿色建材产品认证和应用推广，加强新型胶凝材料、低碳混凝土、木竹建材等低碳建材产品研发应用。推广节能技术设备，开展能源管理体系建设，实现节能增效。

5．推动石化化工行业碳达峰。优化产能规模和布局，加大落后产能淘汰力度，有效化解结构性过剩矛盾。严格项目准入，合理安排建设时序，严控新增炼油和传统煤化工生产能力，稳妥有序发展现代煤化工。引导企业转变用能方式，鼓励以电力、天然气等替代煤炭。调整原料结构，控制新增原料用煤，拓展富氢原料进口来源，推动石化化工原料轻质化。优化产品结构，促进石化化工与煤炭开采、冶金、建材、化纤等产业协同发展，加强炼厂干气、液化气等副产气体高效利用。鼓励企业节能升级改造，推动能量梯级利用、物料循环利用。到2025年，国内原油一次加工能力控制在10亿吨以内，主要产品产能利用率提升至80%以上。

6．坚决遏制“两高”项目盲目发展。采取强有力措施，对“两高”项目实行清单管理、分类处置、动态监控。全面排查在建项目，对能效水平低于本行业能耗限额准入值的，按有关规定停工整改，推动能效水平应提尽提，力争全面达到国内乃至国际先进水平。科学评估拟建项目，对产能已饱和的行业，按照“减量替代”原则压减产能；对产能尚未饱和的行业，按照国家布局和审批备案等要求，对标国际先进水平提高准入门槛；对能耗量较大的新兴产业，支持引导企业应用绿色低碳技术，提高能效水平。深入挖潜存量项目，加快淘汰落后产能，通过改造升级挖掘节能减排潜力。强化常态化监管，坚决拿下不符合要求的“两高”项目。

（四）城乡建设碳达峰行动。

加快推进城乡建设绿色低碳发展，城市更新和乡村振兴都要落实绿色低碳要求。

1．推进城乡建设绿色低碳转型。推动城市组团式发展，科学确定建设规模，控制新增建设用地过快增长。倡导绿色低碳规划设计理念，增强城乡气候韧性，建设海绵城市。推广绿色低碳建材和绿色建造方式，加快推进新型建筑工业化，大力发展装配式建筑，推广钢结构住宅，推动建材循环利用，强化绿色设计和绿色施工管理。加强县城绿色低碳建设。推动建立以绿色低碳为导向的城乡规划建设管理机制，制定建筑拆除管理办法，杜绝大拆大建。建设绿色城镇、绿色社区。

2．加快提升建筑能效水平。加快更新建筑节能、市政基础设施等标准，提高节能降碳要求。加强适用于不同气候区、不同建筑类型的节能低碳技术研发和推广，推动超低能耗建筑、低碳建筑规模化发展。加快推进居住建筑和公共建筑节能改造，持续推动老旧供热管网等市政基础设施节能降碳改造。提升城镇建筑和基础设施运行管理智能化水平，加快推广供热计量收费和合同能源管理，逐步开展公共建筑能耗限额管理。到2025年，城镇新建建筑全面执行绿色建筑标准。

3. 加快优化建筑用能结构。深化可再生能源建筑应用，推广光伏发电与建筑一体化应用。积极推动严寒、寒冷地区清洁取暖，推进热电联产集中供暖，加快工业余热供暖规模化应用，积极稳妥开展核能供热示范，因地制宜推行热泵、生物质能、地热能、太阳能等清洁低碳供暖。引导夏热冬冷地区科学取暖，因地制宜采用清洁高效取暖方式。提高建筑终端电气化水平，建设集光伏发电、储能、直流配电、柔性用电于一体的“光储直柔”建筑。到2025年，城镇建筑可再生能源替代率达到8%，新建公共机构建筑、新建厂房屋顶光伏覆盖率力争达到50%。

4. 推进农村建设和用能低碳转型。推进绿色农房建设，加快农房节能改造。持续推进农村地区清洁取暖，因地制宜选择适宜取暖方式。发展节能低碳农业大棚。推广节能环保灶具、电动农用车辆、节能环保农机和渔船。加快生物质能、太阳能等可再生能源在农业生产和农村生活中的应用。加强农村电网建设，提升农村用能电气化水平。

（五）交通运输绿色低碳行动。

加快形成绿色低碳运输方式，确保交通运输领域碳排放增长保持在合理区间。

1. 推动运输工具装备低碳转型。积极扩大电力、氢能、天然气、先进生物液体燃料等新能源、清洁能源在交通运输领域应用。大力推广新能源汽车，逐步降低传统燃油汽车在新车产销和汽车保有量中的占比，推动城市公共服务车辆电动化替代，推广电力、氢燃料、液化天然气动力重型货运车辆。提升铁路系统电气化水平。加快老旧船舶更新改造，发展电动、液化天然气动力船舶，深入推进船舶靠港使用岸电，因地制宜开展沿海、内河绿色智能船舶示范应用。提升机场运行电动化智能化水平，发展新能源航空器。到2030年，当年新增新能源、清洁能源动力的交通工具比例达到40%左右，营运交通工具单位换算周转量碳排放强度比2020年下降9.5%左右，国家铁路单位换算周转量综合能耗比2020年下降10%。陆路交通运输石油消费力争2030年前达到峰值。

2. 构建绿色高效交通运输体系。发展智能交通，推动不同运输方式合理分工、有效衔接，降低空载率和不合理客货运周转量。大力发展以铁路、水路为骨干的多式联运，推进工矿企业、港口、物流园区等铁路专用线建设，加快内河高等级航道网建设，加快大宗货物和中长距离货物运输“公转铁”、“公转水”。加快先进适用技术应用，提升民航运行管理效率，引导航空企业加强智慧运行，实现系统化节能降碳。加快城乡物流配送体系建设，创新绿色低碳、集约高效的配送模式。

打造高效衔接、快捷舒适的公共交通服务体系，积极引导公众选择绿色低碳交通方式。“十四五”期间，集装箱铁水联运量年均增长15%以上。到2030年，城区常住人口100万以上的城市绿色出行比例不低于70%。

3．加快绿色交通基础设施建设。将绿色低碳理念贯穿于交通基础设施规划、建设、运营和维护全过程，降低全生命周期能耗和碳排放。开展交通基础设施绿色化提升改造，统筹利用综合运输通道线位、土地、空域等资源，加大岸线、锚地等资源整合力度，提高利用效率。有序推进充电桩、配套电网、加注（气）站、加氢站等基础设施建设，提升城市公共交通基础设施水平。到2030年，民用运输机场场内车辆装备等力争全面实现电动化。

（六）循环经济助力降碳行动。

抓住资源利用这个源头，大力发展循环经济，全面提高资源利用效率，充分发挥减少资源消耗和降碳的协同作用。

1．推进产业园区循环化发展。以提升资源产出率和循环利用率为目标，优化园区空间布局，开展园区循环化改造。推动园区企业循环式生产、产业循环式组合，组织企业实施清洁生产改造，促进废物综合利用、能量梯级利用、水资源循环利用，推进工业余压余热、废气废液废渣资源化利用，积极推广集中供气供热。搭建基础设施和公共服务共享平台，加强园区物质流管理。到2030年，省级以上重点产业园区全部实施循环化改造。

2．加强大宗固废综合利用。提高矿产资源综合开发利用水平和综合利用率，以煤矸石、粉煤灰、尾矿、共伴生矿、冶炼渣、工业副产石膏、建筑垃圾、农作物秸秆等大宗固废为重点，支持大掺量、规模化、高值化利用，鼓励应用于替代原生非金属矿、砂石等资源。在确保安全环保前提下，探索将磷石膏应用于土壤改良、井下充填、路基修筑等。推动建筑垃圾资源化利用，推广废弃路面材料原地再生利用。加快推进秸秆高值化利用，完善收储运体系，严格禁烧管控。加快大宗固废综合利用示范建设。到2025年，大宗固废年利用量达到40亿吨左右；到2030年，年利用量达到45亿吨左右。

3．健全资源循环利用体系。完善废旧物资回收网络，推行“互联网+”回收模式，实现再生资源应收尽收。加强再生资源综合利用行业规范管理，促进产业集聚发展。高水平建设现代化“城市矿产”基地，推动再生资源规范化、规模化、清洁化利用。推进退役动力电池、光伏组件、风电机组叶片等新兴产业废物循环利用。促进汽车零部件、工程机械、文办设备等再制造产业高质量发展。加强资源再生产品和再制造产品推广应用。到 2025 年，废钢铁、废铜、废铝、废铅、废锌、废纸、废塑料、废橡胶、废玻璃等 9 种主要再生资源循环利用量达到 4.5 亿吨，到 2030 年达到 5.1 亿吨。

4. 大力推进生活垃圾减量化资源化。扎实推进生活垃圾分类，加快建立覆盖全社会的生活垃圾收运处置体系，全面实现分类投放、分类收集、分类运输、分类处理。加强塑料污染全链条治理，整治过度包装，推动生活垃圾源头减量。推进生活垃圾焚烧处理，降低填埋比例，探索适合我国厨余垃圾特性的资源化利用技术。推进污水资源化利用。到 2025 年，城市生活垃圾分类体系基本健全，生活垃圾资源化利用比例提升至 60%左右。到 2030 年，城市生活垃圾分类实现全覆盖，生活垃圾资源化利用比例提升至 65%。

（七）绿色低碳科技创新行动。

发挥科技创新的支撑引领作用，完善科技创新体制机制，强化创新能力，加快绿色低碳科技革命。

1. 完善创新体制机制。制定科技支撑碳达峰碳中和行动方案，在国家重点研发计划中设立碳达峰碳中和关键技术研究与示范等重点专项，采取“揭榜挂帅”机制，开展低碳零碳负碳关键核心技术攻关。将绿色低碳技术创新成果纳入高等学校、科研单位、国有企业有关绩效考核。强化企业创新主体地位，支持企业承担国家绿色低碳重大科技项目，鼓励设施、数据等资源开放共享。推进国家绿色技术交易中心建设，加快创新成果转化。加强绿色低碳技术和产品知识产权保护。完善绿色低碳技术和产品检测、评估、认证体系。

2. 加强创新能力建设和人才培养。组建碳达峰碳中和相关国家实验室、国家重点实验室和国家技术创新中心，适度超前布局国家重大科技基础设施，引导企业、高等学校、科研单位共建一批国家绿色低碳产业创新中心。创新人才培养模式，鼓励高等学校加快新能源、储能、氢能、碳减排、碳汇、碳排放权交易等学科建设和人才培养，建设一批绿色低碳领域未来技术学院、现代产业学院和示范性能源学院。深化产教融合，鼓励校企联合开展产学合作协同育人项目，组建碳达峰碳中和产教融合发展联盟，建设一批国家储能技术产教融合创新平台。

3. 强化应用基础研究。实施一批具有前瞻性、战略性的国家重大前沿科技项目，推动低碳零碳负碳技术装备研发取得突破性进展。聚焦化石能源绿色智能开发和清洁低碳利用、可再生能源大规模利用、新型电力系统、节能、氢能、储能、动力电池、二氧化碳捕集利用与封存等重点，深化应用基础研究。积极研发先进核电技术，加强可控核聚变等前沿颠覆性技术研究。

4. 加快先进适用技术研发和推广应用。集中力量开展复杂大电网安全稳定运行和控制、大容量风电、高效光伏、大功率液化天然气发动机、大容量储能、低成本可再生能源制氢、低成本二氧化碳捕集利用与封存等技术创新，加快碳纤维、气凝胶、特种钢材等基础材料研发，补齐关键零部件、元器件、软件等短板。推广先进成熟绿色低碳技术，开展示范应用。建设全流程、集成化、规模化二氧化碳捕集利用与封存示范项目。推进熔盐储能供热和发电示范应用。加快氢能技术研发和示范应用，探索在工业、交通运输、建筑等领域规模化应用。

（八）碳汇能力巩固提升行动。

坚持系统观念，推进山水林田湖草沙一体化保护和修复，提高生态系统质量和稳定性，提升生态系统碳汇增量。

1. 巩固生态系统固碳作用。结合国土空间规划编制和实施，构建有利于碳达峰、碳中和的国土空间开发保护格局。严守生态保护红线，严控生态空间占用，建立以国家公园为主体的自然保护地体系，稳定现有森林、草原、湿地、海洋、土壤、冻土、岩溶等固碳作用。严格执行土地使用标准，加强节约集约用地评价，推广节地技术和节地模式。

2. 提升生态系统碳汇能力。实施生态保护修复重大工程。深入推进大规模国土绿化行动，巩固退耕还林还草成果，扩大林草资源总量。强化森林资源保护，实施森林质量精准提升工程，提高森林质量和稳定性。加强草原生态保护修复，提高草原综合植被盖度。加强河湖、湿地保护修复。整体推进海洋生态系统保护和修复，提升红树林、海草床、盐沼等固碳能力。加强退化土地修复治理，开展荒漠化、石漠化、水土流失综合治理，实施历史遗留矿山生态修复工程。到2030年，全国森林覆盖率达到25%左右，森林蓄积量达到190亿立方米。

3. 加强生态系统碳汇基础支撑。依托和拓展自然资源调查监测体系，利用好国家林草生态综合监测评价成果，建立生态系统碳汇监测核算体系，开展森林、草原、湿地、海洋、土壤、冻土、岩溶等碳汇本底调查、碳储量评估、潜力分析，实施生态保护修复碳汇成效监测评估。加强陆地和海洋生态系统碳汇基础理论、基础方法、前沿颠覆性技术研究。建立健全能够体现碳汇价值的生态保护补偿机制，研究制定碳汇项目参与全国碳排放权交易相关规则。

4. 推进农业农村减排固碳。大力发展绿色低碳循环农业，推进农光互补、“光伏+设施农业”、“海上风电+海洋牧场”等低碳农业模式。研发应用增汇型农业技术。开展耕地质量提升行动，实施国家黑土地保护工程，提升土壤有机碳储量。合理控制化肥、农药、地膜使用量，实施化肥农药减量替代计划，加强农作物秸秆综合利用和畜禽粪污资源化利用。

（九）绿色低碳全民行动。

增强全民节约意识、环保意识、生态意识，倡导简约适度、绿色低碳、文明健康的生活方式，把绿色理念转化为全体人民的自觉行动。

1. 加强生态文明宣传教育。将生态文明教育纳入国民教育体系，开展多种形式的资源环境国情教育，普及碳达峰、碳中和基础知识。加强对公众的生态文明科普教育，将绿色低碳理念有机融入文艺作品，制作文创产品和公益广告，持续开展世界地球日、世界环境日、全国节能宣传周、全国低碳日等主题宣传活动，增强社会公众绿色低碳意识，推动生态文明理念更加深入人心。

2. 推广绿色低碳生活方式。坚决遏制奢侈浪费和不合理消费，着力破除奢靡铺张的歪风陋习，坚决制止餐饮浪费行为。在全社会倡导节约用能，开展绿色低碳社会行动示范创建，深入推进绿色生活创建行动，评选宣传一批优秀示范典型，营造绿色低碳生活新风尚。大力发展绿色消费，推广绿色低碳产品，完善绿色产品认证与标识制度。提升绿色产品在政府采购中的比例。

3. 引导企业履行社会责任。引导企业主动适应绿色低碳发展要求，强化环境责任意识，加强能源资源节约，提升绿色创新水平。重点领域国有企业特别是中央企业要制定实施企业碳达峰行动方案，发挥示范引领作用。重点用能单位要梳理核算自身碳排放情况，深入研究碳减排路径，“一企一策”制定专项工作方案，推进节能降碳。相关上市公司和发债企业要按照环境信息依法披露要求，定期公布企业碳排放信息。充分发挥行业协会等社会团体作用，督促企业自觉履行社会责任。

4. 强化领导干部培训。将学习贯彻习近平生态文明思想作为干部教育培训的重要内容，各级党校（行政学院）要把碳达峰、碳中和相关内容列入教学计划，分阶段、多层次对各级领导干部开展培训，普及科学知识，宣讲政策要点，强化法治意识，深化各级领导干部对碳达峰、碳中和工作重要性、紧迫性、科学性、系统性的认识。从事绿色低碳发展相关工作的领导干部要尽快提升专业素养和业务能力，切实增强推动绿色低碳发展的本领。

（十）各地区梯次有序碳达峰行动。

各地区要准确把握自身发展定位，结合本地区经济社会发展实际和资源环境禀赋，坚持分类施策、因地制宜、上下联动，梯次有序推进碳达峰。

1. 科学合理确定有序达峰目标。碳排放已经基本稳定的地区要巩固减排成果，在率先实现碳达峰的基础上进一步降低碳排放。产业结构较轻、能源结构较优的地区要坚持绿色低碳发展，坚决不走依靠“两高”项目拉动经济增长的老路，力争率先实现碳达峰。产业结构偏重、能源结构偏煤的地区和资源型地区要把节能降碳摆在突出位置，大力优化调整产业结构和能源结构，逐步实现碳排放增长与经济增长脱钩，力争与全国同步实现碳达峰。

2. 因地制宜推进绿色低碳发展。各地区要结合区域重大战略、区域协调发展战略和主体功能区战略，从实际出发推进本地区绿色低碳发展。京津冀、长三角、粤港澳大湾区等区域要发挥高质量发展动力源和增长极作用，率先推动经济社会发展全面绿色转型。长江经济带、黄河流域和国家生态文明试验区要严格落实生态优先、绿色发展战略导向，在绿色低碳发展方面走在全国前列。中西部和东北地区要着力优化能源结构，按照产业政策和能耗双控要求，有序推动高耗能行业向清洁能源优势地区集中，积极培育绿色发展动能。

3. 上下联动制定地方达峰方案。各省、自治区、直辖市人民政府要按照国家总体部署，结合本地区资源环境禀赋、产业布局、发展阶段等，坚持全国“一盘棋”，不抢跑，科学制定本地区碳达峰行动方案，提出符合实际、切实可行的碳达峰时间表、路线图、施工图，避免“一刀切”限电限产或运动式“减碳”。各地区碳达峰行动方案经碳达峰碳中和工作领导小组综合平衡、审核通过后，由地方自行印发实施。

4. 组织开展碳达峰试点建设。加大中央对地方推进碳达峰的支持力度，选择100 个具有典型代表性的城市和园区开展碳达峰试点建设，在政策、资金、技术等方面对试点城市和园区给予支持，加快实现绿色低碳转型，为全国提供可操作、可复制、可推广的经验做法。

四、国际合作

（一）深度参与全球气候治理。大力宣传习近平生态文明思想，分享中国生态文明、绿色发展理念与实践经验，为建设清洁美丽世界贡献中国智慧、中国方案、中国力量，共同构建人与自然生命共同体。主动参与全球绿色治理体系建设，坚持共同但有区别的责任原则、公平原则和各自能力原则，坚持多边主义，维护以联合国为核心的国际体系，推动各方全面履行《联合国气候变化框架公约》及其《巴黎协定》。积极参与国际航运、航空减排谈判。

（二）开展绿色经贸、技术与金融合作。优化贸易结构，大力发展高质量、高技术、高附加值绿色产品贸易。加强绿色标准国际合作，推动落实合格评定合作和互认机制，做好绿色贸易规则与进出口政策的衔接。加强节能环保产品和服务进出口。加大绿色技术合作力度，推动开展可再生能源、储能、氢能、二氧化碳捕集利用与封存等领域科研合作和技术交流，积极参与国际热核聚变实验堆计划等国际大科学工程。深化绿色金融国际合作，积极参与碳定价机制和绿色金融标准体系国际宏观协调，与有关各方共同推动绿色低碳转型。

（三）推进绿色"一带一路"建设。秉持共商共建共享原则，弘扬开放、绿色、廉洁理念，加强与共建"一带一路"国家的绿色基建、绿色能源、绿色金融等领域合作，提高境外项目环境可持续性，打造绿色、包容的"一带一路"能源合作伙伴关系，扩大新能源技术和产品出口。发挥"一带一路"绿色发展国际联盟等合作平台作用，推动实施《"一带一路"绿色投资原则》，推进"一带一路"应对气候变化"南南合作"计划和"一带一路"科技创新行动计划。

五、政策保障

（一）建立统一规范的碳排放统计核算体系。加强碳排放统计核算能力建设，深化核算方法研究，加快建立统一规范的碳排放统计核算体系。支持行业、企业依据自身特点开展碳排放核算方法学研究，建立健全碳排放计量体系。推进碳排放实测技术发展，加快遥感测量、大数据、云计算等新兴技术在碳排放实测技术领域的应用，提高统计核算水平。积极参与国际碳排放核算方法研究，推动建立更为公平合理的碳排放核算方法体系。

（二）健全法律法规标准。构建有利于绿色低碳发展的法律体系，推动能源法、节约能源法、电力法、煤炭法、可再生能源法、循环经济促进法、清洁生产促进法等制定修订。加快节能标准更新，修订一批能耗限额、产品设备能效强制性国家标准和工程建设标准，提高节能降碳要求。健全可再生能源标准体系，加快相关领域标准制定修订。建立健全氢制、储、输、用标准。完善工业绿色低碳标准体系。建立重点企业碳排放核算、报告、核查等标准，探索建立重点产品全生命周期碳足迹标准。积极参与国际能效、低碳等标准制定修订，加强国际标准协调。

（三）完善经济政策。各级人民政府要加大对碳达峰、碳中和工作的支持力度。建立健全有利于绿色低碳发展的税收政策体系，落实和完善节能节水、资源综合利用等税收优惠政策，更好发挥税收对市场主体绿色低碳发展的促进作用。完善绿色电价政策，健全居民阶梯电价制度和分时电价政策，探索建立分时电价动态调整机制。完善绿色金融评价机制，建立健全绿色金融标准体系。大力发展绿色贷款、绿色股权、绿色债券、绿色保险、绿色基金等金融工具，设立碳减排支持工具，引导金融机构为绿色低碳项目提供长期限、低成本资金，鼓励开发性政策性金融机构按照市场化法治化原则为碳达峰行动提供长期稳定融资支持。拓展绿色债券市场的深度和广度，支持符合条件的绿色企业上市融资、挂牌融资和再融资。研究设立国家低碳转型基金，支持传统产业和资源富集地区绿色转型。鼓励社会资本以市场化方式设立绿色低碳产业投资基金。

（四）建立健全市场化机制。发挥全国碳排放权交易市场作用，进一步完善配套制度，逐步扩大交易行业范围。建设全国用能权交易市场，完善用能权有偿使用和交易制度，做好与能耗双控制度的衔接。统筹推进碳排放权、用能权、电力交易等市场建设，加强市场机制间的衔接与协调，将碳排放权、用能权交易纳入公共资源交易平台。积极推行合同能源管理，推广节能咨询、诊断、设计、融资、改造、托管等“一站式”综合服务模式。

六、组织实施

（一）加强统筹协调。加强党中央对碳达峰、碳中和工作的集中统一领导，碳达峰碳中和工作领导小组对碳达峰相关工作进行整体部署和系统推进，统筹研究重要事项、制定重大政策。碳达峰碳中和工作领导小组成员单位要按照党中央、国务院决策部署和领导小组工作要求，扎实推进相关工作。碳达峰碳中和工作领导小组办公室要加强统筹协调，定期对各地区和重点领域、重点行业工作进展情况进行调度，科学提出碳达峰分步骤的时间表、路线图，督促将各项目标任务落实落细。

（二）强化责任落实。各地区各有关部门要深刻认识碳达峰、碳中和工作的重要性、紧迫性、复杂性，切实扛起责任，按照《中共中央 国务院关于完整准确全面贯彻新发展理念做好碳达峰碳中和工作的意见》和本方案确定的主要目标和重点任务，着力抓好各项任务落实，确保政策到位、措施到位、成效到位，落实情况纳入中央和省级生态环境保护督察。各相关单位、人民团体、社会组织要按照国家有关部署，积极发挥自身作用，推进绿色低碳发展。

（三）严格监督考核。实施以碳强度控制为主、碳排放总量控制为辅的制度，对能源消费和碳排放指标实行协同管理、协同分解、协同考核，逐步建立系统完善的碳达峰碳中和综合评价考核制度。加强监督考核结果应用，对碳达峰工作成效突出的地区、单位和个人按规定给予表彰奖励，对未完成目标任务的地区、部门依规依法实行通报批评和约谈问责。各省、自治区、直辖市人民政府要组织开展碳达峰目标任务年度评估，有关工作进展和重大问题要及时向碳达峰碳中和工作领导小组报告。

公平公正，一企一证。企事业单位持证排污，按照所在地改善环境质量和保障环境安全的要求承担相应的污染治理责任，多排放多担责、少排放可获益。向企事业单位核发排污许可证，作为生产运营期排污行为的唯一行政许可，并明确其排污行为依法应当遵守的环境管理要求和承担的法律责任义务。

权责清晰，强化监管。排污许可证是企事业单位在生产运营期接受环境监管和环境保护部门实施监管的主要法律文书。企事业单位依法申领排污许可证，按证排污，自证守法。环境保护部门基于企事业单位守法承诺，依法发放排污许可证，依证强化事中事后监管，对违法排污行为实施严厉打击。

管理制度 三

（一）生态环境部综合文件

生态环境监测规划纲要（2020—2035 年）

（环监测〔2019〕86 号）

生态环境监测是生态环境保护的基础，是生态文明建设的重要支撑。党的十八大以来，党中央、国务院高度重视生态环境监测工作，将生态环境监测纳入生态文明改革大局统筹推进，取得了前所未有的显著成效。为深入贯彻落实习近平生态文明思想，科学谋划生态环境监测事业发展，切实提高生态环境监测现代化能力水平，有力支撑生态文明和美丽中国建设，按照立足“十四五”、面向 2035 年的总体考虑，制定本纲要。

一、规划背景

（一）主要进展

2015—2017 年，中央全面深化改革领导小组连续三年分别审议通过了《生态环境监测网络建设方案》《关于省以下环保机构监测监察执法垂直管理制度改革试点工作的指导意见》《关于深化环境监测改革提高环境监测数据质量的意见》等文件，基本搭建形成了生态环境监测管理和制度体系的“四梁八柱”，生态环境监测的认识高度、推进力度前所未有，各项工作取得了明显进展。

基础能力明显提高。形成国家—省—市—县四级生态环境监测组织架构，共有监测管理与技术机构 3500 余个、监测人员约 6 万人，另有各行业及社会机构监测人员约 24 万人，全社会监测力量累计达 30 万人左右。全力推进生态环境监测网络建设，国家和地方已建成城市空气质量自动监测站点 5000 余个、地表水监测断面约 1.1 万个、土壤环境监测点位约 8 万个、辐射环境质量监测点位 1500 余个，总体覆盖所有地级及以上城市和大部分区县。推动落实排污单位污染源自行监测主体责任，2.3 万家重点排污单位与国家平台联网。建成 63 个生态监测地面站，环境一号 A/B/C 卫星组网运行，高分五号卫星成功发射，初步形成天地一体的生态状况监测网络。

运转效能明显提高。深化生态环境监测改革，按照“谁考核、谁监测”的原则，全面上收国家空气和地表水环境质量监测事权，通过省以下垂直管理改革将地方生态环境质量监测事权上收至省级，从体制机制上有效预防不当干预，保证了环境监测与评价的独立、客观、公正。积极推进政府购买监测服务，鼓励社会监测机构参与自动监测站运行维护、手工监测采样测试、质量控制抽测抽查等工作，形成多元化监测服务供给格局。

数据质量明显提高。坚持“保真”与“打假”两手抓，已形成覆盖主要领域的监测类标准 1141 项，构建了国家—区域—机构三级质控体系并有效运转，确保监测活动有章可循。配合最高人民法院、最高人民检察院出台“两高司法解释”，将环境监测数据弄虚作假行为入刑；与公安部建立了案件移送机制，从严从重打击环境监测违法行为。不断强化外部质量监督检查，及时发现并严肃查处了西安和临汾两起环境数据造假案，对地方不当干预和监测数据弄虚作假形成有力震慑，监测数据质量得到有效保证。

支撑能力明显提高。深入开展空气、水、土壤、生态状况、辐射、噪声等要素环境质量综合分析，及时编制各类监测报告和信息产品，不断深化对考核排名、污染解析、预警应急、监督执法、辐射安全监管的技术支撑。定期开展城市空气和地表水环境质量排名及达标情况分析，督促地方党委政府落实改善环境质量主体责任；组织开展重点地区颗粒物组分、挥发性有机物和降尘监测，逐步说清污染来源；初步建成国家—区域—省级—城市四级空气质量预报体系，区域和省级基本具备 7～10 天空气质量预报能力；完善污染源监测体系，组织开展重点行业自行监测质量专项检查及抽测，为环保督察和环境执法提供依据。

服务水平明显提高。每年发布《中国生态环境状况公报》，定期发布环境质量报告书，实时公开空气、地表水自动监测数据，支持网站、手机 APP、微博、微信等多种渠道便捷查询，为公众提供健康指引和出行参考。推进国家和地方监测数据联网与综合信息平台建设，支持管理部门、地方政府以及相关科研单位共享应用。全面放开服务性监测市场，满足公众和企事业单位对监测服务的个性化需求，带动监测装备制造业和监测技术服务业蓬勃发展。

（二）形势需求

需全面助力生态文明建设。新一轮党和国家机构改革明确了生态环境部统一行使生态和城乡各类污染排放监管与行政执法职责，要求重点强化生态环境监测评估职能，统筹实施地下水、水功能区、入河（海）排污口、海洋、农业面源和温室气体监测，建立与之相适应的生态环境监测体系。同时，生态文明建设体制机制的逐步健全、绿色发展政策的深入实施和科技创新实力的不断增强，为持续深化生态环境监测改革创新释放了法治红利、政策红利和技术红利。

需精准支撑污染防治攻坚。生态环境监测是客观评价生态环境质量状况、反映污染治理成效、实施生态环境管理与决策的基本依据。当前正处于污染防治“三期叠加”的重要阶段，要实现2035年生态环境质量根本好转的目标，需要加大力度破解重污染天气、黑臭水体、垃圾围城、生态破坏等突出生态环境问题，系统防范区域性、布局性、结构性环境风险，对加快推进生态环境监测业务拓展、技术研发、指标核算、标准规范制定、信息集成与数据分析，进一步提升监测与技术支撑的及时性、前瞻性、精准性提出了更高要求。

需不断满足人民群众新期待。公众对健康环境和优美生态的迫切需求与日俱增，对进一步扩大和丰富环境监测信息公开、宣传引导、公众监督的内容、渠道、形式等提出更高、更精细的要求；对进一步加强细颗粒物、超细颗粒物、有毒有害污染物、持久性有机污染物、环境激素、放射性物质等与人体健康密切相关指标的监测与评估提出更多诉求；对有效防范生态环境风险、提升突发环境事件应急监测响应时效提出更高期待。

需深度参与全球环境治理。履行温室气体、消耗臭氧层物质、生物多样性、持久性有机污染物、汞、危险废物和化学品等领域的国际环境公约，参与全球微塑料、海洋低氧、西北太平洋放射性污染、极地冰川大洋等新兴环境问题治理，是彰显我国负责任大国形象的重要途径，也是提升我国生态环境保护领域国际话语权的重要基础，需要加快形成相关领域监测支撑能力，补齐短板、跟踪发展并超前布局。

需紧跟国际发展趋势。生态环境监测管理与运行体系、网络体系和方法标准体系的发展与环境治理体系和治理能力紧密相关。发达国家普遍采用环境部门牵头、分级管理、政府监督、社会参与的模式，以完整且行之有效的法律法规为基础，以统一的行业监管为保障，以信息化平台为支撑，强化监测机构、人员及监测活动的全过程质量管理，确保监测数据质量。监测网络已普遍覆盖大气、水、海洋、土壤、声、辐射、生态等各类环境要素，点多面广但监测频次较低，根据环境质量达标情况动态调整。监测方法标准体系较为完善，监测指标涵盖物理、化学、生物、生态以及有关功能分类特征项目，与环境质量标准、污染物排放标准相配套。注重强化标准方法的法律地位和国家本级标准研发能力，实行研发储备、检验替代、适用评估等动态管理，保持标准体系先进性。物联网、大数据、人工智能等新技术应用不断深入，分析测试手段向自动化、智能化、信息化方向发展，监测精度向痕量、超痕量分析方向发展。

（三）问题挑战

当前，我国生态环境监测存在的问题集中表现在服务供给总体不足、支撑水平有待提高两大方面，具体原因主要有以下几点：

统一的生态环境监测体系尚未形成。海洋环境保护、编制水功能区划、排污口设置管理、流域水环境保护、监督防止地下水污染、监督指导农业面源污染治理、应对气候变化和减排等职责划转生态环境部，但相关监测支撑能力还较为薄弱。部门间沟通协商壁垒尚未完全打通，监测信息共享不充分。省以下生态环境监测垂直管理改革中，各地模式和进展差异较大，辐射环境监测工作有被削弱的倾向。

对污染防治攻坚战精细化支撑不足。现有监测网络的覆盖范围、指标项目等尚不能完全满足生态环境质量评估、考核、预警的需求。地表水、地下水、海洋等监测网络布局需整合优化，水环境、水生态、水资源协同监测能力不足，生态状况监测网络亟待加强，农业面源、农村水源地等监测工作刚刚起步，大数据平台建设和污染溯源解析等监测数据深度应用水平有待提升。

法规标准有待加快完善。现行法律法规对生态环境监测的性质、地位、作用及管理体制的规定有待完善，监测数据的法律效力不明确，尚无专门的生态环境监测行政法规。生态环境监测方法标准体系有待健全，海洋、地下水、饮用水水源和辐射自动监测等领域标准规范亟待整合统一，生态、固体废物、农业面源、核设施流出物及伴生矿等标准规范需要更新补充，自动监测、卫星遥感监测、应急监测等标准规范缺口较大。

数据质量需进一步提高。生态环境监测机构门槛低，人员素质参差不齐，相当一部分社会监测机构成立时间短、规模小、质量管理措施落实不到位，数据质量堪忧。生态环境部门尚无监管社会监测机构的法律依据和主体资格，缺乏相关调查取证程序和处罚标准。自动监测质控体系不完善，量值溯源业务体系与基础能力尚未形成，标准样品配套不足，物联网等高新技术在质量监管中应用不充分。

基础能力保障依然不足。国家本级监测机构的人员编制、业务用房严重短缺，质量控制和技术创新引领能力不足。各地监测机构能力水平的地区差异、层级差异较大，西部地区和县级监测机构能力滞后。生态环境监测任务安排、网络建设与运行保障有脱节现象。环境监测装备现代化、国产化水平不高。部分省份辐射环境监测能力偏弱，部分地市尚未建立专门的辐射环境监测队伍，核与辐射应急监测未形成海陆空多维保障能力，核设施监督性监测系统建设和运维、国控自动监测网升级改造经费未纳入财政预算安排。

二、总体要求

生态环境监测，是指按照山水林田湖草系统观的要求，以准确、及时、全面反映生态环境状况及其变化趋势为目的而开展的监测活动，包括环境质量、污染源和生态状况监测。其中，环境质量监测以掌握环境质量状况及其变化趋势为目的，涵盖大气、地表水、地下水、海洋、土壤、辐射、噪声、温室气体等全部环境要素；污染源监测以掌握污染排放状况及其变化趋势为目的，涵盖固定源、移动源、面源等全部排放源；生态状况监测以掌握生态系统数量、质量、结构和服务功能的时空格局及其变化趋势为目的，涵盖森林、草原、湿地、荒漠、水体、农田、城乡、海洋等全部典型生态系统。环境质量监测、污染源监测和生态状况监测三者之间相互关联、相互影响、相互作用。

（一）指导思想

深入贯彻习近平生态文明思想和全国生态环境保护大会精神，认真落实党中央、国务院决策部署，坚持山水林田湖草系统治理，坚持创新、协调、绿色、开放、共享发展理念，坚持“支撑、引领、服务”的定位，以确保生态环境监测数据“真、准、全”为根本，以支撑统一行使生态和城乡各类污染排放监管和行政执法职责为宗旨，以加快构建科学、独立、权威、高效的生态环境监测体系为主线，紧紧围绕生态文明建设和生态环境保护，全面深化生态环境监测改革创新，全面推进环境质量监测、污染源监测和生态状况监测，系统提升生态环境监测现代化能力，为生态环境治理能力与治理体系现代化奠定基础。

（二）基本原则

——长远设计，分步实施。面向2035年美丽中国建设目标，从整体和全局高度谋划生态环境监测事业发展，注重制度、网络、技术、装备、队伍等各方面统筹兼顾，分阶段协调推进。聚焦“十四五”时期，着眼支撑污染防治和推进生态文明建设需要，细化、实化主要任务。瞄准重点区域、前沿领域和关键问题，前瞻布局、以点带面、逐步推广。

——政府主导，社会参与。落实党和国家机构改革要求，加强对生态环境监测网络规划、制度规范、数据管理与信息发布的统一组织与部门协同，形成科学、独立、权威、高效的生态环境监测体系。引导社会力量广泛参与生态环境监测，充分发挥企事业单位、科研机构、社会组织作用，加强资源共享，形成监测合力。

——明晰事权，落实责任。坚持事权法定、量力定财、效率优先、因地制宜，依法明确各方生态环境监测事权。结合统筹推进“放管服”改革、垂直管理改革、地方机构改革和综合执法改革，理顺生态环境监测运行机制，激发监测队伍活力，确保各类监测活动有序开展，监测过程独立公正。

——科技引领，创新驱动。紧跟国际监测技术发展前沿，完善有利于生态环境监测技术创新的制度环境，激发政府、企业、科研机构等各类主体创新活力，推动跨领域、跨行业协同创新与联合攻关，大力推进新技术、新方法在生态环境监测领域的应用。加快关键技术自主创新与成果转化，提高环境监测装备国产化水平。

——立足国情，放眼世界。既充分借鉴吸收欧美等发达国家生态环境治理和环境监测的先进经验与相关研究成果，又从我国国情出发，区分我国和发达国家不同的社会制度、行政管理体制、生态环境质量发展阶段和治理模式，走出一条有中国特色的监测改革发展新路子，为推进全球环境治理贡献中国智慧和中国方案。

（三）发展目标

基于发达国家环境监测发展历程和经验，结合我国生态文明体制改革的总体形势、美丽中国建设的目标任务和生态环境管理的现实需要，生态环境监测发展的总体方向是：2020—2035年，生态环境监测将在全面深化环境质量和污染源监测的基础上，逐步向生态状况监测和环境风险预警拓展，构建生态环境状况综合评估体系。监测指标从常规理化指标向有毒有害物质和生物、生态指标拓展，从浓度监测、通量监测向成因机理解析拓展；监测点位从均质化、规模化扩张向差异化、综合化布局转变；监测领域从陆地向海洋、从地上向地下、从水里向岸上、从城镇向农村、从全国向全球拓展；监测手段从传统手工监测向天地一体、自动智能、科学精细、集成联动的方向发展；监测业务从现状监测向预测预报和风险评估拓展、从环境质量评价向生态健康评价拓展。

具体分三个阶段实施：

到 2025 年，科学、独立、权威、高效的生态环境监测体系基本建成，统一的生态环境监测网络基本建成，统一监测评估的工作机制基本形成，政府主导、部门协同、社会参与、公众监督的监测新格局基本形成，为污染防治攻坚战纵深推进、实现环境质量显著改善提供支撑。

监测业务方面，以环境质量监测为核心，统筹推进污染源监测与生态状况监测。环境要素常规监测总体覆盖全部区县、重点工业园区和产业集群，针对突出环境问题或重点区域的污染溯源解析、热点监控网络加速形成；覆盖全行业全指标的污染源监测体系建立健全，污染源监测数据规范应用；覆盖典型生态系统的生态状况监测网络初步建成，生态状况评估体系基本确立；面向污染治理的调查性监测和研究性监测深入推进。综合保障方面，中央和地方监测事权与支出责任划分清晰，一总多专、分区布局的监测业务体系高效运行，协同合作、资源共享机制健全顺畅；生态环境监测法规制度体系完备严密，重点领域量值溯源能力切实加强，监测数据真实性、准确性、全面性有效保证，监测信息及时公开、统一发布；生态环境监测人员综合素质和能力水平大幅提升。

到 2030 年，生态环境监测组织管理体系进一步强化，监测、评估、调查能力进一步强化，监测自动化、智能化、立体化技术能力进一步强化并与国际接轨，监测综合保障能力进一步强化，为全面解决传统环境问题，保障环境安全与人体健康，实现生态环境质量全面改善提供支撑。

监测业务方面，环境质量监测与污染源监督监测并重，生态状况监测得到加强。新型污染物、有毒有害物质、生态毒理监测有序开展，污染源自行监测与监督监测的精细化水平全面提升，实现污染源智能识别、精准定位、实时监控；生态状况监测网络全面建成并稳定运行，综合评价指标体系成熟应用。综合保障方面，生态环境监测社会化服务质量全面提升，监测市场繁荣有序；大数据智慧管理与分析应用水平大幅提高，综合评估、精准预测、污染溯源、靶向追踪能力显著增强。

到2035年，科学、独立、权威、高效的生态环境监测体系全面建成，传统环境监测向现代生态环境监测的转变全面完成，全国生态环境监测的组织领导、规划布局、制度规范、数据管理和信息发布全面统一，生态环境监测现代化能力全面提升，为山水林田湖草生态系统服务功能稳定恢复，实现环境质量根本好转和美丽中国建设目标提供支撑。

监测业务方面，环境质量、污染源与生态状况监测有机融合，常规监测从大范围、高频次、全指标模式逐步向动态调整、差异布局、增减结合转变，与监督监测、调查监测和研究性监测有机衔接；监测站点向多要素、多功能、生态化综合设置转变，生态状况监测的覆盖范围系统拓展。综合保障方面，生态环境监测方法标准健全完备，覆盖影响生态系统与人体健康的主要指标；全天候、全方位、多维度的监测技术广泛应用，监测能力与生态环境治理体系与治理能力现代化相适应，总体发展水平跨入国际先进行列。

三、主要任务

（一）围绕巩固污染防治攻坚战，深化环境质量监测

1．大气环境监测

根据复合型大气污染治理需求，构建以自动监测为主的大气环境立体综合监测体系，推动大气环境监测从质量浓度监测向机理成因监测深化，实现重点区域、重点行业、重点因子、重点时段监测全覆盖。

提升空气质量监测，实现精准评价。按照“科学延续、全面覆盖、均衡布设”的总体原则，优化调整扩展国控城市站点，覆盖全部地级及以上城市和国家级新区，并根据管理需求逐步向重点区域县级城市延伸。“十四五”期间，国控点位数量从1436个增加至2000个左右。改进空气质量评价与排名规则，排名范围扩大到全部地级及以上城市，研究开展主要污染物浓度三年滑动平均值评价，降低气象条件波动对评价排名结果的影响。进一步优化提升背景站和区域站监测功能，加强全国大气颗粒物、气态污染物、秸秆焚烧火点、沙尘等大气环境遥感监测，形成城乡全覆盖的监测网络。严格监测仪器适用性检测标准

与要求，提高细颗粒物（$PM_{2.5}$）等监测仪器精度，加强日常质控管理，实现重点区域、重点城市和重点点位 $PM_{2.5}$ 手工监测全覆盖。指导地方加强区县空气质量监测，中部、东部地区监测站点覆盖到全部区县和空气污染较重乡镇，西部地区覆盖到污染较重的区县。

深化污染成因监测，支撑精细管控。完善全国大气颗粒物化学组分监测网和大气光化学评估监测网，以污染较重城市和污染物传输通道为重点，按照国家统一指导、地方建设运维、数据联网共享的模式监测运行，为不同尺度大气污染成因分析、重污染过程诊断、污染防治及政策措施成效评估提供科学支持。其中，颗粒物组分监测覆盖全部 $PM_{2.5}$ 超标城市，重点区域辅助增加地基雷达监测和移动监测。光化学评估监测覆盖全部地级及以上城市，统一开展非甲烷总烃监测，重点区域、臭氧超标城市及重点园区按要求开展 VOCs 组分监测。

拓展污染监控和履约监测，服务风险防范。推动全国城市路边交通空气质量监测站点建设，在直辖市、省会城市、重点区域城市主要干道和国家高速公路沿线设立路边站，开展 $PM_{2.5}$、NO_x、交通流量等指标监测。以京津冀及周边、长三角区域和汾渭平原为重点，指导地方开展工业园区监测、有毒有害污染物监测和降尘监测，并与国家联网，为解析空气污染生成机理和评价人群健康暴露提供支持。加强重点区域及全国工业园区 $PM_{2.5}$、NO_x、SO_2 等污染物的网格化遥感监测，提高对重点污染源及“散乱污”企业的监管水平。按照履约要求，分期、分步建立国家大气中《关于消耗臭氧层物质的蒙特利尔议定书》受控物质监测网络，全面提升监测能力。增设持久性有机污染物、汞、温室气体等监测点位，开展背景、区域或城市尺度监测。

2．地表水环境监测

根据水污染治理、水生态修复、水资源保护“三水共治”需求，统筹流域与区域、水域与陆域、生物与生境，逐步实现水质监测向水生态监测转变。

组建统一的地表水环境监测网络。按照“科学评价、厘清责任、三水统筹”的总体原则，统筹优化地表水国控断面，实现十大流域干流及重要支流、地级及以上城市、重要水体省市界、重要水功能区全覆盖，长江经济带、京津冀、粤港澳大湾区等重点区域延伸至重要水体县界，“十四五”期间，国控断面数量从 2050 个整合增加至 4000 个左右。科学优化常规监测指标，加强国考河流湖库及优先控制单元水环境遥感监测。按照统一网络、分级监测的模式，指导地方组织开展流域面积 100 km^2 以上的河流、市界和县界、中小型湖库、重点乡镇下游和大型工业园区下游，以及未纳入国家网的水功能区水质监测，结合各地污染特征，开展优先控制污染物监测。全国地表水监测断面总体覆盖七大流域干流及重要支流流经区县，浙闽片河流、西北诸河及西南诸河污染较重河流流经区县。按照饮用水水源地的供水区域行政级别，分级分类开展饮用水水源地水质监测。

深化自动监测与手工监测相融合的监测体系。研究建立以自动监测为主的地表水监测评价、考核与排名办法，与手工监测评价结果平稳衔接。根据水环境管理需要，进一步拓展自动监测指标和覆盖范围，国家层面逐步建立国控断面“9+N”自动监测能力（9，即水温、浊度、电导率、pH、溶解氧、高锰酸盐指数、氨氮、总磷、总氮；N，即化学需氧量、五日生化需氧量、阴阳离子、重金属、有机物、水生态综合毒性等特征指标）；地方层面，逐步实现城市集中式饮用水水源地水质自动监测能力全覆盖，新三湖（白洋淀、洱海、丹江口）、老三湖（太湖、巢湖、滇池）和三峡水库实现水华自动监测与预警。开展持久性有机污染物、抗生素和内分泌干扰物等新型污染物、水源涵养地、背景断面、质控比对等手工监测，对自动监测形成有益补充。

推动水质污染溯源监测。以长江经济带和京津冀为重点，组织开展主要污染因子、重点污染河段走航试点监测，掌握水质变化和污染扩散规律，开展水质与污染源的关联分析。按照“查、测、溯、治”要求，以长江经济带为突破口，逐步建立覆盖重点流域所有入河排污口主要指标的监测网络，开展排放口影响水域水质监测评价研究，逐步说清“岸上”对“水里”的影响。

拓展流域水生态监测。在松花江和长江水生生物试点监测的基础上，按照“有河有水、有水有鱼、有鱼有草”的要求，进一步深化并拓展重点流域水系、重要水体的水生生物调查和水生态试点监测（含底质）。“十四五”期间，国家建立统一的水生态监测技术体系，指导各流域按照物理、化学、生物完整性要求，研究建立符合流域特征的水生态监测方法、指标体系、评价办法，初步形成基于流域的全国水生态监测网络，逐步开展分类、分区、分级的水生态监测与评估。到 2035 年，形成科学、成熟的水生态监测体系并业务化运行，为水质目标管理向水生态目标管理转变奠定基础。探索开展生态流量、水位监测和河流生态水量遥感监测研究，加快建立完善水环境、水生态、水资源数据共享机制。

3．土壤环境监测

以保护土壤环境、支撑风险管控为核心，健全分类监测、动态调整、轮次开展、部门协同的土壤环境监测体系。

优化土壤环境监测网络。以掌握全国土壤环境状况变化趋势为目的，优先考虑历史延续性，完善背景点和基础点布局，网格化覆盖我国陆域全部土地利用类型和土壤类型，积累国家土壤背景、土壤环境质量长时间序列监测数据。以支撑农用地分类管理和建设用地风险管控为目的，对有关农用地和建设用地地块开展重点监测，对监测表明存在土壤污染风险的地块，进一步开展土壤污染状况调查。注重例行监测与普查详查的有效衔接，形成污染状况普查 10 年一次、背景点和基础点监测 5～10 年一轮、风险监控重点监测 1～2 年一次（普查周期除外）的动态监测体系，“十四五”期间，国家土壤监测点位数量保持在 8 万个左右。

实行土壤环境分类监测。针对不同类型点位和监测目的，设置分类侧重的土壤监测指标体系。其中，背景点延续“七五”和“十一五”土壤调查的 61 项指标，侧重对土壤背景元素组成的监测；基础点采用《农用地土壤污染风险管控标准（试行）》全指标以及 pH、阳离子交换量和有机质指标，侧重对土壤环境质量的监测；农用地和建设用地风险点侧重对特征污染指标的监测。

理顺土壤监测运行机制。国家层面，由生态环境部会同农业农村部、自然资源部等有关部门统一组织、统筹实施；地方层面，各地根据本地土壤污染特征和属地管控重点，在国家监测工作的基础上，依法开展有关地块重点监测。企业层面，土壤污染重点监管单位依法履行自行监测主体责任，开展厂界环境自行监测。

完善土壤监测评价方法。加强例行监测成果应用和评价方法研究，支撑土壤环境质量状况、污染状况和变化趋势分析。研究探索物理—生物—化学多项目土壤环境质量综合评价方法。逐步衔接土壤和地下水环境监测，探索“地上地下”统筹评价方法。

4．海洋环境监测

以改善海洋生态环境质量、保障海洋生态安全为核心，构建覆盖近岸、近海、极地和大洋的海洋生态环境监测体系。

优化常规监测。整合优化国家海洋生态环境质量监测网络，完善海水、沉积环境、生物质量、放射性监测指标体系，开展主要河流及入海排污口污染物入海、海洋大气污染物沉降监测，评估不同来源污染物贡献率，全面掌握管辖海域海洋环境质量状况。“十四五”期间，国控点位数量优化至1400个左右。聚焦21世纪海上丝绸之路沿线、渤海、长江口、珠江口等重大国家战略海域，制定“一区一策”精细化监测方案，助推热点区域的高质量发展。深化海洋废弃物倾倒活动、海洋石油勘探等海洋工程和海水养殖等监督监测，为海域环境监管提供技术支撑。运用遥感等手段加强近岸海域溢油突发环境事件应急监测。提升国家和沿海省份海洋放射性采样、自动监测、实验室分析和应急监测能力，加强沿海和海上核设施流出物监测和环境影响评估。探索开展入海河流污染通量监测。

强化海洋生态监测。优化海洋生物多样性监测网络，提升监测覆盖面和代表性，监测指标从浮游生物和底栖生物为主，向标志物种和珍稀濒危物种扩展，较全面评估我国海洋生物多样性状况。依托国家海洋生态野外观测站，针对河口、海湾、滨海湿地、海岛、红树林、珊瑚礁、海草床等典型海洋生态系统，开展环境质量、生物群落结构和栖息地变化状况的长期、连续监测，科学评估海洋生态系统健康状况。推进海岸带典型生态系统格局、自然岸线变化、围填海开发等海岸带关键要素监督监测和赤潮、绿潮等海洋生态灾害监测，利用高分遥感技术，从大尺度评估全国海岸带生态监管和海洋生态灾害状况。

聚焦专题专项监测。围绕国际热点环境问题和新兴海洋环境问题，开展海洋温室气体、海洋微塑料监测、西太平洋放射性监测，监测范围覆盖我国管辖海域，并适当向极地大洋海域拓展，为履行《联合国气候变化框架公约》和《生物多样性公约》提供数据基础。加强与海上丝绸之路沿线国家合作，共同推进海洋生态环境监测。

5. 地下水环境监测

按照统一规划、分级分类的思路，构建重点区域质量监管和“双源”（地下水型饮用水水源地和重点地下水污染源）监控相结合的全国地下水环境监测体系。由生态环境部牵头，自然资源部、水利部、农业农村部、住房城乡建设部等部门参与，地方和企业配合，共同开展全国地下水环境监测工作，构建全国统一的监测网络、技术体系和信息平台。

开展重点区域地下水环境监测。充分衔接国家地下水监测工程现有监测站点，同时以地下水含水系统为基本单元，增补部分监测点位，优先考虑重要地下水水源地、人口密集区、重要粮食产地、重点生态环境保护区和国家重点工程建设区，形成多层次地下水环境质量监测网络，覆盖全国主要水文地质单元、主要流域、主要平原盆地和80%以上地级城市，逐步掌握全国地下水水质总体状况和变化趋势。地方同步开展地下水监测站点调查，摸清现状、建立清单，根据管理需要补充建设部分监测点位。

加强“双源”地下水环境监测。全面梳理整合各类污染源地下水监测井和“千吨万人”（供水人口在10000人或日供水1000吨）及以上规模地下水型集中式饮用水源监测井，构建以重点污染源和饮用水水源地为重点的“双源”地下水环境监控网。其中，重点地下水污染源监测为企业事权，化学品生产企业以及工业集聚区、矿山开采区、尾矿库、危险废物处置场、垃圾填埋场等重点行业企业的运营管理单位，应依法开展自行监测，由地方监督、国家抽查；地下水型饮用水水源地监测为地方事权，地方负责开展监测工作，国家实施质量监督。

完善地下水环境监测技术体系。基于《地下水质量标准》监测指标和频次要求，兼顾污染防治监管需求和特征污染物，补充形成一套有效支撑地下水环境管理的监测指标体系，建立统一的监测和评价技术规范并开展试点监测，2025年年底前统一组织开展全国地下水水质监测。构建全国统一的地下水环境监测信息平台，实现不同部门、不同层级间地下水监测数据的共享共用。加强地下水监测新指标、新方法的研究与应用，逐步与发达国家接轨。

6．温室气体监测

遵循“核算为主、监测为辅”的原则，在不大规模增加资金投入的前提下，将温室气体（包括 CO_2、CH_4、SF_6、HCFCs、NF_3、N_2O 等）监测纳入常规监测体系统筹设计。

开展全国和区域浓度监测。统筹利用生态环境部和中国气象局、自然资源部、科技部、中科院等相关部门温室气体监测资源，结合连续自动监测和遥感监测手段，按照国际认可标准，系统开展温室气体浓度监测。将生态环境部国家大气背景站升级改造为大气和温室气体综合背景站，与中国气象局温室气体本底站和自然资源部温室气体监测站点融合组网。以直辖市和省会城市为重点，依托现有大气监测城市站点或区域站点，逐步增加 CO_2 等指标，探索开展城市和区域温室气体浓度监测。在渤海、北黄海、南黄海、东海、南海北部、南海南部以及北部湾开展近岸海域温室气体浓度监测。

探索开展排放源监测。结合现有污染源监测体系，对重点排放单位开展温室气体排放源监测工作，探索建立重点排放单位温室气体排放源监测的管理体系和技术体系。在火电行业率先开展CO_2排放在线监测试点，在氟化工行业开展HCFCs在线监测试点。

7. 农村环境监测

完善农业农村生态环境监测体系，按照全国农村环境监测总体部署，结合各地工作基础，进一步增加农村环境质量监测点位。其中，监测基础较好的省份应覆盖到全部县域，其他省份覆盖到全部地级城市，每个地级城市至少选择 3 个县域，已列入国家重点生态功能区的县域全部进行监测。每个县域选择 3～5 个村庄开展空气、饮用水、地表水、土壤和生态监测。加强农村环境敏感区和污染源监测，各地按要求开展“千吨万人”集中式农村饮用水水源地水质监测、日处理能力 20 吨及以上的农村生活污水处理设施出水水质监测，逐步开展农村黑臭水体监测，以及规模化畜禽养殖场自行监测。

（二）围绕生态环境监督执法，拓展污染源监测

按照源头控制、标本兼治的要求，坚持以固定污染源全面监测为基础，以长江经济带入河排污口、渤海入海排污口监测为突破口，逐步建立影响大气、水、土壤等各环境要素、统筹固定污染源、入河（湖、库、海）排污口、移动源、面源的污染源监测体系。

规范固定源监测。巩固和深化污染源监测改革成效，完善排污单位自行监测为主线、政府监督监测为抓手、鼓励社会公众广泛参与的污染源监测管理模式，构建“国家监督、省级统筹、市县承担、分级管理”格局，为许可证管理、环境税征管和环境执法提供支撑。落实自行监测制度，加强排污单位自行监测与排污许可制度的衔接，强化自行监测数据质量监督检查，督促排污单位规范监测、依证排放，实现自行监测数据真实可靠。规范污染源自动在线监测，推动挥发性有机物和总磷、总氮重点排污单位安装在线监控。推进测管协同，加强与环境执法协同联动，针对重点行业、重点区域分级开展排污单位达标排放监督监测，加强饮用水水源地风险源、区域大气热点网格、尾矿库、固体废弃物堆场等遥感监测排查。深化信息公开，推进污染源监测数据联网，加大排污单位自行监测数据和污染源监督监测数据公开力度，充分发挥社会监督作用，有效督促排污单位自觉守法、自律监测。逐步开展排放清单和污染溯源研究，推进水排放综合毒性监测，掌握污染排放与环境质量的关系，为环境风险预警打好基础。

按照“谁排污、谁监测”原则，明确入河、入海排污口排污单位和排污口责

任单位的自行监测主体责任，排污单位负责对本单位废水开展自行监测，排污口责任单位负责对入河、入海排污口开展自行监测，河长和地市级人民政府负责确定排污口责任单位。建立完善监督制约机制，各级生态环境部门依法开展监督监测和抽查抽测。

拓展移动源监测。建立涵盖机动车、非道路移动机械、船舶和油气回收系统的移动源监测体系，以及移动源周边环境空气质量、交通流量、噪声一体化监测网络，重点覆盖高速公路、主要港口、长江干线航道、主要机场等重要交通基础设施，监控移动源排放及其对沿线空气、水体及周边土壤环境质量的影响。

开展农业面源监测。按照“遥感监测为主、地面校验为辅”的原则，构建农业面源污染综合监测评估体系，加强部门间联动管理及基础信息共享，掌握重点流域农业面源污染类型、污染物种类和污染程度，说清农业面源对地表水和大气污染的贡献率，逐步开展对地下水污染贡献有关研究，为推进农业面源污染防治提供支持。指导农业面源污染较重区域或有条件的地方开展小流域单元地面监测试点，校验模型关键参数，稳步提高遥感监测精度。在重点区县开展土壤和地下水监测。

（三）围绕生态环境保护与修复，完善生态状况监测

按照天地融合、资源共享、全面覆盖、服务监管的思路，构建国家生态状况监测评估体系，针对国家—区域—省—市—县等不同尺度，开展生态系统质量与结构功能、生物多样性状况、生态保护监管等监测和评估。

构建国家生态状况监测网络。按照“一站多点（样地、样区）”的布局模式，采用更新改造、提升扩容、共建共享和新建相结合的方式，力争到 2025 年，联合建成 300 个左右生态综合监测站，覆盖我国森林、草原、湿地、荒漠、水体、农田、城乡、海洋等典型生态系统和生态保护红线重点区域，协同提升地面观测、遥感验证和生物多样性监测能力。结合多源遥感和地面监测数据，定期开展全国生态状况调查与评估。至 2035 年，逐步依托现有空气和地表水监测站点增加生态监测指标项目，推进环境质量监测站点向生态监测综合站点改造升级，系统提升生态地面监测覆盖范围。

加强生态监测。建成国家生态保护红线监管平台，全面提升遥感影像处理、智能解译和分析评价能力，实现全国生态保护红线区人类活动和重要生态系统每年一次遥感监测全覆盖，全国自然保护区、国家公园、自然公园等重点自然保护

地人类活动每年两次遥感监测全覆盖。探索开展生态状况动态监管及生态风险评估，开展全球性生态环境遥感监测。

完善生态状况评价体系。着眼生态环境科学化、精细化监管需求，综合考虑不同类型生态系统结构、功能和不同区域生态环境突出问题的差异性，科学确定评价指标与计算权重，分类设置不同类型、不同区域的生态状况表征指标（EI 指数），在京津冀、长三角等重点区域开展试点应用，为全面推进生态环境综合评估考核与生态环境风险预警奠定基础。

（四）围绕为民服务和风险防范，推进辐射和应急预警监测

深化辐射环境监测。按照“融合共通、资源共享、补齐短板、维护安全”的思路，加快推进辐射环境质量监测体系建设。通过整体布局、共用站房、改造新建等方式，深入融合辐射监测和常规监测网络，依托现有常规大气监测自动站，搭载小型化电离辐射和电磁辐射监测设备，形成约 300 个大气环境综合监测站点。在人群密集区增设局部环境电离辐射和电磁辐射水平自动监测站。新建 50 个水体辐射自动监测站，提升重点区域（流域、海域）、饮用水水源地、重点地下水开采城市、岛礁区域等辐射环境自动监测能力。组织有条件的地方建设 5 个大气辐射环境监测背景站和 15 个辐射环境监测超级站，增加氡、电磁、惰性气体等群众关心的监测项目，形成综合性辐射环境监测网络。建设 6 套移动式区域核与辐射安全保障、预警监测系统。针对新建核设施配套建设监督性监测系统，加强气态、液态流出物在线监测；对国家重点监管核与辐射设施外围辐射环境监督性监测系统进行升级改造，强化对核设施、伴生矿、核技术利用等辐射监测。在全国范围内合理布局，以同时应对 1 起重大核事故和 1 起重大辐射事故为目标，建设 6 个应急监测装备库。

推进声环境监测。推动声环境质量自动监测站点建设，统筹城市区域、交通及功能区声环境监测，在噪声敏感建筑物集中的区域增设点位，形成普查监测与长期监测互补，面监测与点监测结合的监测网络。逐步开展对机场、高铁、工业园区等重点噪声源的监督监测，指导重点城市绘制噪声地图。以城市轨道交通沿线和铁路沿线为重点，深化振动污染试点监测。逐步开展光污染试点监测。

加强生态环境应急监测。按照“平战结合、分区分级、属地管理、区域联动”的思路，统筹利用常规和辐射、政府和社会应急监测资源，建立完善国家—区域（海域）—省—市四级应急监测网络。分级分区组建应急监测物资储备库和专家队

伍，夯实车辆、船舶、卫星与无人机为主体的快速反应力量，完善区域联动的应急响应与调度支援机制，省级形成有效应对行政区域内多起突发环境事件的能力，全国范围内形成陆域2小时应急圈和海域6小时应急圈。

拓展环境质量预测预报。在巩固国家—区域—省—市四级预报体系、省级预报中心实现以城市为单位的7天预报能力基础上，开展所有地级及以上城市空气质量预报并发布信息，省级逐步实现10天预报能力。提升空气质量中长期预报能力，推进国家和区域10～15天污染过程预报、30～45天潜势预报的业务化运行，国家层面适时开展未来3～6个月大气污染形势预测，加强多情景污染管控效果模拟与预评估。探索开展全球范围空气质量预测预报，搭建全球—区域—东亚—国家四级预报框架。推进重点流域水环境预测预警业务和技术体系建设，形成“架构统一、业务协同、资源共享、上下游联动”的国家（流域）—省—市三级预测预警体系，实现水质预测预报、水质异常预警和水环境容量评估。逐步开展土壤风险评估和生态风险预警研究。

（五）围绕提升环境监测公信力，深化质量管理与信息公开

加强生态环境监测质量管理。落实数据质量责任，健全覆盖全要素、全主体的全国生态环境监测质量统一监管制度，完善国家—区域—机构三级质量管理业务运行体系，规范内部质量控制，加强外部质量监督，对环境监测活动全过程进行动态监控。完善生态环境监测机构和自动监测运维机构质量管理体系建设要求，按照“谁出数谁负责、谁签字谁负责”的原则，指导监测机构建立和运行内部质量管理体系，保证数据质量。依托国家质控平台和区域质控中心，实施有效的质量监督。强化质量监管能力，完善量值溯源体系，以环境质量和污染源自动在线监测为重点，构建适用于环境监测专用仪器的部门最高计量标准，分级开展量值溯源与传递，保证监测数据准确性和计量溯源性。推动监测机构按照统一要求建设实验室信息管理系统（LIMS），对“人、机、料、法、环、测”各要素进行监管，实现生态环境监测活动全流程可追溯，为统一联网、统一抽查、统一监管奠定基础。逐步扩大自动监测数据标记和超标异常“电子督办”范围。深化全国辐射环境监测质量考核，扩大考核覆盖面，逐步将民用核设施营运单位、社会化监测机构纳入考核范围，加强质量控制关键技术的研究、交流和推广。严惩监测数据造假，加强生态环境监测事中、事后监管，健全多部门联动的监督检查、联合惩戒、信息公开机制并常态化运行，强化对社会监测机构的监督检查，理顺环境

监测弄虚作假案件移交处理程序，及时发现、严厉查处环境监测数据弄虚作假行为。丰富投诉举报渠道，发挥群众监督作用，增强诚信监测的自觉性，形成“不敢假、不能假、不愿假”的良好局面。

推进生态环境监测信息化建设。基于生态环境大数据平台总体框架，建立覆盖全国、统筹利用、开放共享的全国生态环境监测大数据平台。制定全国统一的生态环境监测基本数据集和相关标准规范，完善监测数据采集、审核与开发利用机制，推进各类监测数据的统一存储与统一管理。系统提升大数据综合应用能力，实现决策科学化、治理精准化、服务高效化。加快推进监测数据联网共享，基于统一开放的国家大数据监测平台，建立有效的监测数据汇集机制和国家、省、市三级数据传输机制，实现生态环境监测及相关数据跨地域、跨层级、跨系统、跨部门、跨业务的互联互通与协同共享，提升数据共享、信息交换和业务协同能力。建立监测数据及信息产品共享清单，在安全可控的基础上，鼓励政府、企事业单位、公民和其他组织提供和利用监测数据，积极推动环境监测数据开发技术创新。指导各地按照国家平台架构，整合地方层面监测信息化系统，并与国家平台联网。

完善生态环境监测综合评估。深化生态环境质量分析评价，完善空气、地表水、海洋等环境质量评价技术方法，充分发挥监测数据对环境管理的支撑作用，通过排名、通报等措施传导压力，督促地方落实生态环境保护责任。研究构建生态环境综合评价体系，综合社会经济发展、产业结构比重、污染排放总量、环境要素质量、资源环境容量、生态系统结构与功能、人群健康状况等因素，建立综合表征指数，反映不同层级行政单元的生态环境状况，为深化生态环境质量考核监督打好基础。进一步推进精准监管、智慧监管，探索实施量化评价和质化评价相结合的分级管理制度，在重点区域和生态敏感区域开展试点应用。建立健全辐射环境影响和个人剂量评价方法。

加大生态环境监测信息公开力度。建立统一的生态环境监测信息发布机制，明确由生态环境部门统一发布生态环境质量和其他重大环境信息。进一步拓展监测信息公开的深度和广度，按照“宜公开尽公开”的原则，规范信息发布的内容、流程、权限、渠道，提高信息发布的权威性和公信力。研究地图化、图表化、动态化、多层次表征方式，积极改进视觉呈现和交互效果。建立全媒体发布渠道，全天候服务公众、全方位接受监督，加强生态环境监测科普宣传，保障公众知情权、参与权、监督权。

四、改革创新

（一）完善管理体制

国家层面按照“一总多专、分区布局”模式，优化整合监测资源，逐步健全和理顺“总”（中国环境监测总站）与“专”（海洋、辐射专业监测机构、卫星遥感专业技术机构）之间的业务统筹、分工合作与协同发展机制。充分发挥流域（海域）生态环境监测机构作用，利用其专业技术和人员队伍优势，分区承担流域（海域）生态环境监测评价、预警应急、质量控制、网络建设等工作。结合各流域机构实际情况，逐步拓展大气、土壤、生态等方面监测能力，集中优势资源，形成综合性区域监测机构与创新基地，打造带动全国监测业务技术发展的新增长极。发挥地区核与辐射安全监督站作用，提升地区核与辐射安全监督站应急监测和监督监测能力。

地方层面通过协同推进省以下垂直管理改革、综合行政执法改革、地方机构改革，强化省—市—县三级生态环境监测体系，推动出台关于生态环境监测机构编制标准的指导意见，进一步明晰各级监测机构职责定位。修订省级及以下核与辐射监测机构建设标准，建立与核设施、核技术利用安全监管和辐射环境监测任务相适应的省级和市级辐射监测机构。省级监测机构充分发挥组织协调、质量管理与技术指导作用，受省级生态环境主管部门委托，协助管理驻市监测机构业务、人力资源、经费和资产等。驻市监测机构以承担生态环境质量监测为主，同时为当地政府提供生态环境管理需要的监测技术服务。指导地方出台相关政策，因地制宜探索通过业务委托的方式，由驻市监测机构或流域海域监测机构协助承担市级生态环境监测业务，确保改革任务不中断。县（市、区）监测机构以承担污染源监督监测（执法监测）为主，加强与环境执法协同联动，“十四五”期间，必须具备独立对行政区域内排污单位开展污染源监督监测的业务能力，同时按要求做好生态环境质量监测相关工作，过渡期可由驻市监测机构帮扶承担，或向有资质的社会环境监测机构购买服务。鼓励省、市两级立足现有基础，优化整合监测资源，统筹任务需求，形成各有侧重、优势互补、兼具特色的监测布局，全面提高监测效能。鼓励有条件的省份建立区域辐射环境监测机构。

（二）优化运行机制

完善业务运行机制。扩大监测服务社会化范围，在全面开放服务性监测市场、有序放开公益性监测和监督监测领域的基础上，进一步加大对社会监测机构的扶持与监管力度，鼓励社会环境监测机构、科研院所、社会团体广泛参与到监测科研、标准制修订、大数据分析等业务领域，充分激发和调动市场活力，丰富监测产品与服务供给。划清央地事权与支出责任，对全国具有基础性、战略性作用的生态环境监测基础设施建设与运行、国家本级（含区域）监测机构基础能力建设等为中央事权，由中央财政全额保障。受益范围较广、信息共享共用的生态环境监测基础设施建设与运行为中央和地方共担事权。受益范围地域性强、主要服务于地方的生态环境监测基础设施建设与运行、地方监测机构基础能力建设等为地方事权，由地方财政全额保障。

理顺协调合作机制。部门层面，建立“统为主、分为辅”的工作机制，生态环境部门统一规划布局、统一制度规范、统一信息发布，其他部门依法依规组织开展相关监测工作。加强部门间协作共享，推动与自然资源部、水利部、农业农村部、科技部等部门分别签订合作协议，建立联席会议制度，定期会商交流，在网络建设、监测实施、数据共享、联合评估等方面加强合作。社会层面，健全多元参与的科技研发机制，与科研机构、高等院校、企业共同开展前沿监测技术研发，鼓励共建共用监测实验室和技术创新基地，加强研发、验证、转化、推广链条式管理，规范监测数据和科研成果应用。国际层面，积极履行国际环境公约，主动参与全球及周边重点区域或国家环境监测合作，与发达国家加强业务合作与技术交流。结合“一带一路”和“南南合作”，实施“走出去”战略，支持发展中国家环境监测先进技术和装备建设，树立中国生态环境监测品牌。

创新激励约束机制。按照“宽严相济、扶管并举”的原则，加强环境监测机构监管，定期组织开展全国监测技术比武、百强监测机构和优质监测实验室创建等活动，建立环境监测机构备案、能力评估、信用评价、红黑名单、从业禁止等制度，推进监测行业自律。

（三）健全法规标准

完善法规规章体系。加快推动生态环境监测条例出台，将改革文件中的相关要求通过法律条文固化，理清监测与监管、国家与地方、各部门之间、行政资源与社会资源之间的关系，对生态环境监测的法律地位、职能任务、网络建设、质量监管、数据法律效力、信息公开共享等作出界定和规范，确保监测管理依法行政、监测工作依法开展。同时，完善配套制度，出台网络规划与管理办法、污染源监督监测管理办法、监测机构监督管理办法、辐射环境监测管理办法等相关制度文件。

健全标准规范体系。会同有关部门共同建立完善生态环境监测标准规范体系，覆盖生态环境监测全要素、全指标、全过程。抓紧确定标准制修订清单，加快填平补齐空气、水、土壤、固体废物、生态状况监测，以及生态环境遥感监测、应急监测、现场执法监测、质量控制等领域标准规范，加快抗生素等新型污染物和温室气体的监测方法标准研究制定与监测技术体系建设，强化有机类标准样品研发，加快核设施流出物监测、辐射环境自动监测和应急监测相关标准规范制修订工作，确保监测数据合法性和准确性。系统梳理不同部门现行监测标准并开展等效性评估，推动标准规范的整合统一，提高监测数据可比性。建立“宽进严出、动态评估”的标准管理机制，完善标准制修订技术导则，动员包括监测机构、高等院校、科研院所和企业在内的全社会力量参与标准制修订，积极关注和吸纳环境监测新技术、新方法，保持标准体系科学适用、适度超前。

（四）强化创新引领

加强监测新技术、新方法研究。以土壤和沉积物、固体废物、大气颗粒物等复杂基质中非常规污染物和环境健康、生态系统安全为重点，加强环境样品前处理技术、仪器分析技术和生态调查技术创新，建立自动、高效的环境友好型监测技术与方法体系。加强基于高分辨率质谱的非靶标化合物筛查技术和基于生物毒理学的监测技术研究，支撑特征污染指标和未知化合物识别。加快危险废物特征污染因子监测技术研究，推动构建危险废物监测技术体系。

加强专项调查和研究性监测。在典型区域开展生物多样性、持久性有机污染物、汞、放射性、海洋微塑料和酸化的专项调查监测，为国际履约谈判和全球新兴环境问题治理提供支撑。在雄安新区、长江经济带、粤港澳大湾区等国家重大战略区域，开展针对有毒有害物质、放射性、危险废物、典型大宗工业固体废物和新化学品等问题的研究性监测，筛查并识别区域特征污染物，及时发现和跟踪前沿问题，为环境治理提供支持与指引。

推进环境遥感技术应用。推动构建全天时、全天候、全尺度、全谱段、全要素的卫星遥感观测网络体系，形成高时间分辨率、高空间分辨率、高光谱分辨率、高辐射分辨率、高监测精度的生态环境遥感服务能力，强化遥感技术在全国生态状况、环境质量、污染源监测与评估中的应用，逐步开展全球生态环境遥感监测。

支持监测装备自主研发。推进人工智能、5G通信、生物科技、纳米科技、超级计算、精密制造等新技术在环境监测领域的应用示范，加快推进生态环境监测技术进步。以环境监测装备的集成化、自动化、智能化为主攻方向，加大空气、水、土壤、应急等监测技术装备研发与应用力度，推动形成一批拥有自主知识产权的高端监测装备，强化生态环境监测核心竞争力。

五、保障措施

（一）加强组织领导

各省级生态环境部门要高度重视，加强对生态环境监测工作的组织领导和统筹规划，围绕规划纲要的总体目标、主要任务和有关部署要求，结合实际研究提出细化落实指标，以“十四五”时期为重点，明确具体任务举措和责任分工，认真组织实施。注重加强与生态环境治理体系建设、生态环境保护规划以及社会经济发展等有关规划的衔接，加大配套政策和投入保障支持力度。生态环境部将对规划纲要落实情况进行跟踪评估和监督检查，确保高质量完成各项目标任务。

（二）夯实人才队伍保障

拓宽人才培养渠道，在全社会范围内，推动建立以岗位需求为导向的环境监测职业教育体系和在职培训体系，加强生态环境监测学科建设，鼓励地方加强监测领域校企、校站合作，试点“产学研”“订单式”等多元化监测人才联合培养模式。打造尖端人才队伍，树立“不求所有，但为所用”的人才使用导向，与国内外知名高校建立生态环境监测科研及联合攻关机制，通过强强联合，催化高端人才培养。面向全社会遴选优秀生态环境监测人才、青年拔尖人才和领军人才，带动队伍素质整体提升。加强思想作风建设，牢固树立“四个意识”，坚定“四个自信”，做到“两个维护”，以党建工作推动业务发展，培育“依法监测、科学监测、诚信监测”的行业文化，营造风清气正的政治生态，打造生态环境保护铁军先锋队。

（三）强化基础能力保障

围绕重点任务谋划建设一批重大工程，带动生态环境监测能力提升，保障规划任务落实。

国家生态环境监测网络能力建设与运行保障工程。实施环境质量监测能力建设专项，以点位增补、指标拓展、功能升级为主要方向，以空气和地表水国控站点调整、长江经济带一体化监测、南海海洋生态环境监测等为重点，加强空气、地表水、海洋、土壤、温室气体、辐射等监测网络能力建设，构建现代国家生态环境监测网络体系。实施生态状况能力建设专项，整合建设国家生态监测站点和样地，补充生态监测仪器设备，建设国家生态保护红线监管平台和生态遥感监测平台。实施网络运行保障专项，保障国家网监测站点正常运行和国家监测任务有序开展。建立国家网仪器设备的建设与更新机制，据实测算、分期更新、规范管理，保证国家网仪器设备的统一可比。

中央本级生态环境监测基础能力建设工程。实施国家生态环境监测综合业务能力建设专项，推进国家生态环境监测计量平台（量值溯源与传递实验室）、国家生态环境监测方法标准研究平台（生态环境监测标准规范验证实验室），以及生态环境监测专用仪器设备适用性检测、生态环境监测新技术研究等实验室建设，提升国家环境监测质控溯源与技术研发能力。实施国家海洋生态环境监测能力建设专项，完善海洋监测实验室基础设施，组建海洋监测（调查）船队，提升海洋自动监测与应急保障能力。实施生态环境综合立体遥感监测专项，加强生态环境立体遥感监测业务体系、技术体系、产品体系、保障体系建设与运行。推动研制发射 11 颗生态环境监测卫星，加强卫星生态环境应用系统建设，新增 120 余套无人机监测系统。采用共享与新建相结合的方式，形成一批遥感地面真实性检验站点。实施国家辐射环境监测能力建设专项，建设国家环境保护辐射监测质量控制重点实验室、辐射监测装备工程技术基地、辐射监测技术标准推广验证平台、国家核与辐射应急监测技术实验室、电磁辐射安全独立校核计算验证实验室、海洋放射性监测实验室和核与辐射应急监测快速响应装备库。

实施流域（海域、区域）生态环境监测能力建设专项，根据流域（海域）监测机构职能定位，加强监测基础能力建设，强化流域水生态环境监测预警和海域生态环境监测业务能力。合理统筹现有监测资源和省、市监测力量，通过业务合作与共建方式，推进区域质量控制中心（平台）、区域空气质量预报中心（平台）、区域土壤样品制备中心（平台）、区域辐射环境监测基地、海区监测中心站（分站）的优化配置，弥补现有监测力量不足和能力短板。根据流域监测机构实际能力，逐步向其整合过渡。探索与上下游相关监测机构合作共建流域监测分站，提升监测业务能力。推进监测技术创新基地建设，按照一专多用、共享共管的模式，重点支持国家生态健康与安全监测评估、环境监测质控技术研究创新基地、长江经济带一体化监测质控和应急平台、新型污染物监测研究平台、监测技术人员实操培训基地、辐射航测校准与训练基地和航测保障基地建设。鼓励与高校、科研院所、企业共建生态环境监测重点实验室，全面提升监测技术研发与应用能力。

地方生态环境监测机构能力提升工程。按照“总体规划、固本强基、分区分级、突出特色”的原则，指导地方积极争取财政支持，依托污染防治和生态补偿等专项资金，加强省、市、县监测机构人员队伍建设和提升仪器装备等基础能力。

关于推进生态环境监测体系与监测能力现代化的若干意见

（环办监测〔2020〕9号）

为贯彻党的十九大、十九届四中全会精神，加快健全生态环境监测和评价制度，推进生态环境监测体系与监测能力现代化，现提出如下意见。

一、总体要求

（一）指导思想。以习近平新时代中国特色社会主义思想为指导，全面贯彻党的十九大和十九届二中、三中、四中全会精神，深入贯彻习近平生态文明思想，认真落实党中央、国务院决策部署，坚持“支撑、引领、服务”基本定位，明确“实现大监测、确保真准全、支撑大保护”发展思路，全面深化生态环境监测改革创新，推进环境质量、生态质量和污染源全覆盖监测，系统提升生态环境监测现代化能力，为构建现代生态环境治理体系奠定基础。

（二）主要目标。经过3～5年努力，陆海统筹、天地一体、上下协同、信息共享的生态环境监测网络基本建成，政府主导、部门协同、企业履责、社会参与、公众监督的监测格局建立健全，科学独立权威高效的监测体系基本形成，监测数据真、准、全得到有效保证，生态环境监测能力显著增强，对生态环境管理和生态文明建设的支撑服务水平明显提升。

二、构建生态环境监测“大格局”

（一）强化生态环境监测统一监督管理。各级生态环境部门按照统一组织领导、统一制度规范、统一网络规划、统一数据管理、统一信息发布的要求，加强对本行政区域内生态环境监测的统一监督管理。推动建立部门合作、资源共享工作机制，加大监测工作统筹与协同力度，监督指导有关行业部门按照统一的生态环境监测站（点）规划设置要求和生态环境监测标准规范组织实施各自职责范围内的监测工作。

合理划分中央和地方生态环境监测事权。按照“谁考核、谁监测”的原则，国家生态环境质量评价与考核监测等工作为国家事权，其他服务于地方环境管理和污染治理的监测事项为地方事权。

（二）压实排污单位自行监测主体责任。按照“谁排污、谁监测”的原则，纳入排污许可管理的排污单位应遵守排污许可证规定和有关标准规范，严格执行污染源自行监测和信息公开制度。土壤污染重点监管单位按要求开展土壤和地下水自行监测。建立入河（海）排污口自行监测制度，责任单位负责对排污口开展自行监测。

自行监测单位要向社会主动公开自行监测数据，各地生态环境部门要加强对自行监测行为的监督检查。

（三）发挥市场机制和公众监督作用。深入推进生态环境监测服务社会化，研究制定生态环境监测备案管理、信用评价等措施，加强市场培育、推动行业自律，促进形成一批专业化、优质化的社会监测机构，树立和弘扬“依法监测、科学监测、诚信监测”的行业文化。坚持服务群众和依靠群众，加强新闻宣传、畅通投诉举报渠道，为公众监督创造便利条件。

三、优化生态环境监测“一张网”

（一）统一规划环境质量监测网络。完善涵盖大气、地表水（含水功能区和农田灌溉水）、地下水、饮用水水源、海洋、土壤、温室气体、噪声、辐射等环境要素以及城市和乡村的环境质量监测网络。

2021年前，各省级生态环境部门按照《生态环境监测规划纲要（2020—2035年）》要求，完成行政区域内监测网络调整并报生态环境部备案；围绕生态环境治理需要，增设颗粒物组分、挥发性有机物、有毒有害污染物、土壤和地下水风险地块等监测点位，在学校、医院、居民区等敏感区域优先增设与人体健康密切相关的监测指标，提升环境污染溯源解析与风险监控能力。

（二）完善生态质量监测网络。建立央地共建、部门共享的多元合作机制，2025年年底前，联合建立天地一体的国家生态质量监测网络，基本覆盖全国典型生态系统、自然保护地、重点生态功能区和生态保护红线重点区域，突出生态功能和生物多样性等指标。省级生态环境部门根据生态保护需要和主要地理单元，补充设置地方生态质量监测站点，组织开展本地区生态质量监测。

（三）统筹构建污染源监测网络。推动污染源监测与排污许可监管、监督执法联动，加强固定源（含尾矿库）、入河（海）排污口、移动源和面源监测。强化高架源、涉挥发性有机物排放、涉工业窑炉等重点污染源自动监测，推动重点工业园区、产业集群建立挥发性有机物、颗粒物监测体系，开展排污单位用能监控与污染排放监测一体化试点，拓展污染源排放遥感监测。完善测管协同工作机制，按照“双随机”原则开展生态环境执法监测，探索实行监测人员持有执法证、执法人员持有现场监测上岗证，将承担执法监测任务的监测人员逐步纳入生态环境综合行政执法体系，提升监测与执法工作效率。生态环境部门可委托有资质、能力强、信用好的社会监测机构配合开展执法监测。

（四）建设生态环境监测大数据平台。2021 年前，地方省、市、县环境质量监测站点与中国环境监测总站联网，并接入生态环境部信息资源中心。依法推进重点排污单位自行监测数据公开与共享。

建立国家（区域）和地方生态环境监测大数据平台，加强监测数据标准化、规范化管理，实现全方位、全要素、全周期监测数据有效整合与互联互通。鼓励以安全可控为前提拓展数据汇交和使用范围，推进跨领域监测监控信息共享共用。

四、严守生态环境监测质量“生命线”

（一）明确数据质量责任。生态环境监测机构及其负责人对其监测数据的真实性和准确性负责。排污单位及其负责人对其自行监测数据质量负责。各级生态环境部门对用于环境管理和监督执法的监测数据质量负监管责任。地方生态环境部门应积极推动地方政府建立防范和惩治生态环境监测数据弄虚作假的工作机制，建立并实行干预留痕和记录制度。

（二）加强数据质量监督管理。强化对生态环境监测机构监管，建立健全内部质量控制为主、外部质量监督为辅的质量管理制度。完善生态环境监测机构和自动监测运维机构通用要求，指导监测机构规范内部质量体系建设与运行。推动建立分级管理、全国联网的实验室信息管理系统，实现监测活动全流程可追溯。制定生态环境监测机构监督管理办法，健全生态环境监测量值溯源体系，提高质量监管能力。

（三）严厉打击监测数据弄虚作假。组织开展监测质量监督检查专项行动，依法依规查处监测数据弄虚作假行为。加强生态环境监测机构和人员信用管理，探索建立监测数据弄虚作假市场和行业禁入措施。积极推动部门协同和信息互认，形成守信联合激励、失信联合惩戒的长效机制。发挥群众监督作用，形成“不敢假、不能假、不想假”的良好局面。

五、强化生态环境监测核心支撑

（一）健全监测评价制度。优化监测指标项目和评价方法，形成统一标准与因地制宜相结合、定量评价与定性评价相结合、现状评价与预测预报相结合的生态环境质量评价体系，建立生态质量指数、生态环境质量综合指数等复合型评价指标并试点应用，科学客观反映生态环境质量和污染治理成效。坚持和完善生态环境监测信息公开、通报、排名、预警、监督机制，提升生态环境质量与污染排放的大数据关联分析能力，为推动生态环境质量改善提供支撑。

（二）加强环境质量预测预报。巩固国家—区域—省—市四级空气质量预报体系，逐步开展所有地级及以上城市空气质量预报并发布信息。提升空气质量中长期预测、城市级精细化预测和气象因素影响定量分析能力。推进重点流域水环境预测预警业务和技术体系建设，逐步开展土壤风险评估和生态风险预警研究。

（三）推进科技创新与应用。完善生态环境监测技术体系，推动物联网、区块链、人工智能、5G 通信等新技术在监测监控业务中的应用，促进智慧监测发展。强化产学研用协同创新，推动建设国家监测技术研发基地；以长江经济带监测质控和应急平台、深圳环境监测质控创新中心等项目为先导，支持重点区域省市建立生态环境监测创新示范基地，加大监测技术装备研发和应用力度，推动监测装备精准、快速、便携化发展。

六、夯实生态环境监测基础

（一）优化机构队伍。全面完成省以下生态环境监测机构垂直管理改革，理顺各级生态环境监测组织架构，鼓励各地因地制宜统筹设置或共建跨市县监测监控机构和省级海洋、辐射、遥感等专业监测机构。充分发挥现有监测力量优势，驻市监测机构上收后应与市级生态环境部门建立长效化业务支持机制，提供当地所需监测支撑与服务。推进生态环境监测机构编制标准研究，支持多元化、社会化、开放式人才培养与使用模式，完善生态环境监测“三五”人才（50 名尖端人才、500 名一流专家、5000 名技术骨干）、技术大比武等人才进选机制，不断提高监测队伍数量和质量。

（二）提升装备能力。围绕空气、水、海洋、生态、辐射、噪声、应急预警和履约监测等重点领域谋划一批重点工程，全面提升生态环境监测自动化、标准化、信息化水平。鼓励省级生态环境部门结合实际制定出台基层监测机构能力现代化评估标准，2025 年前，区县监测机构应具备有效开展行政区域内执法监测和应急监测的能力。统筹优化生态环境陆海观测卫星遥感影像获取与共享机制，开展全国多周期覆盖、多分辨率、多要素卫星数据的智能化处理和解译，逐步拓展全球数据获取汇集能力。

（三）健全法规、标准。推动出台生态环境监测条例及配套制度，鼓励有条件的地方在生态环境监测领域先于国家立法。建立健全生态环境监测标准规范并严格执行，立足国情实际和生态环境状况，重点填平补齐现场快速监测、自动在线监测、应急监测、遥感监测、质量控制等领域标准规范，建立标准验证与后评估机制，推动标准优化更新。

（四）加强经费投入。修订生态环境监测网络建设和运行支出标准，分级制定生态环境监测事权与财政保障清单，力争将所需经费足额纳入各级财政预算重点保障。各地要拓展生态环境监测能力建设投资渠道，积极争取生态补偿、污染防治等专项经费支持，注重提高投资绩效。

七、加强组织实施

各级生态环境部门要切实把思想认识统一到中央关于生态环境监测的决策部署上来，将生态环境监测工作作为“一把手”工程，在人、财、物上加大支持和保障力度。各级生态环境监测部门要充分发挥对生态环境管理的“顶梁柱”作用，争做生态环境保护铁军先锋队。各地要按照本意见要求，结合实际细化具体任务措施并组织实施。生态环境部将加强监督检查与成效评估。

“十四五”生态环境监测规划

（环监测〔2021〕117 号）

生态环境监测是生态环境保护的基础，是生态文明建设的重要支撑。“十四五”时期是开启全面建设社会主义现代化国家新征程、谱写美丽中国建设新篇章的重要时期，为支撑深入打好污染防治攻坚战，推动减污降碳协同增效，持续改善生态环境质量，加快实现生态环境监测现代化，制定本规划。

一、规划背景

“十三五”期间，党中央、国务院对生态环境监测网络建设、管理体制改革、数据质量提升做出一系列重大部署，指导推动生态环境监测工作取得前所未有的显著成效，科学独立权威高效的生态环境监测体系建设全面加强，为打好污染防治攻坚战提供了强劲支撑。

（一）生态环境监测新进展

监测网络更加完善。深入落实《生态环境监测网络建设方案》，坚持全面设点、全国联网、自动预警、依法追责，建成符合我国国情的生态环境监测网络，基本实现环境质量、生态质量、重点污染源监测全覆盖，并与国际接轨。建成 1946 个国家地表水水质自动监测站，组建全国大气颗粒物组分和光化学监测网，布设 38880 个国家土壤环境监测点位并完成一轮监测。实施环境卫星和生态保护红线监管平台建设，遥感监测能力不断增强。推进国家和地方监测数据联网，陆海统筹、天地一体、上下协同、信息共享能力明显增强。

体制机制更加顺畅。基本完成省以下环保监测机构垂直管理改革，全面完成国家和省级环境质量监测事权上收，建立“谁考核、谁监测”的全新运行机制，环境质量监测独立性、权威性、有效性显著提升。健全统一监测评估制度，推进海洋、地下水、水功能区等监测业务转隶与融合，印发面向美丽中国的生态环境监测中长期规划纲要。建立排污单位污染源自行监测制度和执法监测制度，持续推进生态环境监测服务社会化，政府、企业、社会多元参与的监测格局基本形成。

数据质量更加可靠。贯彻落实《关于深化环境监测改革提高环境监测数据质量的意见》，以规范的科学方法“保真”，累计发布监测标准1200余项，联合市场监管部门出台生态环境监测机构资质认定评审补充要求，建立量值溯源体系，指导监测机构采取有效措施保证数据准确。以严格的质控手段监管，联合实施监测质量监督检查三年行动，通过“例行+双随机”等多种形式，检查国家和地方监测站点约6.2万个、监测机构8 000余家，及时纠正不规范监测行为。以严厉的惩戒措施“打假”，建立健全监测数据质量保障责任体系，将环境监测弄虚作假列入刑法，会同公安机关严肃查处120余起典型案件，保持打击数据造假的高压态势。

作用发挥更加突出。深入开展空气、水、土壤、海洋、声、生态、污染源等监测工作，完善基于监测数据的生态环境质量评价排名制度，作为环境质量目标责任考核的直接依据和层层传导压力的重要抓手。建立环境质量预测预报、环境污染成因解析、环境风险预警评估等监测业务和技术体系，为环境治理提供支持引导。开展重点生态功能区县域生态环境质量监测与评价，支撑重点生态功能区转移支付，成为践行绿水青山就是金山银山理念的生动实践。多手段多渠道公开各类生态环境监测信息，公众满意度普遍上升。

（二）生态环境监测新挑战

“十四五”时期，生态环境质量改善进入了由量变到质变的关键时期，生态环境治理的复杂性、艰巨性更加凸显。面对“提气降碳强生态，增水固土防风险”的管理需求，生态环境监测面临新的挑战。

监测服务供给仍不充分。生态环境监测网络建设、业务范围、技术手段应用的深度广度与快速扩张的管理需求不匹配，对大气污染协同控制、水环境水资源水生态统筹治理、生态保护监管、应对气候变化、噪声污染防治、城市生态环境治理、新污染物治理等战略任务的精细化支撑不够。生态环境监测标准规范体系建设滞后，与业务发展要求不适应。

监测改革成效仍需巩固。覆盖问题发现、综合分析、追因溯源、预测预报、成效评估全链条的监测与评价制度有待健全提升，生态环境监测领域各项改革还需进一步落地生根、协同增效。跨部门合作、资源整合、信息共享不够顺畅，社会监测机构服务质量参差不齐，社会监测数据质量的防控风险依然较大，监管依据、手段和监管能力不足的局面尚未根本扭转。

基础能力发展不平衡。区域间、层级间、城乡间生态环境监测基础能力差异较大，部分中西部地区监测设备老化、实验条件简陋，区县监测能力难以满足执法监测和应急监测任务要求，农村环境监测刚刚起步。国家和重点区域流域海域监测技术实验能力不足、发展空间受限，遥感监测星地应用基础设施短缺，全国监测系统信息化建设缺乏统一规划，数据壁垒未实质性打通，海量监测数据有效归集和智能分析应用亟需加强。

二、总体要求

（一）指导思想

以习近平生态文明思想为指导，全面贯彻党的十九大和十九届二中、三中、四中、五中、六中全会精神，按照党中央、国务院决策部署，立足新发展阶段，完整准确全面贯彻新发展理念，构建新发展格局，面向美丽中国建设目标，落实深入打好污染防治攻坚战和减污降碳协同增效要求，坚持精准、科学、依法治污工作方针，以监测先行、监测灵敏、监测准确为导向，以更高标准保证监测数据“真、准、全、快、新”为根基，以健全科学独立权威高效的生态环境监测体系为主线，巩固环境质量监测、强化污染源监测、拓展生态质量监测，全面推进生态环境监测从数量规模型向质量效能型跨越，提高生态环境监测现代化水平，为生态环境持续改善和生态文明建设实现新进步奠定坚实基础。

（二）工作原则

面向发展，服务公众。围绕以生态环境高水平保护推动经济高质量发展，健全生态环境监测与评价制度。着眼统筹推进污染治理、生态保护、应对气候变化和集中攻克人民群众身边的生态环境问题，优化完善业务体系，充分发挥生态环境监测的支撑、引领、服务作用。

提质增效，协同融合。提升点位布设的科学性、代表性、综合性，推进生态环境监测网络陆海天空、地上地下、城市农村协同布局，注重规模、质量、效益协调发展。立足山水林田湖草沙整体性与系统性，实现环境质量、生态质量、污染源全覆盖监测、关联分析和综合评估。

精准智慧，科技赋能。加大生态环境监测科学研究与技术创新力度，加快构建产学研用创新链，推进大数据、人工智能等新技术深度应用，提升网络感知能力、技术实验能力、质量管理能力和智慧分析能力。

深化改革，凝聚合力。落实统一生态环境监测评估要求，完善统筹协调与合作共享机制。坚持“谁考核、谁监测”，厘清各级事权。深化监测领域“放管服”改革，压实排污单位自行监测责任，推进生态环境监测服务社会化，发挥公众监督力量。

（三）规划目标

到 2025 年，政府主导、部门协同、企业履责、社会参与、公众监督的“大监测”格局更加成熟定型，高质量监测网络更加完善，以排污许可制为核心的固定污染源监测监管体系基本形成，与生态环境保护相适应的监测评价制度不断健全，监测数据真实、准确、全面得到有效保证，新技术融合应用能力显著增强，生态环境监测现代化建设取得新成效。

——“一张网”智慧感知。环境质量监测站点总体覆盖全部区县和大型工业园区周边，生态质量监测网络建成运行，固定污染源监测覆盖全部纳入排污许可管理的行业和重点排污单位。技术手段多样化、关键技术自主化、主流装备国产化的局面加快形成，监测、监控、执法协同联动。

——“一套数”真实准确。覆盖全部监测活动的质量监督体系建立健全，监测标准体系更加协调统一，重点领域量值溯源能力切实加强。监测数据质量责任严格落实，诚信监测理念深入人心，生态环境监测公信力持续提升。

——“一体化”综合评估。生态环境监测智慧创新应用加快推进，全国生态环境监测数据集成联网、整合利用、深度挖掘和大数据应用水平大幅提升，生态环境质量监测评价、考核排名、预警监督一体推进。

——“一盘棋”顺畅高效。权责清晰、运转高效、多元参与的生态环境监测运行机制基本形成。中央与地方监测事权及支出责任划分明确、落实到位。生态环境监测领域突出短板加快补齐，国家智慧化、省市现代化、市县标准化的监测能力得到新提升。

展望 2035 年，科学独立权威高效的生态环境监测体系全面建成，统一生态环境监测评估制度健全完善，生态环境监测网络高质量综合布局，风险预警能力显著增强；与生态文明相适应的生态环境监测现代化基本实现，监测管理与业务技术水平迈入国际先进行列，为生态环境根本好转和美丽中国建设目标基本实现提供有力支撑。

三、支撑低碳发展，加快开展碳监测评估

着眼碳达峰碳中和目标落实和绿色低碳发展需要，按照核算为主、监测为辅、国际等效、适度超前的原则，系统谋划覆盖点源、城市、区域等不同尺度的碳监测评估业务，提升碳监测技术水平，逐步纳入常规监测体系统筹实施。

（一）推进碳监测评估试点。制定并落实《碳监测评估试点工作方案》，组织火电、钢铁、石油天然气开采、煤炭开采、废弃物处理等重点行业企业开展二氧化碳、甲烷等温室气体排放监测试点工作，推进碳排放实测技术发展和信息化水平提升。组建重点城市温室气体监测网络，在有代表性的省份开展试点并适时扩大范围。提标升级国家大气背景站温室气体监测功能，建立多尺度碳同化反演系统，研究碳源汇评估。逐步开展全国及重点区域温室气体立体遥感监测和重要陆海生态系统碳汇监测。加强国家碳监测评估体系顶层设计和部门合作，形成覆盖全国主要区域的碳监测网络，协同完善温室气体统计监测核算报告体系，做好前瞻性业务储备与技术支撑。

（二）补齐碳监测技术短板。加快推动大气碳监测相关卫星研制发射，统筹运用现有遥感监测资源，提高天空地海一体化碳监测水平。开展全球-区域-点源等多尺度甲烷浓度及排放量遥感估算方法研究，形成星地协同甲烷浓度监测、异常泄漏识别及应急响应监测能力。构建温室气体监测技术体系，加强主要温室气体及其同位素监测分析技术研究，建立涵盖排放源和环境空气温室气体的自动监测设备技术要求及检测方法。完善温室气体监测质量控制和量值传递/溯源体系，联合开展标准气体研制，保障监测数据等效可比。

（三）积极开展消耗臭氧层物质等其他履约监测。按照《关于持久性有机污染物的斯德哥尔摩公约》《关于汞的水俣公约》《关于消耗臭氧层物质的蒙特利尔议定书》及其基加利修正案等国际公约履约成效评估要求，开展持久性有机污染物（POPs）、汞、消耗臭氧层物质（ODS）和氢氟碳化物（HFCs）等背景区域定位监测。继续加大 ODS 和 HFCs 产品检测实验室建设和运行力度，提高大气汞监测能力。

四、聚焦协同控制，深化大气环境监测

推进大气环境立体综合监测体系建设，以细颗粒物（$PM_{2.5}$）和臭氧（O_3）协同控制为主线，拓展延伸空气质量监测，加快开展颗粒物组分和大气光化学监测，进一步提升空气质量预测预报准确率，支撑大气环境质量持续改善。

（一）巩固城市空气质量监测。在全国地级及以上城市设置 1734 个国家城市空气质量监测站点，实时监测 $PM_{2.5}$、O_3 等主要污染物，支撑全国空气质量评价、排名与考核。研究完善空气质量监测评价体系，推进国家空气质量监测监管向区县延伸，京津冀及周边区域重点区县加密设置 279 个监测站点。收严 $PM_{2.5}$ 自动监测仪器性能质量要求，拓展多区域多季节自动监测仪器适用性检测，加强颗粒物手工监测比对、O_3 逐级校准和挥发性有机物（VOCs）标气量值比对。持续完善国控站点运行监控监管制度，加强空气质量自动监测质量飞行检查，提高监测数据可比性。实施全国大气监测数据联网，开展国家和地方数据联合分析评估，适时研究优化常规监测站点设置。

各地结合实际完善空气质量监测网，综合标准站、微型站、单指标站、移动站等多种模式，实现县城和污染较重乡镇全覆盖。鼓励有条件的地方以保障公众健康为导向优化监测点位和监测项目设置，逐步开展铅、汞、苯并[a]芘等有毒有害污染物监测。

（二）加强 $PM_{2.5}$ 和 O_3 协同控制监测。完善大气颗粒物组分和光化学监测网络，注重指标、时空、城乡协同布局，提高 $PM_{2.5}$ 和 O_3 污染综合分析与来源解析水平，支撑大气污染分区分时分类精细化协同管控。地级及以上城市和雄安新区开展非甲烷总烃（NMHC）自动监测。省会城市、计划单列市、大气污染防治重点区域和其他 $PM_{2.5}$ 超标城市开展颗粒物组分监测，选择性开展氨、气溶胶垂直分布监测。O_3 超标和其他 VOCs 排放量较高城市开展 VOCs 组分、氮氧化物、紫外辐射强度等光化学监测。直辖市、省会城市和重点区域城市在主要干道设立路边空气质量监测站，开展 $PM_{2.5}$、NMHC、氮氧化物和交通流量一体化监测。推动工业园区建立监测预警体系，规范开展园区内部、边界和周边传输通道大气监测，大型石化基地、现代煤化工示范区等重点地区按要求加强环境质量监测。加快制定颗粒物组分、VOCs 监测技术规范，强化监测质量控制与仪器设备量值溯源，

提高监测结果准确性。

（三）拓展大气污染监控监测。深化大气遥感监测业务化运行，充分运用大气环境监测卫星等新型卫星，开展大尺度 $PM_{2.5}$、O_3、二氧化氮、一氧化碳、甲醛、气溶胶和氨气天空地一体化监测，加强秸秆焚烧、沙尘遥感监测与跨境传输分析预警。建立涵盖机动车、非道路移动机械、船舶的移动源监测体系，重点区域城市加强机场、港口、铁路货场、物流园区等内部或周边大气污染监测监控和管理，推进交通环境监测数据跨部门互认共享与联合研究。扩大全国超级站联盟，构建覆盖背景地区、区域传输通道和重污染城市的多指标立体监测体系，加强区域大气复合污染机理和传输规律研究。鼓励京津冀及周边地区、汾渭平原、长三角地区、粤港澳大湾区、成渝、东北、天山北坡城市群等重点区域建立区域一体化监测网络，强化联合监测评价，为大气污染分区治理和联防联控提供有效支持。各地结合实际开展降尘监测和建筑工地扬尘监测。

（四）提升空气质量预测预报水平。健全国家、区域、省、市四级环境空气质量预测预报体系，重点提升臭氧预报和过程分析能力。省市层面开展未来 7-10 天空气质量预报，72 小时级别预报准确率达到 70%以上，国家和区域层面开展未来 15 天以上中长期预报。推进基于统计方法的预报业务化应用。深化空气质量预报会商合作机制，开展城市空气质量预报能力评估。提升数值模型和背景驱动数据的国产化程度，开展全球尺度空气质量预报研究。

五、推动三水统筹，增强水生态环境监测

深化全国地表水环境质量监测评价，进一步提升重点区域流域水质监测预警与水污染溯源能力。建立水生态监测网络与评价体系，支撑水环境、水资源和水生态统筹管理。

（一）优化水环境质量监测。在全国重点流域和地级及以上城市设置 3646 个国家地表水环境质量监测断面，开展自动为主、手工为辅的融合监测，支撑全国水环境质量评价、排名与考核。完善水质评价技术，研究受自然因素影响较大的特殊水体评价办法，开展汛期污染强度评估。推进重金属、有机物、生物毒性等自动监测试点，组织实施南水北调、黑臭水体、锰、大型火电厂和核电厂温排水等专项监测，适时开展国家关注的热点敏感地区水质动态监测。在抚仙湖等典型

深水湖泊开展水质分层监测研究。

各地结合实际优化地表水监测网络，覆盖辖区内重要水体、主要城镇、大型工业园区和种养殖区下游、重点河流市县界。提升县级及以上集中式饮用水水源地及其上游自动监测能力，及时预警饮用水源安全风险。新三湖（白洋淀、洱海、丹江口）、老三湖（太湖、巢湖、滇池）、三峡水库及其他藻类水华易发多发的敏感湖库开展蓝藻水华监测预警。嘉陵江流域甘陕川交界、陕豫交界以及湘江、资江、丹江流域开展铊、锑等重金属自动监测预警，武陵山区“锰三角”区域开展锰自动监测预警。

（二）完善水生态监测评价。以促进水生态保护修复和水生生物多样性提升为导向，构建指标框架统一、流域特色鲜明的水生态监测评价体系，覆盖生物、理化、生境等监测内容。按照国家统筹、流域实施、部门合作的模式，组织开展全国重点流域及青藏高原地区水生态调查监测，推进河湖岸线、生态用水保障程度、水源涵养区和湿地等遥感监测，率先在长江流域开展水生态考核监测与评价。建立全国“三水统筹”监测管理平台，推动水环境、水生态、水资源监测数据共享。鼓励各地开展小流域水生态调查监测，太湖、辽河、海河等流域开展环境 DNA 监测试点。

（三）拓展水污染溯源监测。建立“断面—水体—污染源”全链条监测溯源技术体系，在重点污染河段开展入河排污口水质水量实时监测、上下游走航巡测和遥感监测，推动水污染溯源技术规范和水岸联动溯源预警研究应用。会同有关部门建立面源立体监测网络，开展农业面源污染监测，覆盖农业面源重点监管区和林草水土流失关键区，加强基础数据共享。在长三角区域、黄河流域中游、松花江流域、呼伦湖流域、丹江口水库和密云水库开展面源入河氮磷通量核算试点。研究建立区域与流域统筹的水环境预报预警系统，逐步开展业务化工作。

（四）加强长江、黄河等重点流域监测。规范长江经济带地表水生态环境监测专网运行，依托长江经济带水质监测质控和应急平台，统一组织开展 695 个跨界断面水质自动站监测质量监督检查与水质评价预警，厘清省市县三级水污染治理责任，支撑长江流域干支流协同治理，推动共抓大保护。构建黄河流域水生态环境监测网络和技术研究平台，围绕上中下游典型生态环境问题，统筹水域与陆域，提升黄河流域水环境、水生生物、农业面源、生态质量等监测预警和实验能力。探索大气重金属沉降监测。长江、黄河流域内省份进一步完善地表水监测断面，推进规模以上入河排污口在线监测和县级及以上集中式饮用水水源地水质自动监测，全面有效反映流域干支流水环境状况。试点开展水环境和生态流量协同监测，为流域生态补偿提供客观依据。

六、着眼风险防范，完善土壤和地下水环境监测

以反映全国土壤环境质量长期变化趋势、支撑土壤污染风险管控为重点，优化调整土壤环境监测网络。构建地下水环境质量考核监测网络，加强水土风险协同监测。坚持城乡统筹，推进农村环境监测。

（一）优化土壤环境监测。分层次、分重点、分时段开展土壤环境例行监测，与土壤污染状况详查普查有序衔接。国家设置土壤环境背景点 2 364 个、基础点 20 063 个，每 5—10 年完成一轮监测，掌握全国土壤环境状况及变化趋势。筛选国家重点关注的土壤环境风险监控点 9 483 个，纳入省级监测网络，每 1-3 年完成一轮监测，及时跟踪土壤环境污染问题。以土壤重金属污染问题突出区域为重点，兼顾粮食主产区，开展大气重金属沉降、化肥等农业投入品、农田灌溉用水、作物移除等影响土壤环境质量的输入输出因素长期观测，研究支撑土壤污染责任认定和损害赔偿。

各地以土壤污染风险防控为重点，完善土壤环境监测点位，对土壤污染重点监管单位周边土壤环境至少完成一轮监测。探索开展严格管控类耕地种植结构调整等措施实施情况卫星遥感监测。

（二）布局地下水环境监测。健全分级分类的地下水环境监测评价体系，支撑地上-地下协同监管。组建国家地下水环境质量考核监测网络，设置 1912 个监测点位并根据需要适时增补完善，覆盖地级及以上城市、重点风险源和饮用水水源地，国家统一组织监测、质控和评价。联合有关部门组建资源与环境要素协同的地下水监测网，明确数据共享与发布机制。

各地以地下水污染风险防控为重点，加强对地下水型饮用水水源保护区及主要补给径流区、化工石化类工业聚集区周边、矿山地质影响区、农业污灌区等地下水污染风险区域的监测。督促化学品生产企业、矿山开采区、尾矿库、垃圾填埋场、危险废物处置场及工业集聚区依法落实地下水自行监测要求。运用卫星遥感、无人机和现场巡查等手段，对典型污染源（区域）及周边地下水污染开展执

法监测。

（三）推动农村环境监测。组织开展3500个特色村庄农村环境质量监测，指导各地实施灌溉规模10万亩及以上农田灌区用水、千吨万人及以上农村饮用水水源地、日处理能力20吨及以上农村生活污水处理设施出水、农村黑臭水体、非正规垃圾堆放点等专项监测，支撑生态环境保护从城市向乡村延伸覆盖。整合农村生态环境监测数据，增强农村环境质量分析评价能力。

七、强化陆海统筹，健全海洋生态环境监测

构建陆海统筹、河海联动的海洋生态环境监测体系，以近岸海域为重点，覆盖管辖海域，逐步向极地大洋拓展。

（一）完善海洋环境质量监测。国家布设1 359个海水水质监测点位和552个沉积物质量监测点位，覆盖全国—海区—海湾等不同层次，全面掌握我国管辖海域海洋环境质量状况及变化趋势。加强陆海统筹，研究实施入海河流—入海河口—海湾联动监测，为重点海湾（湾区）综合治理和美丽海湾建设评估提供支撑。以面积大于100平方千米、水质污染较重的海湾为重点，试点开展海水水质自动监测，兼顾赤潮、绿潮、溢油等海洋生态环境风险防控需求。

（二）加强海洋生态监测。建立海洋生态监测网络，加强河口、海湾、滩涂湿地、红树林、珊瑚礁、海草床等典型海洋生态系统和重要海洋生物栖息地监测，开展海洋领域环境 DNA 监测试点。利用卫星遥感、无人机和现场巡查等手段，开展我国海岸线、围填海开发活动等海岸带生态监管监测，对赤潮和绿潮高发区域开展遥感巡查监测，实施海洋自然保护地与滨海湿地试点监测。

（三）开展海洋专项监测。围绕国际热点环境问题和新兴海洋环境问题，在近岸、近海重点断面开展海洋垃圾和微塑料监测，在重点区域开展海水低氧、海洋酸化监测，探索开展温室气体“海—气”交换通量监测。依托沿海岸岛基站，推进海洋大气沉降监测。根据管理需求动态开展海洋倾倒区和海洋油气区监测。深入开展西太平洋环境质量综合调查。组织开展全国海水浴场水质监测。

八、注重人居健康，推进声、辐射和新污染物监测

围绕改善人居环境、保障公众健康，完善声环境监测和辐射环境监测，积极推动环境振动和光污染监测研究。关注潜在环境风险，启动新污染物监测试点。

（一）健全声环境监测。规范声环境质量监测网络设置，到2025年底前，地级及以上城市全面实现功能区声环境质量自动监测并与国家联网。研究优化声环境质量评价指标与方法并试点示范，鼓励各地绘制噪声地图。围绕噪声投诉热点，探索开展对重点噪声源及典型噪声敏感建筑物集中区域的调查监测，解析噪声污染主要来源，提升城市生态环境治理支撑能力。在超大、特大城市开展道路交通噪声影响调查，向社会公开结果。加严噪声监测仪器性能质量要求，严格监测过程质控，提高监测结果准确性。加强环境振动和光污染监测技术研究，在典型城市试点开展城市轨道交通和铁路沿线振动污染调查监测，探索开展光污染监测和光环境质量评价研究。

（二）加强辐射环境监测。完善国家、省、市三级辐射环境监测体系，分类推进地市级基本辐射监测能力全覆盖。优化辐射环境监测网络，推动水体辐射环境自动监测站建设，升级改造早期建设的国控辐射环境质量监测站，强化核设施周围环境及流出物监督性监测，加强核设施周围环境应急监测演练。提升地方核设施监督性监测和周围环境应急监测能力水平。鼓励有条件的地区建设大气辐射环境监测背景站和辐射环境监测超级站，稳妥探索常规监测与辐射监测融合布局。

（三）重视新污染物监测。加强新污染物监测顶层设计，结合常规监测网络统筹设置新污染物监测点位，开展持久性有机污染物、环境内分泌干扰物、全氟化合物等重点管控新污染物调查监测试点。对新污染物检出种类多、暴露潜力大的重点流域区域进一步加密监测，动态开展其他潜在新污染物的筛查性监测，初步摸清新污染物环境赋存底数，支撑新污染物治理与管控。夯实新污染物监测基础能力，加快技术标准体系、实验能力和人才队伍建设。有条件的地方优先在集中式饮用水水源地开展新污染物监测。

（四）探索生态环境健康风险监测评估。开展生态环境健康风险监测业务与技术体系建设研究，为生态环境与健康管理提供支撑。基于生态环境与健康调查研究成果，选取有条件的典型行业和典型地区开展试点监测工作，探索国家、地方、

企业多元参与的工作机制。

九、贯彻系统观念，拓展生态质量监测

遵循山水林田湖草沙冰系统治理要求，着眼提升生态系统质量和稳定性，构建生态质量监测与评价体系，支撑生态保护修复和生态监管执法。

（一）构建生态质量监测体系。建立天地一体的生态质量监测网络和指标体系，涵盖生态格局、生态功能、生物多样性、生态胁迫等内容，总体反映区域生态系统质量状况及变化。推进国产生态环境卫星与专题产品研制应用，加强生态遥感监测数据获取、解译分析和地面验证。大力推动生态质量监测部门合作与央地共建，统筹规划、联合组建生态质量地面监测网络，布设约 300 个生态质量监测站点和监测样地样带，覆盖全国典型生态系统和重要生态空间。加强生态科研观测、生态资源调查监测、生态质量监测数据共享，研究生态质量协同监测预警。

鼓励各地按照统一规范开展本区域生态质量监测，在长江和黄河重点生态区、东北森林带、北方防沙带、南方丘陵山地带、青藏高原生态屏障区、海岸带等重要生态系统和其他具有代表性的典型生态系统，加密建设生态质量综合监测站和监测样地，强化生态保护监管监督支撑。

（二）规范生态质量评价。以维护生态系统稳定性、保护生物多样性、推动生态功能持续向好为导向，建立并落实区域生态质量指数（EQI）评价与报告制度，每年开展全国、重点区域、重点生态功能区等不同尺度生态质量评价，自主或联合有关部门发布评价报告。修订完善县域生态环境质量监测评价指标体系，深化国家重点生态功能区生态质量变化与转移支付挂钩机制，探索生态产品价值实现示范应用，引导激励地方政府加大生态保护力度。加快完善生态保护补偿监测支撑体系，落实生态保护补偿制度改革要求。

（三）服务生态保护监管。建成并充分运用国家生态保护红线监管平台，开展全国、重点区域流域、生态保护红线、自然保护地生态状况调查评估，支撑生态监管与执法。全国生态状况调查评估每五年开展一次，长江经济带、黄河流域等重点区域流域、生态保护红线、重点生态功能区生态状况调查评估原则上每年完成一次，国家级自然保护区人类活动遥感监测评估每半年完成一次。加强生态干扰高风险的重要生态空间、重要热点敏感地区人类活动遥感监测评估，研究建立重要保护物种

栖息地生态破坏定期遥感监测机制。开展重要生态系统保护修复工程实施成效监测评估，逐步加强青藏高原等典型气候变化承受力脆弱区生态影响监测。

十、坚持测管联动，强化污染源和应急监测

压实排污单位自行监测主体责任，加强污染源执法监测，支撑以排污许可制为核心的固定污染源监管。完善环境应急监测体系，提升应急响应时效。

（一）规范排污单位自行监测。全面实行排污许可发证单位自行监测及信息公开制度，加强技术帮扶与监督管理，督促企业依证监测、依法公开。填平补齐并制修订排污单位自行监测技术指南，覆盖全部排污许可发证行业。重点强化石化、化工、工业涂装、包装印刷等行业 VOCs 在线监测和无组织排放监测，加强农药、化工、化学合成类制药、电子等行业和化工园区污水集中处理设施的特征有机物监测，优化电镀、有色金属冶炼等行业重金属排放监测，完善涉重、涉持久性有机污染物行业厂区和危险废物填埋处置场土壤、地下水监测。推动海水养殖污染试点监测。鼓励污水处理、垃圾处理、制药、橡胶等涉恶臭重点行业实施电子鼻监测，铅锌冶炼企业对排放口和周边环境进行定期监测。明确入河排污口责任主体自行监测要求，指导各地组织对已完成排查整治和规范化建设的入河排污口开展自行监测。

（二）加强污染源执法监测。坚持国家指导、省级统筹、市县承担，深入推进执法监测机制优化增效。完善监测与执法相互持证制度，按照“双随机”模式联合开展执法监测。加强排污许可单位自行监测专项检查，对涉 VOCs 排放企业和生活垃圾焚烧发电企业持续加大执法监测力度。创新监测技术，推动卫星遥感、热点网格、无人机/无人船、走航巡测等非现场手段应用，加强对工业园区、散乱污企业、固体废物、尾矿库、历史遗留矿渣的遥感排查监测，开展地下水污染和生态破坏执法监测。完善排污单位自动监控系统，扩展视频和用电用能联网，强化生产状况、污染治理设施运行情况和污染排放联合监控，利用大数据精准高效发现问题。

（三）健全环境应急监测体系。构建国家指导、省级统筹、平战结合、区域联动的环境应急监测体系。全国设立若干区域性应急监测基地，形成跨省区应急监测支援体系。建立应急监测“工具箱”，实现应急监测资源全域动态管理。各地根

据《生态环境应急监测能力建设指南》要求，分级分区加强应急监测装备配置，力争形成陆域 2 小时应急监测响应圈。构建由国家-地方-涉海企事业单位构成的海洋应急监测响应体系。结合日常执法监测开展应急监测演练，探索应急监测物资储备和现场支援社会化机制，增强应急监测队伍实战能力。中俄界江等边境地区进一步完善应急监测网络能力，强化跨境应急监测保障体系建设，防范和化解突发性环境事件风险。

十一、筑牢质量根基，推动监测数据智慧应用

坚持质量管理与监督检查并重，严守数据质量“生命线”。强化监测数据集成共享、分析评价与决策支持，提升监测大数据应用水平。

（一）健全监测质量管理体系。指导各级各类生态环境监测运维机构质量管理体系持续完善和有效运行，研究构建环境质量自动监测运维机构质量管理体系并推动实施，保障统一的监测标准规范贯彻落实。指导各地建立统一管理、全国联网的生态环境监测实验室信息管理系统，运用区块链和物联网技术，实现监测全过程信息封闭式采集、存储和追溯。健全生态环境监测量值溯源体系，加强生态环境领域最高计量技术机构与最高计量标准器具建设运行，加快研究和制修订适用于生态环境监测专用仪器的计量技术规范，定期开展重点监测项目常用标准物质（样品）计量比对，强化计量保障能力。组织开展重点监测项目高精度量值溯源技术研究，提升痕量、超痕量污染物监测数据质量。

（二）加强监测质量监督检查。健全国家质控平台—区域/流域质控中心—监测/运维机构三级质控体系业务化运行机制，组织开展国家生态环境监测网和重点领域、重点行业监测质量监督检查，结合检查评估结果实施差异化管理。加大社会生态环境监测机构联合监管力度，坚持做好“双随机”联合检查、能力验证和实验室间比对，及时发现问题并督促整改，促进环境监测数据的准确性和可比性持续提升。充分发挥流域监测机构在质量监督管理及仲裁监测等方面的作用。优化完善国家网第三方服务质量评价，推动建立生态环境监测机构和人员信用评价制度，将评价结果向社会公开，促进形成守信激励、失信惩戒、行业自律的长效机制。完善监测数据弄虚作假等违法行为管理约束和调查处理机制，对数据造假行为严查严罚，确保监测数据真实、准确。

（三）提升大数据监测水平。按照统一架构、分级建设、规范安全、开放共享的原则，制定生态环境监测大数据和智慧创新应用技术指南，开展全国生态环境智慧监测试点，打造国家—省—市—县交互贯通的会商系统和智慧监测平台，“一张图”展示全国生态环境质量状况。组织各级各类监测数据全国联网，规范数据资源共享与服务，加快实现跨地域、跨部门互联互通，提升数据集成、共享交换和业务协同能力。研究推动监测、监管、许可数据联通与工作联动。

（四）强化数据挖掘与综合评价。整合唤醒各类生态环境监测及关联数据资源，推进算力提升及算法创新，开发环境质量预测预警与模拟、污染溯源追因、政策措施评估等场景，开展联合研究和应用示范，探索一批可推广可复制的成果经验，充分释放监测数据价值。健全生态环境监测评价、排名、预警和公开制度，改进空气、地表水等环境质量评价排名技术规定，激励和督促地方政府落实生态环境保护主体责任。研究构建适应我国国情、符合生态文明愿景、群众接受度高、反映获得感强的生态环境质量综合评价方法，使评价结果与实际情况和人民群众感受更加一致。

十二、加强科技攻关，塑造产学研用创新优势

（一）发挥标准引领作用。重点补充更新自动、遥感、现场监测标准规范，推进管理迫切需求的有毒有害物质、VOCs 等监测标准出台，强化温室气体、生态、应急和污染源监测等领域标准研究储备，支撑环境质量、污染物排放和风险管控标准实施。加快制定废水重金属在线监测相关技术规范。组织开展监测标准实施情况评估，推进监测标准的废止、整合与更新。优化监测标准管理与验证机制，加快形成覆盖到位、协调统一、先进适用的监测标准体系。

（二）加强监测科研与国际合作。完善实时感知、采样分析、溯源追因、应急预警、质量控制、综合评价全链条监测技术体系，重点开展多介质自动采样、复杂样品前处理、高频通量和微型光谱传感器监测、高精度检测、生态调查监测、同位素示踪等技术研究，保障监测结果准确灵敏。积极推进监测管理重要问题研究，力争在基础理论创新、多手段一体化网络设计、目标指标与监测评价协同等方面取得突破，推进监测网络应设尽设、宜密则密、宜疏则疏。深化中俄中哈跨国界河流水质联合监测、东亚酸沉降监测网、中日韩沙尘暴等国际合作，面向共

同环境问题适时优化补充监测内容，推动新领域对外合作与技术交流项目。

（三）推进遥感监测技术应用。构建高低轨组网、多手段综合、能力完善、响应快速、有序衔接、自主可控的立体遥感监测网络，加快形成全方位、高精度、短周期遥感监测能力，提高遥感技术与遥感监测结果的业务化应用水平。推进生态环境监测相关卫星立项、研制、发射及应用，探索商业化运营服务。推动北斗卫星系统导航定位、通信数传等专线服务应用。加强高空平台遥感监测和遥感地面真实性检验技术研究，逐步建立示范站点，探索遥感与地面监测数据互验、关联分析和融合应用。提升全球遥感数据获取和影像处理能力，研发极地、全球陆地和海洋监测产品。面向“一带一路”和东北亚等重点区域，开展大尺度生态环境遥感监测评估和污染传输影响分析，为建设清洁美丽世界贡献中国智慧。

（四）支持监测装备自主研发。推进人工智能、5G 通信、生物科技、超级计算、精密制造等高新技术在生态环境监测领域的应用，加大集成化、自动化、智能化、小型化监测装备研发与推广力度，加强遥感遥测、便携式现场快速监测、全自动实验室等设备技术验证，促进监测技术与业务的革命性创新，实现更科学、更精准、更全面、更快速。推动开展颗粒物、VOCs、氨等直读式监测设备、重金属大气污染物排放监测设备、土壤监测设备的研发，推动便携式监测仪器应用于生态环境执法监管。强化生态环境监测首台（套）重大技术装备示范应用，加快形成一批拥有自主知识产权的高端精密监测装备和关键核心部件。

（五）激发产学研用创新活力。增强国家生态环境监测机构“一总多专”技术优势，建设一流研究型监测机构，提升中央本级创新引领实力。统筹区域流域海域监测资源和技术能力，在京津冀、长三角、粤港澳大湾区、成渝双城经济圈等重大战略区域建设布局一批监测技术创新基地和生态环境综合监测研究示范站，推进新技术、新装备、新标准、新业态研发。探索建立政府部门、科研院所、高新企业等多元主体合作模式，打通产学研用一体化创新链条，运用国家生态环境科技成果转化综合服务等平台，加快监测领域科技成果转化和示范应用，带动监测产业高质量发展。

十三、坚持深化改革，推进生态环境监测现代化

深入落实省以下生态环境监测机构垂直管理改革和“放管服”改革等要求，

持续推进生态环境监测制度政策、体制机制、基础能力和队伍建设改革创新，建立完善现代化生态环境监测体系。

（一）完善法规制度。推动出台《生态环境监测条例》，研究制定生态环境监测网络管理、质量管理、监督管理、数据共享等配套制度。鼓励各地制定生态环境监测地方性法规，强化依法监测。研究建立以惩治监测数据弄虚作假为重点的监测执法制度，纳入生态环境保护综合执法事项。完善监测服务社会化激励约束制度，推进开放市场、规范疏导与监督管理有机结合，更好发挥市场主体作用，促进形成一批专业化、优质化的社会监测机构，丰富高质量监测服务供给。

（二）细分监测事权。落实生态环境监测事权与支出责任改革要求，探索建立央地事权清单编制和动态调整机制。中央层面重点保障国家生态环境监测网的建设运行与监管、全国性或影响较大重点区域的专项调查评估监测、国家重大环境监测信息统一发布、国际履约监测等。各地因地制宜制定省以下生态环境监测事权清单，厘清各部门、各层级生态环境监测职责任务与支出责任，确保权责清晰、保障有力、覆盖全面。

（三）优化运行机制。推动省以下监测机构垂直管理改革落地见效。强化省级监测机构业务统筹与技术指导作用，鼓励各省结合实际加强遥感、海洋、辐射等专业监测能力建设，支持央地共建专业化监测示范创新基地。驻市监测机构在做好环境质量监测的基础上，结合实际承担市本级执法监测、应急监测和预警预报等任务，驻在地市强化相关财政保障。地市生态环境部门统筹优化行政区内所属监测机构设置与资源配置，加强区县生态环境监测机构能力，推进功能化、特色化建站和县级局队站融合管理。推动建立高效顺畅的部门合作与协调机制，加快实现生态环境监测网络统一规划、监测业务协同开展、监测数据互联共享。总结长三角一体化示范区统一监测经验，强化区域流域生态环境监测协作。

（四）增强地方监测能力。推进生态环境监测机构能力标准化建设，各地因地制宜制定省以下监测机构能力建设标准，确保机构资质、人员、实验场所、仪器装备、经费保障等满足监测业务需要。将监测能力建设纳入城乡环境基础设施体系一体推进，分级分类开展监测能力评估，鼓励将评估结果纳入地方高质量发展等综合考核评价体系。适时开展市县生态环境监测能力现代化试点，推广示范案例和建设经验。

（五）培育人才队伍。完善监测技术大比武等人才选拔制度，联合知名高等院校推进生态环境监测基础理论研究与学科建设，共同培养高层次研究型监测人才。拓宽生态环境监测技术培训覆盖面，建设一批技能实训基地，依托云学院和相关机构面向社会开展技术培训。完善人才保障政策，激励优秀青年人才赴边远艰苦地区和基层监测机构挂职锻炼。坚持不懈加强生态环境监测系统思想政治建设和行风建设，大力弘扬“依法监测、科学监测、诚信监测”的职业道德和行业文化，全面提升监测队伍政治素质和业务本领，打造生态环境保护铁军先锋队。

十四、重大工程

“十四五”期间，围绕“补短板、强弱项、提效能”，实施国家生态环境监测网络建设与运行保障、中央本级生态环境监测提质增效两大工程，全面提升天地一体生态环境智慧感知监测预警能力。

（一）国家生态环境监测网络建设与运行保障工程

实施环境质量监测网络建设项目，以点位增补、指标拓展、功能升级为主要方向，有序开展空气、温室气体、ODS、地表水、海洋、辐射等环境质量监测站点建设改造和仪器设备更新，提升环境质量监测与预警能力。加强黄河流域水生态环境监测能力建设。建立国家监测站点仪器设备更新机制，据实测算、分期更新、规范管理，保障国家监测站点仪器设备的统一可比。实施生态质量监测网络建设项目，整合建设一批陆域及海洋生态质量综合监测站点和样地，配备必要仪器设备，增强生态系统监测和卫星遥感地面验证监测能力。实施生态环境监测网络运行保障项目，保障属于国家生态环境监测网络的 1 734 个城市空气质量监测站、92 个区域空气质量监测站、16 个大气背景监测站、京津冀及周边与汾渭平原大气颗粒物和光化学组分监测站点、3 646 个地表水监测断面、1 946 个地表水自动监测站、重点流域水生态监测断面、22 427 个土壤环境监测点位、1 912 个地下水考核监测点位、1 359 个海洋监测站点、辐射环境质量监测站点、生态质量监测站及监测样地等各类国家监测站点正常运行；保障污染源执法监测以及质量控制、预警应急、星地遥感、数据采集传输等各项监测业务正常运行。

（二）中央本级生态环境监测提质增效工程

实施国家生态环境监测质量管理及综合业务能力建设项目，新（改、扩）建国家生态环境监测量值溯源与传递、环境监测标准规范验证、污染物计量与实物标准、专用仪器设备适用性检测、新技术研究、碳监测评估、大气综合观测与研究、水生态监测质控与技术研究、生态环境监测数值模拟等实验平台，提升国家生态环境监测质量控制、应急预警、履约监测及技术研发能力。实施区域流域海域生态环境监测能力建设项目，提升流域海域监测机构实验能力，结合业务需要逐步补齐水、海洋、应急监测与质控仪器设备。推动海洋生态环境监测船舶建设。支持区域质控中心建设。实施生态环境遥感监测能力建设项目，推进生态环境监测相关卫星立项、研制和发射，加强卫星遥感数据处理、业务产品生产等应用能力和运行保障，完善国家生态保护红线监管平台和卫星环境应用系统，增补高空和地面遥感监测系统，提升立体遥感监测能力。实施辐射环境监测能力建设项目，研究建设辐射环境监测质量控制、海洋放射性监测等科技研发平台，建设锦屏极低本底辐射环境监测实验室、兴城辐射环境监测实验室和南海辐射环境监测实验室，中央和地方共同推动三个区域核与辐射事故应急监测物资储备库建设，提升国家和区域辐射环境监测能力。实施生态环境智慧监测能力建设项目，结合现有基础建设生态环境智慧监测平台，增强生态环境监测大数据汇聚、治理、融合、存储、展示能力，增加虚拟资源和存储空间，运用人工智能等新技术，构建系列算法模型，提升监测数据深度挖掘、融合应用和网络安全防护能力。

十五、保障措施

（一）加强组织领导。各级生态环境部门加强对辖区内生态环境监测工作的统筹协调和组织实施，会同有关部门将本规划的目标任务等纳入本地生态环境保护规划和相关专项规划，细化具体任务措施，明确各级责任分工，建立分解落实机制，加大规划实施力度，高质量完成各项目标任务。国家适时开展实施进展评估和监督检查，指导督促规划任务落实。

（二）拓展资金渠道。将生态环境监测能力建设与运行列入各级财政预算重点保障，优先支持长江经济带发展、黄河流域生态保护和高质量发展等国家重大战略区域生态环境监测创新基地相关项目建设。各地统筹中央财政有关转移支付和地方自有财力，鼓励探索多元投入机制，支持生态环境监测能力建设。

（三）强化信息公开。建立健全生态环境监测信息统一发布机制，拓展信息发布内容和渠道，丰富实时化、多样化、亲民化的展现方式，提升公众参与度、普惠度和体验感。建立监测活动监督检查结果通报和公开机制，曝光违规违法行为，督促企业落实环境保护责任。建立有奖举报机制，发挥公众监督作用。

（四）注重宣传引导。依托先进生态环境监测设施打造科普教育基地，组织公众开放活动。搭建生态环境监测公众交流互动平台，开展生态环境监测万里行主题活动，宣扬监测系统先进典型，引导公众走近监测、了解监测、信任监测，营造全社会关心、支持、参与生态环境监测的良好氛围。

（二）监测管理制度相关规定

环境监测管理办法

（环保总局令　第39号）

第一条　为加强环境监测管理，根据《环境保护法》等有关法律法规，制定本办法。

第二条　本办法适用于县级以上环境保护部门下列环境监测活动的管理：

（一）环境质量监测；

（二）污染源监督性监测；

（三）突发环境污染事件应急监测；

（四）为环境状况调查和评价等环境管理活动提供监测数据的其他环境监测活动。

第三条　环境监测工作是县级以上环境保护部门的法定职责。

县级以上环境保护部门应当按照数据准确、代表性强、方法科学、传输及时的要求，建设先进的环境监测体系，为全面反映环境质量状况和变化趋势，及时跟踪污染源变化情况，准确预警各类环境突发事件等环境管理工作提供决策依据。

第四条　县级以上环境保护部门对本行政区域环境监测工作实施统一监督管理，履行下列主要职责：

（一）制定并组织实施环境监测发展规划和年度工作计划；

（二）组建直属环境监测机构，并按照国家环境监测机构建设标准组织实施环境监测能力建设；

（三）建立环境监测工作质量审核和检查制度；

（四）组织编制环境监测报告，发布环境监测信息；

（五）依法组建环境监测网络，建立网络管理制度，组织网络运行管理；

（六）组织开展环境监测科学技术研究、国际合作与技术交流。

国家环境保护总局适时组建直属跨界环境监测机构。

第五条 县级以上环境保护部门所属环境监测机构具体承担下列主要环境监测技术支持工作：

（一）开展环境质量监测、污染源监督性监测和突发环境污染事件应急监测；

（二）承担环境监测网建设和运行，收集、管理环境监测数据，开展环境状况调查和评价，编制环境监测报告；

（三）负责环境监测人员的技术培训；

（四）开展环境监测领域科学研究，承担环境监测技术规范、方法研究以及国际合作和交流；

（五）承担环境保护部门委托的其他环境监测技术支持工作。

第六条 国家环境保护总局负责依法制定统一的国家环境监测技术规范。

省级环境保护部门对国家环境监测技术规范未作规定的项目，可以制定地方环境监测技术规范，并报国家环境保护总局备案。

第七条 县级以上环境保护部门负责统一发布本行政区域的环境污染事故、环境质量状况等环境监测信息。

有关部门间环境监测结果不一致的，由县级以上环境保护部门报经同级人民政府协调后统一发布。

环境监测信息未经依法发布，任何单位和个人不得对外公布或者透露。

属于保密范围的环境监测数据、资料、成果，应当按照国家有关保密的规定进行管理。

第八条 县级以上环境保护部门所属环境监测机构依据本办法取得的环境监测数据，应当作为环境统计、排污申报核定、排污费征收、环境执法、目标责任考核等环境管理的依据。

第九条 县级以上环境保护部门按照环境监测的代表性分别负责组织建设国家级、省级、市级、县级环境监测网，并分别委托所属环境监测机构负责运行。

第十条 环境监测网由各环境监测要素的点位（断面）组成。

环境监测点位（断面）的设置、变更、运行，应当按照国家环境保护总局有关规定执行。

各大水系或者区域的点位（断面），属于国家级环境监测网。

第十一条 环境保护部门所属环境监测机构按照其所属的环境保护部门级

别，分为国家级、省级、市级、县级四级。

上级环境监测机构应当加强对下级环境监测机构的业务指导和技术培训。

第十二条 环境保护部门所属环境监测机构应当具备与所从事的环境监测业务相适应的能力和条件，并按照经批准的环境保护规划规定的要求和时限，逐步达到国家环境监测能力建设标准。

环境保护部门所属环境监测机构从事环境监测的专业技术人员，应当进行专业技术培训，并经国家环境保护总局统一组织的环境监测岗位考试考核合格，方可上岗。

第十三条 县级以上环境保护部门应当对本行政区域内的环境监测质量进行审核和检查。

各级环境监测机构应当按照国家环境监测技术规范进行环境监测，并建立环境监测质量管理体系，对环境监测实施全过程质量管理，并对监测信息的准确性和真实性负责。

第十四条 县级以上环境保护部门应当建立环境监测数据库，对环境监测数据实行信息化管理，加强环境监测数据收集、整理、分析、储存，并按照国家环境保护总局的要求，定期将监测数据逐级报上一级环境保护部门。

各级环境保护部门应当逐步建立环境监测数据信息共享制度。

第十五条 环境监测工作，应当使用统一标志。

环境监测人员佩戴环境监测标志，环境监测站点设立环境监测标志，环境监测车辆印制环境监测标志，环境监测报告附具环境监测标志。

环境监测统一标志由国家环境保护总局制定。

第十六条 任何单位和个人不得损毁、盗窃环境监测设施。

第十七条 县级以上环境保护部门应当协调有关部门，将环境监测网建设投资、运行经费等环境监测工作所需经费全额纳入同级财政年度经费预算。

第十八条 县级以上环境保护部门及其工作人员、环境监测机构及环境监测人员有下列行为之一的，由任免机关或者监察机关按照管理权限依法给予行政处分；涉嫌犯罪的，移送司法机关依法处理：

（一）未按照国家环境监测技术规范从事环境监测活动的；

（二）拒报或者两次以上不按照规定的时限报送环境监测数据的；

（三）伪造、篡改环境监测数据的；

（四）擅自对外公布环境监测信息的。

第十九条 排污者拒绝、阻挠环境监测工作人员进行环境监测活动或者弄虚作假的，由县级以上环境保护部门依法给予行政处罚；构成违反治安管理行为的，由公安机关依法给予治安处罚；构成犯罪的，依法追究刑事责任。

第二十条 损毁、盗窃环境监测设施的，县级以上环境保护部门移送公安机关，由公安机关依照《治安管理处罚法》的规定处10日以上15日以下拘留；构成犯罪的，依法追究刑事责任。

第二十一条 排污者必须按照县级以上环境保护部门的要求和国家环境监测技术规范，开展排污状况自我监测。

排污者按照国家环境监测技术规范，并经县级以上环境保护部门所属环境监测机构检查符合国家规定的能力要求和技术条件的，其监测数据作为核定污染物排放种类、数量的依据。

不具备环境监测能力的排污者，应当委托环境保护部门所属环境监测机构或者经省级环境保护部门认定的环境监测机构进行监测；接受委托的环境监测机构所从事的监测活动，所需经费由委托方承担，收费标准按照国家有关规定执行。

经省级环境保护部门认定的环境监测机构，是指非环境保护部门所属的、从事环境监测业务的机构，可以自愿向所在地省级环境保护部门申请证明其具备相适应的环境监测业务能力认定，经认定合格者，即为经省级环境保护部门认定的环境监测机构。

经省级环境保护部门认定的环境监测机构应当接受所在地环境保护部门所属环境监测机构的监督检查。

第二十二条 辐射环境监测的管理，参照本办法执行。

第二十三条 本办法自2007年9月1日起施行。

突发环境事件应急管理办法

（环境保护部令　第 34 号）

第一章　总　　则

第一条　为预防和减少突发环境事件的发生，控制、减轻和消除突发环境事件引起的危害，规范突发环境事件应急管理工作，保障公众生命安全、环境安全和财产安全，根据《中华人民共和国环境保护法》《中华人民共和国突发事件应对法》《国家突发环境事件应急预案》及相关法律法规，制定本办法。

第二条　各级环境保护主管部门和企业事业单位组织开展的突发环境事件风险控制、应急准备、应急处置、事后恢复等工作，适用本办法。

本办法所称突发环境事件，是指由于污染物排放或者自然灾害、生产安全事故等因素，导致污染物或者放射性物质等有毒有害物质进入大气、水体、土壤等环境介质，突然造成或者可能造成环境质量下降，危及公众身体健康和财产安全，或者造成生态环境破坏，或者造成重大社会影响，需要采取紧急措施予以应对的事件。

突发环境事件按照事件严重程度，分为特别重大、重大、较大和一般四级。

核设施及有关核活动发生的核与辐射事故造成的辐射污染事件按照核与辐射相关规定执行。重污染天气应对工作按照《大气污染防治行动计划》等有关规定执行。

造成国际环境影响的突发环境事件的涉外应急通报和处置工作，按照国家有关国际合作的相关规定执行。

第三条　突发环境事件应急管理工作坚持预防为主、预防与应急相结合的原则。

第四条　突发环境事件应对，应当在县级以上地方人民政府的统一领导下，建立分类管理、分级负责、属地管理为主的应急管理体制。

县级以上环境保护主管部门应当在本级人民政府的统一领导下，对突发环境事件应急管理日常工作实施监督管理，指导、协助、督促下级人民政府及其有关部门做好突发环境事件应对工作。

第五条 县级以上地方环境保护主管部门应当按照本级人民政府的要求，会同有关部门建立健全突发环境事件应急联动机制，加强突发环境事件应急管理。

相邻区域地方环境保护主管部门应当开展跨行政区域的突发环境事件应急合作，共同防范、互通信息，协力应对突发环境事件。

第六条 企业事业单位应当按照相关法律法规和标准规范的要求，履行下列义务：

（一）开展突发环境事件风险评估；

（二）完善突发环境事件风险防控措施；

（三）排查治理环境安全隐患；

（四）制定突发环境事件应急预案并备案、演练；

（五）加强环境应急能力保障建设。

发生或者可能发生突发环境事件时，企业事业单位应当依法进行处理，并对所造成的损害承担责任。

第七条 环境保护主管部门和企业事业单位应当加强突发环境事件应急管理的宣传和教育，鼓励公众参与，增强防范和应对突发环境事件的知识和意识。

第二章 风险控制

第八条 企业事业单位应当按照国务院环境保护主管部门的有关规定开展突发环境事件风险评估，确定环境风险防范和环境安全隐患排查治理措施。

第九条 企业事业单位应当按照环境保护主管部门的有关要求和技术规范，完善突发环境事件风险防控措施。

前款所指的突发环境事件风险防控措施，应当包括有效防止泄漏物质、消防水、污染雨水等扩散至外环境的收集、导流、拦截、降污等措施。

第十条 企业事业单位应当按照有关规定建立健全环境安全隐患排查治理制度，建立隐患排查治理档案，及时发现并消除环境安全隐患。

对于发现后能够立即治理的环境安全隐患，企业事业单位应当立即采取措施，消除环境安全隐患。对于情况复杂、短期内难以完成治理，可能产生较大环境危害的环境安全隐患，应当制定隐患治理方案，落实整改措施、责任、资金、时限和现场应急预案，及时消除隐患。

第十一条 县级以上地方环境保护主管部门应当按照本级人民政府的统一要求，开展本行政区域突发环境事件风险评估工作，分析可能发生的突发环境事件，提高区域环境风险防范能力。

第十二条 县级以上地方环境保护主管部门应当对企业事业单位环境风险防范和环境安全隐患排查治理工作进行抽查或者突击检查，将存在重大环境安全隐患且整治不力的企业信息纳入社会诚信档案，并可以通报行业主管部门、投资主管部门、证券监督管理机构以及有关金融机构。

第三章 应急准备

第十三条 企业事业单位应当按照国务院环境保护主管部门的规定，在开展突发环境事件风险评估和应急资源调查的基础上制定突发环境事件应急预案，并按照分类分级管理的原则，报县级以上环境保护主管部门备案。

第十四条 县级以上地方环境保护主管部门应当根据本级人民政府突发环境事件专项应急预案，制定本部门的应急预案，报本级人民政府和上级环境保护主管部门备案。

第十五条 突发环境事件应急预案制定单位应当定期开展应急演练，撰写演练评估报告，分析存在问题，并根据演练情况及时修改完善应急预案。

第十六条 环境污染可能影响公众健康和环境安全时，县级以上地方环境保护主管部门可以建议本级人民政府依法及时公布环境污染公共监测预警信息，启动应急措施。

第十七条 县级以上地方环境保护主管部门应当建立本行政区域突发环境事件信息收集系统，通过“12369”环保举报热线、新闻媒体等多种途径收集突发环境事件信息，并加强跨区域、跨部门突发环境事件信息交流与合作。

第十八条 县级以上地方环境保护主管部门应当建立健全环境应急值守制度，确定应急值守负责人和应急联络员并报上级环境保护主管部门。

第十九条 企业事业单位应当将突发环境事件应急培训纳入单位工作计划，对从业人员定期进行突发环境事件应急知识和技能培训，并建立培训档案，如实记录培训的时间、内容、参加人员等信息。

第二十条 县级以上环境保护主管部门应当定期对从事突发环境事件应急管理工作的人员进行培训。

省级环境保护主管部门以及具备条件的市、县级环境保护主管部门应当设立环境应急专家库。

县级以上地方环境保护主管部门和企业事业单位应当加强环境应急处置救援能力建设。

第二十一条 县级以上地方环境保护主管部门应当加强环境应急能力标准化建设，配备应急监测仪器设备和装备，提高重点流域区域水、大气突发环境事件预警能力。

第二十二条 县级以上地方环境保护主管部门可以根据本行政区域的实际情况，建立环境应急物资储备信息库，有条件的地区可以设立环境应急物资储备库。

企业事业单位应当储备必要的环境应急装备和物资，并建立完善相关管理制度。

第四章 应急处置

第二十三条 企业事业单位造成或者可能造成突发环境事件时，应当立即启动突发环境事件应急预案，采取切断或者控制污染源以及其他防止危害扩大的必要措施，及时通报可能受到危害的单位和居民，并向事发地县级以上环境保护主管部门报告，接受调查处理。

应急处置期间，企业事业单位应当服从统一指挥，全面、准确地提供本单位与应急处置相关的技术资料，协助维护应急现场秩序，保护与突发环境事件相关的各项证据。

第二十四条 获知突发环境事件信息后，事件发生地县级以上地方环境保护主管部门应当按照《突发环境事件信息报告办法》规定的时限、程序和要求，向同级人民政府和上级环境保护主管部门报告。

第二十五条 突发环境事件已经或者可能涉及相邻行政区域的，事件发生地环境保护主管部门应当及时通报相邻区域同级环境保护主管部门，并向本级人民政府提出向相邻区域人民政府通报的建议。

第二十六条 获知突发环境事件信息后，县级以上地方环境保护主管部门应当立即组织排查污染源，初步查明事件发生的时间、地点、原因、污染物质及数量、周边环境敏感区等情况。

第二十七条 获知突发环境事件信息后，县级以上地方环境保护主管部门应当按照《突发环境事件应急监测技术规范》开展应急监测，及时向本级人民政府和上级环境保护主管部门报告监测结果。

第二十八条 应急处置期间，事发地县级以上地方环境保护主管部门应当组织开展事件信息的分析、评估，提出应急处置方案和建议报本级人民政府。

第二十九条 突发环境事件的威胁和危害得到控制或者消除后，事发地县级以上地方环境保护主管部门应当根据本级人民政府的统一部署，停止应急处置措施。

第五章 事后恢复

第三十条 应急处置工作结束后，县级以上地方环境保护主管部门应当及时总结、评估应急处置工作情况，提出改进措施，并向上级环境保护主管部门报告。

第三十一条 县级以上地方环境保护主管部门应当在本级人民政府的统一部署下，组织开展突发环境事件环境影响和损失等评估工作，并依法向有关人民政府报告。

第三十二条 县级以上环境保护主管部门应当按照有关规定开展事件调查，查清突发环境事件原因，确认事件性质，认定事件责任，提出整改措施和处理意见。

第三十三条 县级以上地方环境保护主管部门应当在本级人民政府的统一领导下，参与制定环境恢复工作方案，推动环境恢复工作。

第六章 信息公开

第三十四条 企业事业单位应当按照有关规定，采取便于公众知晓和查询的方式公开本单位环境风险防范工作开展情况、突发环境事件应急预案及演练情况、突发环境事件发生及处置情况，以及落实整改要求情况等环境信息。

第三十五条 突发环境事件发生后，县级以上地方环境保护主管部门应当认真研判事件影响和等级，及时向本级人民政府提出信息发布建议。履行统一领导职责或者组织处置突发事件的人民政府，应当按照有关规定统一、准确、及时发布有关突发事件事态发展和应急处置工作的信息。

第三十六条 县级以上环境保护主管部门应当在职责范围内向社会公开有关突发环境事件应急管理的规定和要求，以及突发环境事件应急预案及演练情况等环境信息。

县级以上地方环境保护主管部门应当对本行政区域内突发环境事件进行汇总分析，定期向社会公开突发环境事件的数量、级别，以及事件发生的时间、地点、应急处置概况等信息。

第七章　罚　　则

第三十七条 企业事业单位违反本办法规定，导致发生突发环境事件，《中华人民共和国突发事件应对法》《中华人民共和国水污染防治法》《中华人民共和国大气污染防治法》《中华人民共和国固体废物污染环境防治法》等法律法规已有相关处罚规定的，依照有关法律法规执行。

较大、重大和特别重大突发环境事件发生后，企业事业单位未按要求执行停产、停排措施，继续违反法律法规规定排放污染物的，环境保护主管部门应当依法对造成污染物排放的设施、设备实施查封、扣押。

第三十八条 企业事业单位有下列情形之一的，由县级以上环境保护主管部门责令改正，可以处一万元以上三万元以下罚款：

（一）未按规定开展突发环境事件风险评估工作，确定风险等级的；

（二）未按规定开展环境安全隐患排查治理工作，建立隐患排查治理档案的；

（三）未按规定将突发环境事件应急预案备案的；

（四）未按规定开展突发环境事件应急培训，如实记录培训情况的；

（五）未按规定储备必要的环境应急装备和物资；

（六）未按规定公开突发环境事件相关信息的。

第八章　附　　则

第三十九条 本办法由国务院环境保护主管部门负责解释。

第四十条 本办法自 2015 年 6 月 5 日起施行。

环境监测数据弄虚作假行为判定及处理办法

（环发〔2015〕175号）

第一条 为保障环境监测数据真实准确，依法查处环境监测数据弄虚作假行为，依据《中华人民共和国环境保护法》和《生态环境监测网络建设方案》（国办发〔2015〕56号）等有关法律法规和文件，结合工作实际，制定本办法。

第二条 本办法所称环境监测数据弄虚作假行为，系指故意违反国家法律法规、规章等以及环境监测技术规范，篡改、伪造或者指使篡改、伪造环境监测数据等行为。

本办法所称环境监测数据，系指按照相关技术规范和规定，通过手工或者自动监测方式取得的环境监测原始记录、分析数据、监测报告等信息。

本办法所称环境监测机构，系指县级以上环境保护主管部门所属环境监测机构、其他负有环境保护监督管理职责的部门所属环境监测机构以及承担环境监测工作的实验室与从事环境监测业务的企事业单位等其他社会环境监测机构。

第三条 本办法适用于以下活动中涉及的环境监测数据弄虚作假行为：

（一）依法开展的环境质量监测、污染源监测、应急监测；

（二）监管执法涉及的环境监测；

（三）政府购买的环境监测服务或者委托开展的环境监测；

（四）企事业单位依法开展或者委托开展的自行监测；

（五）依照法律、法规开展的其他环境监测行为。

第四条 篡改监测数据，系指利用某种职务或者工作上的便利条件，故意干预环境监测活动的正常开展，导致监测数据失真的行为，包括以下情形：

（一）未经批准部门同意，擅自停运、变更、增减环境监测点位或者故意改变环境监测点位属性的；

（二）采取人工遮挡、堵塞和喷淋等方式，干扰采样口或周围局部环境的；

（三）人为操纵、干预或者破坏排污单位生产工况、污染源净化设施，使生产或污染状况不符合实际情况的；

（四）稀释排放或者旁路排放，或者将部分或全部污染物不经规范的排污口排放，逃避自动监控设施监控的；

（五）破坏、损毁监测设备站房、通讯线路、信息采集传输设备、视频设备、电力设备、空调、风机、采样泵、采样管线、监控仪器或仪表以及其他监测监控或辅助设施的；

（六）故意更换、隐匿、遗弃监测样品或者通过稀释、吸附、吸收、过滤、改变样品保存条件等方式改变监测样品性质的；

（七）故意漏检关键项目或者无正当理由故意改动关键项目的监测方法的；

（八）故意改动、干扰仪器设备的环境条件或运行状态或者删除、修改、增加、干扰监测设备中存储、处理、传输的数据和应用程序，或者人为使用试剂、标样干扰仪器的；

（九）未向环境保护主管部门备案，自动监测设备暗藏可通过特殊代码、组合按键、远程登录、遥控、模拟等方式进入不公开的操作界面对自动监测设备的参数和监测数据进行秘密修改的；

（十）故意不真实记录或者选择性记录原始数据的；

（十一）篡改、销毁原始记录，或者不按规范传输原始数据的；

（十二）对原始数据进行不合理修约、取舍，或者有选择性评价监测数据、出具监测报告或者发布结果，以至评价结论失真的；

（十三）擅自修改数据的；

（十四）其他涉嫌篡改监测数据的情形。

第五条 伪造监测数据，系指没有实施实质性的环境监测活动，凭空编造虚假监测数据的行为，包括以下情形：

（一）纸质原始记录与电子存储记录不一致，或者谱图与分析结果不对应，或者用其他样品的分析结果和图谱替代的；

（二）监测报告与原始记录信息不一致，或者没有相应原始数据的；

（三）监测报告的副本与正本不一致的；

（四）伪造监测时间或者签名的；

（五）通过仪器数据模拟功能，或者植入模拟软件，凭空生成监测数据的；

（六）未开展采样、分析，直接出具监测数据或者到现场采样、但未开设烟道采样口，出具监测报告的；

（七）未按规定对样品留样或保存，导致无法对监测结果进行复核的；

（八）其他涉嫌伪造监测数据的情形。

第六条 涉嫌指使篡改、伪造监测数据的行为，包括以下情形：

（一）强令、授意有关人员篡改、伪造监测数据的；

（二）将考核达标或者评比排名情况列为下属监测机构、监测人员的工作考核要求，意图干预监测数据的；

（三）无正当理由，强制要求监测机构多次监测并从中挑选数据，或者无正当理由拒签上报监测数据的；

（四）委托方人员授意监测机构工作人员篡改、伪造监测数据或者在未作整改的前提下，进行多家或多次监测委托，挑选其中“合格”监测报告的；

（五）其他涉嫌指使篡改、伪造监测数据的情形。

第七条 环境监测机构及其负责人对监测数据的真实性和准确性负责。

负责环境自动监测设备日常运行维护的机构及其负责人按照运行维护合同对监测数据承担责任。

第八条 地市级以上人民政府环境保护主管部门负责调查环境监测数据弄虚作假行为。地市级以上人民政府环境保护主管部门应定期或者不定期组织开展环境监测质量监督检查，发现环境监测数据弄虚作假行为的，应当依法查处，并向上级环境保护主管部门报告。

第九条 对干预环境监测活动，指使篡改、伪造监测数据的行为，相关人员应如实记录。任何单位和个人有权举报环境监测数据弄虚作假行为，接受举报的环境保护主管部门应当为举报人保密，对能提供基本事实线索或相关证明材料的举报，应当予以受理。

第十条 负责调查的环境保护主管部门应当通报环境监测数据弄虚作假行为及相关责任人，记入社会诚信档案，及时向社会公布。

第十一条 环境保护主管部门发现篡改、伪造监测数据，涉及目标考核的，视情节严重程度将考核结果降低等级或者确定为不合格，情节严重的，取消授予的环境保护荣誉称号；涉及县域生态考核的，视情节严重程度，建议国务院财政主管部门减少或者取消当年中央财政资金转移支付；涉及《大气污染防治行动计划》《水污染防治行动计划》排名的，分别以当日或当月监测数据的历史最高浓度值计算排名。

第十二条 社会环境监测机构以及从事环境监测设备维护、运营的机构篡改、伪造监测数据或出具虚假监测报告的，由负责调查的环境保护主管部门将该机构和涉及弄虚作假行为的人员列入不良记录名单，并报上级环境保护主管部门，禁止其参与政府购买环境监测服务或政府委托项目。

第十三条 监测仪器设备应当具备防止修改、伪造监测数据的功能，监测仪器设备生产及销售单位配合环境监测数据造假的，由负责调查的环境保护部主管部门通报公示生产厂家、销售单位及其产品名录，并上报环境保护部，将涉嫌弄虚作假的单位列入不良记录名单，禁止其参与政府购买环境监测服务或政府委托项目，对安装在企业的设备不予验收、联网。

第十四条 国家机关工作人员篡改、伪造或指使篡改、伪造监测数据的，由负责调查的环境保护主管部门提出建议，移送有关任免机关或监察机关依据《行政机关公务员处分条例》和《事业单位工作人员处分暂行规定》的有关规定予以处理。

第十五条 党政领导干部指使篡改、伪造监测数据的，由负责调查的环境保护主管部门提出建议，移送有关任免机关或监察机关依据《党政领导干部生态环境损害责任追究办法（试行）》的有关规定予以处理。

第十六条 环境监测数据弄虚作假行为构成违法的，按照有关法律法规的规定处理。

第十七条 本办法由国务院环境保护主管部门负责解释。

第十八条 本办法自 2016 年 1 月 1 日起实施。

重点排污单位名录管理规定（试行）

（环办监测〔2017〕86号）

第一章　总　　则

第一条　为加强重点排污单位环境保护监督管理，根据《中华人民共和国环境保护法》《中华人民共和国大气污染防治法》《中华人民共和国水污染防治法》《中华人民共和国固体废物污染环境防治法》《土壤污染防治行动计划》和《企业事业单位环境信息公开办法》等法律规章，制定本规定。

第二条　重点排污单位名录实行分类管理。按照受污染的环境要素分为水环境重点排污单位名录、大气环境重点排污单位名录、土壤环境污染重点监管单位名录、声环境重点排污单位名录，以及其他重点排污单位名录五类，同一家企业事业单位因排污种类不同可以同时属于不同类别重点排污单位。纳入重点排污单位名录的企业事业单位应明确所属类别和主要污染物指标。

第三条　设区的市级地方人民政府环境保护主管部门应当依据本行政区域的环境承载力、环境质量改善要求和本规定的筛选条件，每年商有关部门筛选污染物排放量较大、排放有毒有害污染物等具有较大环境风险的企业事业单位，确定下一年度本行政区域重点排污单位名录。省级地方人民政府环境保护主管部门负责统一汇总本行政区域重点排污单位名录。

地方人民政府环境保护主管部门应按照《企业事业单位环境信息公开办法》的规定按时公开本行政区域重点排污单位名录。

第四条　环境保护部负责建立和运行全国重点排污单位名录信息管理系统，设区的市级以上地方人民政府环境保护主管部门负责本行政区域重点排污单位名录信息维护管理。重点单位名录信息包括企业事业单位名称、统一社会信用代码、排污许可证编码、所属行政区域、经纬度、名录类别、主要污染物指标等基础信息。名录更新、单位名称和地址变更等信息变更应及时反映到信息库中。永久性停产和关闭的排污单位不再纳入重点排污单位名录。

第二章 筛选条件

第五条 具备下列条件之一的企业事业单位，纳入水环境重点排污单位名录。

（一）一种或几种废水主要污染物年排放量大于设区的市级环境保护主管部门设定的筛选排放量限值。

废水主要污染物指标是指化学需氧量、氨氮、总磷、总氮以及汞、镉、砷、铬、铅等重金属。筛选排放量限值根据环境质量状况确定，排污总量占比不得低于行政区域工业排污总量的65%。

（二）有事实排污且属于废水污染重点监管行业的所有大中型企业。

废水污染重点监管行业包括：制浆造纸，焦化，氮肥制造，磷肥制造，有色金属冶炼，石油化工，化学原料和化学制品制造，化学纤维制造，有漂白、染色、印花、洗水、后整理等工艺的纺织印染，农副食品加工，原料药制造，皮革鞣制加工，毛皮鞣制加工，羽毛（绒）加工，农药，电镀，磷矿采选，有色金属矿采选，乳制品制造，调味品和发酵制品制造，酒和饮料制造，有表面涂装工序的汽车制造，有表面涂装工序的半导体液晶面板制造等。

各地可根据本地实际情况增加相关废水污染重点监管行业。

（三）实行排污许可重点管理的已发放排污许可证的产生废水污染物的单位。

（四）设有污水排放口的规模化畜禽养殖场、养殖小区。

（五）所有规模的工业废水集中处理厂、日处理10万t及以上或接纳工业废水日处理2万t以上的城镇生活污水处理厂。各地可根据本地实际情况降低城镇污水集中处理设施的规模限值。

（六）产生含有汞、镉、砷、铬、铅、氰化物、黄磷等可溶性剧毒废渣的企业。

（七）设区的市级以上地方人民政府水污染防治目标责任书中承担污染治理任务的企业事业单位。

（八）三年内发生较大及以上突发水环境污染事件或者因水环境污染问题造成重大社会影响的企业事业单位。

（九）三年内超过水污染物排放标准和重点水污染物排放总量控制指标被环境保护主管部门予以“黄牌“警示的企业，以及整治后仍不能达到要求且情节严重被环境保护主管部门予以“红牌“处罚的企业。

第六条 具备下列条件之一的企业事业单位，纳入大气环境重点排污单位名录。

（一）一种或几种废气主要污染物年排放量大于设区的市级环境保护主管部门设定的筛选排放量限值。

废气主要污染物指标是指二氧化硫、氮氧化物、烟粉尘和挥发性有机物。筛选排放量限值根据环境质量状况确定，排污总量占比不得低于行政区域工业排放总量的65%。

（二）有事实排污且属于废气污染重点监管行业的所有大中型企业。

废气污染重点监管行业包括：火力发电、热力生产和热电联产，有水泥熟料生产的水泥制造业，有烧结、球团、炼铁工艺的钢铁冶炼业，有色金属冶炼，石油炼制加工，炼焦，陶瓷，平板玻璃制造，化工，制药，煤化工，表面涂装，包装印刷业等。

各地可根据本地实际情况增加相关废气污染重点监管行业。

（三）实行排污许可重点管理的已发放排污许可证的排放废气污染物的单位。

（四）排放有毒有害大气污染物（具体参见环境保护部发布的有毒有害大气污染物名录）的企业事业单位；固体废物集中焚烧设施的运营单位。

（五）设区的市级以上地方人民政府大气污染防治目标责任书中承担污染治理任务的企业事业单位。

（六）环保警示企业、环保不良企业、三年内发生较大及以上突发大气环境污染事件或因大气环境污染问题造成重大社会影响或被各级环境保护主管部门通报处理尚未完成整改的企业事业单位。

第七条 具备下列条件之一的企业事业单位，纳入土壤环境污染重点监管单位名录。

（一）有事实排污且属于土壤污染重点监管行业的所有大中型企业。

土壤污染重点监管行业包括：有色金属矿采选、有色金属冶炼、石油开采、石油加工、化工、焦化、电镀、制革等。

各地可根据本地实际情况增加相关土壤污染重点监管行业。

（二）年产生危险废物100 t以上的企业事业单位。

（三）持有危险废物经营许可证，从事危险废物贮存、处置、利用的企业事业单位。

（四）运营维护生活垃圾填埋场或焚烧厂的企业事业单位，包含已封场的垃圾填埋场。

（五）三年内发生较大及以上突发固体废物、危险废物和地下水环境污染事件，或者因土壤环境污染问题造成重大社会影响的企业事业单位。

第八条 具备下列条件之一的企业事业单位，纳入声环境重点排污单位名录。

（一）噪声敏感建筑物集中区域噪声排放超标工业企业。

（二）因噪声污染问题纳入挂牌督办的企业事业单位。

第九条 具备下列条件之一的企业事业单位，纳入其他重点排污单位名录。

（一）具有试验、分析、检测等功能的化学、医药、生物类省级重点以上实验室、二级以上医院等污染物排放行为引起社会广泛关注的或者可能对环境敏感区造成较大影响的企业事业单位。

（二）因其他环境污染问题造成重大社会影响，或经突发环境事件风险评估划定为较大及以上环境风险等级的企业事业单位。

（三）其他有必要列入的情形。

第三章　附　　则

第十条 本规定由环境保护部负责解释。

第十一条 本规定自发布之日起执行。

关于加强固定污染源废气挥发性有机物监测工作的通知

（环办监测函〔2018〕123号）

各省、自治区、直辖市环境保护厅（局），新疆生产建设兵团环境保护局：

为落实《“十三五”生态环境保护规划》《“十三五”节能减排综合工作方案》《“十三五”挥发性有机物污染防治工作方案》相关要求，全面加强固定污染源废气挥发性有机物（VOCs）污染防治工作，强化挥发性有机物排放控制与治理，促进环境空气质量持续改善，现将加强固定污染源废气挥发性有机物监测工作有关事项通知如下：

一、充分认识VOCs监测工作的重要性

《大气污染防治行动计划》实施以来，全国二氧化硫、氮氧化物、烟粉尘排放控制取得明显进展，但重点区域臭氧（O_3）浓度呈明显上升趋势，尤其是在夏秋季已成为部分城市的首要污染物。VOCs是导致臭氧污染的重要前体物，对二次$PM_{2.5}$生成具有重要影响。控制VOCs排放对降低大气环境中$PM_{2.5}$和O_3浓度具有十分重要的作用。VOCs监测是掌握VOCs排放及治理情况，全面加强VOCs污染防治工作的基础，地方各级环境保护部门要高度重视，组织精干力量，积极开展以排查筛选、日常检查、随机抽测为主要内容的VOCs监测工作，为实现2020年建立健全以改善环境空气质量为核心的VOCs污染防治管理体系夯实基础。

二、加强组织领导，全面推进VOCs监测

地方各级环境保护部门要落实环境质量属地管理的要求，履行监管职责，统筹规划，按照“谁污染、谁监测、谁治理”的原则，推进VOCs监测工作的开展。

（一）强化排污单位自行监测。排污单位要按照环境保护法的要求，落实主体

责任，将 VOCs 指标纳入自行监测方案，对污染物排放口及周边环境质量状况开展自行监测，并主动公开污染物排放、治污设施建设及运行情况等环境信息。

（二）加强工业园区监测监控。园区管理部门要对园区周界及内部 VOCs 开展监测，具备条件的园区要建设 VOCs 环境风险预警体系，及时了解园区周边的 VOCs 污染情况，建立环境风险预警和应急响应机制，建成“早发现、早报告、早预警”的预警体系。

（三）建立 VOCs 排污单位名录库。地方各级环境保护部门要根据本行政区域内 VOCs 排放源的种类、分布、产排污特点，筛查确定 VOCs 排污单位，作为日常监管和监测的重要依据。

VOCs 排污单位应覆盖石化、化工、工业涂装、包装印刷、电子信息、合成材料、纺织印染等行业。

（四）加强VOCs监测管理能力建设。地方各级环境保护部门要保障VOCs监测所需人员、工作经费和工作条件，省级监测部门要组织开展对市、县级VOCs监测人员的培训工作，强化人才队伍培养，切实提高VOCs监测管理水平。

三、开展 VOCs 专项检查监测

地方各级环境保护部门要按照抽查时间随机、抽查对象随机的原则，对 VOCs 排污单位污染物排放情况开展日常抽查，对照已出台的污染物排放标准开展检查监测。

（一）检查监测要求。重点检查排污单位自行监测开展情况、监测信息公开情况及 VOCs 达标排放情况。按照固定污染源废气挥发性有机物检查监测要点（详见附件 1）开展。监测技术要求可参照固定污染源废气挥发性有机物监测技术规定（试行）（详见附件 2）执行。

（二）时间要求。

1. 京津冀及周边地区、长三角地区、珠三角地区 2018 年 5 月 30 日前，完成 VOCs 排污单位筛查工作，形成 VOCs 排污单位名录，完成所有行业 VOCs 排污单位检查监测工作，并将检查监测情况报告报我部。

2018 年下半年起，将 VOCs 排污单位污染物排放检查监测工作纳入监测计划，按照抽查时间随机、抽查对象随机的原则开展检查监测，并于每季度第 1 个月 20

日前将检查监测报告报送中国环境监测总站。

2．其他地区

2018 年 5 月 30 日前，完成 VOCs 排污单位筛查工作，形成 VOCs 排污单位名录，完成对石化、化工行业的 VOCs 检查监测工作，并将检查监测情况报告报我部。

2018 年 11 月 30 日前，完成所有行业 VOCs 检查监测工作，并将检查监测情况报告报我部。

2019 年起，将 VOCs 排污单位污染物排放检查监测工作纳入监测计划，按照抽查时间随机、抽查对象随机的原则开展检查监测，并于每季度第 1 个月 20 日前将检查监测报告报送中国环境监测总站。

（三）数据管理要求。环境监测机构工作人员应当按照国家环境监测技术规范、方法和环境监测质量管理规定，采集、保存、运输、分析监测样品。现场采样时，环境监测机构工作人员应认真填写采样记录表、污染源和监测点位示意图等原始监测记录，并由被监测单位签字确认。环境监测机构应严格按照环境监测质量管理有关规范对监测数据执行三级审核制度，并对监测数据的真实性、准确性负责。

附件：1. 固定污染源废气挥发性有机物检查监测要点

2. 固定污染源废气挥发性有机物监测技术规定（试行）

环境保护部办公厅

2018 年 1 月 23 日

附件 1

固定污染源废气挥发性有机物检查监测要点

为掌握固定污染源废气挥发性有机物排放情况，指导地方做好对挥发性有机物重点排污单位的 VOCs 专项监测工作制定本要点。企业开展自行监测和自查可参照本要点。

一、检查要点

（一）企业自行监测开展情况

检查监测人员可通过查阅企业自行监测方案，污染防治设施运行台账，自行监测数据结果报告，实验室质控管理制度等，检查企业自行监测执行情况。重点检查企业自行监测方案是否完整，自行监测指标是否与方案一致。

（二）企业监测信息公开情况

检查监测人员可询问企业信息公开途径，并通过现场检查证实。重点检查公开信息是否完整，公开监测数据是否与实际数据一致。

（三）VOCs 污染因子达标情况

检查监测人员可在企业现场，选取多个主要 VOCs 污染源开展现场监测，监测因子主要包括非甲烷总烃、苯、甲苯、二甲苯、臭气浓度等 VOCs 特征污染物。重点检查企业主要 VOCs 污染源的达标排放情况。

二、监测要点

环保部门开展的 VOCs 专项检查监测，按照“双随机”原则，可随机抽取企业监测点位和监测项目开展监测。各行业不同点位的监测项目和监测依据等见附表。

附表

固定污染源废气挥发性有机物监测要点

序号	大行业	小行业/源	点位	监测项目	依据	属性	备注
1	火电及锅炉		储油罐周边及厂界	非甲烷总烃	HJ 820—2017	无组织排放	
2	钢铁	轧钢	涂层机组排气筒	苯、甲苯、二甲苯、非甲烷总烃	HJ 846—2017	有组织排放	

序号	大行业	小行业/源	点　位	监测项目	依 据	属性	备　注
2	钢铁	轧钢	涂层机组车间	苯、甲苯、二甲苯、非甲烷总烃	HJ 846—2017	无组织排放	
3	焦化		苯贮槽	苯、非甲烷总烃	GB 16171—2012	有组织排放	
	焦化		冷鼓、库区焦油各类贮槽排气筒	酚类、非甲烷总烃	GB 16171—2012	有组织排放	
	焦化		焦炉炉顶	苯可溶物	GB 16171—2012	无组织排放	
	焦化		厂界	苯、酚类	GB 16171—2012	无组织排放	
4	水泥	协同处置固体废物	水泥窑及窑尾余热利用系统排气筒	TOC	HJ 847—2017	有组织排放	国家标准监测方法发布前，以HJ/T 38进行监测
	水泥	协同处置固体废物	水泥窑（协同处置危险废物）旁路放风排气筒	TOC	HJ 847—2017	有组织排放	国家标准监测方法发布前，以HJ/T 38进行监测
	水泥	协同处置固体废物	固体废物贮存、预处理设施排气筒（协同处置非危险废物）	臭气浓度	HJ 847—2017	有组织排放	
	水泥	协同处置固体废物	固体废物贮存、预处理设施排气筒(协同处置危险废物)	臭气浓度、非甲烷总烃	HJ 847—2017	有组织排放	
	水泥	协同处置固体废物	厂界	臭气浓度	HJ 847—2017	无组织排放	协同处置非危险废物的水泥(熟料)制造排污单位
	水泥	协同处置固体废物	厂界	臭气浓度、非甲烷总烃	HJ 847—2017	无组织排放	协同处置危险废物的水泥(熟料)制造排污单位

序号	大行业	小行业/源	点　位	监测项目	依 据	属性	备　注
5	石化	石油炼制	重整催化剂再生烟气排气筒	非甲烷总烃	HJ 853—2017	有组织排放	
	石化	石油炼制	离子液法烷基化装置催化剂再生烟气排气筒	非甲烷总烃	HJ 853—2017	有组织排放	
	石化	石油炼制	废水处理有机废气收集处理装置排气筒	苯、甲苯、二甲苯、非甲烷总烃	HJ 853—2017	有组织排放	
	石化	石油炼制	有机废气回收处理装置入口及其排放口	非甲烷总烃	HJ 853—2017	有组织排放	
	石化	石油炼制	氧化沥青装置排气筒	沥青烟	HJ 853—2017	有组织排放	
	石化	石油炼制	厂界	苯、甲苯、二甲苯、非甲烷总烃、臭气浓度	HJ 853—2017	无组织排放	
	石化	石油炼制	泵、压缩机、阀门、开口阀或开口管线、气体/蒸气泄压设备、取样连接系统	挥发性有机物	HJ 853—2017	无组织排放	
	石化	石油炼制	法兰及其他连接件、其他密封设备	挥发性有机物	HJ 853—2017	无组织排放	
	石化	石油化工	废水处理有机废气收集处理装置排气筒	非甲烷总烃、废气有机特征污染物		有组织排放	废气有机特征污染物从 GB 31571 表 6 中选择
	石化	石油化工	含卤代烃有机废气排气筒	非甲烷总烃、废气有机特征污染物		有组织排放	废气有机特征污染物从 GB 31571 表 6 中选择

序号	大行业	小行业/源	点　位	监测项目	依 据	属性	备　注
5	石化	石油化工	其他有机废气排气筒	非甲烷总烃、废气有机特征污染物		有组织排放	废气有机特征污染物从 GB 31571 表 6 中选择
	石化		厂界	苯、甲苯、二甲苯、非甲烷总烃、臭气浓度	HJ 853—2017	无组织排放	
	石化	石油化工	泵、压缩机、阀门、开口阀或开口管线、气体/蒸气泄压设备、取样连接系统	挥发性有机物	HJ 853—2017	无组织排放	
	石化	石油化工	法兰及其他连接件、其他密封设备	挥发性有机物	HJ 853—2017	无组织排放	
	石化	合成树脂	生产设施车间排气筒	非甲烷总烃、废气挥发性有机物	GB 31572—2015	有组织排放	废气挥发性有机物按 GB 31572 表 4 执行
	石化	合成树脂	废水、废气焚烧设施排气筒	非甲烷总烃、废气挥发性有机物	GB 31572—2015	有组织排放	废气挥发性有机物按 GB 31572 表 4 执行
	石化	合成树脂	厂界	苯、甲苯、二甲苯、非甲烷总烃、臭气浓度	HJ 853—2017	无组织排放	
	石化	合成树脂	泵、压缩机、阀门、开口阀或开口管线、气体/蒸气泄压设备、取样连接系统	挥发性有机物	HJ 853—2017	无组织排放	
	石化	合成树脂	法兰及其他连接件、其他密封设备	挥发性有机物	HJ 853—2017	无组织排放	

序号	大行业	小行业/源	点　位	监测项目	依 据	属性	备　注
5	石化	聚氯乙烯	氯乙烯合成	氯乙烯、二氯乙烷、非甲烷总烃	GB 15581—2016	有组织排放	
	石化	聚氯乙烯	聚氯乙烯制备和干燥	氯乙烯、非甲烷总烃	GB 15581—2016	有组织排放	
	石化	聚氯乙烯	厂界	氯乙烯、二氯乙烷	GB 15581—2016	无组织排放	
6	电池	锂离子/锂电池	车间或生产设施排气筒	非甲烷总烃	GB 30484—2013	有组织排放	
	电池	锌锰/锌银/锌空气电池	车间或生产设施排气筒	沥青烟	GB 30484—2013	有组织排放	
	电池		厂界	沥青烟、非甲烷总烃	GB 30484—2013	无组织排放	
7	橡胶制品	轮胎企业及其他制品企业	胶浆制备、浸浆、胶浆喷涂和涂胶装置的车间或生产设施排气筒	甲苯及二甲苯合计、非甲烷总烃	GB 27632—2011	有组织排放	
	橡胶制品	轮胎企业及其他制品企业	炼胶、硫化装置的车间或生产设施排气筒	非甲烷总烃	GB 27632—2011	有组织排放	
	橡胶制品		厂界	甲苯、二甲苯、非甲烷总烃	GB 27632—2011	无组织排放	
8	铝工业	铝用碳素厂	阳极焙烧炉车间或生产设施排气筒	沥青烟	GB 25465—2010	有组织排放	
	铝工业	铝用碳素厂	阴极焙烧炉车间或生产设施排气筒	沥青烟	GB 25465—2010	有组织排放	
	铝工业	铝用碳素厂	沥青熔化车间或生产设施排气筒	沥青烟	GB 25465—2010	有组织排放	
	铝工业	铝用碳素厂	生阳极制造（混捏成型系统）车间或生产设施排气筒	沥青烟	GB 25465—2010	有组织排放	

序号	大行业	小行业/源	点位	监测项目	依据	属性	备注
9	合成革与人造革	聚氯乙烯工艺	车间或生产设施排气筒	苯、甲苯、二甲苯、VOCs	GB 21902—2008	有组织排放	VOCs 监测执行 GB 21902—2008 附录 C
	合成革与人造革	聚氨酯湿法工艺	车间或生产设施排气筒	DMF	GB 21902—2008	有组织排放	VOCs 监测执行 GB 21902—2008 附录 C
	合成革与人造革	聚氨酯干法工艺	车间或生产设施排气筒	DMF、苯、甲苯、二甲苯、VOCs	GB 21902—2008	有组织排放	VOCs 监测执行 GB 21902—2008 附录 C
	合成革与人造革	后处理工艺	车间或生产设施排气筒	苯、甲苯、二甲苯、VOCs	GB 21902—2008	有组织排放	VOCs 监测执行 GB 21902—2008 附录 C
	合成革与人造革	其他	车间或生产设施排气筒	苯、甲苯、二甲苯、VOCs	GB 21902—2008	有组织排放	VOCs 监测执行 GB 21902—2008 附录 C
	合成革与人造革		厂界	DMF、苯、甲苯、二甲苯、VOCs	GB 21902—2008	无组织排放	VOCs 监测执行 GB 21902—2008 附录 C
10	工业炉窑		沥青加热炉排气筒	沥青烟	GB 9078—1996	有组织排放	
11	排放恶臭气体单位及垃圾堆场		车间或生产设施排气筒	臭气浓度、三甲胺、甲硫醇、甲硫醚、二甲二硫醚、二硫化碳、苯乙烯	GB 14554—1993	有组织排放	除臭气浓度外，其他项目均控制排放速率，无排放浓度控制
	排放恶臭气体单位及垃圾堆场		厂界	臭气浓度、三甲胺、甲硫醇、甲硫醚、二甲二硫、二硫化碳、苯乙烯	GB 14554—1993	无组织排放	
12	执行 GB 16297—1996 的排污企业		车间或生产设施排气筒	苯、甲苯、二甲苯、酚类、甲醛、乙醛、丙烯腈、丙烯醛、甲醇、苯胺类、氯苯类、硝基苯类、氯乙烯、沥青烟、非甲烷总烃	GB 16297—1996	有组织排放	吹制沥青、熔炼、浸涂、建筑搅拌企业需监测沥青烟；使用溶剂汽油或其他混合烃类物质的企业需监测非甲烷总烃

序号	大行业	小行业/源	点 位	监测项目	依 据	属性	备 注
12	执行 GB 16297—1996 的排污企业		周界外	苯、甲苯、二甲苯、酚类、甲醛、乙醛、丙烯腈、丙烯醛、甲醇、苯胺类、氯苯类、硝基苯类、氯乙烯、沥青烟、非甲烷总烃	GB 16297—1996	无组织排放	吹制沥青、熔炼、浸涂、建筑搅拌企业需监测沥青烟；使用溶剂汽油或其他混合烃类物质的企业需监测非甲烷总烃
13	制糖	装卸料、转运、破碎、蔗渣堆场、滤泥堆场	厂界	臭气浓度	HJ 860.1—2017	无组织排放	
	制糖	有生化污水处理工序	厂界	臭气浓度	HJ 860.1—2017	无组织排放	
14	纺织印染	印花机	印花机排气筒或车间废气处理设施排放口	甲苯、二甲苯、非甲烷总烃	HJ 861—2017	有组织排放	
	纺织印染	定型机	定型机排气筒或车间废气处理设施排放口	非甲烷总烃	HJ 861—2017	有组织排放	
	纺织印染	涂层机	涂层机排气筒或车间废气处理设施排放口	甲苯、二甲苯、非甲烷总烃	HJ 861—2017	有组织排放	
	纺织印染	印染工业排污单位	厂界	非甲烷总烃、臭气浓度[a]	HJ 861—2017	无组织排放	a 含污水处理设施的排污单位监测该污染物项目
	纺织印染	毛纺、麻纺、缫丝排污单位	厂界	臭气浓度	HJ 861—2017	无组织排放	
	纺织印染	织造、成衣水洗排污单位	厂界	臭气浓度[a]	HJ 861—2017	无组织排放	a 含污水处理设施的排污单位监测该污染物项目

序号	大行业	小行业/源	点 位	监测项目	依 据	属性	备 注
15	氮肥	固定床常压煤气化工艺-原料气制备	造气废水沉淀池废气收集处理设施排气筒	臭气浓度、酚类、非甲烷总烃	HJ 864.1—2017	有组织排放	
	氮肥	固定床常压煤气化工艺-原料气制备	造气炉放空管	非甲烷总烃	HJ 864.1—2017	有组织排放	
	氮肥	固定床常压煤气化工艺-原料气净化	脱硫再生槽废气排放口	臭气浓度、非甲烷总烃	HJ 864.1—2017	有组织排放	
	氮肥	固定床常压煤气化工艺-原料气净化	脱碳气提塔排气筒	臭气浓度、非甲烷总烃	HJ 864.1—2017	有组织排放	
	氮肥	固定床常压煤气化工艺-原料气净化	硫回收熔硫釜废气排放口	臭气浓度	HJ 864.1—2017	有组织排放	
	氮肥	干煤粉气流床气化工艺-原料气制备	煤粉输送及加压进料系统粉煤仓排气筒	甲醇	HJ 864.1—2017	有组织排放	干煤粉气流床气化工艺煤粉输送载气采用来自低温甲醇洗工段的二氧化碳时，应监测甲醇
	氮肥	干煤粉气流床气化工艺-原料气净化	煤粉输送及加压进料系统粉煤仓排气筒	甲醇	HJ 864.1—2017	有组织排放	
	氮肥	水煤浆气流床气化工艺-原料气净化	低温甲醇洗尾气洗涤塔排气筒	甲醇	HJ 864.1—2017	有组织排放	
	氮肥	碎煤固定床加压气化工艺-原料气净化	低温甲醇洗尾气处理设施排气筒	甲醇、非甲烷总烃	HJ 864.1—2017	有组织排放	

序号	大行业	小行业/源	点　位	监测项目	依 据	属性	备　注
15	氮肥	以焦炉气为原料-部分转化法-原料气制备	脱硫再生槽废气排放口	臭气浓度	HJ 864.1—2017	有组织排放	
	氮肥	以油为原料-重油部分氧化法-原料气净化	低温甲醇洗尾气洗涤塔排气筒	甲醇	HJ 864.1—2017	有组织排放	
	氮肥	尿素	造粒塔或造粒机排气筒	臭气浓度、甲醛	HJ 864.1—2017	有组织排放	
	氮肥	硝酸铵	造粒塔排气筒	臭气浓度	HJ 864.1—2017	有组织排放	
	氮肥	公用工程	污水处理场废气收集处理设施排气筒（以煤或油为原料）	臭气浓度、酚类、非甲烷总烃	HJ 864.1—2017	有组织排放	采用固定床煤气化工艺时，污水处理场废气收集处理设施排放气应监测酚类、非甲烷总烃
	氮肥		厂界	臭气浓度、酚类、非甲烷总烃、甲醇	HJ 864.1—2017	无组织排放	副产甲醇或采用低温甲醇洗工艺的排污单位应监测甲醇；采用固定床煤气化工艺的排污单位应监测酚类
	氮肥	固定床常压煤气化工艺气	造气工段余热回收后煤气、变换工段前半水煤气	酚类、非甲烷总烃	HJ 864.1—2017	有组织排放	

序号	大行业	小行业/源	点 位	监测项目	依 据	属性	备 注
16	农药	工艺废气排气筒	燃烧法废气处理设施排气筒	挥发性有机物	HJ 862—2017	有组织排放	
	农药	工艺废气排气筒	燃烧法和非燃烧法废气处理设施排气筒	苯、甲苯、二甲苯、酚类、甲醛、乙醛、丙烯腈、丙烯醛、甲醇、苯胺类、氯苯类、硝基苯类、氯乙烯、三甲胺、二硫化碳、苯乙烯、甲硫醇、甲硫醚、二甲二硫醚	HJ 862—2017	有组织排放	根据许可的污染物种类确定具体监测指标
	农药	发酵废气排气筒	燃烧法废气处理设施排气筒	臭气浓度、挥发性有机物	HJ 862—2017	有组织排放	
	农药	发酵废气排气筒	非燃烧法废气处理设施排气筒	臭气浓度	HJ 862—2017	有组织排放	
	农药	发酵废气排气筒	燃烧法和非燃烧法废气处理设施排气筒	苯、甲苯、二甲苯、酚类、甲醛、乙醛、丙烯腈、丙烯醛、甲醇、苯胺类、氯苯类、硝基苯类、氯乙烯、三甲胺、二硫化碳、苯乙烯、甲硫醇、甲硫醚、二甲二硫醚	HJ 862—2017	有组织排放	根据许可的污染物种类确定具体监测指标
	农药		制剂加工废气排气筒	挥发性有机物	HJ 862—2017	有组织排放	

序号	大行业	小行业/源	点位	监测项目	依据	属性	备注
16	农药		罐区废气排气筒	挥发性有机物、苯、甲苯、二甲苯、酚类、甲醛、乙醛、丙烯腈、丙烯醛、甲醇、苯胺类、氯苯类、硝基苯类、氯乙烯、三甲胺、二硫化碳、苯乙烯、甲硫醇、甲硫醚、二甲二硫醚	HJ 862—2017	有组织排放	根据许可的污染物种类确定具体监测指标
	农药		废水处理站废气排气筒	臭气浓度、挥发性有机物、苯、甲苯、二甲苯、酚类、甲醛、乙醛、丙烯腈、丙烯醛、甲醇、苯胺类、氯苯类、硝基苯类、氯乙烯、三甲胺、二硫化碳、苯乙烯、甲硫醇、甲硫醚、二甲二硫醚	HJ 862—2017	有组织排放	根据许可的污染物种类确定具体监测指标
	农药		危废暂存废气排气筒	臭气浓度、挥发性有机物、苯、甲苯、二甲苯、酚类、甲醛、乙醛、丙烯腈、丙烯醛、甲醇、苯胺类、氯苯类、硝基苯类、氯乙烯、三甲胺、二硫化碳、苯乙烯、甲硫醇、甲硫醚、二甲二硫醚	HJ 862—2017	有组织排放	根据许可的污染物种类确定具体监测指标

序号	大行业	小行业/源	点　位	监测项目	依 据	属性	备　注
16	农药		厂界	臭气浓度、挥发性有机物、苯、甲苯、二甲苯、酚类、甲醛、乙醛、丙烯腈、丙烯醛、甲醇、苯胺类、氯苯类、硝基苯类、氯乙烯、三甲胺、二硫化碳、苯乙烯、甲硫醇、甲硫醚、二甲二硫醚	HJ 862—2017	无组织排放	根据许可的污染物种类确定具体监测指标
17	制药	原料药制造	发酵废气排气筒	臭气浓度、挥发性有机物、特征污染物（属挥发性有机物的具体污染物）	HJ 858.1—2017	有组织排放	特征污染物见GB 16297所列污染物，属GB 14554所列恶臭项目执行许可排放速率
	制药	原料药制造	工艺有机废气排气筒	挥发性有机物、特征污染物（属挥发性有机物的具体污染物）	HJ 858.1—2017	有组织排放	特征污染物见GB 16297所列污染物，属GB 14554所列恶臭项目执行许可排放速率
	制药	原料药制造	废水处理站废气排气筒	臭气浓度、挥发性有机物、特征污染物（属挥发性有机物的具体污染物）	HJ 858.1—2017	有组织排放	特征污染物见GB 16297所列污染物，属GB 14554所列恶臭项目执行许可排放速率

序号	大行业	小行业/源	点　位	监测项目	依　据	属性	备　注
17	制药	原料药制造	罐区废气排气筒	挥发性有机物、特征污染物（属挥发性有机物的具体污染物）	HJ 858.1—2017	有组织排放	特征污染物见 GB 16297 所列污染物，属 GB 14554 所列恶臭项目执行许可排放速率
	制药	原料药制造	工艺酸碱废气排气筒	特征污染物（属挥发性有机物的具体污染物）	HJ 858.1—2017	有组织排放	特征污染物见 GB 16297 所列污染物，属 GB 14554 所列恶臭项目执行许可排放速率
	制药	原料药制造	危废暂存废气排气筒	臭气浓度、挥发性有机物、特征污染物（属挥发性有机物的具体污染物）	HJ 858.1—2017	有组织排放	特征污染物见 GB 16297 所列污染物，属 GB 14554 所列恶臭项目执行许可排放速率
	制药	原料药制造	厂界	臭气浓度、挥发性有机物、特征污染物（属挥发性有机物的具体污染物）	HJ 858.1—2017	无组织排放	使用非甲烷总烃作为企业边界挥发性有机物排放的综合控制指标，待 TOC 或 NMOC 监测方法颁布后从其规定。特征污染物见 GB 16297、GB 14554 所列污染物，根据环境影响评价文件及其批复等相关环境管理规定，确定具体污染物项目，待《制药工业大气污染物排放标准》发布后，从其规定。地方排放标准中有要求的，从严规定

附件 2

固定污染源废气挥发性有机物监测技术规定（试行）

1 适用范围

本规定规范了固定污染源废气中挥发性有机物监测过程中的项目分析方法选择、安全防护、样品运输与保存、结果计算与表示、质量保证和质量控制要求等技术内容。

本规定适用于各级环境监测站及其他环境监测机构对固定污染源有组织或无组织排放挥发性有机物的监督监测。

本规定不适用于泄漏和敞开液面排放挥发性有机物的监测。

待固定污染源废气挥发性有机物监测技术国家标准出台后，本规定废止，按照标准执行。

2 规范性引用文件

下列文件对于本文件的应用是必不可少的。凡是注日期的引用文件，仅所注日期的版本适用于本文件。凡是不注日期的引用文件，其最新版本（包括所有的修改单）适用于本文件。

GB 3836.1　爆炸性气体环境用电气设备系列标准

GB/T 8170　数值修约规则与极限数值的表示和判定

GB/T 14676　空气质量　三甲胺的测定　气相色谱法

GB/T 14678　空气质量　硫化氢、甲硫醇、甲硫醚和二甲二硫的测定　气相色谱法

GB/T 15516　空气质量　甲醛的测定　乙酰丙酮分光光度法

GB/T 16157　固定污染源排气中颗粒物测定与气态污染物采样方法

HJ 583　环境空气　苯系物的测定　固体吸附/热脱附-气相色谱法

HJ 584　环境空气　苯系物的测定　活性炭吸附/二硫化碳解吸-气相色谱法

HJ 604　环境空气　总烃的测定-气相色谱法

HJ 638　环境空气　酚类化合物的测定　高效液相色谱法

HJ 644 环境空气 挥发性有机物的测定 吸附管采样-热脱附/气相色谱-质谱法

HJ 645 环境空气 挥发性卤代烃的测定 活性炭吸附-二硫化碳解吸/气相色谱法

HJ 683 空气 醛、酮类化合物的测定 高效液相色谱法

HJ 732 固定污染源废气 挥发性有机物的采样 气袋法

HJ 734 固定污染源废气 挥发性有机物的测定 固定相吸附-热脱附/气相色谱-质谱法

HJ 759 环境空气 挥发性有机物的测定 罐采样/气相色谱-质谱法

HJ/T 32 固定污染源排气中酚类化合物的测定 4-氨基安替比林分光光度法

HJ/T 33 固定污染源排气中甲醇的测定 气相色谱法

HJ/T 34 固定污染源排气中氯乙烯的测定 气相色谱法

HJ/T 35 固定污染源排气中乙醛的测定 气相色谱法

HJ/T 36 固定污染源排气中丙烯醛的测定 气相色谱法

HJ/T 37 固定污染源排气中丙烯腈的测定 气相色谱法

HJ/T 38 固定污染源排气中非甲烷总烃的测定 气相色谱法

HJ/T 39 固定污染源排气中氯苯类的测定 气相色谱法

HJ/T 55 大气污染物无组织排放监测技术导则

HJ/T 373 固定污染源监测质量保证与质量控制技术规范（试行）

HJ/T 397 固定源废气监测技术规范

3 术语和定义

下列术语和定义适用于本文件。

3.1 非甲烷总烃 Non-methane Hydrocarbons

在选用检测方法规定的条件下，对氢火焰离子化检测器有明显响应的除甲烷外的碳氢化合物及其衍生物的总和（以碳计）。

3.2 标准状态 Standard state

指温度为 273 K，压力为 101325 Pa 时的状态，简称“标态”，本标准规定的大气污染物排放浓度均指标准状态下干烟气中的浓度。

4 分析方法选择

挥发性有机物测定项目的分析方法选择次序及原则如下：

——标准方法：按环境质量标准或污染物排放标准中选配的分析方法、新发布的国家标准、行业标准或地方标准方法。国家或地方再行发布的分析方法同等选用。

——其他方法：经证实或确认后，检测机构等同采用由国际标准化组织（简称ISO）或其他国家环保行业规定或推荐的标准方法。

挥发性有机物测定方法可参见附录1，监测流程可参见附录2。

5 采样技术要求

5.1 有组织排放

5.1.1 采样点位布设

5.1.1.1 有组织废气排放源的采样点位布设，符合 GB/T 16157 和 HJ/T 397 的规定。应取靠近排气筒中心作为采样点，采样管线应为不锈钢、石英玻璃、聚四氟乙烯等低吸附材料，并尽可能短。

5.1.1.2 当对固定污染源挥发性有机物废气排放进行监督性监测时，应优先选择排放浓度高、废气排放量大的排放口及其排放时段进行监测。

5.1.2 采样口及采样平台

有组织废气排气筒的采样口（监测孔）和采样平台设置应符合 GB/T 16157、HJ 397 的规定要求。

5.1.3 采样频次及时段

5.1.3.1 连续有组织排放源，其排放时间大于 1 小时的，应在生产工况、排放状况比较稳定的情况下进行采样，连续采样时间不少于 20 分钟，气袋采气量应不小于 10 升；或 1 小时内以等时间间隔采集 3～4 个样品，其测试平均值作为小时浓度。

5.1.3.2 间歇有组织排放源，其排放时间小于 1 小时的，应在排放时间段内恒流采样；当排放时间不足 20 分钟时，采样时间与间歇生产启停时间相同，可增加采样流量或连续采集 2～4 个排放过程，采气量不小于 10 升；或在排放时段内采集 3～4 个样品，计算其平均值作为小时浓度。

5.1.3.3 采样时应核查并记录工况。对于储罐类排放采样，应在其加注、输送操作时段内时采样；在测试挥发性有机物处理效率时，应避免在装置或设备启动等不稳定工况条件下采样。

5.1.3.4 当对污染事故排放进行监测时，应按需要设置采样频次及时段，不受上述要求限制。

5.1.4 采样器具

5.1.4.1 使用气袋采样应按照 HJ 732 中的技术规定执行。

5.1.4.2 使用吸附管采样应按照测定方法标准规定的采样方法执行，并符合 HJ/T 397 中的质量控制要求。

5.1.4.3 使用采样罐、真空瓶或注射器采样时，应按照测定方法规定的采样方法执行，并符合 HJ/T 397 中对真空瓶或注射器采样的质量控制要求。

5.1.4.4 采样枪、过滤器、采样管、气袋、采样罐和注射器等可重复利用器材，在使用后应尽快充分净化，先用空气吹扫 2～3 次，再用高纯氮气吹扫 2～3 次，经净化后的采样管、气袋、采样罐和注射器等器具应保存在密封袋或箱内避免污染。在使用前抽检 10%的气袋、采样罐等可重复利用器材，其待测组分含量应不大于分析方法测定下限，抽检合格方可使用。

5.1.5 样气采集

5.1.5.1 若排放废气温度与车间或环境温度差不超过 10℃，为常温排放，采样枪可不用加热；否则为非常温排放，为防止高沸点有机物在采样枪内凝结，采样枪需加热（有防爆安全要求除外），采样枪前端的颗粒物过滤器应为陶瓷或不锈钢材质等低挥发性有机物吸附材料，过滤器、采样枪、采样管线加热温度应比废气温度高 10℃，但最高不超过 120℃。

5.1.5.2 使用气袋法采样操作应按照 HJ 732 中的规定执行，采集样气量应不大于气袋容量的 80%。使用气袋在高温、高湿、高浓度排放口采集样品时，为减少挥发性有机物在气袋内凝结、吸附对测试结果的影响，分析测试前应将样品气袋避光加热并保持 5 分钟，待样品混合均匀后再快速取样分析，气袋加热温度应比废气排放温度或露点温度高 10℃，但最高不超过 120℃。分析方法或标准中另有规定的按相关要求执行。

5.1.5.3 当废气中湿度较大时，应按 GB/T 16157 中要求执行，在采样枪后增加一个脱水装置，然后连接采样袋，脱水装置中的冷凝水应与样品气同步分析，冷凝水中的有机物含量可作为修正值计入样品中，以减少水气对测定值干扰所产生的误差。

5.1.5.4 排气筒中挥发性有机物质量浓度较高时，应优先用仪器在现场直接测试，使用吸附管采样时可适当减少吸附管的采样流量和采样时间，控制好采样体积，第二级吸附管吸附率应小于总吸附率的 10%，否则应重新采样。

5.1.5.5 特征有机污染物的采样方法、采气量应按照其标准方法的规定执行，方法中未明确规定的，验证后可用气袋、吸附管等采样后分析，验证方法按 HJ 732 中的规定执行。

5.2 无组织排放

5.2.1 采样点位布设

5.2.1.1 厂界无组织排放监控点的数目和设置，按 HJ/T 55 执行。相关排放标准中有规定的，按标准中规定执行。

5.2.1.2 排放挥发性有机物的生产工序或设施在带有集气系统的密闭工作间内完成，无组织排放监控点设置在密闭工作间（厂界）外 1 米，不低于 1.5 米高度处，监控点的数量不少于 3 个，并选取浓度最大值。

5.2.1.3 排放挥发性有机物的生产工序或设施未在密闭工作间内完成，无组织排放监控点设置在生产设备外 1 米，不低于 1.5 米高度处，监控点的数量不少于 3 个，并选取浓度最大值。

5.2.1.4 如有防爆等安全要求的，可参照以上原则选点，与生产设备的距离不受以上限制。

5.2.2 采样频次及时段

5.2.2.1 对无组织排放的采样，应优先使用内壁经惰性化处理的采样罐，采样罐的清洗和采样、真空度检查、流量控制器安装与气密性检查应按照 HJ 759 中的规定执行。

5.2.2.2 连续无组织排放源，其排放时间大于 1 小时的，应在生产工况、排放状况比较稳定的情况下，使用采样罐或气袋采样时，应恒流采样 20 分钟以上，气袋采气量应不小于 10 升；或者在 1 小时内以等时间间隔采集 3～4 个样品，其平均值作为小时平均浓度。

5.2.2.3 间歇无组织排放源，应在排放时间段内恒流采样，连续采集 2～4 个间歇生产过程，恒流采样，累积样品采气量不小于 10 升；或在排放时段内采集 3～

4 个样品，计算其平均值作为小时浓度。

5.2.2.4 使用吸附管采集低浓度挥发性有机物时，采样体积应不低于相关标准中方法检出限的采样体积。

6 安全防护要求

6.1 在挥发性有机物监测点位周边环境中可能存在爆炸性或有毒有害有机气体，现场监测或采样方法及设备的选用，应以安全为第一原则。

6.1.1 采样或监测现场区域为非危险场所，宜优先选择现场监测方法。

6.1.2 采样或监测现场区域为有防爆保护安全要求的危险场所，根据危险场所分类选择现场采样、监测用电气设备的类型，选用防爆电气设备的级别和组别应按照 GB 3836.1 中的规定执行；若不具备现场测试条件的，现场采样后送回实验室分析。

6.1.3 采样或监测现场区域的危险分类或防爆保护要求未明确的，应按照 GB 3836.1 中的规定尽量使用本质安全型（ia 类或 ib 类）监测设备开展采样或监测工作。

6.2 污染源单位应向现场监测或采样人员详细说明处理设施及采样点位附近所有可能的安全生产问题，必要时应进行现场安全生产培训。

6.3 现场监测或采样时应严格执行现场作业的有关安全生产规定，若监测点位区域为有防爆要求的危险场所，污染源企业应为监测人员提供相关报警仪，并安排安全员负责现场指导安全工作，确保采样操作和仪器使用符合相关安全要求。

6.4 采样或监测人员应正确使用各类个人劳动保护用品，做好安全防护工作。尽量在监测点位或采样口的上风向进行采样或监测。

7 样品运输和保存

7.1 现场采样样品必须逐件与样品登记表、样品标签和采样记录进行核对，核对无误后分类装箱。运输过程中严防样品的损失、受热、混淆和沾污。

7.2 用气袋法采集好的样品，应低温或常温避光保存。样品应尽快送到实验室，样品分析应在采样后 8 个小时内完成。

7.3 用吸附管采样后，立即用密封帽将采样管两端密封，4℃避光保存，7 日内分析。

7.4 用采样罐采集的样品，在常温下保存，采样后尽快分析，20 天内分析完毕。

7.5 用注射器采集的样品，立即用内衬聚四氟乙烯的橡皮帽密封，避光保存，应在当天完成分析测试。

7.6 冷链运输的样品应在实验室内恢复至常温或加热后再进行测定。

8 结果计算与表示

8.1 挥发性有机物污染物的排放浓度应折算为干基标准状态，有关计算按照相关标准的规定执行。

8.2 结果的计算与报出数据的有效数字按GB/T 8170及相关标准的规定执行。

8.3 挥发性有机物污染物排放浓度应按照污染物排放标准中的浓度限值计算基准进行换算。

8.4 非甲烷总烃或总烃的浓度计算基准有以碳计、以甲烷计或以丙烷计等，以甲烷计浓度换算为以碳计的计算示例及公式如下：

$$\rho_c = \gamma_{CH_4}\rho_{CH_4} \tag{1}$$

$$\rho_c = \gamma_{C_3H_8}\rho_{C_3H_8} \tag{2}$$

式中：ρ_c——以碳计的污染物浓度，mg/m^3；

γ_{CH_4}——以甲烷计转换为以碳计的换算系数；

$\gamma_{C_3H_8}$——以丙烷计转换为以碳计的换算系数；

ρ_{CH_4}——以甲烷计的污染物浓度，mg/m^3；

$\rho_{C_3H_8}$——以丙烷计的污染物浓度，mg/m^3。

$$\gamma_{CH_4} = \frac{M_c}{M_{CH_4}} \tag{3}$$

$$\gamma_{C_3H_8} = \frac{M_c}{M_{C_3H_8}} \tag{4}$$

式中：M_c——碳的分子量

M_{CH_4}——甲烷的分子量

$M_{C_3H_8}$——丙烷的分子量

以甲烷计或以丙烷计浓度换算为以碳计浓度的换算系数表见表 1。换算系数保留 3 位有效数字。

表 1　换算系数表

名称	以碳计	以甲烷计	以丙烷计
分子量	12.01	16.043	44.096
换算系数 γ	1.00	0.749	0.272

9　质量保证与质量控制

9.1　固定污染源挥发性有机物的采样、监测流程见附录 2。挥发性有机物监测的质量保证与质量控制应按照 HJ/T 373、HJ/T 397 及其他相关标准规定执行。

9.2　采样前应严格检查采样系统的密封性，泄漏检查方法和标准按照 HJ 732 要求执行，或者系统漏气量不大于 600 mL/2 min，则视为采样系统不漏气。

9.3　现场监测时，应对仪器校准情况进行记录。

9.4　采样前应对采样流量计进行校验，其相对误差应不大于 5%；采样流量波动应不大于 10%。

9.5　使用吸附管采样时，可用快速检测仪等方法预估样品浓度，估算并控制好采样体积，第二级吸附管目标化合物的吸附率应小于总吸附率的 10%，否则应重新采样。方法标准中另有规定的按相关要求执行。

9.6　每批样品均需建立标准或工作曲线，标准或工作曲线的相关系数应大于 0.995，校准曲线应选择 3～5 个点（不包括空白）。每 24 h 分析一次校准曲线中间浓度点或者次高点，其测定结果与初始浓度值相对偏差应小于等于 30%，否则应查找原因或重新绘制标准曲线。

9.7　测定挥发性有机物的特征污染物时，每 10 个样品或每批次（少于 10 个样品）至少分析一个平行样品，平行样品的相对偏差应小于 30%，分析方法另有规定的按相关要求执行。

9.8　每批样品至少有一个全程序空白样品，其平均浓度应小于样品浓度的 10%，否则应重新采样；每批样品分析前至少分析一次实验室空白，空白分析结果应小于方法检出限。分析方法另有规定的按相关要求执行。

9.9　送实验室的样品应及时分析，应在规定的期限内完成；留样样品应按测定项目标准监测方法规定的要求保存。

附录 1：固定污染源废气　挥发性污染物的分析方法

排放类型	污染物	标准名称	标准号
有组织	非甲烷总烃或总烃	固定污染源废气　挥发性有机物的采样　气袋法	HJ 732
		固定污染源排气中非甲烷总烃的测定　气相色谱法	HJ/T 38
	苯	固定污染源废气　挥发性有机物的测定　固相吸附-热脱附/气相色谱-质谱法	HJ 734
		固定污染源废气　挥发性有机物的采样　气袋法	HJ 732
	甲苯	固定污染源废气　挥发性有机物的测定　固相吸附-热脱附/气相色谱-质谱法	HJ 734
		固定污染源废气　挥发性有机物的采样　气袋法	HJ 732
	二甲苯	固定污染源废气　挥发性有机物的测定　固相吸附-热脱附/气相色谱-质谱法（验证后使用）	HJ 734
		固定污染源废气　挥发性有机物的采样　气袋法	HJ 732
	酚类	固定污染源排气中酚类化合物的测定　4-氨基安替比林分光光度法	HJ/T 32
	TOC	固定污染源排气中非甲烷总烃的测定　气相色谱法	参照 HJ/T 38，待 TOC 监测标准发布后执行
	臭气浓度	空气质量　恶臭的测定　三点比较式　臭袋法	GB/T 14675，参照（GB 14554）
	三甲胺	空气质量　三甲胺的测定　气相色谱法	GB/T 14676，参照（GB 14554）
	甲硫醇	空气质量　硫化氢、甲硫醇、甲硫醚、二甲二硫的测定　气相色谱法	GB/T 14678，参照（GB 14554）
	甲硫醚	空气质量　硫化氢、甲硫醇、甲硫醚、二甲二硫的测定　气相色谱法	GB/T 14678，参照（GB 14554）
	二甲二硫醚	空气质量　硫化氢、甲硫醇、甲硫醚、二甲二硫的测定　气相色谱法	GB/T 14678，参照（GB 14554）
	二硫化碳	空气质量　二硫化碳的测定　二乙胺分光光度法	GB/T 14680，参照（GB 14554）
	苯乙烯	空气质量　甲苯、二甲苯、苯乙烯的测定　气相色谱法	GB/T 14677，参照（GB 14554）
	氯乙烯	固定污染源排气中氯乙烯的测定　气相色谱法	HJ/T 34

排放类型	污染物	标准名称	标准号
有组织	二甲基甲酰胺（DMF）	环境空气和废气　酰胺类化合物的测定　液相色谱法	HJ 801—2016
	乙醛	固定污染源排气中乙醛的测定　气相色谱法	HJ/T 35
	丙烯腈	固定污染源排气中丙烯腈的测定　气相色谱法	HJ/T 37
	丙烯醛	固定污染源排气中丙烯醛的测定　气相色谱法	HJ/T 36
	甲醇	固定污染源排气中甲醇的测定　气相色谱法	HJ/T 33
	氯苯类	固定污染源排气中氯苯类的测定　气相色谱法	HJ/T 39
	其他	实验室内方法验证后使用	—
无组织	非甲烷总烃或总烃	固定污染源废气　挥发性有机物的采样　气袋法	HJ 732
		固定污染源排气中非甲烷总烃的测定　气相色谱法	HJ/T 38
		环境空气　总烃的测定　气相色谱法	HJ 604
	苯系物（苯、甲苯、二甲苯等）	环境空气　苯系物的测定　活性炭吸附/二硫化碳解吸-气相色谱法	HJ 584
		环境空气　苯系物的测定　固体吸附/热脱附-气相色谱法	HJ 583
		环境空气　挥发性有机物的测定　吸附管采样-热脱附/气相色谱-质谱法	HJ 644
	酚类化合物	环境空气　酚类化合物的测定　高效液相色谱法	HJ 638
	臭气浓度	空气质量　恶臭的测定　三点比较式　臭袋法	GB/T 14675
	氯乙烯	环境空气　挥发性有机物的测定罐采样/气相色谱-质谱法	HJ 759
		环境空气　挥发性卤代烃的测定　活性炭吸附-二硫化碳解吸/气相色谱法	HJ 645
		环境空气　挥发性有机物的测定　吸附管采样-热脱附/气相色谱-质谱法	HJ 644
	二氯乙烷	环境空气　挥发性有机物的测定罐采样/气相色谱-质谱法	HJ 759
		环境空气　挥发性卤代烃的测定　活性炭吸附-二硫化碳解吸/气相色谱法	HJ 645
		环境空气　挥发性有机物的测定　吸附管采样-热脱附/气相色谱-质谱法	HJ 644
	二甲基甲酰胺（DMF）	环境空气和废气　酰胺类化合物的测定　液相色谱法	HJ 801—2016
	二硫化碳	环境空气　挥发性有机物的测定罐采样/气相色谱-质谱法	HJ 759

排放类型	污染物	标准名称	标准号
无组织	苯乙烯	环境空气　挥发性有机物的测定　罐采样/气相色谱-质谱法	HJ 759
		环境空气　挥发性有机物的测定　吸附管采样-热脱附/气相色谱-质谱法	HJ 644
	甲醛	环境空气　醛、酮类化合物的测定　高效液相色谱法	HJ 683
	乙醛	环境空气　醛、酮类化合物的测定　高效液相色谱法	HJ 683
	丙烯醛	环境空气　挥发性有机物的测定罐采样/气相色谱-质谱法	HJ 759
		环境空气　醛、酮类化合物的测定　高效液相色谱法	HJ 683
	氯苯类	环境空气　挥发性有机物的测定　罐采样/气相色谱-质谱法	HJ 759
		环境空气　挥发性卤代烃的测定　活性炭吸附-二硫化碳解吸/气相色谱法	HJ 645
		环境空气　挥发性有机物的测定　吸附管采样-热脱附/气相色谱-质谱法	HJ 644
	硝基苯类	环境空气　硝基苯类化合物的测定　气相色谱法	HJ 738
		环境空气　硝基苯类化合物的测定　气相色谱-质谱法	HJ 739
	苯胺类	空气质量　苯胺类的测定　盐酸萘乙二胺分光光度法	GB/T 15502—1995
	醛、酮类化合物	空气　醛、酮类化合物的测定　高效液相色谱法	HJ 683
	甲硫醇、甲硫醚和二甲二硫醚	空气质量　硫化氢、甲硫醇、甲硫醚和二甲二硫的测定　气相色谱法	GB/T 14678
	三甲胺	空气质量　三甲胺的测定　气相色谱法	GB/T 14676
	其他	实验室内方法验证后使用	
本规定实施之日后，国家或地方再行发布的适用的空气和废气有机污染物分析方法同等选用。			

附录 2：固定污染源废气挥发性有机物的监测流程图

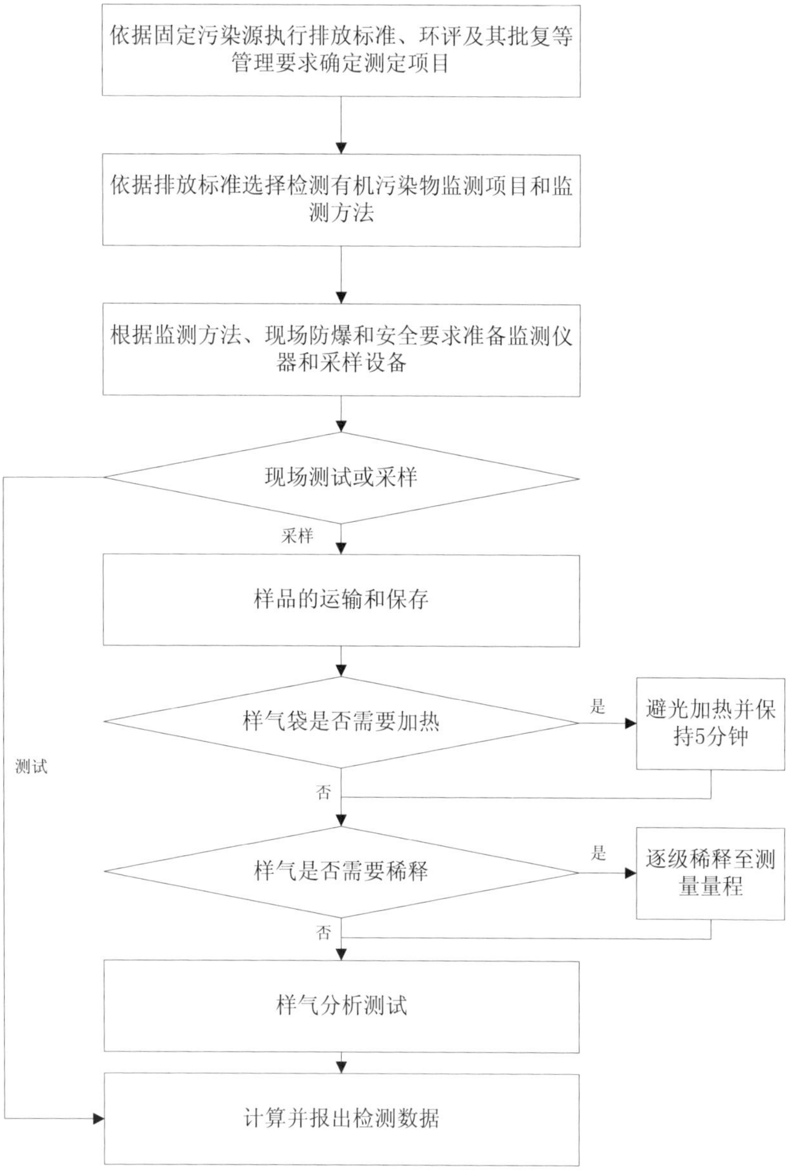

固定污染源废气挥发性有机物的监测流程图

关于加强挥发性有机物监测工作的通知

（环办监测函〔2020〕335号）

各省、自治区、直辖市环境保护厅（局），新疆生产建设兵团环境保护局：

根据《打赢蓝天保卫战三年行动计划》（国发〔2018〕22号）、《2020年国家生态环境监测方案》（环办监测函〔2020〕69号，以下简称《监测方案》）和《关于加强固定污染源废气挥发性有机物监测工作的通知》（环办监测函〔2018〕123号，以下简称《通知》）要求，全国337个地级及以上城市开展环境空气挥发性有机物（VOCs）监测，重点地区开展117种VOCs组分和非甲烷总烃（NMHC）监测，重点排污单位及工业园区加强固定污染源废气VOCs监测，为精准治污、科学治污、依法治污提供数据支撑。现将进一步强化全国VOCs监测有关要求通知如下。

一、加强环境空气VOCs监测

各地要加快完善环境空气VOCs监测网，加强VOCs组分观测和光化学监测网建设。尚未开展VOCs监测的城市，要尽快开展能力建设并实施监测。

（一）加强自动监测能力建设

1．监测范围及监测项目

根据臭氧污染防治、VOCs监管需求，149个城市（见附件1）于2020年12月31日前开展非甲烷总烃类（PAMS）物质自动监测，有条件的城市逐步开展NMHC自动监测试点工作。

2．监测点位

每个城市应至少在城市人口密集区内的臭氧高值区域，设置1个监测点位，优先选择在国控站点附近。臭氧超标城市逐步在城市主导上风向或者背景地区、VOCs高浓度、臭氧高浓度与城市主导下风向等区域增设点位，形成本地区光化学监测网。

开展 PAMS 物质自动监测的城市，至少选择一个站点同时开展臭氧、一氧化氮、二氧化氮、一氧化碳、气象五参数等的监测；有条件的城市，可开展甲醛、总氮氧化物、气态亚硝酸、过氧酰基硝酸酯、紫外辐射强度、光解速率等项目监测。

3．仪器条件

PAMS 物质自动监测仪应符合《环境空气挥发性有机物气相色谱连续监测系统技术要求及检测方法》（HJ 1010—2018）的要求。

（二）加强质量保证与质量控制

1．严格执行监测质量保证与质量控制要求

采用手工监测方式开展 VOCs 监测时，样品采集、储存、运输及分析测试环节，应严格按照相关监测标准及《环境空气臭氧前体有机物手工监测技术要求（试行）》（环办监测函〔2018〕240 号）开展质量保证与质量控制工作。采用自动监测方式开展 VOCs 监测时，应严格按照《国家环境空气监测网环境空气挥发性有机物连续自动监测质量控制技术规定（试行）》（总站气函〔2019〕785 号）开展质量保证与质量控制工作。重点加强臭氧污染过程期间 VOCs 监测的质量保证与质量控制，保障监测数据的准确性和有效性。

2．开展省内监测质控检查

各省级生态环境主管部门每年至少对本行政区域内开展 VOCs 监测的城市进行 2 次质控检查，检查时间应涵盖臭氧污染季和非污染季，及时向监测单位反馈检查结果并督促整改，检查结果可视情况在本行政区域内通报。手工监测质控检查按照《环境空气挥发性有机物手工监测质量控制与监督检查要点（试行）》（见附件 2）执行，自动监测质控检查按照《环境空气挥发性有机物自动监测质控检查方案（试行）》（见附件 3）执行。

3．开展全国监测质控抽查

我部将组织中国环境监测总站开展在用 VOCs 标气量值比对，并委托中国环境监测总站组织六大区域质控中心、有关专家和第三方机构开展 VOCs 手工监测与自动监测质控抽查，通报抽查结果。

（三）强化监测数据联网与审核

1．自动监测数据联网

VOCs 自动监测站点的 VOCs 组分、NMHC、臭氧、一氧化氮、二氧化氮、一氧化碳、气象五参数监测数据应与中国环境监测总站实时联网。开展甲醛，总氮氧化物、气态亚硝酸、过氧酰基硝酸酯、紫外辐射强度、光解速率等项目监测的，应同时联网。

2．数据审核与报送要求

各省级生态环境监测机构负责本行政区域内自动监测与手工监测数据审核工作，按《监测方案》要求及时将审核后的数据报送中国环境监测总站。

在 5—9 月臭氧污染高发季节，应加快自动监测数据审核进度，于每周三前完成上一周的自动监测数据审核，并报送中国环境监测总站数据业务平台；同时段的一氧化氮、二氧化氮、一氧化碳、臭氧、紫外辐射强度和气象五参数等监测数据也应一并审核报送。

（四）深化数据分析与评估

各级生态环境监测机构按照《监测方案》要求，每月组织开展本行政区域 VOCs 监测结果评估分析，编制分析报告。结合当地监测项目，报告内容可包括各类 VOCs 浓度水平、时间变化、化学组成、臭氧生成潜势分析、臭氧敏感性分析和 VOCs 来源解析等，于每月 15 日前向省级生态环境主管部门报送上月的分析报告。

发生区域性臭氧连续超标污染时，应及时开展污染过程光化学分析评估，对污染过程进行总结回顾，编制分析报告。

二、加强固定污染源废气 VOCs 监测

各级生态环境部门要落实环境质量属地管理的要求，履行监管职责，统筹规划，按照“谁污染、谁监测、谁治理”的原则，推进污染源废气 VOCs 监测工作的开展。

（一）督促排污单位落实自行监测责任

各级生态环境部门对本行政区域内排污单位 VOCs 自行监测情况开展日常抽查，按照已出台的 VOCs 排放标准开展抽测，督促排污单位按照《中华人民共和

国环境保护法》的要求，落实主体责任。

（二）加强重点区域 VOCs 监测

各级生态环境部门应加强对工业园区 VOCs 监测的指导，督促园区管理部门对园区周界及内部 VOCs 开展监测，重点区域（见附件的工业园区还应采用走航监测、苏玛罐采样监测等手段动态监控园区周界及内部 VOCs 排放情况。鼓励有条件的工业园区和重点企业建立 VOCs 泄漏在线监测溯源系统，为精准治污提供技术支撑。

（三）加强监测数据报送

各级生态环境部门应制定工作计划，按照“抽查时间随机、抽查对象随机”的原则开展排污单位 VOCs 排放抽查抽测工作，并于每季度第 1 个月 20 日前将抽查抽测报告报送中国环境监测总站。

三、其他要求

（一）加强组织领导，将任务分解落实至责任部门和单位，加强监督指导，为 VOCs 监测工作提供组织保障。

（二）通过申请大气污染防治专项资金等方式，落实能力建设与运行经费，为 VOCs 监测工作提供资金保障。

（三）加强VOCs监测能力建设和人员培训，提升监测业务能力，为VOCs监测工作提供技术保障。

我部将持续调度通报各地开展 VOCs 监测情况，并适时对工作进展缓慢地区开展督导。

附件：1. 开展非甲烷烃类物质自动监测能力建设城市名单

2. 环境空气挥发性有机物手工监测质量控制与监督检查要点（试行）

3. 环境空气挥发性有机物自动监测质控检查方案（试行）

4. 重点区域范围

生态环境部办公厅

2020 年 6 月 22 日

附件 1

开展非甲烷烃类物质自动监测能力建设城市名单

编号	省份	城市名称	非甲烷烃类物质自动监测站点建设情况*
1	北京市	北京市	已建成站点
2	天津市	天津市	已建成站点
3	河北省	石家庄市	已建成站点
4	河北省	唐山市	未建成
5	河北省	秦皇岛市	未建成
6	河北省	邯郸市	未建成
7	河北省	邢台市	未建成
8	河北省	保定市	未建成
9	河北省	张家口市	未建成
10	河北省	承德市	未建成
11	河北省	沧州市	未建成
12	河北省	廊坊市	未建成
13	河北省	衡水市	未建成
14	山西省	太原市	已建成站点
15	山西省	大同市	已建成站点
16	山西省	阳泉市	未建成
17	山西省	长治市	未建成
18	山西省	晋城市	已建成站点
19	山西省	朔州市	已建成站点
20	山西省	晋中市	已建成站点
21	山西省	运城市	已建成站点
22	山西省	忻州市	已建成站点
23	山西省	临汾市	已建成站点
24	山西省	吕梁市	已建成站点
25	内蒙古自治区	呼和浩特市	未建成
26	内蒙古自治区	乌海市	已建成站点
27	辽宁省	沈阳市	已建成站点
28	辽宁省	大连市	已建成站点
29	辽宁省	营口市	未建成
30	辽宁省	盘锦市	未建成

编号	省份	城市名称	非甲烷烃类物质自动监测站点建设情况*
31	吉林省	长春市	未建成
32	吉林省	吉林市	未建成
33	黑龙江省	哈尔滨市	未建成
34	黑龙江省	大庆市	未建成
35	上海市	上海市	已建成站点
36	江苏省	南京市	已建成站点
37	江苏省	无锡市	未建成
38	江苏省	徐州市	已建成站点
39	江苏省	常州市	未建成
40	江苏省	苏州市	未建成
41	江苏省	南通市	已建成站点
42	江苏省	连云港市	未建成
43	江苏省	淮安市	未建成
44	江苏省	盐城市	未建成
45	江苏省	扬州市	已建成站点
46	江苏省	镇江市	未建成
47	江苏省	泰州市	未建成
48	江苏省	宿迁市	已建成站点
49	浙江省	杭州市	已建成站点
50	浙江省	宁波市	已建成站点
51	浙江省	温州市	已建成站点
52	浙江省	嘉兴市	已建成站点
53	浙江省	湖州市	未建成
54	浙江省	绍兴市	已建成站点
55	浙江省	金华市	已建成站点
56	浙江省	衢州市	已建成站点
57	浙江省	舟山市	已建成站点
58	浙江省	台州市	已建成站点
59	浙江省	丽水市	已建成站点
60	安徽省	合肥市	已建成站点
61	安徽省	芜湖市	未建成
62	安徽省	淮南市	未建成
63	安徽省	马鞍山市	未建成
64	安徽省	淮北市	未建成
65	安徽省	安庆市	未建成
66	安徽省	滁州市	未建成

编号	省份	城市名称	非甲烷烃类物质自动监测站点建设情况*
67	安徽省	阜阳市	已建成站点
68	安徽省	宿州市	未建成
69	安徽省	亳州市	未建成
70	安徽省	池州市	未建成
71	安徽省	蚌埠市	未建成
72	福建省	福州市	未建成
73	福建省	厦门市	未建成
74	江西省	南昌市	未建成
75	山东省	济南市	已建成站点
76	山东省	青岛市	已建成站点
77	山东省	淄博市	已建成站点
78	山东省	枣庄市	已建成站点
79	山东省	东营市	未建成
80	山东省	烟台市	未建成
81	山东省	潍坊市	未建成
82	山东省	济宁市	已建成站点
83	山东省	泰安市	未建成
84	山东省	威海市	未建成
85	山东省	日照市	未建成
86	山东省	临沂市	已建成站点
87	山东省	德州市	已建成站点
88	山东省	聊城市	未建成
89	山东省	滨州市	未建成
90	山东省	菏泽市	未建成
91	河南省	郑州市	已建成站点
92	河南省	开封市	未建成
93	河南省	洛阳市	已建成站点
94	河南省	平顶山市	未建成
95	河南省	安阳市	已建成站点
96	河南省	鹤壁市	未建成
97	河南省	新乡市	未建成
98	河南省	焦作市	未建成
99	河南省	濮阳市	已建成站点
100	河南省	许昌市	未建成
101	河南省	漯河市	已建成站点
102	河南省	三门峡市	未建成

编号	省份	城市名称	非甲烷烃类物质自动监测站点建设情况*
103	河南省	南阳市	未建成
104	河南省	商丘市	未建成
105	河南省	信阳市	未建成
106	河南省	周口市	未建成
107	河南省	驻马店市	已建成站点
108	湖北省	武汉市	已建成站点
109	湖北省	黄石市	已建成站点
110	湖北省	宜昌市	已建成站点
111	湖北省	襄阳市	已建成站点
112	湖北省	鄂州市	已建成站点
113	湖北省	荆门市	未建成
114	湖北省	孝感市	已建成站点
115	湖北省	黄冈市	已建成站点
116	湖北省	咸宁市	已建成站点
117	湖南省	长沙市	已建成站点
118	湖南省	株洲市	未建成
119	湖南省	湘潭市	未建成
120	湖南省	岳阳市	未建成
121	湖南省	常德市	未建成
122	广东省	广州市	已建成站点
123	广东省	深圳市	已建成站点
124	广东省	珠海市	未建成
125	广东省	佛山市	未建成
126	广东省	江门市	未建成
127	广东省	茂名市	未建成
128	广东省	肇庆市	未建成
129	广东省	惠州市	已建成站点
130	广东省	东莞市	未建成
131	广东省	中山市	已建成站点
132	广西壮族自治区	南宁市	已建成站点
133	海南省	海口市	未建成
134	重庆市	重庆市	已建成站点
135	四川省	成都市	已建成站点
136	四川省	自贡市	已建成站点
137	四川省	德阳市	未建成
138	贵州省	贵阳市	未建成

编号	省份	城市名称	非甲烷烃类物质自动监测站点建设情况*
139	云南省	昆明市	未建成
140	西藏自治区	拉萨市	未建成
141	陕西省	西安市	未建成
142	陕西省	咸阳市	未建成
143	陕西省	渭南市	未建成
144	陕西省	榆林市	未建成
145	甘肃省	兰州市	已建成站点
146	青海省	西宁市	未建成
147	宁夏回族自治区	银川市	已建成站点
148	新疆维吾尔自治区	乌鲁木齐市	未建成
149	新疆维吾尔自治区	克拉玛依市	已建成站点

注：*为我部 2020 年一季度调度结果。

附件 2

环境空气挥发性有机物手工监测质量控制与监督检查要点（试行）

一、臭氧前体物挥发性有机物（VOCs，不含醛酮）手工监测要点

（一）罐采样环节要点

1. 采样罐记录要求

实验室应建立用于臭氧前体物 VOCs（57 种 PAMS 物质）监测的采样罐记录包括但不限于清洗记录、采样记录等。

清洗记录应包含各批次采样罐清洗方法、清洗后真空度和清洗空白检查结果。

采样记录应包含采样罐编号、罐初始压力、罐最终压力、采样开始与结束的时间、采样地点、采样人员、采样天气等信息。

环境空气臭氧前体物 VOCs 应专罐专用，采集环境空气样品的采样罐不能与污染源、无组织排放监测混用，环境空气 VOCs 高浓度点位的采样罐也应固定使用。

2. 采样罐使用要点

（1）采样罐气密性检查

正压检查：将采样罐内充入气体至 206 kPa（30 psi），关闭阀门放置 24 h 后检验，罐内压降不超过 7 kPa（1psi）。

负压检查：罐抽真空到 27 Pa（200 mTorr）以下后，关闭阀门静置 24 h 后，采样罐内气压与环境空气差压应小于-98 kPa（-29 inHg）。部分海拔较高、气压较低的特殊情况除外。

建议每年应在臭氧高值期前完成所用采样罐的正压或负压气密性检查。

（2）采样罐惰性化检查

将臭氧前体物 VOCs 标准气体稀释至 2 ppb 左右保存至清洗后的采样罐中，静置平衡后测量罐内的气体浓度（采用静态体积稀释法配制的标气宜静置过夜），放置 24 小时后重新测量罐内气体浓度，目标化合物平行相对偏差应小于等于 30%。

每 10 个或每批次（少于 10 个样品）新采购的采样罐，至少抽取一个进行罐体惰性化检查。使用频次高（每年多于 5 次）且年限大于 5 年的罐子每年至少抽查一次，抽查比例为 10%，不满 10 个的必须抽查 1 个。建议每年应在臭氧高值期开展臭氧前体物 VOCs 采样前完成惰性化检查。

（3）采样罐清洗

采样罐的清洗加热温度控制在 50～80℃之间，清洗时应采用高纯氮气（纯度不低于 99.999%），高纯氮气宜加装除烃装置，必要时可在清洗过程中进行加湿，降低罐体活性吸附，有助于极性 VOCs 的清洗。清洗循环应不少于 3 次，清洗后真空度宜控制在 6.7 Pa（50 mTorr）以下并密封。

每 20 个或每批次（少于 20 个样品）新清洗采样罐中取一个做清洗空白检查。目标化合物浓度小于检出限或 0.1 ppbv。采集高浓度样品（目标化合物最高浓度大于等于 25 ppbv）的采样罐再次使用前均应进行清洗空白检查。

抽完真空的采样罐应尽快使用，防止造成样品污染。

（4）采样罐真空压力表要求

宜采用最低压力（差压）不高于−98 kPa（−29 inHg）、最高压力不低于 275 kPa（40psi）的真空压力表。

3. 采样罐采样、运输、保存过程要点

（1）限流装置校准

采用限流装置进行恒流采样，限流装置使用前需经过流量校准，采样过程中流量应保持稳定。

（2）采样前真空度检查

采样前，再次检查采样罐的真空度，采样罐内气压与环境空气差压应小于等于−98 kPa（−29 inHg）。部分海拔较高、气压较低的特殊情况除外。

（3）采样后检查

采样结束后，检查采样罐内压力。若采样罐内气压与环境空气差压在−17 kPa（−5 inHg）至−7 kPa（−2 inHg）范围内，样品正常；若差压在−17 kPa（−5 inHg）至−34 kPa（−10 inHg）或大于−7 kPa（−2 inHg），需对该样品进行标记并和分析人员及时沟通，如后期样品分析结果异常，则需重新采样；若差压在−34 kPa（−10inHg）以下或已达到环境大气压力，则该样品作废，需查找原因并采取纠正措施，后期安排补采。采样人员应记录采样后罐内气压（或差压）。

（4）运输泄漏检查

分析测试人员应检查罐内气压与采样后气压是否存在显著差异［如差异是否小于等于 3 kPa 或 6 kPa（1 或 2 inHg）或最小刻度］，并记录分析前罐内气压。

（5）样品保存

常温下保存，20 天内分析完成。

（6）重新采样

如因为天气原因无法采样，应尽快安排重新采样，重新采样日期的选择应考虑周末效应。

（二）方法建立要点（含校准曲线建立）

1. 分析方法

实验室建立的分析方法中各色谱峰或同一质荷比定量离子碎片峰分离度应大于等于 1，不能完全分离的目标化合物应在上报数据的过程中标识清楚。

2. 校准曲线要求

（1）稀释后标气要求

采用静态体积稀释法稀释的标气宜静置过夜，稀释后的内标气和标气有效期不超过 20 天，实验室应对其稀释过程进行记录。

（2）校准曲线要求

内标气换算至样品进样体积后的浓度应接近实际环境空气中 VOCs 浓度，最高不能超过校准曲线最高浓度点。

校准曲线浓度点数量不少于 5 个（不包括零点），浓度范围应根据环境空气中目标化合物的浓度进行调整。一般情况下，最低浓度点建议小于等于 0.5 ppbv，最高浓度点建议小于等于 10 ppbv。

如采用平均相对响应因子（质谱）进行定量，目标物相对响应因子的相对标准偏差（RSD）应小于等于 30%；如使用校准曲线方法进行定量，曲线方程的相关系数应大于等于 0.99。不合格的目标化合物应小于等于 4 个。

宜至少配制高低两个浓度的标准气体（根据实际情况配制，例如2 ppbv和10 ppbv）构建校准曲线。

校准曲线有效期不超过 20 天。

（3）稀释仪要求

所用稀释仪应按照厂家要求或相关标准规范定期开展校准工作。

3. 实验室空白要求

校准曲线测试完成后进行一次实验室空白测试，将高纯氮气充入清洗后的采样罐中，采用与环境样品相同的程序进行分析，要求目标化合物浓度小于检出限或 0.1 ppbv。

4. 检出限要求

检出限测试方法应与环境样品测试方法一致。连续分析 7 次低浓度标准气体，浓度应小于等于校准曲线最低浓度点，建议使用 0.05～0.5 ppbv 的标准气体进行检出限测试。目标化合物检出限应小于等于 0.1 ppbv，不合格的目标化合物应小于等于 4 个，且检出限不高于 0.2 ppbv。

测试系统运行正常的情况，每年宜在臭氧高值期前重新测定一次方法检出限。

5. 标气浓度准确性核查

新采购标气宜采用不同标气进行校准曲线中间浓度点准确性测试（如新采购标气稀释后与原有标气稀释后比较，本机构标气稀释后与邻近机构标气稀释后比较），偏差应小于等于 30%，如不合格，应查找相关原因。

（三）过程控制要求

1. 内标稳定性要求

样品中内标的保留时间与正在使用的校准曲线中内标保留时间偏差应不超过 20 s，定量离子峰面积变化应在 60%～140%之间。如不合格，应停止分析样品，查找原因，采取纠正措施，如需要应重新绘制校准曲线。

2. 平行双样要求

（1）实验室平行

每 10 个样品或每批次样品至少分析一个实验室平行样品（同一采样罐环境空气连续进样两次），浓度高于测定下限的目标物的相对偏差应小于等于 30%。

（2）现场平行

每月、每过程（加密监测）轮流选取 10%的点位采集一个现场平行，平行采样方法应与日常采样方法一致，浓度高于测定下限的目标物的相对偏差宜小于等于 30%。

3. 单点质控要求

分析测试期间每天分析一次单点质控标气（不能与校准曲线使用相同的标准使用气），标气浓度推荐小于等于 2 ppbv（根据样品浓度进行调整，应贴近样品浓度）。相对偏差应小于等于 30%，不合格的目标化合物应小于等于 4 个，否则应查找原因或重新绘制校准曲线。

稀释后的单点质控标气有效期不超过 20 天，实验室应记录其稀释过程。

4. 空白样品测试要求

（1）实验室空白

每批次测试前、每分析 10 个样品或每批次（小于等于 10 个样品）进行一次实验室空白测试，将高纯氮气充入清洗后的采样罐中，采用与环境样品相同的程序进行分析，要求目标化合物浓度小于检出限或 0.1 ppbv，不合格的目标化合物应小于等于 2 个。

（2）全程序空白

每月采集10%站点的全程序空白（至少采集1个全程序空白）。将高纯氮气注入真空的清洁采样罐至采样结束后相同的微负压状态，并带至采样现场，经过与样品相同的处理过程（包括现场暴露、运输、存放与实验室分析），与同批次采集样品的采样罐一起送回实验室分析。要求目标化合物浓度小于检出限或0.1ppbv，不合格的目标化合物应小于等于2个。

5. 质谱性能要求

每批次测试前应参考相关标准对质谱性能进行检查。

性能不合格应进行纠正（清洗离子源、重新调谐等），重新调谐后应重新建立校准曲线，应注意采取相关纠正工作后质谱响应强度的变化。

（四）数据审核要求

1. 谱图审核

应对谱图进行审核，观察二氧化碳峰和水峰是否对组分影响较大、基线水平是否正常、有无实验室常用溶剂（正己烷等）渗入导致的异常高峰。若有影响测量结果的异常色谱峰，可采用 SCAN 模式确定化合物名称，查找原因后对该样品进行重新分析。

如使用中心切割方法（Dean Switch）分别分析低碳、高碳组分，应通过观察切割时间点附近的色谱峰和质谱碎片判断切割时间设置是否合理。

2. 内标审核

各谱图中内标应符合内标稳定性的相关要求。

3. 相关性审核

环境空气中的一些 VOCs 物种对（如间、对-二甲苯/邻-二甲苯等）浓度显著相关。宜结合长期观测数据，绘制趋势线，及时发现异常离群的样品，并回溯离群样品的谱图和监测过程，如确实存在问题，应在上报数据时标识清楚。

4. 定性分析

宜分析目标化合物除定量碎片离子外的其他定性碎片离子。目标化合物的辅助定性离子和定量离子峰面积比与校准系列目标化合物的辅助定性离子和定量离子峰面积比的相对偏差控制在±30%以内。

5. 保留时间漂移和重积分

应分析目标化合物的定量碎片离子峰（或色谱峰）是否完全在积分窗口内，如发生漂移导致无积分或积分不完全，应进行手工重积分，并重新调整积分窗口。

6. 结合质控数据的数据审核

应结合校准曲线建立或过程控制中的各项质控数据对监测结果进行审核，质控异常的数据应在报送结果时标识清楚。

7. 数据标识

报送数据时应使用代码根据数据审核结果对数据进行标识。其中无标识为正常数据，ND 为未检出的数据（检出限为实验室方法验证或证实过程中得到的实际检出限），NQ 为超过检出限但低于测定下限的数据（测定下限为实验室方法验证或证实过程中得到的实际测定下限），F 为日常可定量的目标化合物中质控或数据审核异常的数据，R 为重新采样数据。每月标识为 F 的目标化合物种类应小于等于 4 个。最终标识代码以平台所要求的模板为准。

二、醛酮类要点

（一）2,4-二硝基苯肼（DNPH）管采样环节要点

1. 采样要求

（1）采样前、后用经量值溯源的标准流量计检查采样系统的流量，流量误差宜小于等于 5%。

（2）空白采样管在有效期内并按照规定的保存条件保存。

（3）实际采样体积应小于安全采样体积，方法验证时应进行串联穿透试验，穿透试验宜在采样点位进行，后采样管目标物浓度应低于前采样管的 10%。每季度至少进行一次穿透试验，如发现穿透，应减少采样体积或进行串联采样。

（4）采样期间应避免太阳直晒，DNPH 采样管前端应串联除臭氧管，采样期间高湿度（大于 75%）或者低温（小于 15℃）条件下，可能会发生水汽凝结现象，影响采集效率，应注意除臭氧管水汽凝结现象并及时替换。除臭氧管取下时，应保持 DNPH 管在上除臭氧管在下的状态，避免除臭氧管中的水滴倒灌至 DNPH 管中，造成样品被污染。

（5）采样人员应填写采样记录，采样记录应包含采样管批次、采样流量校准、采样开始与结束的时间、采样地点、采样人员、采样天气等信息。

2. 运输与存储要求

（1）采样管在使用前后均须密封，用锡纸或铝箔将采样管包严，低温（小于 4℃）保存与运输，并尽快提取分析。如果不能及时分析，应保存于低温（小于 4℃）下，2 周内洗脱、采样后 30 天内完成分析。

（2）运输和存储环境中尽量避免可能的污染，如丙酮、甲醛等。

（二）方法建立要点（含校准曲线建立）

1. 校准曲线要求

配制 0.1～2.0 μg/ml 的校准曲线，至少选取 5 个浓度点。校准曲线的相关系数大于等于 0.995，否则重新绘制校准曲线。更换使用仪器，或在仪器维修、更换色谱柱或连续校准不合格时，需重新绘制校准曲线，进行初始校准。

2. 空白测试要求

实验室的每一批次采样管宜抽取 10%（每包应至少 1 个）进行空白测试。空白测试应与环境空气采样管测试程序完全相同，合格标准为：甲醛小于 0.15 μg/管，乙醛小于 0.10 μg/管，丙酮小于 0.30 μg/管。

3. 标液浓度准确性核查

新采购标液宜采用不同标液进行校准曲线中间浓度点准确性测试（如新采购标液与原标液比较），偏差应小于等于 20%，如不合格，应查找相关原因。

（三）过程控制要求

1. 平行双样要求

每月采集 1 个平行样品，平行测定结果的相对偏差应小于等于 25%。

2. 期间质控要求

每天测试样品前，应测定校准曲线中间浓度点（单点）或中次低浓度点、次高浓度点（双点）的标准溶液，其测定结果与校准曲线该点理论浓度之间的相对误差应小于等于 20%。如不合格，应重新绘制校准曲线。

3. 空白样品测试要求

每月至少进行一次实验室空白。将采样管放置于日常储存环境空气采样管的冰箱中，持续一个保存周期，保存环境、周期与环境样品一致。采用与环境样品相同步骤制备、测试，测定结果应低于测定下限。如不合格，应查找原因并进行纠正。

（四）数据审核要求

1. 谱图审核

审核时应重点关注甲醛、乙醛、丙酮出峰情况以及谱图中是否有异常高峰出现。如丙酮和丙烯醛色谱峰难以完全分离，应在数据报送过程中标识清楚。

2. 质控数据审核

应结合校准曲线建立或过程控制中的各项质控数据对监测结果进行审核，质控或数据审核异常的数据应在报送结果时标识清楚。

3. 数据标识

报送数据时应使用代码根据数据审核结果对数据进行标识。数据标识代码可参考上文臭氧前体物 VOCs 标识方法。

附表 1

罐清洗原始记录

仪器型号			清洗日期	
仪器编号			清洗人员	
样品编号	苏玛罐编号	清洗条件	真空度检验	是否进行空白检验
		□加湿□加热	□小于 50 m Torr	□是□否
		□加湿□加热	□小于 50 m Torr	□是□否
		□加湿□加热	□小于 50 m Torr	□是□否
		□加湿□加热	□小于 50 m Torr	□是□否
		□加湿□加热	□小于 50 m Torr	□是□否
		□加湿□加热	□小于 50 m Torr	□是□否
		□加湿□加热	□小于 50 m Torr	□是□否
		□加湿□加热	□小于 50 m Torr	□是□否
		□加湿□加热	□小于 50 m Torr	□是□否
		□加湿□加热	□小于 50 m Torr	□是□否
		□加湿□加热	□小于 50 m Torr	□是□否
		□加湿□加热	□小于 50 m Torr	□是□否
		□加湿□加热	□小于 50 m Torr	□是□否
		□加湿□加热	□小于 50 m Torr	□是□否
		□加湿□加热	□小于 50 m Torr	□是□否
		□加湿□加热	□小于 50 m Torr	□是□否
		□加湿□加热	□小于 50 m Torr	□是□否

附表 2

罐采样样品交接记录表

检查日期			检查人员			
样品编号	苏玛罐编号	压力表编号	罐内压力	是否存在运输泄漏	是否需要加压	稀释倍数

注：环境空气 VOCs 实际样品分析前，应测定罐内压力。若压力小于 83 kPa（或 12 psi），需用高纯氮气加压至 101 kPa（14.6 psi），并按照公式计算稀释倍数：
稀释倍数=稀释后罐压力/稀释前罐压力

附表 3

稀释配气原始记录表

标气类型			仪器型号		
配气日期			仪器编号		
配气人员			标气有效期		
标气品牌/编号			标气浓度		
样品名称（罐号）	稀释倍数	标气流量	氮气流量	初始压力	最终压力
备注	标气剩余总压：				

注：非动态稀释仪可不填标气流量、氮气流量。

附件 3

环境空气挥发性有机物自动监测质控检查方案（试行）

一、质控检查内容

挥发性有机物（VOCs）自动监测质控检查应尽可能覆盖站点管理、仪器运行、质控技术指标测试等多方面内容，并补充开展其他涉及监测质量的测试内容，基于测试结果和整体情况评估站点的运行质量。具体如下：

（一）数据传输检查。涉及数据上传真实性、准确性和报送及时性等检查。

（二）站点环境条件检查。包括站点外部环境涉及的道路、供电线路、通讯线路、防雷、防水和安全栏杆等检查，内部环境涉及的消防、电力、空调、除湿、稳压和排风扇等运行检查。

（三）运维体系执行情况检查。包括检查日常运维任务完成情况、量值溯源档案信息、异常情况处理、站房环境保障效果、采样系统维护效果、仪器日常维护效果、数据采集及通讯情况、运维人员情况和档案管理情况等。

（四）自动监测系统现场质控检查。包括使用经过计量传递或校准的标准流量计、温度计和大气压力计等对自动监测设备、辅助设备进行检查；使用可溯源的标准样品对自动监测设备进行质量控制效果检查；监测组分定性和数据处理核查，包括监测组分定性、准确性检查、自动监测数据处理的规范性及正确性检查和历史谱图抽查等。

二、质控检查要求

VOCs 自动监测质控检查内容和技术指标参照《国家环境空气监测网环境空气挥发性有机物连续自动监测质量控制技术规定（试行）》《环境空气挥发性有机物气相色谱连续监测系统技术要求及检测方法》（HJ 1010）等标准规范，并根据站点实际情况和运行质控经验，提出相应要求。VOCs 自动监测质控检查要求具体如下：

（一）数据传输检查

原始数据、数采采集数据与国家平台展示的原始数据应一致，审核数据应按照国家要求每周上报信息平台，保证数据传输真实、准确、及时。

（二）站点环境条件检查

站点外部周围环境及道路应开阔稳定，无明显污染源，供电线路和通讯线路应稳定，站房应具备防雷、防水和安全防护等设备设施；站点内部应具备消防设施、稳定供电、空调、除湿、不间断电源（UPS）和排风扇等辅助设备并稳定运行。

（三）运维体系执行情况检查

1. 运维手册和运维制度：现场应放有该两项运维资料。运维手册是指运维方根据相关规范要求，并结合站点实际情况建立的操作规程（SOP）（不能仅为仪器SOP）；运维制度要有明确的责任归属。

2. 标准气体：站点现场应配备齐全的标准气体，并全部在有效期内；若涉及标准气体使用苏玛罐存储的，应在15天有效期内。

3. 大小流量计校准记录：现场应具有流量计整机送检检定证书，或站点自行校准检查并提供相应记录；校准记录还包括温湿度计、大气压力计等仪器的信息和检定校准记录。

4. 质控校准记录：站点监测仪器应具有质控校准记录，并按规范填写。VOCs和非甲烷总烃等仪器应包括空白检查记录、单点质控检查记录、多点校准记录、检出限测试记录、重复性检查记录等；质控校准记录与实际情况不符的，应重点改进。

5. 巡检及维护保养记录：现场应放有包括但不限于巡检表单、耗材更换记录和配件更换记录等记录档案，表单需齐全、规范。

6. 目标化合物测试：现场应具有目标化合物测试记录及目标化合物组分清单。

7. 采样系统：采样总管和支管应定期进行检漏、清洁并做好记录。采样管路气密性满足国家要求，清洁无灰尘，从采样口至仪器进样接口全部管路采取保温措施，如采样系统清洁度差或无保温，应进行质量改进。

8. 运维或数据审核人员业务能力：运维人员对站内所负责仪器应能熟练操作，对整个监测系统能熟悉掌握。

（四）自动监测系统现场质控检查

1. 动态稀释仪

质控检查时，对站点内动态稀释仪进行流量检查。使用流量比进行动态稀释的装置，要求大小流量计满量程 20%和 80%误差均在±3%以内；使用压力控制的动态稀释仪时，应按照厂家说明书要求定期使用在计量认证有效期内的标准气压计对压力进行核查，压力传感器应定期送检，保留送检记录；同步使用经过计量传递或校准的标准流量计、温度计、大气压力计等对站点内设备设施进行核查，误差应在国家标准允许范围内。

2. VOCs 分析仪

（1）仪器状态检查：参照厂家设定参考值，检查仪器真空度、电压、电流和解析温度等关键仪器状态参数。

（2）VOCs 空白：要求 80%以上的化合物组分且全部臭氧生成潜势较高的重点 VOCs（苯系物等）组分满足零气空白结果≤各待测组分的方法检出限，且低于 0.1 nmol/mol，不满足时应开展系统空白检查（各待测组分系统空白结果≤方法检出限，且低于 0.1 nmol/mol），查明相关问题。

（3）准确度：推荐使用标准曲线中间浓度点（2 nmol/mol）做核查，80%以上组分应满足要求。气相色谱氢火焰离子化检测器（GC-FID）监测组分误差在±20%范围内；气相色谱质谱（GC-MS）监测组分误差在±30%范围内。

（4）精密度（可与准确度核查一同开展）：使用 2 nmol/mol 浓度点连续通 7 次进行检查，要求 FID 监测组分精密度≤10%，质谱（MS）监测组分精密度≤15%；若站点仪器开展每日标点质控，可使用近 7 日质控结果进行期间精密度评估，要求 FID 监测组分≤20%，MS 监测组分≤30%。

（5）定性核查：工作点检查时，目标物出峰异常无法进行正常积分即判定为漂移，定性不合格；开展准确度、精密度检查时，对组分分离度进行检查，结果应满足环戊烷和异戊烷、2,3-二甲基戊烷和 2 甲基己烷、邻二甲苯和苯乙烯及关键臭氧生成潜势（OFP）组分（与邻近组分）分离度≥1；同时，进行历史谱图抽查，抽取近半年一批历史谱图，尤其是异常时间段的谱图，核对定性积分是否有误。

（6）分析仪流量检查：使用经鉴定的流量计或依据厂家明确的说明书、作业指导书要求进行检查，要求误差在±5%范围内。

3. 非甲烷总烃

现场检查零气空白和工作点准确度，要求工作点（1 μmol/mol）检查，误差在±5%范围内；零气空白结果≤50 nmol/mol。

三、质量检查评估报告

自动监测站的质控检查过程中，应就主要问题开展技术交流，并开展质量评估和编制检查报告，报送中国环境监测总站。

附 1

自动监测质量评估表

序号	检查项目	检查内容	评判	备注
1	数据传输及站点环境条件	数据传输是否真实、准确、及时	是□ 否□	
		站点外部周围环境（道路、供电线路、通讯线路、给排水设施、防雷等）是否稳定、合规	是□ 否□	
		站点内部消防、电力、空调、除湿、UPS、排风扇是否运行稳定合规	是□ 否□	
2	质量管理	运维手册及运维制度是否齐全	是□ 否□	
		标准气体是否在有效期内	是□ 否□	
		是否有大小流量计校准记录	是□ 否□	
		各仪器校准记录、检修记录是否规范齐全	是□ 否□	
3	系统管理	各仪器日常运维巡检、维护保养记录是否齐全	是□ 否□	
		采样系统洁净度是否合格	是□ 否□	
		采样管路清洁、保温现状是否合格	是□ 否□	
4	动态稀释仪	小流量检查是否合格	是□ 否□	
		大流量检查是否合格	是□ 否□	
		是否有送检记录	是□ 否□	
5	VOCs 分析仪（GC/FID）	分析仪流量检查是否合格	是□ 否□	
		空白检查是否合格	是□ 否□	
		工作点检查是否合格	是□ 否□	
		精密度是否合格	是□ 否□	
		关键组分分离度是否合格	是□ 否□	
		保留时间漂移是否合格	是□ 否□	
		定性核查是否合格	是□ 否□	

序号	检查项目	检查内容	评判	备注
6	VOCs 分析仪（GC/MS）	分析仪流量检查是否合格	是□ 否□	
		MS 关键参数是否在合理范围	是□ 否□	
		空白检查是否合格	是□ 否□	
		工作点检查是否合格	是□ 否□	
		精密度是否合格	是□ 否□	
		保留时间漂移是否合格	是□ 否□	
		定性准确度核查、日空白/单点质控、内标变化是否合格	是□ 否□	
7	非甲烷总烃	现场空白检查是否合格	是□ 否□	
		现场工作点通标检查是否合格	是□ 否□	

附 2

表 1 《国家环境空气监测网环境空气挥发性有机物连续自动监测质量控制技术规定（试行）》质控项目

质控项目	审核指标
目标化合物测试	检测仪器可检测组分清单（按 117 组分）
采样流量测试	偏差在±5%范围内
空白	80%以上的目标化合物及全部臭氧生成潜势较高的重点 VOCs（苯系物等）组分空白≤检出限且低于 0.1 nmol/mol
分离度	环戊烷和异戊烷、2,3-二甲基戊烷和 2 甲基己烷、邻二甲苯和苯乙烯及关键 OFP 组分（与临近组分）分离度≥1
准确度	80%以上组分满足：FID 监测组分在±20%范围内，MS 监测组分在±30%范围内
精密度	连续通入 7 针标气，满足 FID 监测组分≤10%，MS 监测组分≤15%
其间准确度、精密度（基于每日质控）	其间准确度偏差在±20%范围内，其间精密度应≤20%（质谱检测器≤30%）
多点曲线	各组分线性相关系数 R≥0.99，决定系数 R^2≥0.98
方法检出限	90%组分（至少包括乙烷和乙烯）的方法检出限应≤0.15 nmol/mol（至少包括乙烷、乙烯）
标准流量计	量值溯源校正，流量计示值与标准流量值的相对误差应在±1%范围内

表 2　空白及单点质控检查

<table>
<tr><td colspan="9">挥发性有机物自动监测零气空白—单点质控记录表</td></tr>
<tr><td colspan="2">省市</td><td colspan="3"></td><td>站点名称</td><td colspan="3"></td></tr>
<tr><td colspan="2">系统型号</td><td colspan="3"></td><td>系统编号</td><td colspan="3"></td></tr>
<tr><td colspan="2">多点校准仪型号</td><td colspan="3"></td><td>校准仪编号</td><td colspan="3"></td></tr>
<tr><td colspan="2">标准气名称</td><td colspan="3"></td><td>标准气编号</td><td colspan="3"></td></tr>
<tr><td colspan="2">标准组分数量</td><td colspan="3"></td><td>有效期</td><td colspan="3"></td></tr>
<tr><td colspan="2">室内温湿度及气压</td><td colspan="7"></td></tr>
<tr><td colspan="2">开始时间</td><td colspan="4"></td><td>结束时间</td><td colspan="2"></td></tr>
<tr><td>编号</td><td>组分名称</td><td>系统检出限</td><td>零气空白</td><td>标气浓度（nmol/mol）</td><td>系统响应（nmol/mol）</td><td>峰面积/峰高</td><td>浓度偏差（%）</td><td>数据文件</td></tr>
<tr><td>1</td><td>乙烷</td><td></td><td></td><td></td><td></td><td></td><td></td><td></td></tr>
<tr><td>2</td><td>乙烯</td><td></td><td></td><td></td><td></td><td></td><td></td><td></td></tr>
<tr><td>3</td><td>丙烷</td><td></td><td></td><td></td><td></td><td></td><td></td><td></td></tr>
<tr><td>4</td><td>丙烯</td><td></td><td></td><td></td><td></td><td></td><td></td><td></td></tr>
<tr><td>5</td><td>乙炔</td><td></td><td></td><td></td><td></td><td></td><td></td><td></td></tr>
<tr><td>6</td><td>异丁烷</td><td></td><td></td><td></td><td></td><td></td><td></td><td></td></tr>
<tr><td>7</td><td>正丁烷</td><td></td><td></td><td></td><td></td><td></td><td></td><td></td></tr>
<tr><td>8</td><td>反-2-丁烯</td><td></td><td></td><td></td><td></td><td></td><td></td><td></td></tr>
<tr><td>……</td><td></td><td></td><td></td><td></td><td></td><td></td><td></td><td></td></tr>
</table>

审核人　　　　　　　　　　　　　　　　　　审核日期

表 3　流量检查记录表

<table>
<tr><td colspan="4">挥发性有机物自动监测系统流量检查质控记录表</td></tr>
<tr><td>省市</td><td></td><td>站点名称</td><td></td></tr>
<tr><td>系统型号</td><td></td><td>系统编号</td><td></td></tr>
<tr><td>室内温湿度及气压</td><td colspan="3"></td></tr>
<tr><td>流量计编号</td><td></td><td>流量计有效期</td><td></td></tr>
<tr><td>校准开始时间</td><td></td><td>校准结束时间</td><td></td></tr>
</table>

气体流路	系统设定值（ml/min）	系统示值（ml/min）	流量计示值（ml/min）	相对误差（%）	是否合格	是否调整	调整后相对误差（%）
FID					□是 □否	□是 □否	
					□是 □否	□是 □否	
					□是□ 否	□是 □否	
MS					□是 □否	□是 □否	
					□是 □否	□是 □否	
					□是 □否	□是 □否	
动态校准仪					□是 □否	□是 □否	
					□是 □否	□是 □否	
					□是 □否	□是 □否	
……							

审核人： 审核日期：

表 4 稳定性检查记录表

挥发性有机物自动监测系统精密度/准确度质控记录表			
省市		站点名称	
系统型号		系统编号	
校准仪型号		校准仪编号	
标气名称		标气编号	
标准组分数量		有效期	
室内温湿度及气压			
开始时间		结束时间	

编号	组分名称	标气浓度（nmol/mol）	系统响应（nmol/mol）							精密度（%）	准确度（%）
			1	2	3	4	5	6	7		
1											
2											
3											
4											
5											
6											
7											
8											
9											
10											

11											
12											
13											
14											
15											
16											
17											
18											
19											
20											
……											

执行人：　　　　　　　　　　　　　　　　提交日期：

审核人：　　　　　　　　　　　　　　　　审核日期：

表5　分离度测试

<table>
<tr><th>编号</th><th>组分名称</th><th>保留时间（min）</th><th>峰宽（min）</th><th>分离度 R</th></tr>
<tr><td rowspan="2">1</td><td></td><td></td><td></td><td rowspan="2"></td></tr>
<tr><td></td><td></td><td></td></tr>
<tr><td rowspan="2">2</td><td></td><td></td><td></td><td rowspan="2"></td></tr>
<tr><td></td><td></td><td></td></tr>
<tr><td rowspan="2">3</td><td></td><td></td><td></td><td rowspan="2"></td></tr>
<tr><td></td><td></td><td></td></tr>
<tr><td rowspan="2">4</td><td></td><td></td><td></td><td rowspan="2"></td></tr>
<tr><td></td><td></td><td></td></tr>
<tr><td rowspan="2">5</td><td></td><td></td><td></td><td rowspan="2"></td></tr>
<tr><td></td><td></td><td></td></tr>
<tr><td rowspan="2">6</td><td></td><td></td><td></td><td rowspan="2"></td></tr>
<tr><td></td><td></td><td></td></tr>
<tr><td rowspan="2">7</td><td></td><td></td><td></td><td rowspan="2"></td></tr>
<tr><td></td><td></td><td></td></tr>
<tr><td rowspan="2">8</td><td></td><td></td><td></td><td rowspan="2"></td></tr>
<tr><td></td><td></td><td></td></tr>
<tr><td rowspan="2">9</td><td></td><td></td><td></td><td rowspan="2"></td></tr>
<tr><td></td><td></td><td></td></tr>
<tr><td rowspan="2">10</td><td></td><td></td><td></td><td rowspan="2"></td></tr>
<tr><td></td><td></td><td></td></tr>
</table>

编号	组分名称	保留时间（min）	峰宽（min）	分离度 R
11				
12				
13				
14				
……				
要求：关键组分分离度≥1。				

附件 3

重点区域范围

区域名称	具体范围
京津冀及周边地区	北京市，天津市，河北省石家庄、唐山、邯郸、邢台、保定、沧州、廊坊、衡水市以及雄安新区，山西省太原、阳泉、长治、晋城市，山东省济南、淄博、济宁、德州、聊城、滨州、菏泽市，河南省郑州、开封、安阳、鹤壁、新乡、焦作、濮阳市（含河北省定州、辛集市，河南省济源市）
长三角地区	上海市，江苏省南京、无锡、徐州、常州、苏州、南通、连云港、淮安、盐城、扬州、镇江、泰州、宿迁市，浙江省杭州、宁波、温州、湖州、嘉兴、绍兴、金华、衢州、舟山、台州、丽水市，安徽省合肥、淮北、亳州、宿州、阜阳、蚌埠、淮南、滁州、六安、马鞍山、芜湖、宣城、铜陵、池州、安庆、黄山市
汾渭平原	山西省晋中、运城、临汾、吕梁市，河南省洛阳、三门峡市，陕西省西安（含西咸新区）、铜川、宝鸡、咸阳、渭南（含韩城市）市以及杨凌示范区
苏皖鲁豫交界地区	江苏省徐州、连云港、宿迁市，安徽省淮北、亳州、宿州、阜阳市，山东省青岛、枣庄、东营、烟台、潍坊、泰安、威海、日照、临沂市，河南省平顶山、许昌、漯河、南阳、商丘、信阳、周口、驻马店市

注：徐州、连云港、宿迁、淮北、亳州、宿州、阜阳市按照长三角地区要求执行。

关于印发《“十四五”全国细颗粒物与臭氧协同控制监测网络能力建设方案》的通知

（环办监测函〔2021〕218号）

各省、自治区、直辖市生态环境厅（局），新疆生产建设兵团生态环境局:

为进一步完善全国细颗粒物（$PM_{2.5}$）与臭氧（O_3）协同控制监测网络，切实提高“十四五”期间大气污染防治重点区域协同控制监测能力，着力增强监测服务、支撑、保障大气污染防治水平，大力推动大气环境质量持续改善，我部组织编制了《“十四五”全国细颗粒物与臭氧协同控制监测网络能力建设方案》。现印发给你们，请认真组织实施，按期完成建设任务。

生态环境部办公厅

2021年5月10日

“十四五”全国细颗粒物与臭氧协同控制监测网络能力建设方案

一、建设目标

为深入打好污染防治攻坚战，强化多污染物协同控制和区域协同治理，基本消除重污染天气，“十四五”期间，将进一步加强细颗粒物（$PM_{2.5}$）和臭氧（O_3）协同控制监测能力建设。按照国家负责统一规范和联网、地方负责建设和运维的模式，在全国地级及以上城市和雄安新区开展非甲烷总烃（NMHC）自动监测，在大气污染防治重点城市开展细颗粒物（$PM_{2.5}$）与挥发性有机物（VOCs）组分协同监测，以交通、工业园区和排污单位为重点开展污染源专项监测，实现多污染物协同监测和污染源专项监测双轮驱动，组建和完善全国协同控制监测网络，全力发挥监测支撑保障作用。

二、编制依据

（一）《中华人民共和国环境保护法》（2014 年 4 月 24 日第十二届全国人民代表大会常务委员会第八次会议修订）

（二）《关于全面加强生态环境保护　坚决打好污染防治攻坚战的意见》（2018 年 6 月 16 日）

（三）《生态环境领域中央与地方财政事权和支出责任划分改革方案》（国办发〔2020〕13 号）

（四）《生态环境监测规划纲要（2020—2035 年）》（环监测〔2019〕86 号）

（五）《关于推进生态环境监测体系与监测能力现代化的若干意见》（环办监测〔2020〕9 号）

（六）《2021 年国家生态环境监测方案》（环办监测函〔2021〕88 号）

三、建设原则

（一）统一规划，分类施策。国家统一规划全国细颗粒物与臭氧协同控制监测网络，统一监测布点、建设和质控要求，地方在本方案基础上，制定细化的实施方案，分类开展 NMHC 自动监测、$PM_{2.5}$ 与 VOCs 组分协同监测、污染源专项监测的能力建设，逐步形成 $PM_{2.5}$ 和 O_3 协同控制支撑能力。

（二）突出重点，补齐短板。突出重点区域和城市，大气污染较重、VOCs 排放强度大的城市，在地方财政有保障的前提下，优先建设和完善 VOCs 监测网络，加快开展 $PM_{2.5}$ 与 VOCs 组分协同监测。同时，突出重点监测指标，O_3 超标城市加强 O_3 前体物的监测，污染源专项监测强化特征有毒有害污染物的监测。

（三）问题导向，支撑管理。加强与相关高校和科研院所合作，开展大气污染成因机制研究，摸清全国 $PM_{2.5}$ 与 O_3 复合污染机理的普遍性和区域差异性，为大气污染防治决策提供科学支撑。统一监测和质控标准规范，提高监测数据质量，推动地方协同控制监测数据与国家联网，逐步形成更为全面准确的国家大气环境质量监测评价体系。

（四）分清事权，统一质控。国家负责建立统一的技术、标准规范和质量管理体系，对网络运行情况进行监督检查，保证监测数据的有效性和可比性，组织开展全国 $PM_{2.5}$ 与 VOCs 组分监测数据联网，加强监测数据集成共享和深度挖掘，为 $PM_{2.5}$ 与 O_3 协同控制提供有力支撑。地方负责 $PM_{2.5}$ 与 VOCs 组分协同监测网的建设和运行。

四、建设内容

（一）非甲烷总烃自动监测

1．建设范围

在全国 339 个地级及以上城市和雄安新区开展非甲烷总烃自动监测，每个城市在人口密集区内的臭氧高值区域至少建设一个非甲烷总烃自动监测站点。

2．监测项目

监测项目为非甲烷总烃，自动监测仪器全年运行，每小时出具至少 1 组监测数据。

3．建设方式

地方负责站点建设和运行，国家负责统一联网，并每年对各城市一个监测站点开展质控检查。

（二）细颗粒物与挥发性有机物组分协同监测

在现有地方已建设的细颗粒物与挥发性有机物组分监测网络的基础上，补充建设，开展 $PM_{2.5}$ 与 VOCs 组分协同监测。鼓励其他地区参照本方案开展监测。

1．建设范围

京津冀及周边地区、汾渭平原［即北京、天津、河北、山西、山东、河南、陕西 7 省（市）］和其他 $PM_{2.5}$ 年平均浓度未达标的城市开展细颗粒物组分、氨气、气溶胶垂直分布等监测。“十四五”大气污染防治重点区域、VOCs 排放量较高的城市和其他臭氧超标城市须开展环境空气 VOCs 组分监测。

2．监测项目

（1）细颗粒物组分监测项目

必测项目：$PM_{2.5}$质量浓度；$PM_{2.5}$中的元素碳、有机碳；$PM_{2.5}$中的水溶性离子（包括硫酸根离子、硝酸根离子、氟离子、氯离子、钠离子、铵根离子、钾离子、镁离子、钙离子等）；$PM_{2.5}$中的无机元素（硅、锑、砷、钡、钙、铬、钴、铜、铁、铅、锰、镍、硒、锡、钛、钒、锌、钾、铝等）等。

选测项目：温度、气压、湿度、风向、风速；在线来源解析（多种组分数浓度、实时污染来源解析结果）；大气颗粒物垂直分布；气溶胶垂直分布；氨气；温度廓线、风廓线、水汽廓线等。

（2）挥发性有机物组分监测项目

必测项目：57 种 PAMS 物质、13 种醛酮类物质、$NO\text{-}NO_2\text{-}NO_x$、$O_3$、CO、气象五参数、紫外辐射强度和边界层高度等；19 个省会城市及计划单列市（名单见环办监测函〔2021〕88 号文表 3）须同时开展 47 种 TO15 物质监测。

选测项目：甲醛、总氮氧化物（NO_y）、气态亚硝酸（HONO）、过氧酰基硝酸酯类物质（PANs）、光解速率等。

3．监测布点

每个城市应在城市人口密集区内的臭氧高值区域，至少设置 1 个监测点位；并根据各地臭氧污染特征和防控需要，在城市上风向或者背景点、VOCs 高浓度点、O_3高浓度点与地区影响边缘监测点（下风向点位）增设 VOCs 组分监测点位。原则上 $PM_{2.5}$与 VOCs 组分监测为同一点位。

各省级生态环境部门，根据区域细颗粒物、臭氧污染特征及传输通道情况，增设区域传输/农村监测点位，重点加强省界、市界的区域监测站点，特别是主要传输通道区域点建设，以分析臭氧传输路径和规律。后续根据协同控制监管需要进行适当调整。除定点监测外，各地根据实际情况，增加移动监测。

4．建设方式

地方负责站点建设和运行，国家负责统一联网，并每年对各城市一个监测站点开展质控检查。

（二）交通、工业园区和排污单位污染源专项监测

1．交通污染专项监测

开展交通污染来源监控，形成交通污染排放主要物质的实时监测能力。

（1）建设范围

在“十四五”大气污染防治重点区域和 VOCs 排放量较高的城市（名单见环办监测函〔2021〕88 号文表 3），建设公路、港口、机场和铁路货场等交通污染监测站。

（2）监测项目

监测项目包括一氧化氮、二氧化氮、非甲烷总烃、苯系物、黑炭和交通流量等，具体见表 1。

表 1　各类交通大气环境自动监测站点监测指标

类别	监测项目
公路点	NO-NO_2-NO_x、CO、PM_{10}、$PM_{2.5}$、NMHC、气象五参数、BC、VOCs（至少包含苯系物）、汽车流量等其他交通污染相关因子
港口点	NO-NO_2-NO_x、CO、SO_2、$PM_{2.5}$、NMHC、BC、气象五参数、VOCs（至少包含 PAMS 57 种组分）
机场点	NO-NO_2-NO_x、CO、O_3、SO_2、PM_{10}、$PM_{2.5}$、NMHC、气象五参数、BC、VOCs（至少包含 PAMS 57 种组分）
铁路货场点	NO-NO_2-NO_x、CO、O_3、SO_2、PM_{10}、$PM_{2.5}$、NMHC、气象五参数、BC、VOCs（至少包含 PAMS 57 种组分）

（3）监测布点

交通点分为公路点、港口点、机场点、铁路货场点四类，针对各类站点监测对象的污染排放、地理环境和管理需求分别进行点位布设。

①公路点

公路点监测的污染源为流动污染源，重点布设在直辖市、省会城市、重点区域城市的主要干道和国家高速公路沿线。在点位设置时，应考虑交通流的运行状态和时间上的不均衡性、气象条件、路旁建筑物形态和布局对污染扩散的影响。监测站点选址应综合考虑城市大小、人口密度、交通流量等因素。

②港口点

吞吐量大于 1000 万吨/年的港口（商港、渔港、工业港、避风港等）须设立港口点，点位设置在港口作业区内。

③机场点

机场点须设置于机场管理区内，且尽量靠近跑道的下风向，所有承担民用航班的机场均须设立机场点。

④铁路货场点

铁路货场点监测的污染源为货场内装载车辆产生的流动污染源，点位设置在主要铁路货运中转枢纽、公转铁货运枢纽、港口集疏港、物流园区、大型工矿企业铁路专用线货场等。监测站点选址应综合考虑货场形态、装载区域位置、装载频次等因素。

（4）建设方式

省级生态环境部门负责组织行政区域内地方政府建设交通污染监测点位。

2. 工业园区专项监测

（1）建设范围

以“十四五”大气污染防治重点区域为重点，在石化、化工、工业涂装、包装印刷等涉 VOCs 的产业集群和工业园区，以及氮氧化物排放量较大的产业集群和工业园区开展协同监测。

以内蒙古、江苏、浙江、福建、江西、山东、广东、广西、重庆、四川等 10 个省（市）为重点，在生产或大量使用消耗臭氧层物质（ODS）、氢氟碳化物（HFCs）的企业或园区周边开展 ODS 及 HFCs 试点监测。

（2）监测项目

①协同监测项目

必测项目：常规六项（NO_x、CO、O_3、SO_2、PM_{10}、$PM_{2.5}$）；涉及 VOCs 的园区增加挥发性有机物监测项目（至少包含 57 种 PAMS 物质）。

选测项目：特征有毒有害污染物（TO15）等。

②试点监测项目

监测指标：ODS、HCFC-22、HCFC-141b、HCFC-142b、HFC-23、HFC-134a、HFC-125、HFC-32 等。

（3）监测布点

基于园区的源排放对周边环境影响，设置园区站（园区内，可设置于区内重点企业厂界）、边界站（园区边界）和周边站（园区主导风向下风向有代表性的人口集中区）等三类代表性自动监测站。在点位布设时，根据园区类型、区域面积、污染特征、气象因素等条件，在重点工业园区的上下风向和（或）中心区域开展空气质量监测。10 km^2 以下每个工业园区设置 2 个站点、10～100 km^2 每个工业园区设置3个站点、超过100 km^2的工业园区可增加设置站点。

（4）建设方式

园区管理单位负责建设园区内监测站点。

3．排污单位自行监测

按照排污单位自行监测技术指南要求开展固定污染源监测，推动重点企业加快安装烟气排放自动监控设施，在生产一氯二氟甲烷（HCFC-22）的企业周边开展三氟甲烷（HFC-23）监测。

五、实施进度

（一）非甲烷总烃自动监测

2021年12月31日前，开展非甲烷总烃自动监测，实施进度如表2所示。

表2　非甲烷总烃自动监测实施进度表

阶段	时间	内容
监测点位选定	2021年5月底前	各地根据点位选定要求并结合实际情况选定点位，并将点位信息报送中国环境监测总站
仪器选型和采购	2021年9月底前	参照《环境空气非甲烷总烃连续自动监测技术规定（试行）》（总站气字〔2021〕61号）和其他相关技术要求，结合本地实际情况确定采购仪器
安装、调试及验收	2021年11月底前	完成监测站点建设或改造，包括设备采购、到货及安装等；按照相关技术规范要求进行监测系统调试、试运行和验收等
联网及运行	2021年12月底前	实现自动监测数据与中国环境监测总站信息平台实时联网。按照《环境空气非甲烷总烃连续自动监测技术规定（试行）》（总站气字〔2021〕61号）的要求开展监测，保障系统稳定运行，并做好数据审核工作

（二）细颗粒物与挥发性有机物组分协同监测

2022年12月31日前，开展细颗粒物与挥发性有机物组分协同监测，实施进度如表3所示。

表 3 细颗粒物与挥发性有机物组分协同监测实施进度表

阶段	时间	内容
监测点位选定	2021 年 10 月底前	各地根据点位选定要求并结合实际情况选定点位，并将点位信息报送中国环境监测总站
仪器选型和采购	2022 年 6 月底前	根据监测目标，结合国家标准及中国环境监测总站印发的相关技术规范，考虑本地实际情况确定采购仪器
安装、调试及验收	2022 年 10 月底前	完成监测站点建设或改造，包括设备采购、到货及安装等；按照相关技术规范要求进行监测系统调试、试运行和验收等
联网、运行及管理体系建立	2022 年 12 月底前	实现自动监测数据与中国环境监测总站信息平台实时联网。按照相关监测标准开展质量保证与质量控制工作，保障系统稳定运行。完善站点运行管理体系、质量控制体系和数据应用体系，推进监测网络规范化管理

（三）交通污染专项监测

2022 年 12 月 31 日前，开展公路、港口、机场和铁路货场等交通污染专项监测，实施进度如表 4 所示。

表 4 交通污染专项监测实施进度表

阶段	时间	内容
监测点位选定	2021 年 10 月底前	各地根据点位选定要求并结合实际情况选定点位，并将点位信息报送中国环境监测总站
仪器选型和采购	2022 年 6 月底前	根据监测目标，结合国家及地方相关标准，考虑本地实际情况确定采购仪器
安装、调试及验收	2022 年 10 月底前	完成交通监测点建设，包括设备采购、到货及安装等；按照相关技术规范要求进行监测系统调试、试运行和验收等
联网、运行	2022 年 12 月底前	实现自动监测数据与中国环境监测总站信息平台实时联网。按照相关监测技术规范开展运行质控，保障系统稳定运行

（四）工业园区专项监测和排污单位自行监测

2021 年 12 月 31 日前，开展工业园区专项监测和排污单位自行监测，项目实施进度如表 5 所示。“十四五”期间，各地根据实际情况，完成消耗臭氧层物质（ODS）、氢氟碳化物（HFCs）试点监测。

表 5　工业园区专项监测和排污单位自行监测实施进度表

阶段	时间	内容
监测点位选定	2021 年 6 月底前	各地根据点位选定要求并结合实际情况选定点位，并将点位信息报送中国环境监测总站
完成监测点位建设和运行	2021 年 12 月底前	各园区或企业根据监测目标，结合国家及地方相关标准，完成监测站点建设或改造，包括设备采购、到货及安装等；开展运行质控，保障系统稳定运行
质控及抽查	2022 年起	各级生态环境部门应制定工作计划，按照“抽查时间随机、抽查对象随机”的原则开展排污单位 VOCs 排放抽查抽测工作；省级生态环境部门应于次年 1 月底前将抽查报告报送中国环境监测总站

六、实施要求

（一）加强组织领导。生态环境部负责全国 $PM_{2.5}$ 与 O_3 协同控制监测网络能力建设的总体部署和监督指导。各省级生态环境部门负责组织监测站点建设、运维保障、日常监测和数据审核等工作。中国环境监测总站负责组织制定统一技术规范和质控标准，组织开展站点联网和验收工作，会同各省级生态环境部门做好监测点位优选工作。

（二）加强质量控制和质量保证。建立国家—区域—地方三级质控体系，严格落实监测质量保证与质量控制要求。中国环境监测总站开展 O_3 逐级标准和 VOCs 标气量值比对。充分发挥六大区域质控中心作用，开展监测质量监督检查。各省级生态环境部门每年对行政区域内开展 $PM_{2.5}$ 与 VOCs 组分协同监测的城市进行不少于 2 次的质控检查，及时向监测单位反馈检查结果并督促整改。

（三）加强监测数据联网。按照“建成一个、联网一个”的原则，推进监测数据与中国环境监测总站相应数据平台联网，实现所有站点数据的准确、稳定上传。中国环境监测总站组织各省（市）级生态环境监测单位，做好监测数据联网上传工作。

（四）加强监测数据分析和应用。各省级生态环境监测机构组织行政区域内监测单位，开展细颗粒物与挥发性有机物组分监测数据的综合分析和深度挖掘，深化重点城市 VOCs 来源解析与研究，为 $PM_{2.5}$ 与 O_3 成因机理研究提供坚实数据支撑。中国环境监测总站强化对各省级生态环境监测机构上报分析结果的再次研判，组织科研单位开展全国和重点区域的监测结果分析。

（五）加强人员培训。中国环境监测总站组织开展细颗粒物与挥发性有机物组分协同监测人员培训，提升监测业务能力，为 $PM_{2.5}$ 与 O_3 协同控制监测工作提供技术保障。

（六）加强资金保障。将地方相关监测能力建设纳入大气污染防治专项资金支持范围，落实能力建设与运行经费，支持地方开展 $PM_{2.5}$ 与 O_3 协同控制监测能力建设。

固定污染源排污许可分类管理名录（2019 年版）

（生态环境部令　第 11 号）

第一条　为实施排污许可分类管理，根据《中华人民共和国环境保护法》等有关法律法规和《国务院办公厅关于印发控制污染物排放许可制实施方案的通知》的相关规定，制定本名录。

第二条　国家根据排放污染物的企业事业单位和其他生产经营者（以下简称排污单位）污染物产生量、排放量、对环境的影响程度等因素，实行排污许可重点管理、简化管理和登记管理。

对污染物产生量、排放量或者对环境的影响程度较大的排污单位，实行排污许可重点管理；对污染物产生量、排放量和对环境的影响程度较小的排污单位，实行排污许可简化管理。对污染物产生量、排放量和对环境的影响程度很小的排污单位，实行排污登记管理。

实行登记管理的排污单位，不需要申请取得排污许可证，应当在全国排污许可证管理信息平台填报排污登记表，登记基本信息、污染物排放去向、执行的污染物排放标准以及采取的污染防治措施等信息。

第三条　本名录依据《国民经济行业分类》（GB/T 4754—2017）划分行业类别。

第四条　现有排污单位应当在生态环境部规定的实施时限内申请取得排污许可证或者填报排污登记表。新建排污单位应当在启动生产设施或者发生实际排污之前申请取得排污许可证或者填报排污登记表。

第五条　同一排污单位在同一场所从事本名录中两个以上行业生产经营的，申请一张排污许可证。

第六条　属于本名录第 1 至 107 类行业的排污单位，按照本名录第 109 至 112 类规定的锅炉、工业炉窑、表面处理、水处理等通用工序实施重点管理或者简化管理的，只需对其涉及的通用工序申请取得排污许可证，不需要对其他生产设施和相应的排放口等申请取得排污许可证。

第七条 属于本名录第 108 类行业的排污单位，涉及本名录规定的通用工序重点管理、简化管理或者登记管理的，应当对其涉及的本名录第 109 至 112 类规定的锅炉、工业炉窑、表面处理、水处理等通用工序申请领取排污许可证或者填报排污登记表；有下列情形之一的，还应当对其生产设施和相应的排放口等申请取得重点管理排污许可证：

（一）被列入重点排污单位名录的；

（二）二氧化硫或者氮氧化物年排放量大于 250 吨的；

（三）烟粉尘年排放量大于 500 吨的；

（四）化学需氧量年排放量大于 30 吨，或者总氮年排放量大于 10 吨，或者总磷年排放量大于 0.5 吨的；

（五）氨氮、石油类和挥发酚合计年排放量大于 30 吨的；

（六）其他单项有毒有害大气、水污染物污染当量数大于 3000 的。

污染当量数按照《中华人民共和国环境保护税法》的规定计算。

第八条 本名录未作规定的排污单位，确需纳入排污许可管理的，其排污许可管理类别由省级生态环境主管部门提出建议，报生态环境部确定。

第九条 本名录由生态环境部负责解释，并适时修订。

第十条 本名录自发布之日起施行。《固定污染源排污许可分类管理名录（2017 年版）》同时废止。

序号	行业类别	重点管理	简化管理	登记管理
一、畜牧业 03				
1	牲畜饲养 031，家禽饲养 032	设有污水排放口的规模化畜禽养殖场、养殖小区（具体规模化标准按《畜禽规模养殖污染防治条例》执行）	/	无污水排放口的规模化畜禽养殖场、养殖小区，设有污水排放口的规模以下畜禽养殖场、养殖小区
2	其他畜牧业 039	/	/	设有污水排放口的养殖场、养殖小区
二、煤炭开采和洗选业 06				
3	烟煤和无烟煤开采洗选 061，褐煤开采洗选 062，其他煤炭洗选 069	涉及通用工序重点管理的	涉及通用工序简化管理的	其他

序号	行业类别	重点管理	简化管理	登记管理
三、石油和天然气开采业 07				
4	石油开采 071，天然气开采 072	涉及通用工序重点管理的	涉及通用工序简化管理的	其他
四、黑色金属矿采选业 08				
5	铁矿采选 081，锰矿、铬矿采选 082，其他黑色金属矿采选 089	涉及通用工序重点管理的	涉及通用工序简化管理的	其他
五、有色金属矿采选业 09				
6	常用有色金属矿采选 091，贵金属矿采选 092，稀有稀土金属矿采选 093	涉及通用工序重点管理的	涉及通用工序简化管理的	其他
六、非金属矿采选业 10				
7	土砂石开采 101，化学矿开采 102，采盐 103，石棉及其他非金属矿采选 109	涉及通用工序重点管理的	涉及通用工序简化管理的	其他
七、其他采矿业 12				
8	其他采矿业 120	涉及通用工序重点管理的	涉及通用工序简化管理的	其他
八、农副食品加工业 13				
9	谷物磨制 131	/	/	谷物磨制 131*
10	饲料加工 132	/	饲料加工 132（有发酵工艺的）*	饲料加工 132（无发酵工艺的）*
11	植物油加工 133	/	除单纯混合或者分装以外的*	单纯混合或者分装的*
12	制糖业 134	日加工糖料能力 1000 吨及以上的原糖、成品糖或者精制糖生产	其他*	/
13	屠宰及肉类加工 135	年屠宰生猪 10 万头及以上的，年屠宰肉牛 1 万头及以上的，年屠宰肉羊 15 万头及以上的，年屠宰禽类 1000 万只及以上的	年屠宰生猪 2 万头及以上 10 万头以下的，年屠宰肉牛 0.2 万头及以上 1 万头以下的，年屠宰肉羊 2.5 万头及以上 15 万头以下的，年屠宰禽类 100 万只及以上 1000 万只以下的，年加工肉禽类 2 万吨及以上的	其他*

序号	行业类别	重点管理	简化管理	登记管理
14	水产品加工 136	/	年加工 10 万吨及以上的水产品冷冻加工 1361、鱼糜制品及水产品干腌制加工 1362、鱼油提取及制品制造 1363、其他水产品加工 1369	其他*
15	蔬菜、菌类、水果和坚果加工 137	涉及通用工序重点管理的	涉及通用工序简化管理的	其他*
16	其他农副食品加工 139	年加工能力 15 万吨玉米或者 1.5 万吨薯类及以上的淀粉生产或者年产 1 万吨及以上的淀粉制品生产，有发酵工艺的淀粉制品	除重点管理以外的年加工能力 1.5 万吨及以上玉米、0.1 万吨及以上薯类或豆类、4.5 万吨及以上小麦的淀粉生产、年产 0.1 万吨及以上的淀粉制品生产（不含有发酵工艺的淀粉制品）	其他*
九、食品制造业 14				
17	方便食品制造 143，其他食品制造 149	/	米、面制品制造 1431*，速冻食品制造 1432*，方便面制造 1433*，其他方便食品制造 1439*，食品及饲料添加剂制造 1495*，以上均不含手工制作、单纯混合或者分装的	其他*
18	焙烤食品制造 141，糖果、巧克力及蜜饯制造 142，罐头食品制造 145	涉及通用工序重点管理的	涉及通用工序简化管理的	其他*
19	乳制品制造 144	年加工 20 万吨及以上的（不含单纯混合或者分装的）	年加工 20 万吨以下的（不含单纯混合或者分装的）*	单纯混合或者分装的*
20	调味品、发酵制品制造 146	有发酵工艺的味精、柠檬酸、赖氨酸、酵母制造，年产 2 万吨及以上且有发酵工艺的酱油、食醋制造	除重点管理以外的调味品、发酵制品制造（不含单纯混合或者分装的）*	单纯混合或者分装的*

序号	行业类别	重点管理	简化管理	登记管理
十、酒、饮料和精制茶制造业 15				
21	酒的制造 151	酒精制造 1511，有发酵工艺的年生产能力 5000 千升及以上的白酒、啤酒、黄酒、葡萄酒、其他酒制造	有发酵工艺的年生产能力 5000 千升以下的白酒、啤酒、黄酒、葡萄酒、其他酒制造*	其他*
22	饮料制造 152	/	有发酵工艺或者原汁生产的*	其他*
23	精制茶加工 153	涉及通用工序重点管理的	涉及通用工序简化管理的	其他*
十一、烟草制品业 16				
24	烟叶复烤 161，卷烟制造 162，其他烟草制品制造 169	涉及通用工序重点管理的	涉及通用工序简化管理的	其他*
十二、纺织业 17				
25	棉纺织及印染精加工 171，毛纺织及染整精加工 172，麻纺织及染整精加工 173，丝绢纺织及印染精加工 174，化纤织造及印染精加工 175	有前处理、染色、印花、洗毛、麻脱胶、缫丝或者喷水织造工序的	仅含整理工序的	其他*
26	针织或钩针编织物及其制品制造 176，家用纺织制成品制造 177，产业用纺织制成品制造 178	涉及通用工序重点管理的	涉及通用工序简化管理的	其他*
十三、纺织服装、服饰业 18				
27	机织服装制造 181，服饰制造 183	有水洗工序、湿法印花、染色工艺的	/	其他*
28	针织或钩针编织服装制造 182	涉及通用工序重点管理的	涉及通用工序简化管理的	其他*
十四、皮革、毛皮、羽毛及其制品和制鞋业 19				
29	皮革鞣制加工 191，毛皮鞣制及制品加工 193	有鞣制工序的	皮革鞣制加工 191（无鞣制工序的）	毛皮鞣制及制品加工 193（无鞣制工序的）
30	皮革制品制造 192	涉及通用工序重点管理的	涉及通用工序简化管理的	其他*

序号	行业类别	重点管理	简化管理	登记管理
31	羽毛（绒）加工及制品制造 194	羽毛（绒）加工 1941（有水洗工序的）	/	羽毛（绒）加工 1941（无水洗工序的）*，羽毛（绒）制品制造 1942*
32	制鞋业 195	纳入重点排污单位名录的	除重点管理以外的年使用 10 吨及以上溶剂型胶粘剂或者 3 吨及以上溶剂型处理剂的	其他*
十五、木材加工和木、竹、藤、棕、草制品业 20				
33	人造板制造 202	纳入重点排污单位名录的	除重点管理以外的胶合板制造 2021（年产 10 万立方米及以上的）、纤维板制造 2022、刨花板制造 2023、其他人造板制造 2029（年产 10 万立方米及以上的）	其他*
34	木材加工 201，木质制品制造 203，竹、藤、棕、草等制品制造 204	涉及通用工序重点管理的	涉及通用工序简化管理的	其他*
十六、家具制造业 21				
35	木质家具制造 211，竹、藤家具制造 212，金属家具制造 213，塑料家具制造 214，其他家具制造 219	纳入重点排污单位名录的	除重点管理以外的年使用 10 吨及以上溶剂型涂料或者胶粘剂（含稀释剂、固化剂）的、年使用 20 吨及以上水性涂料或者胶粘剂的、有磷化表面处理工艺的	其他*
十七、造纸和纸制品业 22				
36	纸浆制造 221	全部	/	/
37	造纸 222	机制纸及纸板制造 2221、手工纸制造 2222	有工业废水和废气排放的加工纸制造 2223	除简化管理外的加工纸制造 2223*
38	纸制品制造 223	/	有工业废水或者废气排放的	其他*

序号	行业类别	重点管理	简化管理	登记管理
十八、印刷和记录媒介复制业 23				
39	印刷 231	纳入重点排污单位名录的	除重点管理以外的年使用 80 吨及以上溶剂型油墨、涂料或者 10 吨及以上溶剂型稀释剂的包装装潢印刷	其他*
40	装订及印刷相关服务 232，记录媒介复制 233	涉及通用工序重点管理的	涉及通用工序简化管理的	其他*
十九、文教、工美、体育和娱乐用品制造业 24				
41	文教办公用品制造 241，乐器制造 242，工艺美术及礼仪用品制造 243，体育用品制造 244，玩具制造 245，游艺器材及娱乐用品制造 246	涉及通用工序重点管理的	涉及通用工序简化管理的	其他*
二十、石油、煤炭及其他燃料加工业 25				
42	精炼石油产品制造 251	原油加工及石油制品制造 2511，其他原油制造 2519，以上均不含单纯混合或者分装的	/	单纯混合或者分装的
43	煤炭加工 252	炼焦 2521，煤制合成气生产 2522，煤制液体燃料生产 2523	/	煤制品制造 2524，其他煤炭加工 2529
44	生物质燃料加工 254	涉及通用工序重点管理的	涉及通用工序简化管理的	其他
二十一、化学原料和化学制品制造业 26				
45	基础化学原料制造 261	无机酸制造 2611，无机碱制造 2612，无机盐制造 2613，有机化学原料制造 2614，其他基础化学原料制造 2619（非金属无机氧化物、金属氧化物、金属过氧化物、金属超氧化物、硫磺、磷、硅、精硅、硒、砷、硼、碲），以上均不含单纯混合或者分装的	单纯混合或者分装的无机酸制造 2611、无机碱制造 2612、无机盐制造 2613、有机化学原料制造 2614、其他基础化学原料制造 2619（非金属无机氧化物、金属氧化物、金属过氧化物、金属超氧化物、硫磺、磷、硅、精硅、硒、砷、硼、碲）	其他基础化学原料制造 2619（除重点管理、简化管理以外的）

序号	行业类别	重点管理	简化管理	登记管理
46	肥料制造 262	氮肥制造 2621，磷肥制造 2622，复混肥料制造 2624，以上均不含单纯混合或者分装的	钾肥制造 2623，有机肥料及微生物肥料制造 2625，其他肥料制造 2629，以上均不含单纯混合或者分装的；氮肥制造 2621（单纯混合或者分装的）	其他
47	农药制造 263	化学农药制造 2631（包含农药中间体，不含单纯混合或者分装的），生物化学农药及微生物农药制造 2632（有发酵工艺的）	化学农药制造 2631（单纯混合或者分装的），生物化学农药及微生物农药制造 2632（无发酵工艺的）	/
48	涂料、油墨、颜料及类似产品制造 264	涂料制造 2641，油墨及类似产品制造 2642，工业颜料制造 2643，工艺美术颜料制造 2644，染料制造 2645，以上均不含单纯混合或者分装的	单纯混合或者分装的涂料制造 2641、油墨及类似产品制造 2642，密封用填料及类似品制造 2646（不含单纯混合或者分装的）	其他
49	合成材料制造 265	初级形态塑料及合成树脂制造 2651，合成橡胶制造 2652，合成纤维单（聚合）体制造 2653，其他合成材料制造 2659（陶瓷纤维等特种纤维及其增强的复合材料的制造）	/	其他合成材料制造 2659（除陶瓷纤维等特种纤维及其增强的复合材料的制造以外的）

序号	行业类别	重点管理	简化管理	登记管理
50	专用化学产品制造 266	化学试剂和助剂制造 2661，专项化学用品制造 2662，林产化学产品制造 2663（有热解或者水解工艺的），以上均不含单纯混合或者分装的	林产化学产品制造 2663（无热解或者水解工艺的），文化用信息化学品制造 2664，医学生产用信息化学品制造 2665，环境污染处理专用药剂材料制造 2666，动物胶制造 2667，其他专用化学产品制造 2669，以上均不含单纯混合或者分装的	单纯混合或者分装的
51	炸药、火工及焰火产品制造 267	涉及通用工序重点管理的	涉及通用工序简化管理的	其他
52	日用化学产品制造 268	肥皂及洗涤剂制造 2681（以油脂为原料的肥皂或者皂粒制造），香料、香精制造 2684（香料制造），以上均不含单纯混合或者分装的	肥皂及洗涤剂制造 2681（采用高塔喷粉工艺的合成洗衣粉制造），香料、香精制造 2684（采用热反应工艺的香精制造）	肥皂及洗涤剂制造 2681（除重点管理、简化管理以外的），化妆品制造 2682，口腔清洁用品制造 2683，香料、香精制造 2684（除重点管理、简化管理以外的），其他日用化学产品制造 2689
二十二、医药制造业 27				
53	化学药品原料药制造 271	全部	/	/
54	化学药品制剂制造 272	化学药品制剂制造 2720（不含单纯混合或者分装的）	/	单纯混合或者分装的
55	中药饮片加工 273，药用辅料及包装材料制造 278	涉及通用工序重点管理的	涉及通用工序简化管理的	其他*
56	中成药生产 274	/	有提炼工艺的	其他*

序号	行业类别	重点管理	简化管理	登记管理
57	兽用药品制造 275	兽用药品制造 2750（不含单纯混合或者分装的）	/	单纯混合或者分装的
58	生物药品制品制造 276	生物药品制造 2761，基因工程药物和疫苗制造 2762，以上均不含单纯混合或者分装的	/	单纯混合或者分装的
59	卫生材料及医药用品制造 277	/	/	卫生材料及医药用品制造 2770
二十三、化学纤维制造业 28				
60	纤维素纤维原料及纤维制造 281，合成纤维制造 282，生物基材料制造 283	化纤浆粕制造 2811，人造纤维（纤维素纤维）制造 2812，锦纶纤维制造 2821，涤纶纤维制造 2822，腈纶纤维制造 2823，维纶纤维制造 2824，氨纶纤维制造 2826，其他合成纤维制造 2829，生物基化学纤维制造 2831（莱赛尔纤维制造）	/	丙纶纤维制造 2825，生物基化学纤维制造 2831（除莱赛尔纤维制造以外的），生物基、淀粉基新材料制造 2832
二十四、橡胶和塑料制品业 29				
61	橡胶制品业 291	纳入重点排污单位名录的	除重点管理以外的轮胎制造 2911、年耗胶量 2000 吨及以上的橡胶板、管、带制造 2912，橡胶零件制造 2913，再生橡胶制造 2914，日用及医用橡胶制品制造 2915，运动场地用塑胶制造 2916，其他橡胶制品制造 2919	其他

序号	行业类别	重点管理	简化管理	登记管理
62	塑料制品业 292	塑料人造革、合成革制造 2925	年产 1 万吨及以上的泡沫塑料制造 2924，年产 1 万吨及以上涉及改性的塑料薄膜制造 2921，塑料板、管、型材制造 2922，塑料丝、绳和编织品制造 2923，塑料包装箱及容器制造 2926，日用塑料品制造 2927，人造草坪制造 2928，塑料零件及其他塑料制品制造 2929	其他
二十五、非金属矿物制品业 30				
63	水泥、石灰和石膏制造 301，石膏、水泥制品及类似制品制造 302	水泥（熟料）制造	水泥粉磨站、石灰和石膏制造 3012	水泥制品制造 3021，砼结构构件制造 3022，石棉水泥制品制造 3023，轻质建筑材料制造 3024，其他水泥类似制品制造 3029
64	砖瓦、石材等建筑材料制造 303	粘土砖瓦及建筑砌块制造 3031（以煤或者煤矸石为燃料的烧结砖瓦）	粘土砖瓦及建筑砌块制造 3031（除以煤或者煤矸石为燃料的烧结砖瓦以外的），建筑用石加工 3032，防水建筑材料制造 3033，隔热和隔音材料制造 3034，其他建筑材料制造 3039，以上均不含仅切割加工的	仅切割加工的
65	玻璃制造 304	平板玻璃制造 3041	特种玻璃制造 3042	其他玻璃制造 3049
66	玻璃制品制造 305	以煤、石油焦、油和发生炉煤气为燃料的	以天然气为燃料的	其他
67	玻璃纤维和玻璃纤维增强塑料制品制造 306	以煤、石油焦、油和发生炉煤气为燃料的	以天然气为燃料的	其他

序号	行业类别	重点管理	简化管理	登记管理
68	陶瓷制品制造 307	建筑陶瓷制品制造 3071（以煤、石油焦、油和发生炉煤气为燃料的），卫生陶瓷制品制造 3072（年产 150 万件及以上的），日用陶瓷制品制造 3074（年产 250 万件及以上的）	建筑陶瓷制品制造 3071（以天然气为燃料的）	建筑陶瓷制品制造 3071（除重点管理、简化管理以外的），卫生陶瓷制品制造 3072（年产 150 万件以下的），日用陶瓷制品制造 3074（年产 250 万件以下的），特种陶瓷制品制造 3073，陈设艺术陶瓷制造 3075，园艺陶瓷制造 3076，其他陶瓷制品制造 3079
69	耐火材料制品制造 308	石棉制品制造 3081	以煤、石油焦、油和发生炉煤气为燃料的云母制品制造 3082、耐火陶瓷制品及其他耐火材料制造 3089	除简化管理以外的云母制品制造 3082、耐火陶瓷制品及其他耐火材料制造 3089
70	石墨及其他非金属矿物制品制造 309	石墨及碳素制品制造 3091（石墨制品、碳制品、碳素新材料），其他非金属矿物制品制造 3099（多晶硅棒）	石墨及碳素制品制造 3091（除石墨制品、碳制品、碳素新材料以外的），其他非金属矿物制品制造 3099（单晶硅棒，沥青混合物）	其他非金属矿物制品制造 3099（除重点管理、简化管理以外的）
二十六、黑色金属冶炼和压延加工业 31				
71	炼铁 311	含炼铁、烧结、球团等工序的生产	/	/
72	炼钢 312	全部	/	/
73	钢压延加工 313	年产 50 万吨及以上的冷轧	热轧及年产 50 万吨以下的冷轧	其他
74	铁合金冶炼 314	铁合金冶炼 3140	/	/
二十七、有色金属冶炼和压延加工业 32				
75	常用有色金属冶炼 321	铜、铅锌、镍钴、锡、锑、铝、镁、汞、钛等常用有色金属冶炼（含再生铜、再生铝和再生铅冶炼）	/	其他

序号	行业类别	重点管理	简化管理	登记管理
76	贵金属冶炼 322	金冶炼 3221，银冶炼 3222，其他贵金属冶炼 3229	/	/
77	稀有稀土金属冶炼 323	钨钼冶炼 3231，稀土金属冶炼 3232，其他稀有金属冶炼 3239	/	/
78	有色金属合金制造 324	铅基合金制造，年产 2 万吨及以上的其他有色金属合金制造	其他	/
79	有色金属压延加工 325	/	有轧制或者退火工序的	其他
二十八、金属制品业 33				
80	结构性金属制品制造 331，金属工具制造 332，集装箱及金属包装容器制造 333，金属丝绳及其制品制造 334，建筑、安全用金属制品制造 335，搪瓷制品制造 337，金属制日用品制造 338，铸造及其他金属制品制造 339（除黑色金属铸造 3391、有色金属铸造 3392）	涉及通用工序重点管理的	涉及通用工序简化管理的	其他*
81	金属表面处理及热处理加工 336	纳入重点排污单位名录的，专业电镀企业（含电镀园区中电镀企业），专门处理电镀废水的集中处理设施，有电镀工序的，有含铬钝化工序的	除重点管理以外的有酸洗、抛光（电解抛光和化学抛光）、热浸镀（溶剂法）、淬火或者无铬钝化等工序的、年使用 10 吨及以上有机溶剂的	其他
82	铸造及其他金属制品制造 339	黑色金属铸造 3391（使用冲天炉的），有色金属铸造 3392（生产铅基及铅青铜铸件的）	除重点管理以外的黑色金属铸造 3391、有色金属铸造 3392	/

序号	行业类别	重点管理	简化管理	登记管理
二十九、通用设备制造业 34				
83	锅炉及原动设备制造 341，金属加工机械制造 342，物料搬运设备制造 343，泵、阀门、压缩机及类似机械制造 344，轴承、齿轮和传动部件制造 345，烘炉、风机、包装等设备制造 346，文化、办公用机械制造 347，通用零部件制造 348，其他通用设备制造业 349	涉及通用工序重点管理的	涉及通用工序简化管理的	其他
三十、专用设备制造业 35				
84	采矿、冶金、建筑专用设备制造 351，化工、木材、非金属加工专用设备制造 352，食品、饮料、烟草及饲料生产专用设备制造 353，印刷、制药、日化及日用品生产专用设备制造 354，纺织、服装和皮革加工专用设备制造 355，电子和电工机械专用设备制造 356，农、林、牧、渔专用机械制造 357，医疗仪器设备及器械制造 358，环保、邮政、社会公共服务及其他专用设备制造 359	涉及通用工序重点管理的	涉及通用工序简化管理的	其他

序号	行业类别	重点管理	简化管理	登记管理
三十一、汽车制造业 36				
85	汽车整车制造 361，汽车用发动机制造 362，改装汽车制造 363，低速汽车制造 364，电车制造 365，汽车车身、挂车制造 366，汽车零部件及配件制造 367	纳入重点排污单位名录的	除重点管理以外的汽车整车制造 361，除重点管理以外的年使用 10 吨及以上溶剂型涂料或者胶粘剂（含稀释剂、固化剂、清洗溶剂）的汽车用发动机制造 362、改装汽车制造 363、低速汽车制造 364、电车制造 365、汽车车身、挂车制造 366、汽车零部件及配件制造 367	其他
三十二、铁路、船舶、航空航天和其他运输设备制造 37				
86	铁路运输设备制造 371，城市轨道交通设备制造 372，船舶及相关装置制造 373，航空、航天器及设备制造 374，摩托车制造 375，自行车和残疾人座车制造 376，助动车制造 377，非公路休闲车及零配件制造 378，潜水救捞及其他未列明运输设备制造 379	纳入重点排污单位名录的	除重点管理以外的年使用 10 吨及以上溶剂型涂料或者胶粘剂（含稀释剂、固化剂、清洗溶剂）的	其他
三十三、电气机械和器材制造业 38				
87	电机制造 381，输配电及控制设备制造 382，电线、电缆、光缆及电工器材制造 383，家用电力器具制造 385，非电力家用器具制造 386，照明器具制造 387，其他电气机械及器材制造 389	涉及通用工序重点管理的	涉及通用工序简化管理的	其他

序号	行业类别	重点管理	简化管理	登记管理
88	电池制造 384	铅酸蓄电池制造 3843	锂离子电池制造 3841、镍氢电池制造 3842、锌锰电池制造 3844、其他电池制造 3849	/
三十四、计算机、通信和其他电子设备制造业 39				
89	计算机制造 391，电子器件制造 397，电子元件及电子专用材料制造 398，其他电子设备制造 399	纳入重点排污单位名录的	除重点管理以外的年使用 10 吨及以上溶剂型涂料（含稀释剂）的	其他
90	通信设备制造 392，广播电视设备制造 393，雷达及配套设备制造 394，非专业视听设备制造 395，智能消费设备制造 396	涉及通用工序重点管理的	涉及通用工序简化管理的	其他
三十五、仪器仪表制造业 40				
91	通用仪器仪表制造 401，专用仪器仪表制造 402，钟表与计时仪器制造 403，光学仪器制造 404，衡器制造 405，其他仪器仪表制造业 409	涉及通用工序重点管理的	涉及通用工序简化管理的	其他
三十六、其他制造业 41				
92	日用杂品制造 411，其他未列明制造业 419	涉及通用工序重点管理的	涉及通用工序简化管理的	其他*
三十七、废弃资源综合利用业 42				
93	金属废料和碎屑加工处理 421，非金属废料和碎屑加工处理 422	废电池、废油、废轮胎加工处理	废弃电器电子产品、废机动车、废电机、废电线电缆、废塑料、废船、含水洗工艺的其他废料和碎屑加工处理	其他

序号	行业类别	重点管理	简化管理	登记管理
三十八、金属制品、机械和设备修理业 43				
94	金属制品修理 431，通用设备修理 432，专用设备修理 433，铁路、船舶、航空航天等运输设备修理 434，电气设备修理 435，仪器仪表修理 436，其他机械和设备修理业 439	涉及通用工序重点管理的	涉及通用工序简化管理的	其他*
三十九、电力、热力生产和供应业 44				
95	电力生产 441	火力发电 4411，热电联产 4412，生物质能发电 4417（生活垃圾、污泥发电）	生物质能发电 4417（利用农林生物质、沼气发电、垃圾填埋气发电）	/
96	热力生产和供应 443	单台或者合计出力 20吨/小时（14 兆瓦）及以上的锅炉（不含电热锅炉）	单台且合计出力 20 吨/小时（14 兆瓦）以下的锅炉（不含电热锅炉和单台且合计出力 1 吨/小时（0.7 兆瓦）及以下的天然气锅炉）	单台且合计出力 1 吨/小时（0.7 兆瓦）及以下的天然气锅炉
四十、燃气生产和供应业 45				
97	燃气生产和供应业 451，生物质燃气生产和供应业 452	涉及通用工序重点管理的	涉及通用工序简化管理的	其他
四十一、水的生产和供应业 46				
98	自来水生产和供应 461，海水淡化处理 463，其他水的处理、利用与分配 469	涉及通用工序重点管理的	涉及通用工序简化管理的	其他
99	污水处理及其再生利用 462	工业废水集中处理场所，日处理能力 2 万吨及以上的城乡污水集中处理场所	日处理能力 500 吨及以上 2 万吨以下的城乡污水集中处理场所	日处理能力 500 吨以下的城乡污水集中处理场所
四十二、零售业 52				
100	汽车、摩托车、零配件和燃料及其他动力销售 526	/	位于城市建成区的加油站	其他加油站

序号	行业类别	重点管理	简化管理	登记管理
四十三、水上运输业 55				
101	水上运输辅助活动 553	/	单个泊位 1000 吨级及以上的内河、单个泊位 1 万吨级及以上的沿海专业化干散货码头（煤炭、矿石）、通用散货码头	其他货运码头 5532
四十四、装卸搬运和仓储业 59				
102	危险品仓储 594	总容量 10 万立方米及以上的油库（含油品码头后方配套油库，不含储备油库）	总容量 1 万立方米及以上 10 万立方米以下的油库（含油品码头后方配套油库，不含储备油库）	其他危险品仓储（含油品码头后方配套油库，不含储备油库）
四十五、生态保护和环境治理业 77				
103	环境治理业 772	专业从事危险废物贮存、利用、处理、处置（含焚烧发电）的，专业从事一般工业固体废物贮存、处置（含焚烧发电）的	/	/
四十六、公共设施管理业 78				
104	环境卫生管理 782	生活垃圾（含餐厨废弃物）、生活污水处理污泥集中焚烧、填埋	生活垃圾（含餐厨废弃物）、生活污水处理污泥集中处理（除焚烧、填埋以外的），日处理能力 50 吨及以上的城镇粪便集中处理，日转运能力 150 吨及以上的垃圾转运站	日处理能力 50 吨以下的城镇粪便集中处理，日转运能力 150 吨以下的垃圾转运站
四十七、居民服务业 80				
105	殡葬服务 808	/	火葬场	/
四十八、机动车、电子产品和日用品修理业 81				
106	汽车、摩托车等修理与维护 811	/	营业面积 5000 平方米及以上且有涂装工序的	/

序号	行业类别	重点管理	简化管理	登记管理
四十九、卫生 84				
107	医院 841，专业公共卫生服务 843	床位 500 张及以上的（不含专科医院 8415 中的精神病、康复和运动康复医院以及疗养院 8416）	床位 100 张及以上的专科医院 8415（精神病、康复和运动康复医院）以及疗养院 8416，床位 100 张及以上 500 张以下的综合医院 8411、中医医院 8412、中西医结合医院 8413、民族医院 8414、专科医院 8415（不含精神病、康复和运动康复医院）	疾病预防控制中心 8431，床位 100 张以下的综合医院 8411、中医医院 8412、中西医结合医院 8413、民族医院 8414、专科医院 8415、疗养院 8416
五十、其他行业				
108	除 1-107 外的其他行业	涉及通用工序重点管理的，存在本名录第七条规定情形之一的	涉及通用工序简化管理的	涉及通用工序登记管理的
五十一、通用工序				
109	锅炉	纳入重点排污单位名录的	除纳入重点排污单位名录的，单台或者合计出力 20 吨/小时（14 兆瓦）及以上的锅炉（不含电热锅炉）	除纳入重点排污单位名录的，单台且合计出力 20 吨/小时（14 兆瓦）以下的锅炉（不含电热锅炉）
110	工业炉窑	纳入重点排污单位名录的	除纳入重点排污单位名录的，除以天然气或者电为能源的加热炉、热处理炉、干燥炉（窑）以外的其他工业炉窑	除纳入重点排污单位名录的，以天然气或者电为能源的加热炉、热处理炉或者干燥炉（窑）
111	表面处理	纳入重点排污单位名录的	除纳入重点排污单位名录的，有电镀工序、酸洗、抛光（电解抛光和化学抛光）、热浸镀（溶剂法）、淬火或者钝化等工序的、年使用 10 吨及以上有机溶剂的	其他

序号	行业类别	重点管理	简化管理	登记管理
112	水处理	纳入重点排污单位名录的	除纳入重点排污单位名录的，日处理能力2万吨及以上的水处理设施	除纳入重点排污单位名录的，日处理能力500吨及以上2万吨以下的水处理设施

注：1. 表格中标“*”号者，是指在工业建筑中生产的排污单位。工业建筑的定义参见《工程结构设计基本术语标准》(GB/T 50083—2014)，是指提供生产用的各种建筑物，如车间、厂前区建筑、生活间、动力站、库房和运输设施等。

2. 表格中涉及溶剂、涂料、油墨、胶粘剂等使用量的排污单位，其投运满三年的，使用量按照近三年年最大量确定；其投运满一年但不满三年的，使用量按投运期间年最大量确定；其未投运或者投运不满一年的，按照环境影响报告书（表）批准文件确定。投运日期为排污单位发生实际排污行为的日期。

3. 根据《中华人民共和国环境保护税法实施条例》，城乡污水集中处理场所，是指为社会公众提供生活污水处理服务的场所，不包括为工业园区、开发区等工业聚集区域内的排污单位提供污水处理服务的场所，以及排污单位自建自用的污水处理场所。

4. 本名录中的电镀工序，是指电镀、化学镀、阳极氧化等生产工序。

5. 本名录不包括位于生态环境法律法规禁止建设区域内的，或生产设施或产品属于产业政策立即淘汰类的排污单位。

排污许可管理办法（试行）

（环境保护部令　第48号）

第一章　总　　则

第一条　为规范排污许可管理，根据《中华人民共和国环境保护法》《中华人民共和国水污染防治法》《中华人民共和国大气污染防治法》以及国务院办公厅印发的《控制污染物排放许可制实施方案》，制定本办法。

第二条　排污许可证的申请、核发、执行以及与排污许可相关的监管和处罚等行为，适用本办法。

第三条　环境保护部依法制定并公布固定污染源排污许可分类管理名录，明确纳入排污许可管理的范围和申领时限。

纳入固定污染源排污许可分类管理名录的企业事业单位和其他生产经营者（以下简称排污单位）应当按照规定的时限申请并取得排污许可证；未纳入固定污染源排污许可分类管理名录的排污单位，暂不需申请排污许可证。

第四条　排污单位应当依法持有排污许可证，并按照排污许可证的规定排放污染物。

应当取得排污许可证而未取得的，不得排放污染物。

第五条　对污染物产生量大、排放量大或者环境危害程度高的排污单位实行排污许可重点管理，对其他排污单位实行排污许可简化管理。

实行排污许可重点管理或者简化管理的排污单位的具体范围，依照固定污染源排污许可分类管理名录规定执行。实行重点管理和简化管理的内容及要求，依照本办法第十一条规定的排污许可相关技术规范、指南等执行。

设区的市级以上地方环境保护主管部门，应当将实行排污许可重点管理的排污单位确定为重点排污单位。

第六条　环境保护部负责指导全国排污许可制度实施和监督。各省级环境保护主管部门负责本行政区域排污许可制度的组织实施和监督。

排污单位生产经营场所所在地设区的市级环境保护主管部门负责排污许可证核发。地方性法规对核发权限另有规定的，从其规定。

第七条 同一法人单位或者其他组织所属、位于不同生产经营场所的排污单位，应当以其所属的法人单位或者其他组织的名义，分别向生产经营场所所在地有核发权的环境保护主管部门（以下简称核发环保部门）申请排污许可证。

生产经营场所和排放口分别位于不同行政区域时，生产经营场所所在地核发环保部门负责核发排污许可证，并应当在核发前，征求其排放口所在地同级环境保护主管部门意见。

第八条 依据相关法律规定，环境保护主管部门对排污单位排放水污染物、大气污染物等各类污染物的排放行为实行综合许可管理。

2015 年 1 月 1 日及以后取得建设项目环境影响评价审批意见的排污单位，环境影响评价文件及审批意见中与污染物排放相关的主要内容应当纳入排污许可证。

第九条 环境保护部对实施排污许可管理的排污单位及其生产设施、污染防治设施和排放口实行统一编码管理。

第十条 环境保护部负责建设、运行、维护、管理全国排污许可证管理信息平台。

排污许可证的申请、受理、审核、发放、变更、延续、注销、撤销、遗失补办应当在全国排污许可证管理信息平台上进行。排污单位自行监测、执行报告及环境保护主管部门监管执法信息应当在全国排污许可证管理信息平台上记载，并按照本办法规定在全国排污许可证管理信息平台上公开。

全国排污许可证管理信息平台中记录的排污许可证相关电子信息与排污许可证正本、副本依法具有同等效力。

第十一条 环境保护部制定排污许可证申请与核发技术规范、环境管理台账及排污许可证执行报告技术规范、排污单位自行监测技术指南、污染防治可行技术指南以及其他排污许可政策、标准和规范。

第二章 排污许可证内容

第十二条 排污许可证由正本和副本构成，正本载明基本信息，副本包括基本信息、登记事项、许可事项、承诺书等内容。

设区的市级以上地方环境保护主管部门可以根据环境保护地方性法规，增加需要在排污许可证中载明的内容。

第十三条 以下基本信息应当同时在排污许可证正本和副本中载明：

（一）排污单位名称、注册地址、法定代表人或者主要负责人、技术负责人、生产经营场所地址、行业类别、统一社会信用代码等排污单位基本信息；

（二）排污许可证有效期限、发证机关、发证日期、证书编号和二维码等基本信息。

第十四条 以下登记事项由排污单位申报，并在排污许可证副本中记录：

（一）主要生产设施、主要产品及产能、主要原辅材料等；

（二）产排污环节、污染防治设施等；

（三）环境影响评价审批意见、依法分解落实到本单位的重点污染物排放总量控制指标、排污权有偿使用和交易记录等。

第十五条 下列许可事项由排污单位申请，经核发环保部门审核后，在排污许可证副本中进行规定：

（一）排放口位置和数量、污染物排放方式和排放去向等，大气污染物无组织排放源的位置和数量；

（二）排放口和无组织排放源排放污染物的种类、许可排放浓度、许可排放量；

（三）取得排污许可证后应当遵守的环境管理要求；

（四）法律法规规定的其他许可事项。

第十六条 核发环保部门应当根据国家和地方污染物排放标准，确定排污单位排放口或者无组织排放源相应污染物的许可排放浓度。

排污单位承诺执行更加严格的排放浓度的，应当在排污许可证副本中规定。

第十七条 核发环保部门按照排污许可证申请与核发技术规范规定的行业重点污染物允许排放量核算方法，以及环境质量改善的要求，确定排污单位的许可排放量。

对于本办法实施前已有依法分解落实到本单位的重点污染物排放总量控制指标的排污单位，核发环保部门应当按照行业重点污染物允许排放量核算方法、环境质量改善要求和重点污染物排放总量控制指标，从严确定许可排放量。

2015 年 1 月 1 日及以后取得环境影响评价审批意见的排污单位，环境影响评价文件和审批意见确定的排放量严于按照本条第一款、第二款确定的许可排放量的，核发环保部门应当根据环境影响评价文件和审批意见要求确定排污单位的许可排放量。

地方人民政府依法制定的环境质量限期达标规划、重污染天气应对措施要求排污单位执行更加严格的重点污染物排放总量控制指标的，应当在排污许可证副本中规定。

本办法实施后，环境保护主管部门应当按照排污许可证规定的许可排放量，确定排污单位的重点污染物排放总量控制指标。

第十八条 下列环境管理要求由核发环保部门根据排污单位的申请材料、相关技术规范和监管需要，在排污许可证副本中进行规定：

（一）污染防治设施运行和维护、无组织排放控制等要求；

（二）自行监测要求、台账记录要求、执行报告内容和频次等要求；

（三）排污单位信息公开要求；

（四）法律法规规定的其他事项。

第十九条 排污单位在申请排污许可证时，应当按照自行监测技术指南，编制自行监测方案。

自行监测方案应当包括以下内容：

（一）监测点位及示意图、监测指标、监测频次；

（二）使用的监测分析方法、采样方法；

（三）监测质量保证与质量控制要求；

（四）监测数据记录、整理、存档要求等。

第二十条 排污单位在填报排污许可证申请时，应当承诺排污许可证申请材料是完整、真实和合法的；承诺按照排污许可证的规定排放污染物，落实排污许可证规定的环境管理要求，并由法定代表人或者主要负责人签字或者盖章。

第二十一条 排污许可证自作出许可决定之日起生效。首次发放的排污许可证有效期为三年，延续换发的排污许可证有效期为五年。

对列入国务院经济综合宏观调控部门会同国务院有关部门发布的产业政策目录中计划淘汰的落后工艺装备或者落后产品，排污许可证有效期不得超过计划淘汰期限。

第二十二条 环境保护主管部门核发排污许可证，以及监督检查排污许可证实施情况时，不得收取任何费用。

第三章 申请与核发

第二十三条 省级环境保护主管部门应当根据本办法第六条和固定污染源排污许可分类管理名录，确定本行政区域内负责受理排污许可证申请的核发环保部门、申请程序等相关事项，并向社会公告。

依据环境质量改善要求，部分地区决定提前对部分行业实施排污许可管理的，该地区省级环境保护主管部门应当报环境保护部备案后实施，并向社会公告。

第二十四条 在固定污染源排污许可分类管理名录规定的时限前已经建成并实际排污的排污单位，应当在名录规定时限申请排污许可证；在名录规定的时限后建成的排污单位，应当在启动生产设施或者在实际排污之前申请排污许可证。

第二十五条 实行重点管理的排污单位在提交排污许可申请材料前，应当将承诺书、基本信息以及拟申请的许可事项向社会公开。公开途径应当选择包括全国排污许可证管理信息平台等便于公众知晓的方式，公开时间不得少于五个工作日。

第二十六条 排污单位应当在全国排污许可证管理信息平台上填报并提交排污许可证申请，同时向核发环保部门提交通过全国排污许可证管理信息平台印制的书面申请材料。

申请材料应当包括：

（一）排污许可证申请表，主要内容包括：排污单位基本信息，主要生产设施、主要产品及产能、主要原辅材料，废气、废水等产排污环节和污染防治设施，申请的排放口位置和数量、排放方式、排放去向，按照排放口和生产设施或者车间申请的排放污染物种类、排放浓度和排放量，执行的排放标准；

（二）自行监测方案；

（三）由排污单位法定代表人或者主要负责人签字或者盖章的承诺书；

（四）排污单位有关排污口规范化的情况说明；

（五）建设项目环境影响评价文件审批文号，或者按照有关国家规定经地方人民政府依法处理、整顿规范并符合要求的相关证明材料；

（六）排污许可证申请前信息公开情况说明表；

（七）污水集中处理设施的经营管理单位还应当提供纳污范围、纳污排污单位名单、管网布置、最终排放去向等材料；

（八）本办法实施后的新建、改建、扩建项目排污单位存在通过污染物排放等量或者减量替代削减获得重点污染物排放总量控制指标情况的，且出让重点污染物排放总量控制指标的排污单位已经取得排污许可证的，应当提供出让重点污染物排放总量控制指标的排污单位的排污许可证完成变更的相关材料；

（九）法律法规规章规定的其他材料。

主要生产设施、主要产品产能等登记事项中涉及商业秘密的，排污单位应当进行标注。

第二十七条 核发环保部门收到排污单位提交的申请材料后，对材料的完整性、规范性进行审查，按照下列情形分别作出处理：

（一）依照本办法不需要取得排污许可证的，应当当场或者在五个工作日内告知排污单位不需要办理；

（二）不属于本行政机关职权范围的，应当当场或者在五个工作日内作出不予受理的决定，并告知排污单位向有核发权限的部门申请；

（三）申请材料不齐全或者不符合规定的，应当当场或者在五个工作日内出具告知单，告知排污单位需要补正的全部材料，可以当场更正的，应当允许排污单位当场更正；

（四）属于本行政机关职权范围，申请材料齐全、符合规定，或者排污单位按照要求提交全部补正申请材料的，应当受理。

核发环保部门应当在全国排污许可证管理信息平台上作出受理或者不予受理排污许可证申请的决定，同时向排污单位出具加盖本行政机关专用印章和注明日期的受理单或者不予受理告知单。

核发环保部门应当告知排污单位需要补正的材料，但逾期不告知的，自收到书面申请材料之日起即视为受理。

第二十八条 对存在下列情形之一的，核发环保部门不予核发排污许可证：

（一）位于法律法规规定禁止建设区域内的；

（二）属于国务院经济综合宏观调控部门会同国务院有关部门发布的产业政策目录中明令淘汰或者立即淘汰的落后生产工艺装备、落后产品的；

（三）法律法规规定不予许可的其他情形。

第二十九条 核发环保部门应当对排污单位的申请材料进行审核，对满足下列条件的排污单位核发排污许可证：

（一）依法取得建设项目环境影响评价文件审批意见，或者按照有关规定经地方人民政府依法处理、整顿规范并符合要求的相关证明材料；

（二）采用的污染防治设施或者措施有能力达到许可排放浓度要求；

（三）排放浓度符合本办法第十六条规定，排放量符合本办法第十七条规定；

（四）自行监测方案符合相关技术规范；

（五）本办法实施后的新建、改建、扩建项目排污单位存在通过污染物排放等量或者减量替代削减获得重点污染物排放总量控制指标情况的，出让重点污染物排放总量控制指标的排污单位已完成排污许可证变更。

第三十条 对采用相应污染防治可行技术的，或者新建、改建、扩建建设项目排污单位采用环境影响评价审批意见要求的污染治理技术的，核发环保部门可以认为排污单位采用的污染防治设施或者措施有能力达到许可排放浓度要求。

不符合前款情形的，排污单位可以通过提供监测数据予以证明。监测数据应当通过使用符合国家有关环境监测、计量认证规定和技术规范的监测设备取得；对于国内首次采用的污染治理技术，应当提供工程试验数据予以证明。

环境保护部依据全国排污许可证执行情况，适时修订污染防治可行技术指南。

第三十一条 核发环保部门应当自受理申请之日起二十个工作日内作出是否准予许可的决定。自作出准予许可决定之日起十个工作日内，核发环保部门向排污单位发放加盖本行政机关印章的排污许可证。

核发环保部门在二十个工作日内不能作出决定的，经本部门负责人批准，可以延长十个工作日，并将延长期限的理由告知排污单位。

依法需要听证、检验、检测和专家评审的，所需时间不计算在本条所规定的期限内。核发环保部门应当将所需时间书面告知排污单位。

第三十二条 核发环保部门作出准予许可决定的，须向全国排污许可证管理信息平台提交审核结果，获取全国统一的排污许可证编码。

核发环保部门作出准予许可决定的，应当将排污许可证正本以及副本中基本信息、许可事项及承诺书在全国排污许可证管理信息平台上公告。

核发环保部门作出不予许可决定的，应当制作不予许可决定书，书面告知排污单位不予许可的理由，以及依法申请行政复议或者提起行政诉讼的权利，并在全国排污许可证管理信息平台上公告。

第四章 实施与监管

第三十三条 禁止涂改排污许可证。禁止以出租、出借、买卖或者其他方式非法转让排污许可证。排污单位应当在生产经营场所内方便公众监督的位置悬挂排污许可证正本。

第三十四条 排污单位应当按照排污许可证规定，安装或者使用符合国家有关环境监测、计量认证规定的监测设备，按照规定维护监测设施，开展自行监测，保存原始监测记录。

实施排污许可重点管理的排污单位，应当按照排污许可证规定安装自动监测设备，并与环境保护主管部门的监控设备联网。

对未采用污染防治可行技术的，应当加强自行监测，评估污染防治技术达标可行性。

第三十五条 排污单位应当按照排污许可证中关于台账记录的要求，根据生产特点和污染物排放特点，按照排污口或者无组织排放源进行记录。记录主要包括以下内容：

（一）与污染物排放相关的主要生产设施运行情况；发生异常情况的，应当记录原因和采取的措施；

（二）污染防治设施运行情况及管理信息；发生异常情况的，应当记录原因和采取的措施；

（三）污染物实际排放浓度和排放量；发生超标排放情况的，应当记录超标原因和采取的措施；

（四）其他按照相关技术规范应当记录的信息。

台账记录保存期限不少于三年。

第三十六条 污染物实际排放量按照排污许可证规定的废气、污水的排污口、生产设施或者车间分别计算，依照下列方法和顺序计算：

（一）依法安装使用了符合国家规定和监测规范的污染物自动监测设备的，按照污染物自动监测数据计算；

（二）依法不需安装污染物自动监测设备的，按照符合国家规定和监测规范的污染物手工监测数据计算；

（三）不能按照本条第一项、第二项规定的方法计算的，包括依法应当安装而未安装污染物自动监测设备或者自动监测设备不符合规定的，按照环境保护部规定的产排污系数、物料衡算方法计算。

第三十七条 排污单位应当按照排污许可证规定的关于执行报告内容和频次的要求，编制排污许可证执行报告。

排污许可证执行报告包括年度执行报告、季度执行报告和月执行报告。

排污单位应当每年在全国排污许可证管理信息平台上填报、提交排污许可证年度执行报告并公开，同时向核发环保部门提交通过全国排污许可证管理信息平台印制的书面执行报告。书面执行报告应当由法定代表人或者主要负责人签字或者盖章。

季度执行报告和月执行报告至少应当包括以下内容：

（一）根据自行监测结果说明污染物实际排放浓度和排放量及达标判定分析；

（二）排污单位超标排放或者污染防治设施异常情况的说明。

年度执行报告可以替代当季度或者当月的执行报告，并增加以下内容：

（一）排污单位基本生产信息；

（二）污染防治设施运行情况；

（三）自行监测执行情况；

（四）环境管理台账记录执行情况；

（五）信息公开情况；

（六）排污单位内部环境管理体系建设与运行情况；

（七）其他排污许可证规定的内容执行情况等。

建设项目竣工环境保护验收报告中与污染物排放相关的主要内容，应当由排污单位记载在该项目验收完成当年排污许可证年度执行报告中。

排污单位发生污染事故排放时，应当依照相关法律法规规章的规定及时报告。

第三十八条 排污单位应当对提交的台账记录、监测数据和执行报告的真实性、完整性负责，依法接受环境保护主管部门的监督检查。

第三十九条 环境保护主管部门应当制定执法计划，结合排污单位环境信用记录，确定执法监管重点和检查频次。

环境保护主管部门对排污单位进行监督检查时，应当重点检查排污许可证规定的许可事项的实施情况。通过执法监测、核查台账记录和自动监测数据以及其他监控手段，核实排污数据和执行报告的真实性，判定是否符合许可排放浓度和许可排放量，检查环境管理要求落实情况。

环境保护主管部门应当将现场检查的时间、内容、结果以及处罚决定记入全国排污许可证管理信息平台，依法在全国排污许可证管理信息平台上公布监管执法信息、无排污许可证和违反排污许可证规定排污的排污单位名单。

第四十条 环境保护主管部门可以通过政府购买服务的方式，组织或者委托技术机构提供排污许可管理的技术支持。

技术机构应当对其提交的技术报告负责，不得收取排污单位任何费用。

第四十一条 上级环境保护主管部门可以对具有核发权限的下级环境保护主管部门的排污许可证核发情况进行监督检查和指导，发现属于本办法第四十九条规定违法情形的，上级环境保护主管部门可以依法撤销。

第四十二条 鼓励社会公众、新闻媒体等对排污单位的排污行为进行监督。排污单位应当及时公开有关排污信息，自觉接受公众监督。

公民、法人和其他组织发现排污单位有违反本办法行为的，有权向环境保护主管部门举报。

接受举报的环境保护主管部门应当依法处理，并按照有关规定对调查结果予以反馈，同时为举报人保密。

第五章 变更、延续、撤销

第四十三条 在排污许可证有效期内，下列与排污单位有关的事项发生变化的，排污单位应当在规定时间内向核发环保部门提出变更排污许可证的申请：

（一）排污单位名称、地址、法定代表人或者主要负责人等正本中载明的基本信息发生变更之日起三十个工作日内；

（二）因排污单位原因许可事项发生变更之日前三十个工作日内；

（三）排污单位在原场址内实施新建、改建、扩建项目应当开展环境影响评价的，在取得环境影响评价审批意见后，排污行为发生变更之日前三十个工作日内；

（四）新制修订的国家和地方污染物排放标准实施前三十个工作日内；

（五）依法分解落实的重点污染物排放总量控制指标发生变化后三十个工作日内；

（六）地方人民政府依法制定的限期达标规划实施前三十个工作日内；

（七）地方人民政府依法制定的重污染天气应急预案实施后三十个工作日内；

（八）法律法规规定需要进行变更的其他情形。

发生本条第一款第三项规定情形，且通过污染物排放等量或者减量替代削减获得重点污染物排放总量控制指标的，在排污单位提交变更排污许可申请前，出让重点污染物排放总量控制指标的排污单位应当完成排污许可证变更。

第四十四条 申请变更排污许可证的，应当提交下列申请材料：

（一）变更排污许可证申请；

（二）由排污单位法定代表人或者主要负责人签字或者盖章的承诺书；

（三）排污许可证正本复印件；

（四）与变更排污许可事项有关的其他材料。

第四十五条 核发环保部门应当对变更申请材料进行审查，作出变更决定的，在排污许可证副本中载明变更内容并加盖本行政机关印章，同时在全国排污许可证管理信息平台上公告；属于本办法第四十三条第一款第一项情形的，还应当换发排污许可证正本。

属于本办法第四十三条第一款规定情形的，排污许可证期限仍自原证书核发之日起计算；属于本办法第四十三条第二款情形的，变更后排污许可证期限自变更之日起计算。

属于本办法第四十三条第一款第一项情形的，核发环保部门应当自受理变更申请之日起十个工作日内作出变更决定；属于本办法第四十三条第一款规定的其他情形的，应当自受理变更申请之日起二十个工作日内作出变更许可决定。

第四十六条 排污单位需要延续依法取得的排污许可证的有效期的，应当在排污许可证届满三十个工作日前向原核发环保部门提出申请。

第四十七条 申请延续排污许可证的，应当提交下列材料：

（一）延续排污许可证申请；

（二）由排污单位法定代表人或者主要负责人签字或者盖章的承诺书；

（三）排污许可证正本复印件；

（四）与延续排污许可事项有关的其他材料。

第四十八条 核发环保部门应当按照本办法第二十九条规定对延续申请材料进行审查，并自受理延续申请之日起二十个工作日内作出延续或者不予延续许可决定。

作出延续许可决定的，向排污单位发放加盖本行政机关印章的排污许可证，收回原排污许可证正本，同时在全国排污许可证管理信息平台上公告。

第四十九条 有下列情形之一的，核发环保部门或者其上级行政机关，可以撤销排污许可证并在全国排污许可证管理信息平台上公告：

（一）超越法定职权核发排污许可证的；

（二）违反法定程序核发排污许可证的；

（三）核发环保部门工作人员滥用职权、玩忽职守核发排污许可证的；

（四）对不具备申请资格或者不符合法定条件的申请人准予行政许可的；

（五）依法可以撤销排污许可证的其他情形。

第五十条 有下列情形之一的，核发环保部门应当依法办理排污许可证的注销手续，并在全国排污许可证管理信息平台上公告：

（一）排污许可证有效期届满，未延续的；

（二）排污单位被依法终止的；

（三）应当注销的其他情形。

第五十一条 排污许可证发生遗失、损毁的，排污单位应当在三十个工作日内向核发环保部门申请补领排污许可证；遗失排污许可证的，在申请补领前应当在全国排污许可证管理信息平台上发布遗失声明；损毁排污许可证的，应当同时交回被损毁的排污许可证。

核发环保部门应当在收到补领申请后十个工作日内补发排污许可证，并在全国排污许可证管理信息平台上公告。

第六章 法律责任

第五十二条 环境保护主管部门在排污许可证受理、核发及监管执法中有下列行为之一的，由其上级行政机关或者监察机关责令改正，对直接负责的主管人员或者其他直接责任人员依法给予行政处分；构成犯罪的，依法追究刑事责任：

（一）符合受理条件但未依法受理申请的；

（二）对符合许可条件的不依法准予核发排污许可证或者未在法定时限内作出准予核发排污许可证决定的；

（三）对不符合许可条件的准予核发排污许可证或者超越法定职权核发排污许可证的；

（四）实施排污许可证管理时擅自收取费用的；

（五）未依法公开排污许可相关信息的；

（六）不依法履行监督职责或者监督不力，造成严重后果的；

（七）其他应当依法追究责任的情形。

第五十三条 排污单位隐瞒有关情况或者提供虚假材料申请行政许可的，核发环保部门不予受理或者不予行政许可，并给予警告。

第五十四条 违反本办法第四十三条规定，未及时申请变更排污许可证的；或者违反本办法第五十一条规定，未及时补办排污许可证的，由核发环保部门责令改正。

第五十五条 重点排污单位未依法公开或者不如实公开有关环境信息的，由县级以上环境保护主管部门责令公开，依法处以罚款，并予以公告。

第五十六条 违反本办法第三十四条，有下列行为之一的，由县级以上环境保护主管部门依据《中华人民共和国大气污染防治法》《中华人民共和国水污染防治法》的规定，责令改正，处二万元以上二十万元以下的罚款；拒不改正的，依法责令停产整治：

（一）未按照规定对所排放的工业废气和有毒有害大气污染物、水污染物进行监测，或者未保存原始监测记录的；

（二）未按照规定安装大气污染物、水污染物自动监测设备，或者未按照规定与环境保护主管部门的监控设备联网，或者未保证监测设备正常运行的。

第五十七条 排污单位存在以下无排污许可证排放污染物情形的，由县级以上环境保护主管部门依据《中华人民共和国大气污染防治法》《中华人民共和国水污染防治法》的规定，责令改正或者责令限制生产、停产整治，并处十万元以上一百万元以下的罚款；情节严重的，报经有批准权的人民政府批准，责令停业、关闭：

（一）依法应当申请排污许可证但未申请，或者申请后未取得排污许可证排放污染物的；

（二）排污许可证有效期限届满后未申请延续排污许可证，或者延续申请未经核发环保部门许可仍排放污染物的；

（三）被依法撤销排污许可证后仍排放污染物的；

（四）法律法规规定的其他情形。

第五十八条 排污单位存在以下违反排污许可证行为的，由县级以上环境保护主管部门依据《中华人民共和国环境保护法》《中华人民共和国大气污染防治法》《中华人民共和国水污染防治法》的规定，责令改正或者责令限制生产、停产整治，并处十万元以上一百万元以下的罚款；情节严重的，报经有批准权的人民政府批准，责令停业、关闭：

（一）超过排放标准或者超过重点大气污染物、重点水污染物排放总量控制指标排放水污染物、大气污染物的；

（二）通过偷排、篡改或者伪造监测数据、以逃避现场检查为目的的临时停产、非紧急情况下开启应急排放通道、不正常运行大气污染防治设施等逃避监管的方式排放大气污染物的；

（三）利用渗井、渗坑、裂隙、溶洞，私设暗管，篡改、伪造监测数据，或者不正常运行水污染防治设施等逃避监管的方式排放水污染物的；

（四）其他违反排污许可证规定排放污染物的。

第五十九条 排污单位违法排放大气污染物、水污染物，受到罚款处罚，被责令改正的，依法作出处罚决定的行政机关组织复查，发现其继续违法排放大气污染物、水污染物或者拒绝、阻挠复查的，作出处罚决定的行政机关可以自责令改正之日的次日起，依法按照原处罚数额按日连续处罚。

第六十条 排污单位发生本办法第三十五条第一款第二、三项或者第三十七条第四款第二项规定的异常情况，及时报告核发环保部门，且主动采取措施消除或者减轻违法行为危害后果的，县级以上环境保护主管部门应当依据《中华人民共和国行政处罚法》相关规定从轻处罚。

排污单位应当在相应季度执行报告或者月执行报告中记载本条第一款情况。

第七章　附　　则

第六十一条 依照本办法首次发放排污许可证时，对于在本办法实施前已经投产、运营的排污单位，存在以下情形之一，排污单位承诺改正并提出改正方案的，环境保护主管部门可以向其核发排污许可证，并在排污许可证中记载其存在的问题，规定其承诺改正内容和承诺改正期限：

（一）在本办法实施前的新建、改建、扩建建设项目不符合本办法第二十九条第一项条件；

（二）不符合本办法第二十九条第二项条件。

对于不符合本办法第二十九条第一项条件的排污单位，由核发环保部门依据《建设项目环境保护管理条例》第二十三条，责令限期改正，并处罚款。

对于不符合本办法第二十九条第二项条件的排污单位，由核发环保部门依据《中华人民共和国大气污染防治法》第九十九条或者《中华人民共和国水污染防治法》第八十三条，责令改正或者责令限制生产、停产整治，并处罚款。

本条第二款、第三款规定的核发环保部门责令改正内容或者限制生产、停产整治内容，应当与本条第一款规定的排污许可证规定的改正内容一致；本条第二款、第三款规定的核发环保部门责令改正期限或者限制生产、停产整治期限，应当与本条第一款规定的排污许可证规定的改正期限的起止时间一致。

本条第一款规定的排污许可证规定的改正期限为三至六个月、最长不超过一年。

在改正期间或者限制生产、停产整治期间，排污单位应当按证排污，执行自行监测、台账记录和执行报告制度，核发环保部门应当按照排污许可证的规定加强监督检查。

第六十二条 本办法第六十一条第一款规定的排污许可证规定的改正期限到期，排污单位完成改正任务或者提前完成改正任务的，可以向核发环保部门申请变更排污许可证，核发环保部门应当按照本办法第五章规定对排污许可证进行变更。

本办法第六十一条第一款规定的排污许可证规定的改正期限到期，排污单位仍不符合许可条件的，由核发环保部门依据《中华人民共和国大气污染防治法》第九十九条或者《中华人民共和国水污染防治法》第八十三条或者《建设项目环境保护管理条例》第二十三条的规定，提出建议报有批准权的人民政府批准责令停业、关闭，并按照本办法第五十条规定注销排污许可证。

第六十三条 对于本办法实施前依据地方性法规核发的排污许可证，尚在有效期内的，原核发环保部门应当在全国排污许可证管理信息平台填报数据，获取排污许可证编码；已经到期的，排污单位应当按照本办法申请排污许可证。

第六十四条 本办法第十二条规定的排污许可证格式、第二十条规定的承诺书样本和本办法第二十六条规定的排污许可证申请表格式，由环境保护部制定。

第六十五条 本办法所称排污许可，是指环境保护主管部门根据排污单位的申请和承诺，通过发放排污许可证法律文书形式，依法依规规范和限制排污行为，明确环境管理要求，依据排污许可证对排污单位实施监管执法的环境管理制度。

第六十六条 本办法所称主要负责人是指依照法律、行政法规规定代表非法人单位行使职权的负责人。

第六十七条 涉及国家秘密的排污单位，其排污许可证的申请、受理、审核、发放、变更、延续、注销、撤销、遗失补办应当按照保密规定执行。

第六十八条 本办法自发布之日起施行。

关于印发《关于构建以排污许可制为核心的固定污染源监管制度体系实施方案》的通知

（环办环评函〔2020〕725号）

机关各部门，各派出机构、直属单位：

为全面贯彻落实党的十九届四中、五中全会精神以及中共中央办公厅、国务院办公厅《关于构建现代环境治理体系的指导意见》要求，我部编制了《关于构建以排污许可制为核心的固定污染源监管制度体系实施方案》（以下简称《实施方案》），已经生态环境部控制污染物排放许可制实施工作领导小组（以下简称领导小组）审议通过，现印发给你们。

请领导小组办公室建立工作调度机制，定期调度工作进展。请领导小组成员单位加强协同配合，组织地方积极探索改革试点，按照任务分工推进实施。

生态环境部办公厅

2020年12月25日

附件

关于构建以排污许可制为核心的固定污染源监管制度体系实施方案

一、总体要求

（一）指导思想

以习近平新时代中国特色社会主义思想为指引，全面贯彻落实党的十九届四中、五中全会精神，构建以排污许可制为核心的固定污染源监管制度体系，加强固定污染源生态环境管理，全面实行排污许可制，推动实现生态环境治理体系和治理能力现代化。

（二）目标任务

到2020年，落实国务院办公厅《控制污染物排放许可制实施方案》阶段目标任务要求，完成覆盖所有固定污染源的排污许以可证核发工作。

到2022年，初步建立与环境影响评价、总量控制、生态环境执法、自行监测、生态环境统计等生态环境管理制度衔接融合的工作机制，强化固定污染源排污许可执法监管，加强自行监测、执行报告等监督管理。

到2025年，基本实现固定污染源排污许可全要素、全周期管理，全面落实排污许可“一证式”管理，基本构建以排污许可制度为核心的固定污染源监管体系，推动实现精准治污、科学治污、依法治污。

二、全力推进固定污染源排污许可全覆盖

（一）实现排污单位全覆盖。按照“核发一个行业，清理一个行业”要求，组织完成全国固定污染源清理整顿和2020年排污许可发证登记。落实《关于固定污染源排污限期整改有关事项的通知》（环环评〔2020〕19号），规范排污许可证核发，督促并指导地方对于存在问题的排污单位，通过发放限期整改通知书，逐步

实现“规范一个行业，达标一个行业”。按照《固定污染源排污登记工作指南》（环办环评函〔2020〕9号），指导做好排污单位排污登记工作。监督并指导开展已到期排污许可证换证工作，持续做好新增固定污染源排污许可发证登记。

（二）推动环境要素全覆盖。落实新修订的固体废物污染环境防治法要求，组织开展工业固体废物纳入排污许可管理试点，出台工业固体废物排污许可证申请与核发技术规范，积极推动将工业固体废物环境要素依法纳入排污许可管理。落实土壤污染防治法要求，将土壤污染重点监管单位的土壤污染防治义务等依法纳入排污许可管理。完善信息平台建设，实现固体废物等相关数据对接和信息共享。启动海洋工程纳入排污许可管理前期研究。积极探索将环境噪声、温室气体纳入排污许可管理的内容和实施路径。

三、全面服务生态环境质量改善

（一）强化生态环境质量改善目标。紧密结合区域/流域生态环境质量改善需求，加快制修订火电、造纸等一批重点行业排污许可证申请与核发技术规范、自行监测技术指南及污染防治可行技术指南编制进展，推动构建更加科学完善的排污许可技术规范体系。

（二）落实污染防治管控要求。积极探索达标区域和非域的分类施策，组织开展精准治污试点。研究将特殊时段应急减排要求、企业无组织排放管控要求等纳入排污许可管理。选择长江经济带部分地方开展基于水生态环境质量的许可排放量核定试点研究。严格落实“放管服”改革要求，按照“生产设施—治污设施—排放口”管理思路，进一步优化排污许可证内容。

四、深度促进生态环境管理制度全联动

（一）推动环境影响评价制度衔接融合。印发“十四五”环境影响评价与排污许可改革实施方案，按照新老有别、平稳过渡原则，研究妥善处理环境影响评价制度与排污许可制度关系。修订《建设项目环境影响评价分类管理名录》，适时修订《固定污染源排污许可分类管理名录》，推动管理类别衔接，实现固定污染源建设项目环境影响登记表备案与排污登记两项制度深度融合。组织地方开展环境影响评价

审批、排污许可证核发“两证合一”行政审批制度改革试点，启动工业类建设项目环境影响评价报告表与简化管理排污许可证衔接试点。完善建设项目环境影响评价审批基础清单，实现环境影响评价文件及其批复中与污染物排放相关的主要内容全部纳入排污许可证。组织做好环境影响评价技术导则与排污许可证申请与核发技术规范有机衔接，保障污染物排放量测算技术方法统一、环境保护管理要求协调。落实《环评与排污许可监管行动计划（2021—2023年）》（环办环评函〔2020〕463号），加强从污染预防到污染治理和排放控制的全过程监管，逐步实现“一套衔接方案、一套登记目录、一套排放清单、一套测算方法、一套监管办法”管理模式。

（二）加强总量控制制度衔接。确立健全企事业单位污染物排放总量控制制度，起草“十四五”企事业单位污染物排放总量控制制度指导性文件，全面落实企事业单位污染物排放总量控制法定义务。将有关总量控制及减排要求纳入排污许可证，将符合要求的排污许可证执行报告主要污染物实际排放量数据作为总量减排核算依据。研究制定重大建设项目新增污染物削减替代监督管理工作指南，建立达标区域和非达标区域等量削减或倍量削减制度，将污染物排放量削减要求纳入排污许可证。进一步规范固定污染源排污权交易管理，将排污许可证作为排污权交易的凭证。

（三）加强生态环境执法制度衔接。建立以排污许可证为主要依据的生态环境日常执法监督工作体系，依法制定指导意见，规范依证执法监督的方式、内容、信息公开等要求。研究制订达标判定工作方案，推动建立严谨、科学、规范的标准体系。研究制定重点行业依证监管的日常执法监督程序、流程指南，规范固定污染源“一证式”执法监督内容。

（四）加强自行监测制度衔接。发布排污单位自行监测现场评估细则，规范固定污染源排污单位自行监测监督要求。优化自行监测技术手段，出台重点行业自行监测指南，完善排污单位自行监测信息公开管理规定，实施排污单位自行监测帮扶指导，督促排污单位严格落实自行监测要求，强化自行监测质量监督管理。

（五）加强生态环境统计制度衔接。编制固定污染源生态环境统计与排污许可制度衔接工作方案，制修订生态环境统计规范性文件，组织开展火电、造纸等重点行业和重点区域生态环境统计与排污许可管理试点研究。加强排污许可证执行报告质量管理，提升排污许可证执行报告实际排放量核算的准确性。逐步将排污许可证执行报告作为固定污染源统计的主要来源。修订《重点排污单位名录管理规定》，将纳入排污许可重点管理排污单位全部纳入重点排污单位。

（六）积极探索其他环境管理制度衔接。深化入河入海排污口设置管理改革，探索入河入海排污口设置与排污许可管理衔接路径与内容。启动温室气体环境管理与排污许可制度衔接探索研究，完善重点行业温室气体技术规范体系，推动健全温室气体排放控制相关制度。组织开展危险废物环境许可证与排污许可证衔接试点研究。

五、强化固定污染源“一证式”执法监管

（一）加强排放量监管。利用全国排污许可证管理信息平台提供的排污许可证执行报告、环境管理台账、自行监测数据及自动监测数据等材料，加强对排污单位的依证监管，组织实施对排污单位违反排污许可证规定排放污染物，超过许可排放浓度、许可排放量排放污染物，以及未按照排污许可证规定开展自行监测、保存自行监测记录等监督检查。

（二）实施执行报告监管。起草排污许可证质量、台账记录、执行报告监管技术性文件，完善年许可排放量核算技术规定，建立地方生态环境主管部门监管为主、省级生态环境主管部门抽查为辅的工作机制，组织开展排污许可证质量抽查，重点检查排污许可事项以及环境管理要求的规范性、完整性。加强执行报告和台账记录检查，检查排污许可证执行报告合规性、完整性、准确性，以及排污许可台账记录的完整性、合理性。

（三）提升环境执法效能。优化环境执法技术手段，探索开展新型环境监管模式，实施污染防治设施在线视频监控系统试点，完善移动执法平台、排污许可 APP，推动各级生态环境部门移动执法平台和全国排污许可证管理信息平台对接，推动排污许可数据全面支撑环境执法监督。选取试点地区/行业，组织开展基于排污许可证的监管、监测、监督（以下简称“三监”）联动试点，探索建立“三监”联动工作方式、工作内容、工作流程等管理规定，实现信息共享、过程留痕、闭环管理。推动将排污许可制度执行情况纳入强化监督定点帮扶内容以及污染防治攻坚战成效考核指标。将排污许可制度执行过程中存在的突出问题线索纳入中央生态环境保护督察范畴。

（四）强化监管信息公开。建立环境守法和诚信信息共享机制，完善信用体系，

推动将排污单位严重违法信息纳入企业征信体系，持续优化营商环境。进一步加大排污单位排污许可证信息、自行监测信息、执法监管信息、执法处罚信息公开力度，查处并曝光一批无证排污、不按证排污、不依法安装使用自动监测设备、不按时提交执行报告的排污单位清单，鼓励公众举报，推动公众、行业协会、民间团体等参与监督，营造政府引导、企业守法、社会监督良好氛围。

六、强化综合基础保障能力建设

（一）健全法律法规标准。推动实施排污许可管理条例，做好宣传解读。加快修订环境影响评价法研究进程，推动完善环评管准入、许可管排污、执法管落实全过程监管法规体系。修订海洋环境保护法、环境噪声污染防治法等，鼓励制修订区域/流域污染物排放标准。

（二）深化“放管服”改革。继续完善全国固定污染源统一数据库建设，逐步推进全国工商注册信息、电力数据等外部基础数据接入，持续深化固定污染源统一数据库业务联动和动态更新，推动全国固定污染源信息共享。编制排污单位排放口二维码技术规定，推动一批排污单位排放口二维码挂牌标识。落实国务院电子证照、一网通办、跨省通办等改革要求，加强与部政务服务平台信息共享，推动排污许可证信息化改革进程。继续优化全国排污许可证管理信息平台，完善“一企一档”，增加“辅助审核”“问题自检”“质量检查”，以及排污许可证换证、排污登记到期及执行报告报送等自动提醒功能。

（三）加强组织保障。生态环境部控制污染物排放许可制实施工作领导小组统筹负责排污许可制度顶层设计，统一部署排污许可重点工作。保障排污许可制度实施，继续完善包保帮扶机制，实行工作简报制度，适时通报全国排污许可制度推进实施情况。强化财政预算支持，鼓励开展排污许可前瞻性研究。加强排污许可管理队伍建设，完善排污许可专家库，组建高级智囊团。

（四）强化宣传培训。强化排污许可宣传，加强舆论引导，加大部“一网双微”、中国环境报、排污许可微信公众号等宣传力度，提高公众对排污许可制度改革的认知度。加强行风建设，报道基层感人事迹，弘扬环保铁军精神。创新排污许可培训方式，利用排污许可云讲堂、抖音账号等，实施线上与线下培训，不断提升管理人员业务能力。

附表

《关于构建以排污许可制为核心的固定污染源监管制度体系实施方案》分工表

主要任务	重点工作	具体工作措施	完成时限	责任部门	配合部门（单位）
一、全力推进固定污染源排污许可全覆盖	（一）实现排污单位全覆盖	1.落实《关于做好固定污染源排污许可清理整顿和2020年排污许可发证登记工作的通知》（环办环评函〔2020〕939号），完成固定污染源全覆盖	2020年12月	环评司	执法局 普查办 环境工程评估中心 信息中心
		2.指导地方持续做好固定污染源排污许可发证登记的动态更新	长期	环评司	执法局 环境工程评估中心 信息中心
		3.组织开展工业固体废物纳入排污许可管理试点研究	2021年9月	固体司、环评司分工负责	固管中心 环境工程评估中心 环境标准研究所
	（二）推动环境要素全覆盖	4.出台工业固体废物排污许可证申请与核发技术规范	2021年9月	环评司、法规司分工负责	固体司 固管中心 环境工程评估中心 环境标准研究所
		5.完成全国排污许可证管理信息和全国固体废物管理信息数据共享	2021年12月	办公厅、固体司、环评司分工负责	信息中心 固管中心 环境工程评估中心
		6.组织将土壤重点监管单位的土壤污染防治义务依法纳入排污许可管理	2021年12月	土壤司、环评司分工负责	环境工程评估中心 土壤中心 环境标准研究所
		7.组织开展海洋工程纳入排污许可管理前期研究，研究制订海洋工程排污许可技术规定	2022年12月	海洋司	流域海域局 环境工程评估中心 环境与经济政策研究中心
		8.组织研究将环境噪声纳入排污许可管理的内容及实施路径	适时推进	法规司、大气司分工负责	环境工程评估中心 环境标准研究所
		9.组织研究将温室气体纳入排污许可管理的实施路径	适时推进	法规司、气候司分工负责	环境工程评估中心 气候中心 环境标准研究所
		10.启动消耗臭氧层物质（ODS）、氢氟碳化物（HFCs）环境管理与排污许可制度衔接探索研究	适时推进	大气司	环评司 对外合作中心 环境工程评估中心 环境规划院

主要任务	重点工作	具体工作措施	完成时限	责任部门	配合部门（单位）
二、全面服务生态环境质量改善	（三）强化生态环境质量改善目标	11.修订火电、造纸等重点行业排污许可证申请与核发技术规范，推动完善排污许可技术规范体系	2021年12月	法规司、环评司分工负责	环境工程评估中心 环境标准研究所
		12.发布重点行业污染防治可行技术指南	按进度推进	科财司	水司 大气司 气候司 土壤司 固体司 环境标准研究所
		13.发布重点行业自行监测技术指南	按进度推进	监测司	监测总站
	（四）落实污染防治管控要求	14.组织开展达标区域和非达标区域排污许可分类施策试点研究	2022年12月	环评司	环境工程评估中心 环境标准研究所 环境规划院
		15.研究将特殊时段应急减排要求、企业无组织排放管控要求等纳入排污许可证管理研究	按进度推进	大气司、环评司分工负责	环境工程评估中心
		16.选择长江经济带部分地区开展基于水生态环境质量的许可排放量核定试点研究	2025年12月	水司、环评司分工负责	环境工程评估中心 环境规划院
		17.优化排污许可证文本，完善排污许可证内容	2021年6月	环评司	环境工程评估中心
三、深度促进生态环境管理制度全联动	（五）推动环境影响评价制度衔接融合	18.印发“十四五”环境影响评价与排污许可改革实施方案	2021年12月	环评司	环境工程评估中心
		19.适时修订《固定污染源排污许可分类管理名录》	适时推进	环评司	环境工程评估中心
		20.组织开展环境影响评价审批、排污许可“两证合一”改革试点	2022年12月	环评司	环境工程评估中心
	（六）加强总量控制制度衔接	21.修订建设项目环境影响评价审批基础清单	2022年12月	环评司	环境工程评估中心
		22.起草“十四五”企事业单位污染物排放总量控制制度指导文件	2021年12月	综合司、环评司分工负责	大气司 水司 固体司
		23.研究出台重大建设项目新增污染物削减替代监督管理工作指南	2020年12月	环评司	综合司
		24.积极探索排污权交易管理	2022年12月	综合司	环评司环境工程评估中心

主要任务	重点工作	具体工作措施	完成时限	责任部门	配合部门（单位）
三、深度促进生态环境管理制度全联动	（七）加强生态环境执法制度衔接	25.出台关于建立以排污许可证为主要依据的生态环境日常执法监督体系的指导意见	2021 年 12 月	环评司、执法局分工负责	环境工程评估中心
		26.制订并落实达标判定工作方案，完善重点行业污染物排放标准	长期	法规司、水司、海洋司、大气司、监测司、执法局分工负责	环境标准研究所 监测总站
		27.出台生态环境保护综合行政执法工作规程和操作手册	按进度推进	环评司、执法局分工负责	环境工程评估中心
	（八）加强自行监测制度衔接	28.落实排污单位自行监测现场评估细则要求，组织开展已核发排污许可证排污单位自行监测帮扶指导	按进度推进	监测司	监测总站
		29.组织开展全国生活垃圾焚烧厂等重点行业污染源依证执法监测	长期	监测司、执法局分工负责	监测总站
	（九）加强生态环境统计制度衔接	30.修订出台《重点排污单位名录管理规定》	2021 年 12 月	综合司	监测总站 环境工程评估中心
		31.组织开展火电、造纸、污水处理厂等重点行业生态环境统计与排污许可管理试点	2021 年 12 月	综合司、环评司分工负责	监测总站 环境工程评估中心
	（十）积极探索其他相关环境管理制度衔接	32.组织探索入河入海排污口设置与排污许可管理衔接路径与内容	适时推进	水司、海洋司、环评司分工负责	环境工程评估中心 环境规划院 海洋中心
		33.组织开展温室气体环境管理与排污许可制度衔接试点研究	2022 年 12 月	气候司	环境工程评估中心 气候中心 环境发展中心 环境规划院
		34.组织开展危险废物环境许可证与排污许可证衔接试点研究	2022 年 12 月	固体司、环评司分工负责	固管中心 环境工程评估中心

主要任务	重点工作	具体工作措施	完成时限	责任部门	配合部门（单位）
四、强化固定污染源“一证式”执法监管	（十一）加强排放量监管	35.组织开展以排污许可证为主要依据的日常执法监督	长期	执法局	环评司 环境工程评估中心
		36.推进持证排污单位主要污染物年许可排放量监管试点，逐步纳入生态环境日常执法范围	长期	环评司、监测司、执法局分工负责	环境工程评估中心
	（十二）实施执行报告监管	37.研究起草排污许可证质量、台账记录、执行报告监管、主要污染物年许可排放量核算技术性文件	2022年12月	环评司、执法局分工负责	环境工程评估中心
		38.组织开展排污许可证执行报告质量、台账记录数据抽查	长期	环评司	执法局 环境工程评估中心
	（十三）提升环境执法效能	39.组织完善移动执法平台、排污许可APP	2021年12月	环评司、执法局分工负责	环境工程评估中心
		40.组织开展基于排污许可证的监管、监测、监督联动试点	按进度推进	环评司、监测司、执法局分工负责	环境工程评估中心 信息中心
		41.推动将排污许可证作为生态环境日常执法监督的主要依据，加大涉排污许可证环境违法行为查处力度，适时开展专项执法行动	长期	执法局	环评司 环境工程评估中心
		42.组织开展污染防治设施在线视频监控系统试点	长期	执法局	监测总站 环境工程评估中心
		43.将排污许可制度执行情况纳入强化监督定点帮扶指导内容	长期	执法局	环境工程评估中心
		44.将排污许可制度执行过程中存在的突出问题线索纳入中央生态环境保护督察范畴	长期	督察办	
		45.推动将排污许可制度执行情况纳入污染防治攻坚战成效考核指标	按进度推进	综合司	
	（十四）强化监管信息公开	46.将排污单位违法信息纳入企业征信体系	2021年12月	综合司	执法局 环境与经济政策研究中心
		47.曝光无证排污、不按证排污、不依法安装和使用自动监测设备、不按时提交执行报告的排污单位处罚信息和典型案例	长期	执法局	环评司 环境工程评估中心

主要任务	重点工作	具体工作措施	完成时限	责任部门	配合部门（单位）
五、强化综合基础保障能力建设	（十五）健全法律法规标准	48.推动实施排污许可管理条例	按进度推进	法规司、环评司分工负责	环境工程评估中心 环境与经济政策研究中心
		49.修订环境影响评价法、海洋环境保护法、环境噪声污染防治法	按进度推进	法规司、海洋司、大气司、环评司分工负责	环境工程评估中心 环境与经济政策研究中心
	（十六）深化“放管服”改革	50.完善全国固定污染源统一数据库建设，推动排污许可证电子证照、一网通办、跨省通办改革，加强与部政务服务平台信息共享	按进度推进	办公厅、环评司分工负责	信息中心 环境工程评估中心
		51.出台排污单位排放口二维码技术规定，推动排污许可数据共享管理	2021年12月	环评司	法规司 环境工程评估中心 信息中心
		52.完善全国排污许可证管理信息平台系统，开发“辅助审核”“问题自检”“质量检查”“换证提醒”“到期提醒”等功能	2021年12月	办公厅、环评司分工负责	信息中心 环境工程评估中心
	（十七）加强组织保障	53.提供排污许可财政预算支持	长期	科财司	
		54.组织开展排污许可前瞻性研究，深入挖掘排污许可数据资源	长期	环评司	环境工程评估中心 环境规划院 环境与经济政策研究中心
	（十八）强化宣传培训	55.加大宣传力度，做好“中国排污许可”微信公众号、排污许可云讲堂、抖音账号管理	长期	环评司	宣教司 环境工程评估中心 中国环境报社

（三）环境执法制度相关规定

污染源自动监控设施现场监督检查办法

（环境保护部令　第19号）

第一章　总　　则

第一条　为加强对污染源自动监控设施的现场监督检查，保障其正常运行，保证自动监控数据的真实、可靠和有效，根据《中华人民共和国水污染防治法》、《中华人民共和国大气污染防治法》等有关法律法规，制定本办法。

第二条　本办法所称污染源自动监控设施，是指在污染源现场安装的用于监控、监测污染物排放的在线自动监测仪、流量（速）计、污染治理设施运行记录仪和数据采集传输仪器、仪表、传感器等设施，是污染防治设施的组成部分。

第三条　本办法适用于各级环境保护主管部门对污染源自动监控设施的现场监督检查。

第四条　污染源自动监控设施的现场监督检查，由各级环境保护主管部门或者其委托的行使现场监督检查职责的机构（以下统称监督检查机构）具体负责。

省级以下环境保护主管部门对污染源自动监控设施进行监督管理和现场监督检查的权限划分，由省级环境保护主管部门确定。

第五条　实施污染源自动监控设施现场监督检查，应当与其他污染防治设施的现场检查相结合，并遵守国家有关法律法规、标准、技术规范以及环境保护主管部门的规定。

第六条　污染源自动监控设施的生产者和销售者，应当保证其生产和销售的污染源自动监控设施符合国家规定的标准。

排污单位自行运行污染源自动监控设施的，应当保证其正常运行。由取得环境污染治理设施运营资质的单位（以下简称运营单位）运行污染源自动监控设施的，排污单位应当配合、监督运营单位正常运行；运营单位应当保证污染源自动监控设施正常运行。

污染源自动监控设施的生产者、销售者以及排污单位和运营单位应当接受和配合监督检查机构的现场监督检查，并按照要求提供相关技术资料。监督检查机构有义务为被检查单位保守在检查中获取的商业秘密。

第二章 监督管理

第七条 污染源自动监控设施建成后，组织建设的单位应当及时组织验收。经验收合格后，污染源自动监控设施方可投入使用。

排污单位或者其他污染源自动监控设施所有权单位，应当在污染源自动监控设施验收后五个工作日内，将污染源自动监控设施有关情况交有管辖权的监督检查机构登记备案。

污染源自动监控设施的主要设备或者核心部件更换、采样位置或者主要设备安装位置等发生重大变化的，应当重新组织验收。排污单位或者其他污染源自动监控设施所有权单位应当在重新验收合格后五个工作日内，向有管辖权的监督检查机构变更登记备案。

有管辖权的监督检查机构应当对污染源自动监控设施登记事项及时予以登记，作为现场监督检查的依据。

第八条 污染源自动监控设施确需拆除或者停运的，排污单位或者运营单位应当事先向有管辖权的监督检查机构报告，经有管辖权的监督检查机构同意后方可实施。有管辖权的监督检查机构接到报告后，可以组织现场核实，并在接到报告后五个工作日内作出决定；逾期不作出决定的，视为同意。

污染源自动监控设施发生故障不能正常使用的，排污单位或者运营单位应当在发生故障后十二小时内向有管辖权的监督检查机构报告，并及时检修，保证在五个工作日内恢复正常运行。停运期间，排污单位或者运营单位应当按照有关规定和技术规范，采用手工监测等方式，对污染物排放状况进行监测，并报送监测数据。

第九条 下级环境保护主管部门应当每季度向上一级环境保护主管部门报告污染源自动监控设施现场监督检查工作情况。省级环境保护主管部门应当于每年的1月30日前向环境保护部报送上一年度本行政区域污染源自动监控设施现场监督检查工作报告。

第十条 污染源自动监控设施现场监督检查工作报告应当包括以下内容：

（一）辖区内污染源自动监控设施总体运行情况、存在的问题和建议；

（二）辖区内有关污染源自动监控设施违法行为及其查处情况和典型案例；

（三）污染源自动监控设施生产者、销售者和运营单位在辖区内服务质量评估。

第十一条 上级环境保护主管部门应当定期组织对本辖区内下级环境保护主管部门污染源自动监控设施现场监督检查的工作情况进行督查，并实行专项考核。

第十二条 污染源自动监控设施现场监督检查的有关情况，应当依法公开。

第三章 现场监督检查

第十三条 对污染源自动监控设施进行现场监督检查，应当重点检查以下内容：

（一）排放口规范化情况；

（二）污染源自动监控设施现场端建设规范化情况；

（三）污染源自动监控设施变更情况；

（四）污染源自动监控设施运行状况；

（五）污染源自动监控设施运行、维护、检修、校准校验记录；

（六）相关资质、证书、标志的有效性；

（七）企业生产工况、污染治理设施运行与自动监控数据的相关性。

第十四条 污染源自动监控设施现场监督检查分为例行检查和重点检查。

监督检查机构应当对污染源自动监控设施定期进行例行检查。对国家重点监控企业污染源自动监控设施的例行检查每月至少一次；对其他企业污染源自动监控设施的例行检查每季度至少一次。

对涉嫌不正常运行、使用污染源自动监控设施或者有弄虚作假等违法情况的企业，监督检查机构应当进行重点检查。重点检查可以邀请有关部门和专家参加。

实施污染源自动监控设施例行检查或者重点检查的，可以根据情况，事先通知被检查单位，也可以不事先通知。

第十五条 污染源自动监控设施的现场监督检查，按照下列程序进行：

（一）检查前准备工作，包括污染源自动监控设施登记备案情况、污染物排放及污染防治的有关情况，现场检查装备配备等；

（二）进行现场监督检查；

（三）认定运行正常的，结束现场监督检查；

（四）对涉嫌不正常运行、使用或者有弄虚作假等违法行为的，进行重点检查；

（五）经重点检查，认定有违法行为的，依法予以处罚。

污染源自动监控设施现场监督检查结果，应当及时反馈被检查单位。

第十六条 现场监督检查人员应当按照有关技术规范要求填写现场监督检查表，制作现场监督检查笔录。

现场监督检查人员进行污染源自动监控设施现场监督检查时，可以采取以下措施：

（一）以拍照、录音、录像、仪器标定或者拷贝文件、数据等方式保存现场检查资料；

（二）使用快速监测仪器采样监测。必要时，由环境监测机构进行监督性监测或者比对监测并出具监测结果；

（三）要求排污单位或者运营单位对污染源自动监控设施的硬件、软件进行技术测试；

（四）封存有关样品、试剂等物质，并送交有关部门或者机构检测。

第四章 法律责任

第十七条 排污单位或者其他污染源自动监控设施所有权单位，未按照本办法第七条的规定向有管辖权的监督检查机构登记其污染源自动监控设施有关情况，或者登记情况不属实的，依照《中华人民共和国水污染防治法》第七十二条第（一）项或者《中华人民共和国大气污染防治法》第四十六条第（一）项的规定处罚。

第十八条 排污单位或者运营单位有下列行为之一的，依照《中华人民共和国水污染防治法》第七十条或者《中华人民共和国大气污染防治法》第四十六条第（二）项的规定处罚：

（一）采取禁止进入、拖延时间等方式阻挠现场监督检查人员进入现场检查污染源自动监控设施的；

（二）不配合进行仪器标定等现场测试的；

（三）不按照要求提供相关技术资料和运行记录的；

（四）不如实回答现场监督检查人员询问的。

第十九条 排污单位或者运营单位擅自拆除、闲置污染源自动监控设施，或者有下列行为之一的，依照《中华人民共和国水污染防治法》第七十三条或者《中华人民共和国大气污染防治法》第四十六条第（三）项的规定处罚：

（一）未经环境保护主管部门同意，部分或者全部停运污染源自动监控设施的；

（二）污染源自动监控设施发生故障不能正常运行，不按照规定报告又不及时检修恢复正常运行的；

（三）不按照技术规范操作，导致污染源自动监控数据明显失真的；

（四）不按照技术规范操作，导致传输的污染源自动监控数据明显不一致的；

（五）不按照技术规范操作，导致排污单位生产工况、污染治理设施运行与自动监控数据相关性异常的；

（六）擅自改动污染源自动监控系统相关参数和数据的；

（七）污染源自动监控数据未通过有效性审核或者有效性审核失效的；

（八）其他人为原因造成的污染源自动监控设施不正常运行的情况。

第二十条 排污单位或者运营单位有下列行为之一的，依照《中华人民共和国水污染防治法》第七十条或者《中华人民共和国大气污染防治法》第四十六条第（二）项的规定处罚：

（一）将部分或者全部污染物不经规范的排放口排放，规避污染源自动监控设施监控的；

（二）违反技术规范，通过稀释、吸附、吸收、过滤等方式处理监控样品的；

（三）不按照技术规范的要求，对仪器、试剂进行变动操作的；

（四）违反技术规范的要求，对污染源自动监控系统功能进行删除、修改、增加、干扰，造成污染源自动监控系统不能正常运行，或者对污染源自动监控系统中存储、处理或者传输的数据和应用程序进行删除、修改、增加的操作的；

（五）其他欺骗现场监督检查人员，掩盖真实排污状况行为。

第二十一条 排污单位排放污染物超过国家或者地方规定的污染物排放标准，或者超过重点污染物排放总量控制指标的，依照《中华人民共和国水污染防治法》第七十四条或者《中华人民共和国大气污染防治法》第四十八条的规定处罚。

第二十二条 污染源自动监控设施生产者、销售者参与排污单位污染源自动监控设施运行弄虚作假的，由环境保护主管部门予以通报，公开该生产者、销售者名称及其产品型号；情节严重的，收回其环境保护适用性检测报告和环境保护产品认证证书。对已经安装使用该生产者、销售者生产、销售的同类产品的企业，环境保护主管部门应当加强重点检查。

第二十三条 运营单位参与排污单位污染源自动监控设施运行弄虚作假的，依照《环境污染治理设施运营资质许可管理办法》的有关规定处罚。

第二十四条 环境保护主管部门的工作人员有下列行为之一的，依法给予处分；构成犯罪的，依法追究刑事责任：

（一）不履行或者不按照规定履行对污染源自动监控设施现场监督检查职责的；

（二）对接到举报或者所发现的违法行为不依法予以查处的；

（三）包庇、纵容、参与排污单位或者运营单位弄虚作假的；

（四）其他玩忽职守、滥用职权或者徇私舞弊行为。

第二十五条 排污单位通过污染源自动监控设施数据弄虚作假获取主要污染物年度削减量、有关环境保护荣誉称号或者评级的，由原核定削减量或者授予荣誉称号的环境保护主管部门予以撤销。

排污单位通过污染源自动监控设施数据弄虚作假，骗取国家优惠脱硫脱硝电价的，环境保护主管部门应当及时通报优惠电价核定部门，取消电价优惠。

第二十六条 违反技术规范的要求，对污染源自动监控系统功能进行删除、修改、增加、干扰，造成污染源自动监控系统不能正常运行，或者对污染源自动监控系统中存储、处理或者传输的数据和应用程序进行删除、修改、增加的操作，构成违反治安管理行为的，由环境保护主管部门移送公安部门依据《中华人民共和国治安管理处罚法》第二十九条规定处理；涉嫌构成犯罪的，移送司法机关依照《中华人民共和国刑法》第二百八十六条追究刑事责任。

第五章 附 则

第二十七条 本办法由环境保护部负责解释。

第二十八条 污染源自动监控设施现场监督检查的技术规范和相关指南由环境保护部另行发布。

第二十九条 本办法自 2012 年 4 月 1 日起施行。

附：

《治安管理处罚法》第二十九条　有下列行为之一的，处五日以下拘留；情节较重的，处五日以上十日以下拘留：

（一）违反国家规定，侵入计算机信息系统，造成危害的；

（二）违反国家规定，对计算机信息系统功能进行删除、修改、增加、干扰，造成计算机信息系统不能正常运行的；

（三）违反国家规定，对计算机信息系统中存储、处理、传输的数据和应用程序进行删除、修改、增加的；

（四）故意制作、传播计算机病毒等破坏性程序，影响计算机信息系统正常运行的。

《刑法》第二百八十六条　违反国家规定，对计算机信息系统功能进行删除、修改、增加、干扰，造成计算机信息系统不能正常运行，后果严重的，处五年以下有期徒刑或者拘役；后果特别严重的，处五年以上有期徒刑。

违反国家规定，对计算机信息系统中存储、处理或者传输的数据和应用程序进行删除、修改、增加的操作，后果严重的，依照前款的规定处罚。

故意制作、传播计算机病毒等破坏性程序，影响计算机系统正常运行，后果严重的，依照第一款的规定处罚。

环境保护主管部门实施按日连续处罚办法

（环境保护部令　第28号）

第一章　总　　则

第一条　为规范实施按日连续处罚，依据《中华人民共和国环境保护法》、《中华人民共和国行政处罚法》等法律，制定本办法。

第二条　县级以上环境保护主管部门对企业事业单位和其他生产经营者（以下称排污者）实施按日连续处罚的，适用本办法。

第三条　实施按日连续处罚，应当坚持教育与处罚相结合的原则，引导和督促排污者及时改正环境违法行为。

第四条　环境保护主管部门实施按日连续处罚，应当依法向社会公开行政处罚决定和责令改正违法行为决定等相关信息。

第二章　适用范围

第五条　排污者有下列行为之一，受到罚款处罚，被责令改正，拒不改正的，依法作出罚款处罚决定的环境保护主管部门可以实施按日连续处罚：

（一）超过国家或者地方规定的污染物排放标准，或者超过重点污染物排放总量控制指标排放污染物的；

（二）通过暗管、渗井、渗坑、灌注或者篡改、伪造监测数据，或者不正常运行防治污染设施等逃避监管的方式排放污染物的；

（三）排放法律、法规规定禁止排放的污染物的；

（四）违法倾倒危险废物的；

（五）其他违法排放污染物行为。

第六条　地方性法规可以根据环境保护的实际需要，增加按日连续处罚的违法行为的种类。

第三章 实施程序

第七条 环境保护主管部门检查发现排污者违法排放污染物的，应当进行调查取证，并依法作出行政处罚决定。

按日连续处罚决定应当在前款规定的行政处罚决定之后作出。

第八条 环境保护主管部门可以当场认定违法排放污染物的，应当在现场调查时向排污者送达责令改正违法行为决定书，责令立即停止违法排放污染物行为。

需要通过环境监测认定违法排放污染物的，环境监测机构应当按照监测技术规范要求进行监测。环境保护主管部门应当在取得环境监测报告后三个工作日内向排污者送达责令改正违法行为决定书，责令立即停止违法排放污染物行为。

第九条 责令改正违法行为决定书应当载明下列事项：

（一）排污者的基本情况，包括名称或者姓名、营业执照号码或者居民身份证号码、组织机构代码、地址以及法定代表人或者主要负责人姓名等；

（二）环境违法事实和证据；

（三）违反法律、法规或者规章的具体条款和处理依据；

（四）责令立即改正的具体内容；

（五）拒不改正可能承担按日连续处罚的法律后果；

（六）申请行政复议或者提起行政诉讼的途径和期限；

（七）环境保护主管部门的名称、印章和决定日期。

第十条 环境保护主管部门应当在送达责令改正违法行为决定书之日起三十日内，以暗查方式组织对排污者违法排放污染物行为的改正情况实施复查。

第十一条 排污者在环境保护主管部门实施复查前，可以向作出责令改正违法行为决定书的环境保护主管部门报告改正情况，并附具相关证明材料。

第十二条 环境保护主管部门复查时发现排污者拒不改正违法排放污染物行为的，可以对其实施按日连续处罚。

环境保护主管部门复查时发现排污者已经改正违法排放污染物行为或者已经停产、停业、关闭的，不启动按日连续处罚。

第十三条 排污者具有下列情形之一的，认定为拒不改正：

（一）责令改正违法行为决定书送达后，环境保护主管部门复查发现仍在继续违法排放污染物的；

（二）拒绝、阻挠环境保护主管部门实施复查的。

第十四条 复查时排污者被认定为拒不改正违法排放污染物行为的，环境保护主管部门应当按照本办法第八条的规定再次作出责令改正违法行为决定书并送达排污者，责令立即停止违法排放污染物行为，并应当依照本办法第十条、第十二条的规定对排污者再次进行复查。

第十五条 环境保护主管部门实施按日连续处罚应当符合法律规定的行政处罚程序。

第十六条 环境保护主管部门决定实施按日连续处罚的，应当依法作出处罚决定书。

处罚决定书应当载明下列事项：

（一）排污者的基本情况，包括名称或者姓名、营业执照号码或者居民身份证号码、组织机构代码、地址以及法定代表人或者主要负责人姓名等；

（二）初次检查发现的环境违法行为及该行为的原处罚决定、拒不改正的违法事实和证据；

（三）按日连续处罚的起止时间和依据；

（四）按照按日连续处罚规则决定的罚款数额；

（五）按日连续处罚的履行方式和期限；

（六）申请行政复议或者提起行政诉讼的途径和期限；

（七）环境保护主管部门名称、印章和决定日期。

第四章 计罚方式

第十七条 按日连续处罚的计罚日数为责令改正违法行为决定书送达排污者之日的次日起，至环境保护主管部门复查发现违法排放污染物行为之日止。再次复查仍拒不改正的，计罚日数累计执行。

第十八条 再次复查时违法排放污染物行为已经改正，环境保护主管部门在之后的检查中又发现排污者有本办法第五条规定的情形的，应当重新作出处罚决定，按日连续处罚的计罚周期重新起算。按日连续处罚次数不受限制。

第十九条 按日连续处罚每日的罚款数额，为原处罚决定书确定的罚款数额。

按照按日连续处罚规则决定的罚款数额，为原处罚决定书确定的罚款数额乘以计罚日数。

第五章　附　　则

第二十条　环境保护主管部门针对违法排放污染物行为实施按日连续处罚的，可以同时适用责令排污者限制生产、停产整治或者查封、扣押等措施；因采取上述措施使排污者停止违法排污行为的，不再实施按日连续处罚。

第二十一条　本办法由国务院环境保护主管部门负责解释。

第二十二条　本办法自 2015 年 1 月 1 日起施行。

环境保护主管部门实施查封、扣押办法

（环境保护部令　第29号）

第一章　总　　则

第一条　为规范实施查封、扣押，依据《中华人民共和国环境保护法》、《中华人民共和国行政强制法》等法律，制定本办法。

第二条　对企业事业单位和其他生产经营者（以下称排污者）违反法律法规规定排放污染物，造成或者可能造成严重污染，县级以上环境保护主管部门对造成污染物排放的设施、设备实施查封、扣押的，适用本办法。

第三条　环境保护主管部门实施查封、扣押所需经费，应当列入本机关的行政经费预算，由同级财政予以保障。

第二章　适用范围

第四条　排污者有下列情形之一的，环境保护主管部门依法实施查封、扣押：

（一）违法排放、倾倒或者处置含传染病病原体的废物、危险废物、含重金属污染物或者持久性有机污染物等有毒物质或者其他有害物质的；

（二）在饮用水水源一级保护区、自然保护区核心区违反法律法规规定排放、倾倒、处置污染物的；

（三）违反法律法规规定排放、倾倒化工、制药、石化、印染、电镀、造纸、制革等工业污泥的；

（四）通过暗管、渗井、渗坑、灌注或者篡改、伪造监测数据，或者不正常运行防治污染设施等逃避监管的方式违反法律法规规定排放污染物的；

（五）较大、重大和特别重大突发环境事件发生后，未按照要求执行停产、停排措施，继续违反法律法规规定排放污染物的；

（六）法律、法规规定的其他造成或者可能造成严重污染的违法排污行为。

有前款第一项、第二项、第三项、第六项情形之一的，环境保护主管部门可以实施查封、扣押；已造成严重污染或者有前款第四项、第五项情形之一的，环境保护主管部门应当实施查封、扣押。

第五条 环境保护主管部门查封、扣押排污者造成污染物排放的设施、设备，应当符合有关法律的规定。不得重复查封、扣押排污者已被依法查封的设施、设备。

对不易移动的或者有特殊存放要求的设施、设备，应当就地查封。查封时，可以在该设施、设备的控制装置等关键部件或者造成污染物排放所需供水、供电、供气等开关阀门张贴封条。

第六条 具备下列情形之一的排污者，造成或者可能造成严重污染的，环境保护主管部门应当按照有关环境保护法律法规予以处罚，可以不予实施查封、扣押：

（一）城镇污水处理、垃圾处理、危险废物处置等公共设施的运营单位；

（二）生产经营业务涉及基本民生、公共利益的；

（三）实施查封、扣押可能影响生产安全的。

第七条 环境保护主管部门实施查封、扣押的，应当依法向社会公开查封、扣押决定，查封、扣押延期情况和解除查封、扣押决定等相关信息。

第三章 实施程序

第八条 实施查封、扣押的程序包括调查取证、审批、决定、执行、送达、解除。

第九条 环境保护主管部门实施查封、扣押前，应当做好调查取证工作。

查封、扣押的证据包括现场检查笔录、调查询问笔录、环境监测报告、视听资料、证人证言和其他证明材料。

第十条 需要实施查封、扣押的，应当书面报经环境保护主管部门负责人批准；案情重大或者社会影响较大的，应当经环境保护主管部门案件审查委员会集体审议决定。

第十一条 环境保护主管部门决定实施查封、扣押的，应当制作查封、扣押决定书和清单。

查封、扣押决定书应当载明下列事项：

（一）排污者的基本情况，包括名称或者姓名、营业执照号码或者居民身份证号码、组织机构代码、地址以及法定代表人或者主要负责人姓名等；

（二）查封、扣押的依据和期限；

（三）查封、扣押设施、设备的名称、数量和存放地点等；

（四）排污者应当履行的相关义务及申请行政复议或者提起行政诉讼的途径和期限；

（五）环境保护主管部门的名称、印章和决定日期。

第十二条 实施查封、扣押应当符合下列要求：

（一）由两名以上具有行政执法资格的环境行政执法人员实施，并出示执法身份证件；

（二）通知排污者的负责人或者受委托人到场，当场告知实施查封、扣押的依据以及依法享有的权利、救济途径，并听取其陈述和申辩；

（三）制作现场笔录，必要时可以进行现场拍摄。现场笔录的内容应当包括查封、扣押实施的起止时间和地点等；

（四）当场清点并制作查封、扣押设施、设备清单，由排污者和环境保护主管部门分别收执。委托第三人保管的，应同时交第三人收执。执法人员可以对上述过程进行现场拍摄；

（五）现场笔录和查封、扣押设施、设备清单由排污者和执法人员签名或者盖章；

（六）张贴封条或者采取其他方式，明示环境保护主管部门已实施查封、扣押。

第十三条 情况紧急，需要当场实施查封、扣押的，应当在实施后二十四小时内补办批准手续。环境保护主管部门负责人认为不需要实施查封、扣押的，应当立即解除。

第十四条 查封、扣押决定书应当当场交付排污者负责人或者受委托人签收。排污者负责人或者受委托人应当签名或者盖章，注明日期。

实施查封、扣押过程中，排污者负责人或者受委托人拒不到场或者拒绝签名、盖章的，环境行政执法人员应当予以注明，并可以邀请见证人到场，由见证人和环境行政执法人员签名或者盖章。

第十五条 查封、扣押的期限不得超过三十日；情况复杂的，经本级环境保护主管部门负责人批准可以延长，但延长期限不得超过三十日。法律、法规另有规定的除外。

延长查封、扣押的决定应当及时书面告知排污者，并说明理由。

第十六条 对就地查封的设施、设备，排污者应当妥善保管，不得擅自损毁封条、变更查封状态或者启用已查封的设施、设备。

对扣押的设施、设备，环境保护主管部门应当妥善保管，也可以委托第三人保管。扣押期间设施、设备的保管费用由环境保护主管部门承担。

第十七条 查封的设施、设备造成损失的，由排污者承担。扣押的设施、设备造成损失的，由环境保护主管部门承担；因受委托第三人原因造成损失的，委托的环境保护主管部门先行赔付后，可以向受委托第三人追偿。

第十八条 排污者在查封、扣押期限届满前，可以向决定实施查封、扣押的环境保护主管部门提出解除申请，并附具相关证明材料。

第十九条 环境保护主管部门应当自收到解除查封、扣押申请之日起五个工作日内，组织核查，并根据核查结果分别作出如下决定：

（一）确已改正违反法律法规规定排放污染物行为的，解除查封、扣押；

（二）未改正违反法律法规规定排放污染物行为的，维持查封、扣押。

第二十条 环境保护主管部门实施查封、扣押后，应当及时查清事实，有下列情形之一的，应当立即作出解除查封、扣押决定：

（一）对违反法律法规规定排放污染物行为已经作出行政处罚或者处理决定，不再需要实施查封、扣押的；

（二）查封、扣押期限已经届满的；

（二）其他不再需要实施查封、扣押的情形。

第二十一条 查封、扣押措施被解除的，环境保护主管部门应当立即通知排污者，并自解除查封、扣押决定作出之日起三个工作日内送达解除决定。

扣押措施被解除的，还应当通知排污者领回扣押物；无法通知的，应当进行公告，排污者应当自招领公告发布之日起六十日内领回；逾期未领回的，所造成的损失由排污者自行承担。

扣押物无法返还的，环境保护主管部门可以委托拍卖机构依法拍卖或者变卖，所得款项上缴国库。

第二十二条 排污者涉嫌环境污染犯罪已由公安机关立案侦查的，环境保护主管部门应当依法移送查封、扣押的设施、设备及有关法律文书、清单。

第二十三条 环境保护主管部门对查封后的设施、设备应当定期检视其封存情况。

排污者阻碍执法、擅自损毁封条、变更查封状态或者隐藏、转移、变卖、启用已查封的设施、设备的，环境保护主管部门应当依据《中华人民共和国治安管理处罚法》等法律法规及时提请公安机关依法处理。

第四章 附 则

第二十四条 本办法由国务院环境保护主管部门负责解释。

第二十五条 本办法自 2015 年 1 月 1 日起施行。

环境保护主管部门实施限制生产、停产整治办法

（环境保护部令　第30号）

第一章　总　　则

第一条　为规范实施限制生产、停产整治措施，依据《中华人民共和国环境保护法》，制定本办法。

第二条　县级以上环境保护主管部门对超过污染物排放标准或者超过重点污染物排放总量控制指标排放污染物的企业事业单位和其他生产经营者（以下称排污者），责令采取限制生产、停产整治措施的，适用本办法。

第三条　环境保护主管部门作出限制生产、停产整治决定时，应当责令排污者改正或者限期改正违法行为，并依法实施行政处罚。

第四条　环境保护主管部门实施限制生产、停产整治的，应当依法向社会公开限制生产、停产整治决定，限制生产延期情况和解除限制生产、停产整治的日期等相关信息。

第二章　适用范围

第五条　排污者超过污染物排放标准或者超过重点污染物日最高允许排放总量控制指标的，环境保护主管部门可以责令其采取限制生产措施。

第六条　排污者有下列情形之一的，环境保护主管部门可以责令其采取停产整治措施：

（一）通过暗管、渗井、渗坑、灌注或者篡改、伪造监测数据，或者不正常运行防治污染设施等逃避监管的方式排放污染物，超过污染物排放标准的；

（二）非法排放含重金属、持久性有机污染物等严重危害环境、损害人体健康的污染物超过污染物排放标准三倍以上的；

（三）超过重点污染物排放总量年度控制指标排放污染物的；

（四）被责令限制生产后仍然超过污染物排放标准排放污染物的；

（五）因突发事件造成污染物排放超过排放标准或者重点污染物排放总量控制指标的；

（六）法律、法规规定的其他情形。

第七条 具备下列情形之一的排污者，超过污染物排放标准或者超过重点污染物排放总量控制指标排放污染物的，环境保护主管部门应当按照有关环境保护法律法规予以处罚，可以不予实施停产整治：

（一）城镇污水处理、垃圾处理、危险废物处置等公共设施的运营单位；

（二）生产经营业务涉及基本民生、公共利益的；

（三）实施停产整治可能影响生产安全的。

第八条 排污者有下列情形之一的，由环境保护主管部门报经有批准权的人民政府责令停业、关闭：

（一）两年内因排放含重金属、持久性有机污染物等有毒物质超过污染物排放标准受过两次以上行政处罚，又实施前列行为的；

（二）被责令停产整治后拒不停产或者擅自恢复生产的；

（三）停产整治决定解除后，跟踪检查发现又实施同一违法行为的；

（四）法律法规规定的其他严重环境违法情节的。

第三章 实施程序

第九条 环境保护主管部门在作出限制生产、停产整治决定前，应当做好调查取证工作。

责令限制生产、停产整治的证据包括现场检查笔录、调查询问笔录、环境监测报告、视听资料、证人证言和其他证明材料。

第十条 作出限制生产、停产整治决定前，应当书面报经环境保护主管部门负责人批准；案情重大或者社会影响较大的，应当经环境保护主管部门案件审查委员会集体审议决定。

第十一条 环境保护主管部门作出限制生产、停产整治决定前，应当告知排污者有关事实、依据及其依法享有的陈述、申辩或者要求举行听证的权利；就同一违法行为进行行政处罚的，可以在行政处罚事先告知书或者行政处罚听证告知书中一并告知。

第十二条 环境保护主管部门作出限制生产、停产整治决定的，应当制作责令限制生产决定书或者责令停产整治决定书，也可以在行政处罚决定书中载明。

第十三条 责令限制生产决定书和责令停产整治决定书应当载明下列事项：

（一）排污者的基本情况，包括名称或者姓名、营业执照号码或者居民身份证号码、组织机构代码、地址以及法定代表人或者主要负责人姓名等；

（二）违法事实、证据，以及作出限制生产、停产整治决定的依据；

（三）责令限制生产、停产整治的改正方式、期限；

（四）排污者应当履行的相关义务及申请行政复议或者提起行政诉讼的途径和期限；

（五）环境保护主管部门的名称、印章和决定日期。

第十四条 环境保护主管部门应当自作出限制生产、停产整治决定之日起七个工作日内将决定书送达排污者。

第十五条 限制生产一般不超过三个月；情况复杂的，经本级环境保护主管部门负责人批准，可以延长，但延长期限不得超过三个月。

停产整治的期限，自责令停产整治决定书送达排污者之日起，至停产整治决定解除之日止。

第十六条 排污者应当在收到责令限制生产决定书或者责令停产整治决定书后立即整改，并在十五个工作日内将整改方案报作出决定的环境保护主管部门备案并向社会公开。整改方案应当确定改正措施、工程进度、资金保障和责任人员等事项。

被限制生产的排污者在整改期间，不得超过污染物排放标准或者重点污染物日最高允许排放总量控制指标排放污染物，并按照环境监测技术规范进行监测或者委托有条件的环境监测机构开展监测，保存监测记录。

第十七条 排污者完成整改任务的，应当在十五个工作日内将整改任务完成情况和整改信息社会公开情况，报作出限制生产、停产整治决定的环境保护主管部门备案，并提交监测报告以及整改期间生产用电量、用水量、主要产品产量与整改前的对比情况等材料。限制生产、停产整治决定自排污者报环境保护主管部门备案之日起解除。

第十八条 排污者有下列情形之一的，限制生产、停产整治决定自行终止：

（一）依法被撤销、解散、宣告破产或者因其他原因终止营业的；

（二）被有批准权的人民政府依法责令停业、关闭的。

第十九条 排污者被责令限制生产、停产整治后，环境保护主管部门应当按照相关规定对排污者履行限制生产、停产整治措施的情况实施后督察，并依法进行处理或者处罚。

第二十条 排污者解除限制生产、停产整治后，环境保护主管部门应当在解除之日起三十日内对排污者进行跟踪检查。

第四章　附　　则

第二十一条 本办法由国务院环境保护主管部门负责解释。

第二十二条 本办法自 2015 年 1 月 1 日起施行。

排污口规范化整治技术要求（试行）

（环监〔1996〕470 号）

第一章 总则

1.1 根据国家环境保护法律、法规和国家《环境保护图形标志》标准、国家环境保护局《关于开展排污口规范化整治试点工作的通知》精神，制定本《要求》。

1.2 排污口规范化整治是实施污染物总量控制计划的基础性工作之一，目的是为了促进排污单位加强经营管理和污染治理，加大环境监理执法力度，更好地履行“三查、二调、一收费”的职责，逐步实现污染物排放的科学化、定量化管理。

1.3 排污口规范化整治应遵循便于采集样品，便于计量监测，便于日常现场监督检查的原则。

1.4 本《要求》适用于一切排污单位排污口的规范化整治。

第二章 排污口规范化整治范围

2.1 一切向环境排放污染物（废水、废气、固体废物、噪声）的排污单位的排放口（点、源），均需进行规范化整治。

2.2 排污口规范化整治可分步进行。试点期间的整治范围应不少于辖区内已开征排污费单位的 50%，并应遵循以下四项原则（2.3～2.6）。

2.3 以整治污水排污口为主，兼顾整治废气、固体废物、噪声排放口（点、源）。

2.4 以整治重点污染源为主。对列入国家和省、市级重点排污单位的排污口首先进行整治。

2.5 以整治列入总量控制指标的 12 种污染物（烟尘、工业粉尘、二氧化硫、化学耗氧量、石油类、氰化物、砷、汞、铅、六价铬和工业固体废物）的排污口为主。

2.6　为体现试点的原则，要分别选择不同类型、不同行业、不同规范、不同隶属关系的排污单位的排污口进行整治

第三章　排污口规范化整治技术要求

3.1　污水排放口的整治

3.1.1　合理确定污水排放口位置。

3.1.2　按照《污染源监测技术规范》设置采样点。如：工厂总排放口、排放一类污染物的车间排放口，污水处理设施的进水和出水口等。

3.1.3　应设置规范的、便于测量流量、流速的测流段。

3.1.4　列入重点整治的污水排放口应安装流量计。

3.1.5　一般污水排污口可安装三角堰、矩形堰、测流槽等测流装置或其他计量装置。

3.2　废气排放口的整治

3.2.1　有组织排放的废气。对其排气筒数量、高度和泄漏情况进行整治。

3.2.2　排气筒应设置便于采样、监测的采样口。采样口的设置应符合《污染源监测技术规范》要求。

3.2.3　采样口位置无法满足“规范”要求的，其监测也位置由当地环境监测部门确认。

3.2.4　无组织排放有毒有害气体的，应加装引风装置，进行收集、处理，并设置采样点。

3.3　固体废物贮存、堆放场的整治

3.3.1　一般固体废物应设置专用贮存、堆放场地。易造成二次扬尘的贮存、堆放场地，应采取不定时喷洒等防治措施。

3.3.2　有毒有害固体废物等危险废物，应设置专用堆放场地，并必须有防扬散，防流失，防渗漏等防治措施。

3.3.3　临时性固体废物贮存、堆放场也应根据情况，进行相应整治。

3.4　固定噪声排放源的整治

3.4.1　凡厂界噪声超出功能区环境噪声标准要求的，其噪声源均应进行整治。

3.4.2　根据不同噪声源情况，可采取减振降噪、吸声处理降噪、隔声处理降噪等措施，使其达到功能区标准要求。

3.4.3 在固定噪声源厂界噪声敏感，且对外界影响最大处设置该噪声源的监测点。

第四章 排污口立标、建档要求

4.1 排污口立标要求

4.1.1 一切排污单位的污染物排放口（源）和固体废物贮存、处置场，必须实行规范化整治，按照国家标准《环境保护图形标志》（GB 15562.1—1995）（GB 15562.2—1995）的规定，设置与之相适应的环境保护图形标志牌。

4.1.2 开展排放口（源）和固体废物贮存、处置场规范化整治的单位，必须使用由国家环境保护局统一定点制作和监制的环境保护图形标志牌。

4.1.3 环境保护图形标志牌设置位置应距污染物排放口（源）及固体废物贮存（处置）场或采样点较近且醒目处，并能长久保留，其中：噪声排放源标志牌应设置在距选定监测点较近且醒目处。设置高度一般为：环境保护图形标志牌上缘距离地面 2 米。

4.1.4 重点排污单位的污染物排放口（源）或固体废物贮存、处置场，以设置立式标志牌为主；一般排污单位的污染物排放口（源）或固体废物贮存、处置场，可根据情况分别选择设置立式或平面固定式标志牌。

4.1.5 一般性污染物排放口（源）或固体废物贮存、处置场，设置提示性环境保护图形标志牌。

排放剧毒、致癌物及对人体有严重危害物质的排放口（源）或危险废物贮存、处置场，设置警告性环境保护图形标志牌。

4.1.6 环境保护图形标志牌的辅助标志上，需要填写的栏目，应由环境保护部门统一组织填写，要求字迹工整，字的颜色，与标志牌颜色要总体协调。

4.2 排污口建档要求

4.2.1 各级环保部门和排污单位均需使用由国家环境保护局统一印制的《中华人民共和国规范化排污口标志登记证》，并按要求认真填写有关内容。

4.2.2 登记证与标志牌配套使用，由各地环境保护部门签发给有关排污单位。登记证的一览表中的标志牌编号及登记卡上标志牌的编号应与标志牌辅助标志上的编号相一致。编号形式统一规定如下：

污水 WS—×××× 噪声 ZS—×××××

废气 FQ—××××　　　　固体废物 GF—×××××

编号的前两个字母为类别代号，后五位为排污口顺序编号。排污口的顺序编号数字由各地环境保护部门自行规定。

4.2.3　各地环境保护部门根据登记证的内容建立排污口管理档案，如：排污单位名称，排污口性质及编号，排污口地理位置、排放主要污染物种类、数量、浓度，排放去向，立标情况，设施运行情况及整改意见等。

4.3　排污口环境保护设施管理要求

4.3.1　规范化整治排污口的有关设施（如：计量装置、标志牌等）属环境保护设施，各地环境保护部门应按照有关环境保护设施监督管理规定，加强日常监督管理，排污单位应将环境保护设施纳入本单位设备管理，制定相应的管理办法和规章制度。

4.3.2　排污单位应选派责任心强，有专业知识和技能的兼、专职人员对排污口进行管理，做到责任明确、奖罚分明。

第五章　附则

5.1　各试点省、市可根据本《要求》，制定当地排污口规范化整治的具体技术规范。

环境保护行政执法与刑事司法衔接工作办法

（环环监〔2017〕17号）

第一章 总 则

第一条 为进一步健全环境保护行政执法与刑事司法衔接工作机制，依法惩治环境犯罪行为，切实保障公众健康，推进生态文明建设，依据《刑法》《刑事诉讼法》《环境保护法》《行政执法机关移送涉嫌犯罪案件的规定》（国务院令 第310号）等法律、法规及有关规定，制定本办法。

第二条 本办法适用于各级环境保护主管部门（以下简称环保部门）、公安机关和人民检察院办理的涉嫌环境犯罪案件。

第三条 各级环保部门、公安机关和人民检察院应当加强协作，统一法律适用，不断完善线索通报、案件移送、资源共享和信息发布等工作机制。

第四条 人民检察院对环保部门移送涉嫌环境犯罪案件活动和公安机关对移送案件的立案活动，依法实施法律监督。

第二章 案件移送与法律监督

第五条 环保部门在查办环境违法案件过程中，发现涉嫌环境犯罪案件，应当核实情况并作出移送涉嫌环境犯罪案件的书面报告。本机关负责人应当自接到报告之日起3日内作出批准移送或者不批准移送的决定。向公安机关移送的涉嫌环境犯罪案件，应当符合下列条件：

（一）实施行政执法的主体与程序合法。

（二）有合法证据证明有涉嫌环境犯罪的事实发生。

第六条 环保部门移送涉嫌环境犯罪案件，应当自作出移送决定后24小时内向同级公安机关移交案件材料，并将案件移送书抄送同级人民检察院。

环保部门向公安机关移送涉嫌环境犯罪案件时，应当附下列材料：

（一）案件移送书，载明移送机关名称、涉嫌犯罪罪名及主要依据、案件主办人及联系方式等。案件移送书应当附移送材料清单，并加盖移送机关公章。

（二）案件调查报告，载明案件来源、查获情况、犯罪嫌疑人基本情况、涉嫌犯罪的事实、证据和法律依据、处理建议和法律依据等。

（三）现场检查（勘察）笔录、调查询问笔录、现场勘验图、采样记录单等。

（四）涉案物品清单，载明已查封、扣押等采取行政强制措施的涉案物品名称、数量、特征、存放地等事项，并附采取行政强制措施、现场笔录等表明涉案物品来源的相关材料。

（五）现场照片或者录音录像资料及清单，载明需证明的事实对象、拍摄人、拍摄时间、拍摄地点等。

（六）监测、检验报告、突发环境事件调查报告、认定意见。

（七）其他有关涉嫌犯罪的材料。

对环境违法行为已经作出行政处罚决定的，还应当附行政处罚决定书。

第七条 对环保部门移送的涉嫌环境犯罪案件，公安机关应当依法接受，并立即出具接受案件回执或者在涉嫌环境犯罪案件移送书的回执上签字。

第八条 公安机关审查发现移送的涉嫌环境犯罪案件材料不全的，应当在接受案件的 24 小时内书面告知移送的环保部门在 3 日内补正。但不得以材料不全为由，不接受移送案件。

公安机关审查发现移送的涉嫌环境犯罪案件证据不充分的，可以就证明有犯罪事实的相关证据等提出补充调查意见，由移送案件的环保部门补充调查。环保部门应当按照要求补充调查，并及时将调查结果反馈公安机关。因客观条件所限，无法补正的，环保部门应当向公安机关作出书面说明。

第九条 公安机关对环保部门移送的涉嫌环境犯罪案件，应当自接受案件之日起 3 日内作出立案或者不予立案的决定；涉嫌环境犯罪线索需要查证的，应当自接受案件之日起 7 日内作出决定；重大疑难复杂案件，经县级以上公安机关负责人批准，可以自受案之日起 30 日内作出决定。接受案件后对属于公安机关管辖但不属于本公安机关管辖的案件，应当在 24 小时内移送有管辖权的公安机关，并书面通知移送案件的环保部门，抄送同级人民检察院。对不属于公安机关管辖的，应当在 24 小时内退回移送案件的环保部门。

公安机关作出立案、不予立案、撤销案件决定的，应当自作出决定之日起 3

日内书面通知环保部门，并抄送同级人民检察院。公安机关作出不予立案或者撤销案件决定的，应当书面说明理由，并将案卷材料退回环保部门。

第十条 环保部门应当自接到公安机关立案通知书之日起3日内将涉案物品以及与案件有关的其他材料移交公安机关，并办理交接手续。

涉及查封、扣押物品的，环保部门和公安机关应当密切配合，加强协作，防止涉案物品转移、隐匿、损毁、灭失等情况发生。对具有危险性或者环境危害性的涉案物品，环保部门应当组织临时处理处置，公安机关应当积极协助；对无明确责任人、责任人不具备履行责任能力或者超出部门处置能力的，应当呈报涉案物品所在地政府组织处置。上述处置费用清单随附处置合同、缴费凭证等作为犯罪获利的证据，及时补充移送公安机关。

第十一条 环保部门认为公安机关不予立案决定不当的，可以自接到不予立案通知书之日起3个工作日内向作出决定的公安机关申请复议，公安机关应当自收到复议申请之日起3个工作日内作出立案或者不予立案的复议决定，并书面通知环保部门。

第十二条 环保部门对公安机关逾期未作出是否立案决定，以及对不予立案决定、复议决定、立案后撤销案件决定有异议的，应当建议人民检察院进行立案监督。人民检察院应当受理并进行审查。

第十三条 环保部门建议人民检察院进行立案监督的案件，应当提供立案监督建议书、相关案件材料，并附公安机关不予立案、立案后撤销案件决定及说明理由材料，复议维持不予立案决定材料或者公安机关逾期未作出是否立案决定的材料。

第十四条 人民检察院发现环保部门不移送涉嫌环境犯罪案件的，可以派员查询、调阅有关案件材料，认为涉嫌环境犯罪应当移送的，应当提出建议移送的检察意见。环保部门应当自收到检察意见后3日内将案件移送公安机关，并将执行情况通知人民检察院。

第十五条 人民检察院发现公安机关可能存在应当立案而不立案或者逾期未作出是否立案决定的，应当启动立案监督程序。

第十六条 环保部门向公安机关移送涉嫌环境犯罪案件，已作出的警告、责令停产停业、暂扣或者吊销许可证的行政处罚决定，不停止执行。未作出行政处罚决定的，原则上应当在公安机关决定不予立案或者撤销案件、人民检察院作出不起诉决定、人民法院作出无罪判决或者免予刑事处罚后，再决定是否给予行政处罚。涉嫌犯罪案件的移送办理期间，不计入行政处罚期限。

对尚未作出生效裁判的案件，环保部门依法应当给予或者提请人民政府给予暂扣或者吊销许可证、责令停产停业等行政处罚，需要配合的，公安机关、人民检察院应当给予配合。

第十七条 公安机关对涉嫌环境犯罪案件，经审查没有犯罪事实，或者立案侦查后认为犯罪事实显著轻微、不需要追究刑事责任，但经审查依法应当予以行政处罚的，应当及时将案件移交环保部门，并抄送同级人民检察院。

第十八条 人民检察院对符合逮捕、起诉条件的环境犯罪嫌疑人，应当及时批准逮捕、提起公诉。人民检察院对决定不起诉的案件，应当自作出决定之日起3日内，书面告知移送案件的环保部门，认为应当给予行政处罚的，可以提出予以行政处罚的检察意见。

第十九条 人民检察院对公安机关提请批准逮捕的犯罪嫌疑人作出不批准逮捕决定，并通知公安机关补充侦查的，或者人民检察院对公安机关移送审查起诉的案件审查后，认为犯罪事实不清、证据不足，将案件退回补充侦查的，应当制作补充侦查提纲，写明补充侦查的方向和要求。

对退回补充侦查的案件，公安机关应当按照补充侦查提纲的要求，在一个月内补充侦查完毕。公安机关补充侦查和人民检察院自行侦查需要环保部门协助的，环保部门应当予以协助。

第三章　证据的收集与使用

第二十条 环保部门在行政执法和查办案件过程中依法收集制作的物证、书证、视听资料、电子数据、监测报告、检验报告、认定意见、鉴定意见、勘验笔录、检查笔录等证据材料，在刑事诉讼中可以作为证据使用。

第二十一条 环保部门、公安机关、人民检察院收集的证据材料，经法庭查证属实，且收集程序符合有关法律、行政法规规定的，可以作为定案的根据。

第二十二条 环保部门或者公安机关依据《国家危险废物名录》或者组织专家研判等得出认定意见的，应当载明涉案单位名称、案由、涉案物品识别认定的理由，按照“经认定，……属于/不属于……危险废物，废物代码……”的格式出具结论，加盖公章。

第四章　协作机制

第二十三条　环保部门、公安机关和人民检察院应当建立健全环境行政执法与刑事司法衔接的长效工作机制。确定牵头部门及联络人，定期召开联席会议，通报衔接工作情况，研究存在的问题，提出加强部门衔接的对策，协调解决环境执法问题，开展部门联合培训。联席会议应明确议定事项。

第二十四条　环保部门、公安机关、人民检察院应当建立双向案件咨询制度。环保部门对重大疑难复杂案件，可以就刑事案件立案追诉标准、证据的固定和保全等问题咨询公安机关、人民检察院；公安机关、人民检察院可以就案件办理中的专业性问题咨询环保部门。受咨询的机关应当认真研究，及时答复；书面咨询的，应当在7日内书面答复。

第二十五条　公安机关、人民检察院办理涉嫌环境污染犯罪案件，需要环保部门提供环境监测或者技术支持的，环保部门应当按照上述部门刑事案件办理的法定时限要求积极协助，及时提供现场勘验、环境监测及认定意见。所需经费，应当列入本机关的行政经费预算，由同级财政予以保障。

第二十六条　环保部门在执法检查时，发现违法行为明显涉嫌犯罪的，应当及时向公安机关通报。公安机关认为有必要的可以依法开展初查，对符合立案条件的，应当及时依法立案侦查。在公安机关立案侦查前，环保部门应当继续对违法行为进行调查。

第二十七条　环保部门、公安机关应当相互依托“12369”环保举报热线和“110”报警服务平台，建立完善接处警的快速响应和联合调查机制，强化对打击涉嫌环境犯罪的联勤联动。在办案过程中，环保部门、公安机关应当依法及时启动相应的调查程序，分工协作，防止证据灭失。

第二十八条　在联合调查中，环保部门应当重点查明排污者严重污染环境的事实，污染物的排放方式，及时收集、提取、监测、固定污染物种类、浓度、数量、排放去向等。公安机关应当注意控制现场，重点查明相关责任人身份、岗位信息，视情节轻重对直接负责的主管人员和其他责任人员依法采取相应强制措施。两部门均应规范制作笔录，并留存现场摄像或照片。

第二十九条　对案情重大或者复杂疑难案件，公安机关可以听取人民检察院的意见。人民检察院应当及时提出意见和建议。

第三十条 涉及移送的案件在庭审中，需要出庭说明情况的，相关执法或者技术人员有义务出庭说明情况，接受庭审质证。

第三十一条 环保部门、公安机关和人民检察院应当加强对重大案件的联合督办工作，适时对重大案件进行联合挂牌督办，督促案件办理。同时，要逐步建立专家库，吸纳污染防治、重点行业以及环境案件侦办等方面的专家和技术骨干，为查处打击环境污染犯罪案件提供专业支持。

第三十二条 环保部门和公安机关在查办环境污染违法犯罪案件过程中发现包庇纵容、徇私舞弊、贪污受贿、失职渎职等涉嫌职务犯罪行为的，应当及时将线索移送人民检察院。

第五章 信息共享

第三十三条 各级环保部门、公安机关、人民检察院应当积极建设、规范使用行政执法与刑事司法衔接信息共享平台，逐步实现涉嫌环境犯罪案件的网上移送、网上受理和网上监督。

第三十四条 已经接入信息共享平台的环保部门、公安机关、人民检察院，应当自作出相关决定之日起 7 日内分别录入下列信息：

（一）适用一般程序的环境违法事实、案件行政处罚、案件移送、提请复议和建议人民检察院进行立案监督的信息；

（二）移送涉嫌犯罪案件的立案、不予立案、立案后撤销案件、复议、人民检察院监督立案后的处理情况，以及提请批准逮捕、移送审查起诉的信息；

（三）监督移送、监督立案以及批准逮捕、提起公诉、裁判结果的信息。尚未建成信息共享平台的环保部门、公安机关、人民检察院，应当自作出相关决定后及时向其他部门通报前款规定的信息。

第三十五条 各级环保部门、公安机关、人民检察院应当对信息共享平台录入的案件信息及时汇总、分析、综合研判，定期总结通报平台运行情况。

第六章 附　　则

第三十六条 各省、自治区、直辖市的环保部门、公安机关、人民检察院可以根据本办法制定本行政区域的实施细则。

第三十七条 环境行政执法中部分专有名词的含义。

（一）“现场勘验图”，是指描绘主要生产及排污设备布置等案发现场情况、现场周边环境、各采样点位、污染物排放途径的平面示意图。

（二）“外环境”，是指污染物排入的自然环境。满足下列条件之一的，视同为外环境。

1. 排污单位停产或没有排污，但有依法取得的证据证明其有持续或间歇排污，而且无可处理相应污染因子的措施的，经核实生产工艺后，其产污环节之后的废水收集池（槽、罐、沟）内。

2. 发现暗管，虽无当场排污，但在外环境有确认由该单位排放污染物的痕迹，此暗管连通的废水收集池（槽、罐、沟）内。

3. 排污单位连通外环境的雨水沟（井、渠）中任何一处。

4. 对排放含第一类污染物的废水，其产生车间或车间处理设施的排放口。无法在车间或者车间处理设施排放口对含第一类污染物的废水采样的，废水总排放口或查实由该企业排入其他外环境处。

第三十八条 本办法所涉期间除明确为工作日以外，其余均以自然日计算。期间开始之日不算在期间以内。期间的最后一日为节假日的，以节假日后的第一日为期满日期。

第三十九条 本办法自发布之日起施行。原国家环保总局、公安部和最高人民检察院《关于环境保护主管部门移送涉嫌环境犯罪案件的若干规定》（环发〔2007〕78号）同时废止。

生活垃圾焚烧发电厂自动监测数据应用管理规定

（生态环境部令　第10号）

第一条　为规范生活垃圾焚烧发电厂自动监测数据使用，推动生活垃圾焚烧发电厂达标排放，依法查处环境违法行为，根据《中华人民共和国环境保护法》《中华人民共和国大气污染防治法》等法律法规，制定本规定。

第二条　本规定适用于投入运行的生活垃圾焚烧发电厂（以下简称垃圾焚烧厂）。

第三条　设区的市级以上地方生态环境主管部门应当将垃圾焚烧厂列入重点排污单位名录。

垃圾焚烧厂应当按照有关法律法规和标准规范安装使用自动监测设备，与生态环境主管部门的监控设备联网。

垃圾焚烧厂应当按照《固定污染源烟气（SO_2、NO_x、颗粒物）排放连续监测技术规范》（HJ 75）等标准规范要求，对自动监测设备开展质量控制和质量保证工作，保证自动监测设备正常运行，保存原始监测记录，并确保自动监测数据的真实、准确、完整、有效。

第四条　垃圾焚烧厂应当按照生活垃圾焚烧发电厂自动监测数据标记规则（以下简称标记规则），及时在自动监控系统企业端，如实标记每台焚烧炉工况和自动监测异常情况。

自动监测设备发生故障，或者进行检修、校准的，垃圾焚烧厂应当按照标记规则及时标记；未标记的，视为数据有效。

第五条　生态环境主管部门可以利用自动监控系统收集环境违法行为证据。自动监测数据可以作为判定垃圾焚烧厂是否存在环境违法行为的证据。

第六条　一个自然日内，垃圾焚烧厂任一焚烧炉排放烟气中颗粒物、氮氧化物、二氧化硫、氯化氢、一氧化碳等污染物的自动监测日均值数据，有一项或者一项以上超过《生活垃圾焚烧污染控制标准》（GB 18485）或者地方污染物排放标准规定的相应污染物 24 小时均值限值或者日均值限值，可以认定其污染物排放超标。

自动监测日均值数据的计算，按照《污染物在线监控（监测）系统数据传输标准》（HJ 212）执行。

对二噁英类等暂不具备自动监测条件的污染物，以生态环境主管部门执法监测获取的监测数据作为超标判定依据。

第七条 垃圾焚烧厂应当按照国家有关规定，确保正常工况下焚烧炉炉膛内热电偶测量温度的 5 分钟均值不低于 850℃。

第八条 生态环境主管部门开展行政执法时，可以按照监测技术规范要求采集一个样品进行执法监测，获取的监测数据可以作为行政执法的证据。

生态环境主管部门执法监测获取的监测数据与自动监测数据不一致的，以生态环境主管部门执法监测获取的监测数据作为行政执法的证据。

第九条 生态环境主管部门执法人员现场调查取证时，应当提取自动监测数据，制作调查询问笔录或者现场检查（勘察）笔录，并对提取过程进行拍照或者摄像，或者采取其他方式记录执法过程。

经现场调查核实垃圾焚烧厂污染物超标排放行为属实的，生态环境主管部门应当当场责令垃圾焚烧厂改正违法行为，并依法下达责令改正违法行为决定书。

生态环境主管部门执法人员现场调查时，可以根据垃圾焚烧厂的违法情形，收集下列证据：

（一）当事人的身份证明；

（二）调查询问笔录或者现场检查（勘察）笔录；

（三）提取的热电偶测量温度的五分钟均值数据、自动监测日均值数据或者数据缺失情况；

（四）自动监测设备运行参数记录、运行维护记录；

（五）相关生产记录、污染防治设施运行管理台账等；

（六）自动监控系统企业端焚烧炉工况、自动监测异常情况数据及标记记录；

（七）其他需要的证据。

生态环境主管部门执法人员现场从自动监测设备提取的数据，应当由垃圾焚烧厂直接负责的主管人员或者其他责任人员签字确认。

第十条 根据本规定第六条认定为污染物排放超标的，依照《中华人民共和国大气污染防治法》第九十九条第二项的规定处罚。对一个自然月内累计超标 5 天以上的，应当依法责令限制生产或者停产整治。

垃圾焚烧厂存在下列情形之一，按照标记规则及时在自动监控系统企业端如实标记的，不认定为污染物排放超标：

（一）一个自然年内，每台焚烧炉标记为“启炉”“停炉”“故障”“事故”，且颗粒物浓度的小时均值不大于 150 毫克/立方米的时段，累计不超过 60 小时的；

（二）一个自然年内，每台焚烧炉标记为“烘炉”“停炉降温”的时段，累计不超过 700 小时的；

（三）标记为“停运”的。

第十一条 垃圾焚烧厂正常工况下焚烧炉炉膛内热电偶测量温度的五分钟均值低于 850℃，一个自然日内累计超过 5 次的，认定为“未按照国家有关规定采取有利于减少持久性有机污染物排放的技术方法和工艺”，依照《中华人民共和国大气污染防治法》第一百一十七条第七项的规定处罚。

下列情形不认定为“未按照国家有关规定采取有利于减少持久性有机污染物排放的技术方法和工艺”：

（一）因不可抗力导致焚烧炉炉膛内热电偶测量温度的五分钟均值低于 850℃，提前采取了有效措施控制烟气中二噁英类污染物排放，按照标记规则标记为“炉温异常”的；

（二）标记为“停运”的。

第十二条 垃圾焚烧厂违反本规定第三条第三款，导致自动监测数据缺失或者无效的，认定为“未保证自动监测设备正常运行”，依照《中华人民共和国大气污染防治法》第一百条第三项的规定处罚。

下列情形不认定为“未保证自动监测设备正常运行”：

（一）在一个季度内，每台焚烧炉标记为“烟气排放连续监测系统（CEMS）维护”的时段，累计不超过 30 小时的；

（二）标记为“停运”的。

第十三条 垃圾焚烧厂通过下列行为排放污染物的，认定为“通过逃避监管的方式排放大气污染物”，依照《中华人民共和国大气污染防治法》第九十九条第三项的规定处罚：

（一）未按照标记规则虚假标记的；

（二）篡改、伪造自动监测数据的。

第十四条 垃圾焚烧厂任一焚烧炉出现污染物排放超标，或者未按照国家有关规定采取有利于减少持久性有机污染物排放的技术方法和工艺的情形，持续数日的，按照其违法的日数依法分别处罚；不同焚烧炉分别出现上述违法情形的，依法分别处罚。

第十五条 垃圾焚烧厂 5 日内多次出现污染物超标排放，或者未按照国家有关规定采取有利于减少持久性有机污染物排放的技术方法和工艺的情形的，生态环境主管部门执法人员可以合并开展现场调查，分别收集每个违法行为的证据，分别制作行政处罚决定书或者列入同一行政处罚决定书。

第十六条 篡改、伪造自动监测数据或者干扰自动监测设备排放污染物，涉嫌构成犯罪的，生态环境主管部门应当依法移送司法机关，追究刑事责任。

第十七条 垃圾焚烧厂因污染物排放超标等环境违法行为被依法处罚的，应当依照国家有关规定，核减或者暂停拨付其国家可再生能源电价附加补贴资金。

第十八条 生活垃圾焚烧发电厂自动监测数据标记规则由生态环境部另行制定。

第十九条 本规定由生态环境部负责解释。

第二十条 本规定自 2020 年 1 月 1 日起施行。

生活垃圾焚烧发电厂自动监测数据标记规则

（生态环境部公告　2019 年　第 50 号）

为保障生活垃圾焚烧发电厂自动监测数据的真实、准确、完整、有效，指导生活垃圾焚烧发电厂根据焚烧炉和自动监控系统运行情况，如实标记自动监测数据，制定本规则。

1　适用范围

本规则规定了生活垃圾焚烧发电厂（以下简称垃圾焚烧厂）根据焚烧炉和自动监控系统运行情况，如实标记自动监测数据的规则。

本规则适用于投入运行的垃圾焚烧厂。只焚烧不发电的生活垃圾焚烧厂参照执行。

2　规范性引用文件

《生活垃圾焚烧污染控制标准》（GB 18485）；

《固定污染源烟气（SO_2、NO_x、颗粒物）排放连续监测技术规范》（HJ 75）；

《污染物在线监控（监测）系统数据传输标准》（HJ 212）；

《生活垃圾焚烧厂运行维护与安全技术标准》（CJJ 128）。

3　术语及定义

下列术语及定义适用于本规则。

3.1　自动监控系统

自动监控系统，由垃圾焚烧厂的自动监测设备和生态环境主管部门的监控设备组成。

自动监测设备安装在垃圾焚烧厂现场，包括用于连续监控监测污染物排放的仪器、流量（速）计、采样装置、生产或治理设施运行记录仪、数据采集传输仪

（以下简称数采仪）、烟气参数或炉膛温度等运行参数的监测设备、视频监控或污染物排放过程（工况）监控等仪表和传感器设备。

生态环境主管部门的监控设备通过通信传输线路与现场端自动监测设备联网，包括用于对垃圾焚烧厂实施自动监控的信息管理平台、计算机机房硬件等设备。

3.2 自动监测数据

自动监测设备运行时产生的数据。

3.3 数据标记

垃圾焚烧厂利用“重点排污单位自动监控系统企业端”（以下简称企业端）等工具，按照本规则对每台焚烧炉工况、自动监测异常进行标记的操作。

3.4 炉膛温度

以焚烧炉炉膛内热电偶测量温度的5分钟平均值计，即焚烧炉炉膛内中部和上部两个断面各自热电偶测量温度中位数算术平均值的5分钟平均值。

4 数据标记内容及要求

4.1 焚烧炉工况标记

一般情况下，焚烧炉工况呈现为：正常运行—停炉—停炉降温—（停运）—烘炉—启炉—正常运行。启炉、正常运行和停炉时，炉膛温度不应低于850℃。

焚烧炉工况标记包括“烘炉”“启炉”“停炉”“停炉降温”“停运”“故障”和“事故”等7种标记。

4.1.1 在未投入垃圾的情况下，用辅助燃烧器将炉膛温度升至850℃以上的时段，可标记为“烘炉”。

标记为“烘炉”的，一般情况下，炉膛温度起点应低于400℃；当“烘炉”的前序标记为“停炉降温”“故障”或“事故”时，允许炉膛温度起点高于400℃。

标记为“烘炉”的，一般情况下，每次时长不应超过12小时；炉内耐火材料修复或改造后，每次时长不应超过168小时。

4.1.2 完成烘炉后，投入垃圾至工况稳定，且炉膛温度保持在850℃以上的时段，可标记为“启炉”。

标记为“启炉”的，每次时长不应超过4小时。

4.1.3 停止向焚烧炉投入垃圾至炉膛内垃圾完全燃尽，且炉膛温度保持在

850℃以上的时段，可标记为“停炉”。

4.1.4 焚烧炉炉膛内垃圾完全燃尽后，炉膛温度继续降低的时段，可标记为“停炉降温”。

标记为“停炉降温”的，一般情况下，炉膛温度应从850℃以上降至400℃以下；当“停炉降温”的后序标记为“烘炉”时，允许该标记时段结束时炉膛温度高于400℃。

4.1.5 焚烧炉停止运转的时段，可标记为“停运”。

标记为“停运”的，烟气含氧量不应低于当地空气含氧量的2个百分点。

4.1.6 焚烧炉发生故障或事故的时段，可标记为“故障”或“事故”。

标记为“故障”或“事故”的，每次时长不应超过4小时，并简要描述故障或事故起因。

4.1.7 垃圾焚烧厂在企业端未作上述标记的，焚烧炉视为正常运行。

4.2 自动监测异常标记

自动监测异常标记包括“烟气排放连续监测系统维护”（以下简称CEMS维护）“通讯中断”“炉温异常”和“热电偶故障”等4种标记。

4.2.1 CEMS校准、故障、检修以及数采仪故障、检修的时段，可标记为“CEMS维护”。

标记为“CEMS维护”的，应同时备注维护的类型，并简要描述维护过程，保存运行维护记录备查。

4.2.2 网络故障、通讯设备故障等原因导致数据无法报送至生态环境主管部门的时段，可标记为“通讯中断”。

标记为“通讯中断”的，应在通讯恢复后补传自动监测数据。

4.2.3 正常运行时，因不可抗力导致焚烧炉炉膛温度低于850℃的时段，可标记为“炉温异常”。

标记为“炉温异常”的，应备注炉膛温度异常的原因以及提前采取控制烟气污染物排放的有效措施（如加强垃圾预处理，启动辅助燃烧器、加大活性炭喷入量等），并保存运维记录和台账资料备查。

4.2.4 因热电偶结焦、损坏等情况导致热电偶测量温度不能反映实际温度的时段，可标记为“热电偶故障”。

标记为“热电偶故障”的，应备注故障测点位置、故障原因、维修或更换过程，保存运行维护记录和台账备查。

4.2.5 垃圾焚烧厂在企业端未作上述标记的，自动监测数据视为有效。

5 标记操作

焚烧炉工况和自动监测异常可分别标记，分别包括事前标记或事后标记。

5.1 事前标记。垃圾焚烧厂可根据生产计划、CEMS 维护计划等，在企业端提前标记。

5.2 事后标记。当出现焚烧炉工况改变，自动监测异常，自动监测数据出现零值、恒值、超量程以及超过污染物限值等情形时，垃圾焚烧厂应当于 1 小时内核实并标记。

未及时标记的，由生态环境部污染源监控平台向垃圾焚烧厂发出电子督办单，并抄送所在地县级以上生态环境主管部门。垃圾焚烧厂在接到电子督办单后，应当及时核实，并在 6 小时内按操作提示如实进行标记。

火电、水泥和造纸行业排污单位自动监测数据标记规则（试行）

（执法函〔2020〕21号）

为指导排污单位如实标记生产设施、污染治理设施和自动监控系统运行情况，保证排污单位自动监测数据的真实、准确、完整、有效，制定本规则。

1 适用范围

本规则规定了火电、水泥和造纸行业排污单位根据生产设施、污染治理设施和自动监控系统运行情况，如实标记生产设施及污染治理设施工况、自动监测异常的规则。

本规则适用于已投入运行且执行《火电厂大气污染物排放标准》（GB 13223）或相应地方标准的排污单位，包括独立火力发电（供热）厂和企业自备火力发电（供热）厂（车间），不包括以生活垃圾、危险废物为燃料的火电厂；已投入运行且执行、参照执行《水泥工业大气污染物排放标准》（GB 4915）、《水泥窑协同处置固体废物污染控制标准》（GB 30485）或相应地方标准的水泥厂水泥窑；执行、参照执行《制浆造纸工业水污染物排放标准》（GB 3544）或相应地方标准的造纸厂。

其他行业排污单位对自动监控系统运行情况的数据标记可参照本规则执行。

2 规范性引用文件

本规则引用了下列文件中的条款。不注日期的引用文件，其最新版本适用于本规则。

《固定污染源烟气（SO_2、NO_x、颗粒物）排放连续监测技术规范》（HJ 75）；

《固定污染源烟气（SO_2、NO_x、颗粒物）排放连续监测系统技术要求及检测方法》（HJ 76）；

《水污染源在线监测系统（COD、NH_3-N 等）运行技术规范》（HJ 355）；

《水污染源在线监测系统（COD、NH_3-N 等）数据有效性判别技术规范》（HJ 356）；

《污染物在线监控（监测）系统数据传输标准》（HJ 212）。

使用本规则时，上述标准规范中涉及数据标记内容与本规则不符的，统一以本规则为准。

3 术语及定义

下列术语及定义适用于本规则。

3.1 自动监控系统

自动监控系统，由排污单位的自动监测设备、通信传输网络和生态环境部门的监控设备组成。

自动监测设备安装在排污单位污染源现场，包括用于连续监控监测污染物排放的仪器、流量（速）计、采样装置、生产或治理设施运行记录仪、数据采集传输仪（以下简称数采仪）、烟气参数或炉膛温度等运行参数的监测设备、视频监控、用电（用能）监控或污染物排放过程（工况）监控等仪表和传感器设备。

排污单位现场端自动监测设备通过通信传输线路与生态环境部门的监控设备联网。生态环境部门的监控设备包括用于对排污单位实施自动监控的信息管理平台（分为供生态环境部门使用的“管理端”平台和供排污单位使用的“企业端”平台）、计算机机房硬件设备等。

3.2 数据标记

排污单位根据生产设施、污染治理设施运行情况及自动监控系统运行状况，按照本规则对生产设施及污染治理设施工况、自动监测异常进行标记的操作。

3.3 自动监测数据

包括自动监测设备运行时产生的数据和相应的数据标记内容。

4 数据标记内容及要求

数据标记内容包括生产工况标记、污染治理设施工况标记、自动监测异常标记和数据补全标记。

4.1 火电厂锅炉/燃气轮机生产工况、污染治理设施工况标记

一般情况下，火电厂锅炉/燃气轮机生产工况呈现为：正常运行—解列—停炉（机）—停运—启动—并网/供能—正常运行。标记内容包括“解列”“停炉（机）”

“停运”“启动”“并网/供能”和“故障/事故”等6种。

表1 火电厂锅炉/燃气轮机工况标记内容

数据标记	标记内容	标记说明及要求
Sd	解列	1. 应指令要求，通过逐步减少燃料量投入的方式开始降低锅炉/燃气轮机负荷或功率，从“锅炉/燃气轮机负荷或功率降至50%及以下” 至“机组与电网解列或停止有效供能”前的时段，可以标记为“解列”。 2. 标记为“解列”的，每次时长不应超过2小时
Fa	停炉（机）	1.“机组与电网解列或停止有效供能”至“锅炉/燃气轮机停运”前的时段，可以标记为“停炉（机）”。 2. 该时段废气排放口自动监测数据的烟气流速、流量、温度等参数逐渐降低，氧含量逐渐升高
Fb	停运	1.“机组与电网解列或停止有效供能”后，“锅炉/燃气轮机停运”至再次“启动”前的时段，可以标记为“停运”。 2. 当废气排放口自动监测数据显示：氧含量≤19%，或烟气流速≥2米/秒，或烟气流量超过额定工况20%，或烟气温度＞40℃时，不得标记“停运”
Sta	启动	1. 锅炉/燃气轮机由冷态或热态启动至“机组并网发电或有效供能”前的时段，可以标记为“启动”。包含锅炉/燃气轮机正常点火启动、检修或改造后调试试验点火启动等情况。 2. 一般情况下，标记为“启动”的，每次时长不应超过 24 小时。因其他客观因素导致确需延长的除外
Stb	并网/供能	1.“机组并网发电或有效供能”至“锅炉/燃气轮机及污染治理设施达到正常运行状态”前的时段，可以标记为“并网/供能”。有效供能指火电厂锅炉/燃气轮机对火电厂/车间外有效供电、供热、供汽、制冷或提供其他形式能源，以最早达成的为准。 2. 标记为“并网/供能”的，每次时长不应超过4小时。因其他客观因素导致确需延长的，每次时长不应超过 8 小时，且需保留 1 年及以上自动监测数据、设施性能参数、自动发电控制（AGC）系统 记录等证明材料备查
Sr	故障/事故	1. 生产设施或污染治理设施发生故障或事故的时段，包括对设备或设施维修处理阶段以及恢复正常运行前的并网/供能阶段，可以标记为“故障/事故”。 2. 标记为“故障/事故”的，每次因故障或事故持续排放污染物时间不应超过4小时，全年累计不应超过120小时。需描述故障或事故起因。 3. 锅炉/燃气轮机在并网/供能或解列过程中，发生故障或事故的，应优先标记“并网/供能”或“解列”

未作上述标记的时段，锅炉/燃气轮机视为“正常运行”。

4.2　水泥厂水泥窑生产工况、污染治理设施工况标记

一般情况下，水泥窑生产工况呈现为：正常运行—止料—停窑降温—停运—烘窑—投料—正常运行。标记内容包括“止料”“停窑降温”“停运”“烘窑”“投料”和“故障/事故”等6种。

表2　水泥厂水泥窑工况标记内容

数据标记	标记内容	标记说明及要求
Sda	止料	1.“停止向水泥窑投入生料”至“窑内剩余生料完全煅烧（停止向窑头喷煤）”的时段，可以标记为“止料”。 2. 标记为“止料”的，每次时长不应超过2小时
Sdb	停窑降温	1.“止料”结束至“水泥窑窑尾烟室温度降至50℃”的时段，可以标记为“停窑降温”。 2. 标记为“停窑降温”的，每次时长不应超过24小时
F	停运	1.“停窑降温”结束，至下一生产周期点火前的时段，可以标记为“停运”。 2. 当烟气含量氧≤20%、或窑尾烟室温度＞50℃时，不得标记“停运”
Sta	烘窑	1. 水泥窑点火后至开始“投料”前的时段，可以标记为“烘窑”。 2. 标记为“烘窑”的，以点火和开始投料作为起止时间节点，烘窑结束时水泥窑窑尾烟室温度一般在950℃以上；一般情况下，每次时长不应超过24小时
Stb	投料	1.“烘窑”结束、开始投入生料，至工况稳定的时段，可以标记为“投料”。 2. 标记为“投料”的，以开始投料和达到工况稳定作为起止时间节点，工况稳定时水泥窑窑尾烟室温度一般在1050℃以上。 3. 标记为“投料”的，每次时长不应超过16小时
Sr	故障/事故	1. 生产设施或污染治理设施发生故障或事故的时段，包括对设施故障或事故响应和维修处理阶段以及恢复正常前生产的升温和投料阶段，可以标记为“故障/事故”。 2. 标记为“故障/事故”的，每次因故障或事故持续排放污染物时间不应超过4小时，全年累计不应超过60小时，因故障或事故导致停运及维修处理的时长不计入该时段以内。需描述故障或事故起因。 3. 满足“停运”标记条件时，发生故障或事故的，应优先标记“停运”

未作上述标记的时段，水泥窑视为“正常运行”。

4.3 造纸厂生产工况、废水治理设施运行工况标记

一般情况下，造纸厂生产工况、废水治理设施工况标记内容包括“停运”“故障/事故”和“生产设施运行状态调整”等3种。

表3 造纸厂工况标记内容

数据标记	标记内容	标记说明及要求
F	停运	1.生产设施的主要设备均处于未工作状态且不排放污染物的时段，或者废水治理设施停止运行且不排放废水的时段，可以标记为该设施“停运”。 2.废水治理设施标记为“停运”的，废水排放量应为零。 3.需描述停运原因
Sr	故障/事故	1.生产设施、废水治理设施运行中出现故障或事故的时段，包括检修、维护，可以标记为“故障/事故”。 2.需描述故障原因
R	生产设施运行状态调整	1.生产过程中因原料、产品品种、产品产量变化，工艺调整等情况导致的生产设施运行状态调整的时段，可以标记为“生产设施运行状态调整”。 2.需描述调整原因

未作上述标记的，该生产设施或废水治理设施视为正常运行。

4.4 自动监测异常标记

自动监测异常标记内容包括“自动监测设备维护”“通讯中断（待补传）”和“不可抗力”等3种。

4.4.1 因自动监测设备校准、故障、检修、更换等，导致数据缺失或无效的时段，可标记为“自动监测设备维护”。自动监测设备维护包括定期校准、质控样比对、例行维护等主动维护行为，以及因各类设备运行故障、供电故障等引发的检修、更换等。

表4 自动监测设备维护标记内容

数据标记	标记内容	标记说明
C	校准	自动监测设备处于校验、校准状态，可以标记为“校准”
K	质控样比对	自动监测设备处于质控样比对过程（包括远程标样核查、质控检查等），可以标记为“质控样比对”
T	超量程	自动监测设备测量结果数值超过测量上限，可以标记为“超量程”

数据标记	标记内容	标记说明
M	维护	自动监测设备处于维护期间，可以标记为“维护”
D	故障	自动监测设备各类故障、检修、更换，可以标记为“故障”。适用于浓度、温度、湿度、压力、流量、运行状态等各类自动监测设备；烟气采样环节的漏气、堵塞、掺杂等情况
P	断电	自动监测设备断电，可以标记为“断电”
Vgd	数采仪接收异常	数据采集传输仪采集数据时与其他现场机通讯异常，可以标记为“数采仪接收异常”
Td	温度传感器故障	温度传感器故障（如水泥窑窑尾烟室热电偶结焦、损坏等情况）导致测量温度不能反映实际温度的时段，可标记为“温度传感器故障”

自动监测异常标记内容存在多种情形时，优先选择异常时间占比最长的标记内容；不同的异常时间占比相同时，可按照优先级从高到低为：Vgd、P、D、M、C、T、K。

如实标记“自动监测设备维护”后，按照相关标准规范中定义的有效数据计算条件，分别计算日均值、小时均值。

4.4.2 网络故障、通讯设备故障等原因导致数据无法报送至生态环境部门的时段，可标记为“通讯中断（待补传）”。

标记为“通讯中断（待补传）”的，应在通讯恢复后补传自动监测数据；因排污单位原因持续超过168小时仍未补传成功的，数据缺失或无效的时段应按4.4.1如实标记“自动监测设备维护”。

表5 通讯中断（待补传）标记内容

数据标记	标记内容	标记说明
Vta	内部通讯中断	排污单位内部网络、传输设备原因导致通讯中断
Vtb	通信运营商通讯中断	电信运营商数据网络原因导致通讯中断
Vtc	生态环境部门通讯中断	生态环境部门网络、软硬件原因导致报送数据失败

4.4.3 因不能预见、不能避免且不能克服的客观情况，导致数据缺失或无效的时段，可标记为“不可抗力”。

表6　不可抗力标记内容

数据标记	标记内容	标记说明
Vma	自然灾害	由于自然灾害，如台风、地震、洪水、冰雹等原因导致无法　正常开展生产活动
Vmb	政府行为	由于政府干预的行为导致无法正常开展生产活动
Vmc	社会异常事件	因战争、动乱、疫情等原因导致无法正常开展生产活动

4.4.4　未在相应时段作出自动监测异常标记的，自动监测数据视为有效数据。

4.5　数据补全及其标记

4.5.1　排污单位按照自行监测相关要求开展手工监测取得的数据，应通过自动监测设备或“企业端”记录，并标记为“U”（手工监测数据）。标记为“手工监测数据”的，需保留规范有效的监测报告备查。

4.5.2　数据缺失或无效的时段，按照相关标准规范，自动监测设备自动进行修约补遗，并标记为“Q”（自动修约补遗数据）。标记为“自动修约补遗数据”的，需保留标记时段的运维台账、自动监测设备原始数据凭证、数据缺失或无效时段的情况说明等相关证明材料备查。

5　标记操作要求

5.1　同一时段只能标记一种生产工况，可根据实际运行情况同时对污染治理设施工况、自动监测异常或数据补全进行标记。

排污单位应保存相应生产运行记录、自动监测设备运维记录等台账资料备查。

应生态环境部门要求开展质控样核查等导致自动监测数据无效并进行相应的数据标记的，应保留生态环境部门人员签字确认的书面记录。

5.2　标记操作可分为自动标记和人工标记。

自动标记是指自动监测设备具备自动标记功能，按照本规则及相关规范要求，根据自动监测设备运行信息，参考反映生产及污染治理设施工况等参数指标，对各类原始数据的状态进行自动判断并附加各类标记。

人工标记是指排污单位授权的责任人按照规则，在“企业端”相应时段进行标记。一般情况下，每日9时前完成前1日数据的人工标记；如遇通讯中断数据未上传、系统升级维护等原因导致无法人工标记时，应在数据上报后或标记功能恢复后24小时内完成人工标记。

具备条件的排污单位应优先进行自动标记。同组数据中人工标记和自动标记同时存在时，以人工标记为准。

6 标记的使用

排污单位对自动监测数据的完整性、真实性、准确性、及时性负责。自动标记、人工标记均为自动监测数据的组成部分，均可作为生态环境监管执法的事实依据。

排污单位的自动监测数据向社会公开时，数据标记同时公开。

关于优化生态环境保护执法方式　提高执法效能的指导意见

（环执法〔2021〕1号）

各省、自治区、直辖市生态环境厅（局），新疆生产建设兵团生态环境局：

为贯彻落实党中央、国务院关于深入打好污染防治攻坚战、深化生态环境保护综合行政执法改革、构建现代环境治理体系、加强和规范事中事后监管的决策部署，坚持方向不变、力度不减，突出精准治污、科学治污、依法治污，不断严格执法责任、优化执法方式、完善执法机制、规范执法行为，全面提高生态环境执法效能，切实改善生态环境质量，保障人民群众环境权益，提出以下指导意见。

一、明确执法职责，切实落实行政执法责任

（一）建立执法事项目录。2021 年 6 月底前，各省级生态环境部门要结合法律、行政法规、部门规章立改废释和地方立法、“三定”规定等，对执法事项进行清理并编制省级生态环境保护综合行政执法事项目录，按程序报省级人民政府批准后向社会公开，同时建立年度动态调整机制。统筹做好乡镇综合执法改革。

（二）完善履职责任制度。2021年底前，地方各级生态环境部门要制定公布简明易懂的行政执法履职要求，对作为第一责任层级的执法事项，进一步落实岗位责任，公开履职方式，细化工作流程，强化内部监督，明确问责办法。各省级生态环境部门要选择部分市、县开展执法履职评估试点，以履职效能为中心，从执法力度、办案质量、工作成效、优化创新、指导帮扶、企业评价和公众满意度等方面，制定可量化的执法履职评估办法。

（三）强化现场检查计划制度。2021年起，市、县两级生态环境部门要依据履职要求，科学统筹日常监管和执法检查等所有现场检查任务，结合监管执法力量、技术装备和经费保障等情况制定年度现场检查计划并按月细化落实。国家、省级

安排的专项监管执法活动也应纳入市、县现场检查计划。年度及月度现场检查计划应报上级生态环境部门备案。因上级临时部署重大执法行动等特殊情况，应对现场检查计划作出相应调整并备案。

二、优化执法方式，高效统筹行政执法资源

（四）完善“双随机、一公开”监管制度。市、县两级生态环境部门要按照“双随机、一公开”制度要求，落实现场检查计划。将所有检查对象纳入名录库，按区域、行业、规模、要素等科学分类管理。日常监管执法要统筹整合检查对象的排污许可证执行情况、环境管理水平、守法状况、信用评价、信访投诉等信息，设置不同的检查比例。专项监管执法活动，按照专项检查对象和时间要求，也应纳入“双随机、一公开”监管。将执法人员按业务专长分类标注，将专家和专业机构分类加入。积极配合市场监管等部门建立“双随机、一公开”联合检查制度。将检查计划、检查结果及时、准确、规范向社会公开。

（五）建立实施监督执法正面清单制度。2021 年 6 月底前，各省级生态环境部门要结合环境信用体系建设建立实施常态化监督执法正面清单管理制度。优先将治污水平高、环境管理规范的企业纳入正面清单，明确严格的清单编制、审定、公开程序，并实施动态调整。采取差异化监管措施，对正面清单内的企业原则上只开展非现场监管，在一定时期内免除现场检查；细化轻微环境违法行为减免处罚的情形和程序，对主动报告、妥善处置、未造成污染后果的，依法减轻或免除处罚，审慎采取查封扣押、限产停产等措施。加大正向激励力度，鼓励实施多部门联合激励。

（六）推行非现场监管方式。大力拓展非现场监管的手段及应用，将其作为日常执法检查的重要方式。2021 年底前，各省级生态环境部门要建立非现场监管程序规范，明确工作流程、落实责任要求。以自动监控为非现场监管的主要手段，推行视频监控和环保设施用水、用电监控等物联网监管手段，积极利用无人机、无人船、走航车以及卫星遥感等科技手段，科学建立大数据采集分析、违法风险监测预警等工作程序，明确启动现场检查的衔接机制。推进完善法规和标准，强化污染源自动监测数据用于行政处罚。

（七）完善区域交叉检查制度。国家和省级生态环境部门要针对生态环境保护

重点任务，突出的区域性、流域性、行业性生态环境问题，以交叉检查方式，统筹调用行政区域内执法力量，定期组织开展监督帮扶，并建立相关工作制度。检查发现的问题原则上由当地生态环境部门查处，并持续督促整改到位。

（八）建立专案查办制度。对案情重大、影响恶劣、后果严重的生态环境违法案件实施专案查办，配备精干执法力量成立专案组，加大资源投入和后勤保障。涉及其他部门的，应采取部门联合执法、联合挂牌督办等方式。充分发挥业务主管部门、技术专家和法律顾问作用，加强案件办理过程中的技术、法律支撑。

三、完善执法机制，着力提升行政执法效能

（九）健全执法监测工作机制。2021 年 6 月底前，市、县两级生态环境部门要建立生态环境执法、监测机构联合行动、联合培训等机制。依据环境执法需求制定执法监测计划，将执法监测经费纳入执法工作预算。加强省驻市监测机构对所在市执法工作的支持，探索适合省以下生态环境机构监测执法垂直管理模式的县区级“局队站合一”运行方式。发挥市场机制作用，鼓励有资质、能力强、信用好的社会环境监测机构参与执法监测工作。

（十）健全部门协调联动机制。各级生态环境部门要积极与行业管理部门共同研究明确职责分工，推动联合发文，建立生态环境问题线索通报反馈和信息共享机制，形成边界清晰的执法职责体系，实现行业监管责任与综合执法责任依法区分、有效衔接。对行业管理部门在日常监管中发现并移送的属于生态环境保护综合行政执法职责范围的问题，各级生态环境部门要积极依法查处。

（十一）强化行政执法与刑事司法衔接机制。各级生态环境部门要积极协调，建立健全生态环境部门、公安机关、检察机关、审判机关联席会议制度，完善信息共享、案情通报、证据衔接、案件移送等机制，联合制定线索通报、提前介入、涉案物品保管和委托鉴定等程序，推动解决法律适用争议和执法实践中的难点问题。加大部门联合培训力度，加强“以案释法”和交流借鉴。依法做好生态环境损害赔偿工作。

（十二）完善举报奖励机制。省、市两级生态环境部门要按照有关规定，抓紧出台举报奖励制度，将群众举报以及信访信息作为发现违法问题的重要途径。明确获奖条件，细化奖励标准，积极探索互联网支付新模式，简化发放流程，丰富

奖励形式。对通过举报避免重大生态环境违法行为发生、消除重大生态环境安全隐患，或协助查处重大生态环境违法犯罪案件等情形，可对举报人实施重奖，对举报人个人信息严格保密。落实奖励经费保障。

（十三）探索第三方辅助执法机制。探索以政府公共采购方式委托第三方社会机构辅助执法，开展污染源排查、污染防治设施运行评估、整改措施跟踪等工作。利用第三方服务加强遥感监测、大数据分析等技术手段运用，为精准发现生态环境违法问题提供技术支持。加强生态环境执法智库建设，邀请专家、律师参与重大复杂案件办理，为高效查处生态环境违法行为提供专业支持。

四、规范执法工作，严格约束行政执法行为

（十四）推行行政执法公示制度。按照“谁执法、谁公示”的原则，以当地生态环境部门官方网站为主要载体，以“两微”平台、新闻媒体、服务窗口等为补充，拓展公示渠道。强化事前公开，主动公开检查计划；规范事中公示，亮明执法身份，做好告知说明；加强事后公开，及时公开行政执法决定。明确公示的内容、标准、格式，规范公示内容的采集、审核、发布、更正及撤除程序。对不按要求公示、选择性公示、更新维护不及时的，加强考核并明确责任追究。

（十五）落实执法全过程记录制度。各级生态环境部门要将移动执法系统使用作为落实执法全过程记录制度的主要手段，同时进一步规范文字、音像等记录形式。各省级生态环境部门要统筹强化移动执法系统建设、管理和应用。2022 年底前，在执法工作中要做到全员、全业务、全流程使用移动执法系统，全面配备使用执法记录仪，实现现场执法和案件办理全程实时留痕、全过程记录。

（十六）规范行政处罚自由裁量权。2021年底前，省级生态环境部门要结合地方实际和综合行政执法事项目录，对适用自由裁量权的事项进行修订补充和完善。对主动消除或者减轻违法行为危害后果的，违法行为轻微并及时纠正、没有造成危害后果的，明确依法从轻、减轻或者免予处罚的情形。鼓励有条件的市级生态环境部门对省级裁量规则和基准细化量化，进一步压减自由裁量权。推动行政裁量系统开发运用，逐步实现裁量电子化。鼓励京津冀、长三角、成渝地区等探索区域统一裁量标准。

（十七）完善典型执法案例指导制度。2021年底前，国家和省级生态环境部门

要建立典型案例收集、解析和发布机制。市、县两级生态环境部门要积极开展案件总结、分析和报送工作。从执法方式创新、执法程序规范、案卷说理明晰等方面挖掘案例的典型性、前瞻性，提炼可推广的经验做法。充分发挥专家学者、行业和社会组织的作用。建立健全案例发布的业务审核、法律审核和集体审议决定制度。加强案例发布宣传，扩展案例应用，定期组织汇编。我部将对优秀的典型案例向社会公开发布并对办案单位予以表扬和肯定。

（十八）健全执法普法制度。各级生态环境部门要按照“谁执法、谁普法”的原则，以现场检查环节为重点，以推进说理式文书为突破，推行全程说理式执法。利用面对面陈述申辩、听证等程序，加强对行政相对人的普法。开展“送法入企”活动，与企业集团、行业协会联合举办环境守法培训，发放环境普法读本。市、县生态环境部门重点要针对中小企业进行执法帮扶，每年至少开展一次普法培训。对区域典型行业或存在的普遍性问题组织专家集中把脉会诊，及时发现问题苗头，帮助企业消除违法隐患，降低违法风险，营造良好的执法守法环境。

请各省级生态环境部门于 2021 年 3 月底前，将本地区落实本指导意见的实施方案报送我部。每年年底前，将落实本指导意见的进展情况总结报送我部。我部将持续调度各地在优化生态环境执法方式、提高执法效能方面的亮点成效及典型案例，并定期组织宣传报道，给予公开表扬。

生态环境部

2021 年 1 月 6 日

关于加强生态环境监督执法正面清单管理推动差异化执法监管的指导意见

（环办执法〔2021〕10 号）

各省、自治区、直辖市生态环境厅（局），新疆生产建设兵团生态环境局：

为适应生态环境治理体系现代化建设需求，转变监管理念，优化执法方式，加强生态环境监督执法正面清单（以下简称正面清单）管理，推动差异化执法监管，提出以下指导意见。

一、总体要求

坚持生态环境保护工作方向不变、力度不减，突出精准治污、科学治污、依法治污，将实施正面清单制度作为支持服务做好“六稳”工作、落实“六保”任务的重要举措，不断深化“放管服”改革，加强事中事后监管，持续优化法治环境。通过深入实施正面清单制度，进一步优化执法方式，提高执法效能，鼓励环境守法，严惩环境违法。

坚持引导企业自觉守法与加强监管执法并重原则。将一部分符合条件的守法模范企业纳入正面清单，对其充分信任和支持，发挥示范引领作用，加大正向激励力度，让自觉守法企业受益。依法履行生态环境保护统一监督管理职责，依法惩处各类环境违法行为。

坚持严格规范执法与精准帮扶相结合原则。严格依法履职，严格执行行政执法“三项制度”，规范行使行政处罚自由裁量权，规范各类现场执法检查活动。营造生态环境守法氛围，及时听取企业诉求，指导帮助加强环境管理，推动履行生态环境保护责任和义务。

坚持统一监管标准与差异化监管措施相结合原则。对正面清单企业不得“降低要求”“不管不问”，要纳入“双随机、一公开”监管范围，并通过公开企业名单主动接受社会监督，确保公平公正执法。积极推行非现场执法方式，采取差异化监管措施，提升生态环境监管执法精细化水平，实现对守法者无事不扰，对违法者利剑高悬。

二、加强正面清单管理

（一）明确管理职责分工。省级生态环境部门负责完善本行政区域正面清单管理制度，明确纳入条件和程序、正面清单有效期和对正面清单企业（含建设项目，下同）的差异化监管措施，接受正面清单企业名单备案，并对地方生态环境部门实施情况开展监督检查。设区的市级生态环境部门负责做好正面清单企业的纳入、公开、调整等工作，细化落实相关监管和激励措施。

（二）科学制定正面清单。省级生态环境部门应结合本地产业结构、环境容量、环境质量改善目标、监管执法能力，并综合考虑企业装备水平、达标排放情况、排放总量情况、监控系统联网情况、环境风险管理能力、环境信息公开情况、环保信用评价结果、整改落实情况等因素合理设定正面清单纳入条件。鼓励企业开展污染防治绩效和环境风险管理能力评估。做好与前期正面清单工作衔接，支持将与民生保障密切相关的，污染物排放量小、环境风险低、吸纳就业能力强的小微企业纳入正面清单。

（三）规范纳入发布程序。在确定正面清单纳入条件、编制正面清单企业名单过程中，生态环境部门应积极听取相关部门、行业协会和社会组织意见。正面清单企业名单发布或调整之前，应向社会公示，主动接受社会监督，并向省级生态环境部门备案。设区的市级生态环境部门应主动将正面清单企业的名称、所在地、统一社会信用代码、所属行业、排污许可证编号（排污登记编号）、正面清单有效期等信息向社会公开，并公布投诉举报途径。鼓励创新纳入和发布程序，提升纳入机制的科学性和公正性。

（四）全面实施动态管理。省级生态环境部门应适时调整优化正面清单纳入条件，设区的市级生态环境部门应及时将不再符合纳入条件的企业移出正面清单企业名单。对存在恶意偷排、篡改台账记录、逃避监管等严重环境违法行为的，不得再次纳入。正面清单有效期一般为 3 年，在有效期内，设区的市级生态环境部门要组织对清单内企业至少进行一次“体检式”现场帮扶，督促企业提高环境管理水平。

（五）统筹制度衔接。做好正面清单与环保信用评价、排污许可管理、重污染天气应对等制度统筹衔接。将正面清单企业纳入“双随机、一公开”污染源监管动态信息库，并列入执法计划。在移动执法等信息系统中设置正面清单工作选项，实现非现场执法检查过程、减免行政处罚情况的全过程留痕和可回溯管理。做好上下级生态环境部门执法工作衔接，实现监管措施一致，执法检查结果互认，避免重复检查、多头执法。鼓励探索对清单内企业依法监管履职无责制度。

三、推动差异化执法监管

（六）减少现场执法检查次数。全面梳理分析本行政区域现场检查的种类、数量，大幅减少各类现场调研指导和执法检查次数。对正面清单企业原则上不主动进行现场调研指导，正面清单企业被列入本级生态环境部门组织的各类环保专项行动、专项检查范围的，以非现场方式为主开展执法检查。

（七）规范现场执法检查程序。明确对正面清单企业现场执法检查启动条件和程序，减少不必要的企业人员陪同检查和重复性提供材料，推行清单式现场执法检查，鼓励探索现场执法事项事先告知制度，不得随意提高监管标准和要求。规范制作现场检查笔录等执法文书，按规定在移动执法等信息系统中填报。对群众举报投诉、媒体曝光、上级交办的问题线索，确需赴现场调查核实的，应经本执法机构负责同志同意；对在线监测数据异常或超标等非现场执法检查中发现的问题线索，可由企业先行自查并提交书面报告和相关证明材料，经审核后认为还需赴现场调查核实的，经本执法机构负责同志同意后，可进行现场执法检查。

（八）健全非现场执法方式。进一步规范非现场执法程序和要求，制定相关程序规范。对正面清单企业实行差异化监管措施，对重点排污单位，通过污染源自动监控等物联网监控系统开展非现场监管；对其他企业，通过各类生态环境管理数据、自行监测数据或利用能源管理部门数据等开展非现场监管。充分发挥移动执法系统生态环境监管执法平台作用，依法通过全国排污许可证管理信息平台监控排污单位的污染物排放情况。鼓励企业向生态环境部门共享生产设施（含污染防治设施）运行数据。积极利用无人机、无人船、走航车、卫星遥感等手段开展非现场检查和巡查。加强自动监测数据应用管理和分析预警，及时进行预警提醒，精准发现违法行为。

四、落实企业守法主体责任

（九）鼓励环境守法。可定期邀请正面清单企业交流座谈，及时听取企业诉求，梳理相关行业企业违法风险点，明确监管执法要求，加强普法宣传，增强企业行为预期。可根据企业需求，加强帮扶指导，及时提醒预警，引导专业机构为企业提供精细化环境管理服务，帮助企业提升环境风险管理能力。正面清单企业对因非主观过错导致的违法行为，主动报告并采取有效措施及时消除，或者对发现的环境风险隐患及时报告并妥善处置，未造成危害后果的，可依法不予行政处罚。正面清单企业初次环境违法且危害后果轻微并及时改正的，可依法不予行政处罚。

（十）严惩环境违法。科学合理配置执法资源，将执法资源集中于恶意排污、涉嫌犯罪的企业，对污染重、风险高、守法意识弱的企业加大监管力度。正面清单企业因管理不善导致超标排放且未主动报告，或存在其他恶意违法行为的，要依法从严从重处罚，涉嫌犯罪的要依法移送公安机关，及时移出正面清单，列为“双随机、一公开”特殊监管对象，并向社会公开。

各级生态环境部门要切实加强组织领导，落实工作责任，畅通监督渠道，做细做实各项工作，确保正面清单制度落地见效，对正面清单工作中弄虚作假、失职渎职的，依法严肃追责问责。2021 年 6 月底前，省级生态环境部门要完善正面清单管理制度，建立正面清单落实情况调度机制。2021 年 9 月底前，设区的市级生态环境部门要完成现有正面清单企业清理核实，按程序做好纳入工作，并重新予以公布。此外，各级生态环境部门要定期评估正面清单落实情况，及时汇总正面清单企业现场执法检查数据，并研究逐步扩大正面清单企业数量。

我部此前关于正面清单发文中与本意见不一致的，以本意见为准。

生态环境部办公厅

2021 年 4 月 6 日

强化污染源自动监控管理工作方案

（执法函〔2021〕13号）

为落实孙金龙书记关于“坚持方向不变、力度不减，突出重点区域重点行业，坚持精准科学依法、持续用力，并对弄虚作假行为严肃查处问责，切实促进大气环境质量改善，深入打好污染防治攻坚战”的批示精神，按照黄润秋部长关于“要组织一次打击在线监测造假专项行动，用好新的刑法修正案，严格规范在线监测时长，并研究建立飞行检查等长效监管手段”的批示要求，坚持问题导向，强化污染源自动监控管理工作，制定工作方案如下：

一、总体思路

贯彻落实习近平生态文明思想和十九届五中全会精神，切实提高污染源自动监测数据质量，加强自动监测数据应用，提高污染源自动监控管理水平。坚持问题导向，敢于动真碰硬，切实加大执法力度，对环境违法行为尤其是弄虚作假行为，要以零容忍态度坚决依法查处。

二、工作目标

严肃查处自动监测数据弄虚作假违法犯罪案件，发布典型案例。强化自动监测数据应用指导，完成火电、水泥、造纸行业自动监测数据标记和电子督办试点工作，提高生态环境部门依托自动监控实施非现场监管执法能力水平，实现“互联网+统一指挥+综合执法”落实落地。

三、重点任务

（一）开展打击自动监测弄虚作假犯罪专项行动

2021 年 4—9 月，以重点排污单位自动监测数据的大数据分析为指引，联合公安部、最高检，开展打击自动监测弄虚作假犯罪的专项行动，排查自动监测设备应装未装情况、自动监测设备运行和第三方运维整体状况，严肃查处自动监测设备不正常运行和自动监测数据弄虚作假等违法犯罪行为，发布典型案例。结合环境保护执法大练兵考核确保专项行动取得实效，有效震慑自动监测数据弄虚作假犯罪行为。（执法局牵头，监测司、法规司配合，完成时限：10 月底）

（二）建立飞行检查长效监管机制

制定重点排污单位飞行检查方案，明确职责分工、检查方式和检查要求，体现“行动的隐密性、检查的突然性、现场的灵活性”；强化问题发现，通过对重点排污单位工况数据和自动监测数据进行大数据分析，提取自动监控系统异常线索，精准出击；建立飞行检查专家库，供部和省级生态环境部门开展飞行检查。由部执法局牵头，根据大数据分析结果直接对部分重点排污单位自动监测设备运行情况进行抽查。（执法局牵头，监测司配合，完成时限：12 月底）

（三）建立自动监测第三方运维监管机制

研究将自动监测设备第三方运维单位环保信用评价纳入《关于全面实施环保信用评价的指导意见》。对第三方运维单位运行维护不到位、数据质量差及篡改、伪造、干扰监测数据，涉嫌提供虚假证明文件罪、出具证明文件重大失实罪等违法犯罪行为严肃查处，对第三方运维单位、人员实施造假或参与造假的从重处罚。（综合司、监测司、执法局按职责分工开展有关工作，完成时限：持续推进）

（四）持续推进自动监测数据标记和电子督办试点

通过 2021 年在火电、水泥、造纸行业（以下简称三个行业）开展为期 1 年的污染物排放自动监测数据标记和电子督办试点，并结合试点成果完善三个行业排污单位自动监测数据标记规则和电子督办制度，为相关行业监管政策和污染物排放标准、技术标准的制修订提供实践经验。（执法局牵头，监测司、水司、大气司配合，完成时限：12 月底）

四、工作成果

12 月底前，完成打击自动监测数据弄虚作假违法犯罪活动工作总结，联合公安部、最高检形成专项行动总结报告。

关于进一步加强生态环境“双随机、一公开”监管工作的指导意见

（环办执法〔2021〕18号）

各省、自治区、直辖市生态环境厅（局），新疆生产建设兵团生态环境局：

为贯彻落实党中央、国务院关于深化“放管服”改革、优化营商环境的重大决策部署，加快政府职能转变，进一步加强生态环境“双随机、一公开”监管制度建设，提出以下意见。

一、总体要求

（一）指导思想

以习近平新时代中国特色社会主义思想为指导，深入打好污染防治攻坚战，坚持方向不变、力度不减，突出精准治污、科学治污、依法治污，贯彻落实《优化营商环境条例》《关于构建现代环境治理体系的指导意见》《国务院关于在市场监管领域全面推行部门联合“双随机、一公开”监管的意见》相关规定，实现生态环境“双随机、一公开”监管工作全覆盖、常态化。

（二）基本原则

坚持目标导向。围绕落实优化营商环境要求，将“双随机、一公开”作为生态环境监管活动的基本手段和方式，切实减少对企业正常生产经营活动的干扰，减轻企业负担。聚焦发现和打击生态环境违法行为，切实解决重复检查、随意监管、执法不公问题，推进生态环境监管制度化、规范化。

坚持计划统筹。加强“双随机、一公开”监管制度设计，根据法律法规规定和区域发展实际情况，做好“双随机”抽查（以下简称随机抽查）工作计划，高效统筹监管执法活动，合理分类、科学配置监管执法资源，全面提高生态环境监管执法效能。

坚持精准规范。突出精准治污、科学治污、依法治污，以信息化、智能化管理手段为抓手，不断增强随机抽查的精准性。严格落实行政执法公示制度，强化结果公示运用，营造更加公开透明、规范有序、公平公正的监管环境。

（三）总体目标

2021年底前，地方各级生态环境部门要结合本地实际，制定“双随机、一公开”实施方案或细则。2022年起，计划性检查应全部纳入“双随机、一公开”监管范围，不断强化抽查情况和查处结果信息公开，实现年度抽查结果100%公开。积极推动跨部门联合监管，强化同其他监管部门检查结果运用、共享、互认。力争三到五年时间内，生态环境领域新型监管机制更加完善，实现智慧监管、综合监管。

二、重点任务

（一）全面采取随机抽查方式

除投诉举报、上级部门转办交办、其他部门移送案件、突发环境事件、核安全检查、数据分析或监测发现问题线索等需要对具体被检查对象实施的针对性检查外，其他生态环境领域的计划性检查，包括日常监督管理检查、监督执法检查、专项检查和部门联合检查等活动，均要采取随机抽查方式。

地方各级生态环境部门应根据权责清单制定完善随机抽查事项清单，其生态、水、大气、土壤、固体废物、化学品、海洋、气候、辐射安全、环评、排污许可、监测、执法、应急等相关业务部门，对被抽查对象生态环境保护措施落实情况、污染防治设施运行情况、排污许可制度落实及证后执行情况、碳排放情况、辐射安全项目管理情况、固体废物及危险废物管理情况、化学品环境管理情况、生态环境监测社会化服务机构及环评单位报告（数据）质量、建设项目环评及批复落实情况、建设项目“三同时”制度落实情况、突发环境事件应急预案备案情况、环境安全隐患情况等进行的检查，均应采取随机抽查的方式。

（二）动态完善检查对象名录库

地方各级生态环境部门要根据监管执法职责，建立健全以排污许可管理信息为基础，覆盖本行政区域的检查对象名录库。做好检查对象名录库的日常管理工作，按照差异化管理原则，结合排污许可管理类别、排污单位信用记录和生态环境管理需要等因素，将被检查对象科学地分成一般监管对象、重点监管对象、特殊监管对象三类，并按分布区域、行业产业类型、项目建设情况、排放污染物类型、生产规模、生产周期特点、监控类型、重污染天气绩效分级等要素进行标识化管理。

地方各级生态环境部门要及时组织相关部门、机构对被检查对象的存续变动、停工停产等信息进行修改和补充，定期审核，实行动态管理。强化生态环境移动执法系统在随机抽查中的应用，建立企业（单位）被检查次数年度统计制度，用以评估检查效果和企业守法情况，科学调整检查计划。

（三）建立健全检查人员名录库

地方各级生态环境部门要明确入库原则，建立健全检查人员名录库。原则上要将本单位所有具有行政执法资格的工作人员和从事日常监管的工作人员全部纳入。

检查人员名录库应采取标识化管理，在明确姓名、单位、执法（工作）证号、职务岗位等身份信息的基础上，按所在区域、工作年限、业务专长、部门岗位等要素分类标注，并随人员岗位变动情况动态调整。在对检查人员信息合理筛选、兼顾专长的基础上，通过科学编组、随机匹配的方式，实现检查人员和被检查对象的科学匹配。建立检查人员年度检查次数标记制度，其检查表现和履职情况应作为评优评先、年度考核的重要依据。

有条件的地方可建立辅助检查人员名录库，吸收被委托（授权）单位和人员入库，包括但不限于监测检测机构、科研院所和专家专技人员。随机抽查中，在符合检查人数要求的基础上，可抽取或挑选辅助人员参与检查。

（四）分类实施随机抽查

地方各级生态环境部门在特定时段开展针对特定行业、特定区域的检查时，可以按照被检查对象、检查人员具有的标识，在限定范围内随机抽取被检查对象、匹配检查人员，定向开展随机抽查工作。在开展污染源日常监管检查时，原则上不提前设定范围条件，随机抽取被检查对象，随机选派检查人员。生态环境部门所属部门、机构对同一被检查对象开展随机抽查工作的，应组织内部联合抽查；需联合其他监管部门对同一被检查对象随机抽查时，应按照跨部门随机抽查的有关制度，开展联合检查。

（五）科学设定随机抽查频次

地方各级生态环境部门应根据区域生态环境质量、污染源数量、检查人员数量、行政区面积等，合理确定一般监管对象、重点监管对象、特殊监管对象的随机抽查频次。在安排随机抽查工作时，可按季或月针对不同类别监管对象设置不同的随机抽查比例。对存在生态环境违法问题、群众普遍反映强烈、社会关注度高、信用评价等级低、有特殊管理需要以及污染防治技术不能稳定达到排污许可证规定的监管对象，可适当增加抽查频次；对环境管理水平高、信用较好、环境风险较低的企业，可适当减少抽查频次。

在随机抽查工作中，地方各级生态环境部门要确保抽查质量，避免重复检查。原则上，上级部门可从下级部门当年度已抽查的被检查对象中，再次进行抽查检查；下级部门在抽取被检查对象时，同一年度中已由上级抽查且未发现生态环境问题的，可在随机抽查时予以排除。

（六）规范现场检查行为

现场检查时，检查人员应向被检查对象表明身份，说明检查依据、检查目的，要求予以配合。要按照既定检查内容和工作流程开展检查，检查情况应即时通过移动执法系统上传。监管工作人员现场发现违法行为的，要及时移交移送执法部门，执法工作人员在查处过程中应依法做好调查取证和证据固定工作。确有存在违法行为应予立案查处的，按照法律、法规规定的程序进行；涉嫌犯罪的，依法移送司法机关。属于其他部门管辖的，应按有关程序规定，及时移交处理。检查过程中，检查人员应遵守工作纪律、廉洁纪律、保密纪律，遵守被检查对象安全防护等相关规定。

（七）严格落实检查结果公开

按照“谁检查、谁录入、谁公开”的原则，生态环境部门应在随机抽查任务完成后的20个工作日内，主动将检查时间、内容、结果等情况在地方政府或相关部门规定的平台公开，公开期限按照国家及各省份有关规定执行。按照检查情况，公开信息可采用“未发现问题”“发现问题已责令整改”“发现违法行为已立案调查”等简要的方式进行表述。实施行政处罚的，应在作出行政处罚决定后，纳入国家有关信用信息系统。检查情况和查处结果涉及保密、国家安全、公共安全的，可不予公开。

（八）统筹制度机制衔接

地方各级生态环境部门在“双随机、一公开”监管工作的制度设计、随机抽取、实施检查、结果公开等环节中，做好与监督执法正面清单、信用监管、排污许可管理、重污染天气应对、联合检查等制度机制的统筹衔接。做好上下级生态环境部门以及其他部门间监管执法工作衔接，实现在随机抽查计划期间内信息互通互联，检查结果互认，避免多头监管、重复监管。

三、保障措施

（一）强化组织领导，严格责任落实

省级生态环境部门要切实加强对“双随机、一公开”监管工作的组织协调、督促指导。市级生态环境部门应协调各业务部门做好随机抽查工作。要结合生态环境稽查工作，定期对“双随机、一公开”监管工作落实情况进行监督检查，及时查找存在问题，把随机抽查制度落到实处。

（二）强化制度执行，加大技术支持

地方各级生态环境部门应深入推行行政执法公示制度、执法全过程记录制度，要将移动执法系统使用作为开展随机抽查工作的主要手段，统筹强化信息化系统建设、管理和应用，推进“双随机、一公开”信息平台与全国排污许可证管理信息平台、环境行政处罚案件办理信息系统等生态环境内部平台融合。促进与企业信用信息公示系统、其他市场监管领域部门统一的“双随机、一公开”监管工作平台等外部平台有效衔接。

（三）强化执法责任，完善考核机制

地方各级生态环境部门要积极构建和完善考核奖惩机制，对忠于职守、履职履责的，要给予表扬和鼓励，对未履行、不当履行或违法履行职责的，要依法依规严肃处理。应履行随机抽查工作职责的检查人员，按照检查计划，已经认真履行检查职责，或者虽尚未进行检查，但未超过规定时限，被检查对象违法的，不应追究有关工作人员的行政执法责任。

（四）强化宣传引导，营造良好氛围

地方各级生态环境部门要切实加大宣传力度，充分利用报纸、宣传册、电视、网络、新闻媒体等多种方式和载体向社会宣传生态环境“双随机、一公开”监管的重要意义、主要内容和进展成效。同时要积极推广好经验、好做法，带动整体工作向好发展，提升生态环境“双随机、一公开”监管工作的社会影响力和公众知晓度，营造理解、关心、支持的良好社会氛围。

生态环境部办公厅

2021 年 6 月 28 日

（四）信息公开制度相关规定

突发环境事件信息报告办法

（环境保护部令　第 17 号）

第一条　为了规范突发环境事件信息报告工作，提高环境保护主管部门应对突发环境事件的能力，依据《中华人民共和国突发事件应对法》、《国家突发公共事件总体应急预案》、《国家突发环境事件应急预案》及相关法律法规的规定，制定本办法。

第二条　本办法适用于环境保护主管部门对突发环境事件的信息报告。

突发环境事件分为特别重大（Ⅰ级）、重大（Ⅱ级）、较大（Ⅲ级）和一般（Ⅳ级）四级。

核与辐射突发环境事件的信息报告按照核安全有关法律法规执行。

第三条　突发环境事件发生地设区的市级或者县级人民政府环境保护主管部门在发现或者得知突发环境事件信息后，应当立即进行核实，对突发环境事件的性质和类别做出初步认定。

对初步认定为一般（Ⅳ级）或者较大（Ⅲ级）突发环境事件的，事件发生地设区的市级或者县级人民政府环境保护主管部门应当在四小时内向本级人民政府和上一级人民政府环境保护主管部门报告。

对初步认定为重大（Ⅱ级）或者特别重大（Ⅰ级）突发环境事件的，事件发生地设区的市级或者县级人民政府环境保护主管部门应当在两小时内向本级人民政府和省级人民政府环境保护主管部门报告，同时上报环境保护部。省级人民政府环境保护主管部门接到报告后，应当进行核实并在一小时内报告环境保护部。

突发环境事件处置过程中事件级别发生变化的，应当按照变化后的级别报告信息。

第四条　发生下列一时无法判明等级的突发环境事件，事件发生地设区的市级或者县级人民政府环境保护主管部门应当按照重大（Ⅱ级）或者特别重大（Ⅰ级）突发环境事件的报告程序上报：

（一）对饮用水水源保护区造成或者可能造成影响的；

（二）涉及居民聚居区、学校、医院等敏感区域和敏感人群的；

（三）涉及重金属或者类金属污染的；

（四）有可能产生跨省或者跨国影响的；

（五）因环境污染引发群体性事件，或者社会影响较大的；

（六）地方人民政府环境保护主管部门认为有必要报告的其他突发环境事件。

第五条 上级人民政府环境保护主管部门先于下级人民政府环境保护主管部门获悉突发环境事件信息的，可以要求下级人民政府环境保护主管部门核实并报告相应信息。下级人民政府环境保护主管部门应当依照本办法的规定报告信息。

第六条 向环境保护部报告突发环境事件有关信息的，应当报告总值班室，同时报告环境保护部环境应急指挥领导小组办公室。环境保护部环境应急指挥领导小组办公室应当根据情况向部内相关司局通报有关信息。

第七条 环境保护部在接到下级人民政府环境保护主管部门重大（Ⅱ级）或者特别重大（Ⅰ级）突发环境事件以及其他有必要报告的突发环境事件信息后，应当及时向国务院总值班室和中共中央办公厅秘书局报告。

第八条 突发环境事件已经或者可能涉及相邻行政区域的，事件发生地环境保护主管部门应当及时通报相邻区域同级人民政府环境保护主管部门，并向本级人民政府提出向相邻区域人民政府通报的建议。接到通报的环境保护主管部门应当及时调查了解情况，并按照本办法第三条、第四条的规定报告突发环境事件信息。

第九条 上级人民政府环境保护主管部门接到下级人民政府环境保护主管部门以电话形式报告的突发环境事件信息后，应当如实、准确做好记录，并要求下级人民政府环境保护主管部门及时报告书面信息。

对于情况不够清楚、要素不全的突发环境事件信息，上级人民政府环境保护主管部门应当要求下级人民政府环境保护主管部门及时核实补充信息。

第十条 县级以上人民政府环境保护主管部门应当建立突发环境事件信息档案，并按照有关规定向上一级人民政府环境保护主管部门报送本行政区域突发环境事件的月度、季度、半年度和年度报告以及统计情况。上一级人民政府环境保护主管部门定期对报告及统计情况进行通报。

第十一条 报告涉及国家秘密的突发环境事件信息，应当遵守国家有关保密的规定。

第十二条 突发环境事件的报告分为初报、续报和处理结果报告。

初报在发现或者得知突发环境事件后首次上报；续报在查清有关基本情况、事件发展情况后随时上报；处理结果报告在突发环境事件处理完毕后上报。

第十三条 初报应当报告突发环境事件的发生时间、地点、信息来源、事件起因和性质、基本过程、主要污染物和数量、监测数据、人员受害情况、饮用水水源地等环境敏感点受影响情况、事件发展趋势、处置情况、拟采取的措施以及下一步工作建议等初步情况，并提供可能受到突发环境事件影响的环境敏感点的分布示意图。

续报应当在初报的基础上，报告有关处置进展情况。

处理结果报告应当在初报和续报的基础上，报告处理突发环境事件的措施、过程和结果，突发环境事件潜在或者间接危害以及损失、社会影响、处理后的遗留问题、责任追究等详细情况。

第十四条 突发环境事件信息应当采用传真、网络、邮寄和面呈等方式书面报告；情况紧急时，初报可通过电话报告，但应当及时补充书面报告。

书面报告中应当载明突发环境事件报告单位、报告签发人、联系人及联系方式等内容，并尽可能提供地图、图片以及相关的多媒体资料。

第十五条 在突发环境事件信息报告工作中迟报、谎报、瞒报、漏报有关突发环境事件信息的，给予通报批评；造成后果的，对直接负责的主管人员和其他直接责任人员依法依纪给予处分；构成犯罪的，移送司法机关依法追究刑事责任。

第十六条 本办法由环境保护部解释。

第十七条 本办法自 2011 年 5 月 1 日起施行。《环境保护行政主管部门突发环境事件信息报告办法（试行）》（环发〔2006〕50 号）同时废止。

附录：

突发环境事件分级标准

按照突发事件严重性和紧急程度，突发环境事件分为特别重大（Ⅰ级）、重大（Ⅱ级）、较大（Ⅲ级）和一般（Ⅳ级）四级。

1. 特别重大（Ⅰ级）突发环境事件。

凡符合下列情形之一的，为特别重大突发环境事件：

（1）因环境污染直接导致10人以上死亡或100人以上中毒的；

（2）因环境污染需疏散、转移群众5万人以上的；

（3）因环境污染造成直接经济损失1亿元以上的；

（4）因环境污染造成区域生态功能丧失或国家重点保护物种灭绝的；

（5）因环境污染造成地市级以上城市集中式饮用水水源地取水中断的；

（6）1、2类放射源失控造成大范围严重辐射污染后果的；核设施发生需要进入场外应急的严重核事故，或事故辐射后果可能影响邻省和境外的，或按照“国际核事件分级（INES）标准”属于3级以上的核事件；台湾核设施中发生的按照“国际核事件分级（INES）标准”属于4级以上的核事故；周边国家核设施中发生的按照“国际核事件分级（INES）标准”属于4级以上的核事故；

（7）跨国界突发环境事件。

2. 重大（Ⅱ级）突发环境事件。

凡符合下列情形之一的，为重大突发环境事件：

（1）因环境污染直接导致3人以上10人以下死亡或50人以上100人以下中毒的；

（2）因环境污染需疏散、转移群众1万人以上5万人以下的；

（3）因环境污染造成直接经济损失2 000万元以上1亿元以下的；

（4）因环境污染造成区域生态功能部分丧失或国家重点保护野生动植物种群大批死亡的；

（5）因环境污染造成县级城市集中式饮用水水源地取水中断的；

（6）重金属污染或危险化学品生产、贮运、使用过程中发生爆炸、泄漏等事件，或因倾倒、堆放、丢弃、遗撒危险废物等造成的突发环境事件发生在国家重点流域、国家级自然保护区、风景名胜区或居民聚集区、医院、学校等敏感区域的；

（7）1、2类放射源丢失、被盗、失控造成环境影响，或核设施和铀矿冶炼设施发生的达到进入场区应急状态标准的，或进口货物严重辐射超标的事件；

（8）跨省（区、市）界突发环境事件。

3．较大（Ⅲ级）突发环境事件。

凡符合下列情形之一的，为较大突发环境事件：

（1）因环境污染直接导致3人以下死亡或10人以上50人以下中毒的；

（2）因环境污染需疏散、转移群众5000人以上1万人以下的；

（3）因环境污染造成直接经济损失500万元以上2000万元以下的；

（4）因环境污染造成国家重点保护的动植物物种受到破坏的；

（5）因环境污染造成乡镇集中式饮用水水源地取水中断的；

（6）3类放射源丢失、被盗或失控，造成环境影响的；

（7）跨地市界突发环境事件。

4．一般（Ⅳ级）突发环境事件。

除特别重大突发环境事件、重大突发环境事件、较大突发环境事件以外的突发环境事件。

企业环境信息依法披露管理办法

（2021 年 12 月 11 日生态环境部令第 24 号公布　自 2022 年 2 月 8 日起施行）

第一章　总　则

第一条　为了规范企业环境信息依法披露活动，加强社会监督，根据《中华人民共和国环境保护法》《中华人民共和国清洁生产促进法》《公共企事业单位信息公开规定制定办法》《环境信息依法披露制度改革方案》等相关法律法规和文件，制定本办法。

第二条　本办法适用于企业依法披露环境信息及其监督管理活动。

第三条　生态环境部负责全国环境信息依法披露的组织、指导、监督和管理。

设区的市级以上地方生态环境主管部门负责本行政区域环境信息依法披露的组织实施和监督管理。

第四条　企业是环境信息依法披露的责任主体。

企业应当建立健全环境信息依法披露管理制度，规范工作规程，明确工作职责，建立准确的环境信息管理台账，妥善保存相关原始记录，科学统计归集相关环境信息。

企业披露环境信息所使用的相关数据及表述应当符合环境监测、环境统计等方面的标准和技术规范要求，优先使用符合国家监测规范的污染物监测数据、排污许可证执行报告数据等。

第五条　企业应当依法、及时、真实、准确、完整地披露环境信息，披露的环境信息应当简明清晰、通俗易懂，不得有虚假记载、误导性陈述或者重大遗漏。

第六条　企业披露涉及国家秘密、战略高新技术和重要领域核心关键技术、商业秘密的环境信息，依照有关法律法规的规定执行；涉及重大环境信息披露的，应当按照国家有关规定请示报告。

任何公民、法人或者其他组织不得非法获取企业环境信息，不得非法修改披露的环境信息。

第二章 披露主体

第七条 下列企业应当按照本办法的规定披露环境信息：

（一）重点排污单位；

（二）实施强制性清洁生产审核的企业；

（三）符合本办法第八条规定的上市公司及合并报表范围内的各级子公司（以下简称上市公司）；

（四）符合本办法第八条规定的发行企业债券、公司债券、非金融企业债务融资工具的企业（以下简称发债企业）；

（五）法律法规规定的其他应当披露环境信息的企业。

第八条 上一年度有下列情形之一的上市公司和发债企业，应当按照本办法的规定披露环境信息：

（一）因生态环境违法行为被追究刑事责任的；

（二）因生态环境违法行为被依法处以十万元以上罚款的；

（三）因生态环境违法行为被依法实施按日连续处罚的；

（四）因生态环境违法行为被依法实施限制生产、停产整治的；

（五）因生态环境违法行为被依法吊销生态环境相关许可证件的；

（六）因生态环境违法行为，其法定代表人、主要负责人、直接负责的主管人员或者其他直接责任人员被依法处以行政拘留的。

第九条 设区的市级生态环境主管部门组织制定本行政区域内的环境信息依法披露企业名单（以下简称企业名单）。

设区的市级生态环境主管部门应当于每年3月底前确定本年度企业名单，并向社会公布。企业名单公布前应当在政府网站上进行公示，征求公众意见；公示期限不得少于十个工作日。

对企业名单公布后新增的符合纳入企业名单要求的企业，设区的市级生态环境主管部门应当将其纳入下一年度企业名单。

设区的市级生态环境主管部门应当在企业名单公布后十个工作日内报送省级生态环境主管部门。省级生态环境主管部门应当于每年4月底前，将本行政区域的企业名单报送生态环境部。

第十条 重点排污单位应当自列入重点排污单位名录之日起，纳入企业名单。

实施强制性清洁生产审核的企业应当自列入强制性清洁生产审核名单后，纳入企业名单，并延续至该企业完成强制性清洁生产审核验收后的第三年。

上市公司、发债企业应当连续三年纳入企业名单；期间再次发生本办法第八条规定情形的，应当自三年期限届满后，再连续三年纳入企业名单。

对同时符合本条规定的两种以上情形的企业，应当按照最长期限纳入企业名单。

第三章 披露内容和时限

第十一条 生态环境部负责制定企业环境信息依法披露格式准则（以下简称准则），并根据生态环境管理需要适时进行调整。

企业应当按照准则编制年度环境信息依法披露报告和临时环境信息依法披露报告，并上传至企业环境信息依法披露系统。

第十二条 企业年度环境信息依法披露报告应当包括以下内容：

（一）企业基本信息，包括企业生产和生态环境保护等方面的基础信息；

（二）企业环境管理信息，包括生态环境行政许可、环境保护税、环境污染责任保险、环保信用评价等方面的信息；

（三）污染物产生、治理与排放信息，包括污染防治设施，污染物排放，有毒有害物质排放，工业固体废物和危险废物产生、贮存、流向、利用、处置，自行监测等方面的信息；

（四）碳排放信息，包括排放量、排放设施等方面的信息；

（五）生态环境应急信息，包括突发环境事件应急预案、重污染天气应急响应等方面的信息；

（六）生态环境违法信息；

（七）本年度临时环境信息依法披露情况；

（八）法律法规规定的其他环境信息。

第十三条 重点排污单位披露年度环境信息时，应当披露本办法第十二条规定的环境信息。

第十四条 实施强制性清洁生产审核的企业披露年度环境信息时，除了披露本办法第十二条规定的环境信息外，还应当披露以下信息：

（一）实施强制性清洁生产审核的原因；

（二）强制性清洁生产审核的实施情况、评估与验收结果。

第十五条 上市公司和发债企业披露年度环境信息时，除了披露本办法第十二条规定的环境信息外，还应当按照以下规定披露相关信息：

（一）上市公司通过发行股票、债券、存托凭证、中期票据、短期融资券、超短期融资券、资产证券化、银行贷款等形式进行融资的，应当披露年度融资形式、金额、投向等信息，以及融资所投项目的应对气候变化、生态环境保护等相关信息；

（二）发债企业通过发行股票、债券、存托凭证、可交换债、中期票据、短期融资券、超短期融资券、资产证券化、银行贷款等形式融资的，应当披露年度融资形式、金额、投向等信息，以及融资所投项目的应对气候变化、生态环境保护等相关信息。

上市公司和发债企业属于强制性清洁生产审核企业的，还应当按照本办法第十四条的规定披露相关环境信息。

第十六条 企业未产生本办法规定的环境信息的，可以不予披露。

第十七条 企业应当自收到相关法律文书之日起五个工作日内，以临时环境信息依法披露报告的形式，披露以下环境信息：

（一）生态环境行政许可准予、变更、延续、撤销等信息；

（二）因生态环境违法行为受到行政处罚的信息；

（三）因生态环境违法行为，其法定代表人、主要负责人、直接负责的主管人员和其他直接责任人员被依法处以行政拘留的信息；

（四）因生态环境违法行为，企业或者其法定代表人、主要负责人、直接负责的主管人员和其他直接责任人员被追究刑事责任的信息；

（五）生态环境损害赔偿及协议信息。

企业发生突发环境事件的，应当依照有关法律法规规定披露相关信息。

第十八条 企业可以根据实际情况对已披露的环境信息进行变更；进行变更的，应当以临时环境信息依法披露报告的形式变更，并说明变更事项和理由。

第十九条 企业应当于每年3月15日前披露上一年度1月1日至12月31日的环境信息。

第二十条 企业在企业名单公布前存在本办法第十七条规定的环境信息的，

应当于企业名单公布后十个工作日内以临时环境信息依法披露报告的形式披露本年度企业名单公布前的相关信息。

第四章 监督管理

第二十一条 生态环境部、设区的市级以上地方生态环境主管部门应当依托政府网站等设立企业环境信息依法披露系统，集中公布企业环境信息依法披露内容，供社会公众免费查询，不得向企业收取任何费用。

第二十二条 生态环境主管部门应当加强企业环境信息依法披露系统与全国排污许可证管理信息平台等生态环境相关信息系统的互联互通，充分利用信息化手段避免企业重复填报。

生态环境主管部门应当加强企业环境信息依法披露系统与信用信息共享平台、金融信用信息基础数据库对接，推动环境信息跨部门、跨领域、跨地区互联互通、共享共用，及时将相关环境信息提供给有关部门。

第二十三条 设区的市级生态环境主管部门应当于每年 3 月底前，将上一年度本行政区域环境信息依法披露情况报送省级生态环境主管部门。省级生态环境主管部门应当于每年 4 月底前将相关情况报送生态环境部。

报送的环境信息依法披露情况应当包括以下内容：

（一）企业开展环境信息依法披露的总体情况；

（二）对企业环境信息依法披露的监督检查情况；

（三）其他应当报送的信息。

第二十四条 生态环境主管部门应当会同有关部门加强对企业环境信息依法披露活动的监督检查，及时受理社会公众举报，依法查处企业未按规定披露环境信息的行为。鼓励生态环境主管部门运用大数据分析、人工智能等技术手段开展监督检查。

第二十五条 公民、法人或者其他组织发现企业有违反本办法规定行为的，有权向生态环境主管部门举报。接受举报的生态环境主管部门应当依法进行核实处理，并对举报人的相关信息予以保密，保护举报人的合法权益。

生态环境主管部门应当畅通投诉举报渠道，引导社会公众、新闻媒体等对企业环境信息依法披露进行监督。

第二十六条 设区的市级以上生态环境主管部门应当按照国家有关规定，将环境信息依法披露纳入企业信用管理，作为评价企业信用的重要指标，并将企业违反环境信息依法披露要求的行政处罚信息记入信用记录。

第五章　罚　则

第二十七条　法律法规对企业环境信息公开或者披露规定了法律责任的，依照其规定执行。

第二十八条　企业违反本办法规定，不披露环境信息，或者披露的环境信息不真实、不准确的，由设区的市级以上生态环境主管部门责令改正，通报批评，并可以处一万元以上十万元以下的罚款。

第二十九条　企业违反本办法规定，有下列行为之一的，由设区的市级以上生态环境主管部门责令改正，通报批评，并可以处五万元以下的罚款：

（一）披露环境信息不符合准则要求的；

（二）披露环境信息超过规定时限的；

（三）未将环境信息上传至企业环境信息依法披露系统的。

第三十条　设区的市级以上地方生态环境主管部门在企业环境信息依法披露监督管理中有玩忽职守、滥用职权、徇私舞弊行为的，依法依纪对直接负责的主管人员或者其他直接责任人员给予处分。

第六章　附　则

第三十一条　事业单位依法披露环境信息的，参照本办法执行。

第三十二条　本办法由生态环境部负责解释。

第三十三条　本办法自 2022 年 2 月 8 日起施行。《企业事业单位环境信息公开办法》（环境保护部令第 31 号）同时废止。

环境保护公众参与办法

（环境保护部令　第35号）

第一条　为保障公民、法人和其他组织获取环境信息、参与和监督环境保护的权利，畅通参与渠道，促进环境保护公众参与依法有序发展，根据《环境保护法》及有关法律法规，制定本办法。

第二条　本办法适用于公民、法人和其他组织参与制定政策法规、实施行政许可或者行政处罚、监督违法行为、开展宣传教育等环境保护公共事务的活动。

第三条　环境保护公众参与应当遵循依法、有序、自愿、便利的原则。

第四条　环境保护主管部门可以通过征求意见、问卷调查，组织召开座谈会、专家论证会、听证会等方式征求公民、法人和其他组织对环境保护相关事项或者活动的意见和建议。

公民、法人和其他组织可以通过电话、信函、传真、网络等方式向环境保护主管部门提出意见和建议。

第五条　环境保护主管部门向公民、法人和其他组织征求意见时，应当公布以下信息：

（一）相关事项或者活动的背景资料；

（二）征求意见的起止时间；

（三）公众提交意见和建议的方式；

（四）联系部门和联系方式。

公民、法人和其他组织应当在征求意见的时限内提交书面意见和建议。

第六条　环境保护主管部门拟组织问卷调查征求意见的，应当对相关事项的基本情况进行说明。调查问卷所设问题应当简单明确、通俗易懂。调查的人数及其范围应当综合考虑相关事项或者活动的环境影响范围和程度、社会关注程度、组织公众参与所需要的人力和物力资源等因素。

第七条　环境保护主管部门拟组织召开座谈会、专家论证会征求意见的，应当提前将会议的时间、地点、议题、议程等事项通知参会人员，必要时可以通过政府网站、主要媒体等途径予以公告。

参加专家论证会的参会人员应当以相关专业领域专家、环保社会组织中的专业人士为主，同时应当邀请可能受相关事项或者活动直接影响的公民、法人和其他组织的代表参加。

第八条 法律、法规规定应当听证的事项，环境保护主管部门应当向社会公告，并举行听证。

环境保护主管部门组织听证应当遵循公开、公平、公正和便民的原则，充分听取公民、法人和其他组织的意见，并保证其陈述意见、质证和申辩的权利。

除涉及国家秘密、商业秘密或者个人隐私外，听证应当公开举行。

第九条 环境保护主管部门应当对公民、法人和其他组织提出的意见和建议进行归类整理、分析研究，在作出环境决策时予以充分考虑，并以适当的方式反馈公民、法人和其他组织。

第十条 环境保护主管部门支持和鼓励公民、法人和其他组织对环境保护公共事务进行舆论监督和社会监督。

第十一条 公民、法人和其他组织发现任何单位和个人有污染环境和破坏生态行为的，可以通过信函、传真、电子邮件、“12369”环保举报热线、政府网站等途径，向环境保护主管部门举报。

第十二条 公民、法人和其他组织发现地方各级人民政府、县级以上环境保护主管部门不依法履行职责的，有权向其上级机关或者监察机关举报。

第十三条 接受举报的环境保护主管部门应当依照有关法律、法规规定调查核实举报的事项，并将调查情况和处理结果告知举报人。

第十四条 接受举报的环境保护主管部门应当对举报人的相关信息予以保密，保护举报人的合法权益。

第十五条 对保护和改善环境有显著成绩的单位和个人，依法给予奖励。

国家鼓励县级以上环境保护主管部门推动有关部门设立环境保护有奖举报专项资金。

第十六条 环境保护主管部门可以通过提供法律咨询、提交书面意见、协助调查取证等方式，支持符合法定条件的环保社会组织依法提起环境公益诉讼。

第十七条 环境保护主管部门应当在其职责范围内加强宣传教育工作，普及环境科学知识，增强公众的环保意识、节约意识；鼓励公众自觉践行绿色生活、绿色消费，形成低碳节约、保护环境的社会风尚。

第十八条 环境保护主管部门可以通过项目资助、购买服务等方式，支持、引导社会组织参与环境保护活动。

第十九条 法律、法规和环境保护部制定的其他部门规章对环境保护公众参与另有规定的，从其规定。

第二十条 本办法自 2015 年 9 月 1 日起施行。

附件

污染源环境监管信息公开目录（第一批）

<table>
<tr><th>序号</th><th>公开项目</th><th>公开内容</th><th>时限要求</th><th>发布单位</th></tr>
<tr><td>1</td><td>重点污染源基本信息</td><td>1.重点污染源基本信息
1.1 企业名称
1.2 企业地址
1.3 主要排放污染物名称</td><td>信息形成或者变更之日起 20 个工作日内</td><td>地方各级环保部门</td></tr>
<tr><td rowspan="2">2</td><td rowspan="2">污染源监测</td><td>1.国家重点监控企业污染源监督性监测结果
1.1 污染源名称
1.2 所在地
1.3 监测点位名称
1.4 监测日期
1.5 监测项目名称
1.6 监测项目浓度
1.7 排放标准限值
1.8 按监测项目评价结论</td><td rowspan="2">监督性监测结果获取后 20 个工作日内</td><td rowspan="2">市级、省级环保部门</td></tr>
<tr><td>2.国家重点监控企业未开展污染源监督性监测的原因</td></tr>
<tr><td rowspan="3">3</td><td rowspan="3">总量控制</td><td>1.国家重点监控企业名单</td><td rowspan="2">信息形成或者变更之日起 20 个工作日内</td><td rowspan="2">地方各级环保部门</td></tr>
<tr><td>2.省级重点监控企业名单</td></tr>
<tr><td>3.排污许可证发放情况
3.1 企业名称
3.2 排污许可证号
3.3 有效期限
3.4 排污口名称、主要排放污染物名称、排放浓度限值</td><td>许可证发放或信息变更后 20 个工作日内</td><td>已开展排污许可证发放工作的市县级环保部门</td></tr>
<tr><td rowspan="2">4</td><td rowspan="2">污染防治</td><td>1.强制性清洁生产审核企业名单</td><td>季度终了后 20 个工作日内</td><td>省级环保部门</td></tr>
<tr><td>2.清洁生产审核情况
2.1 企业名称
2.2 要求完成期限
2.3 咨询机构
2.4 组织评估、验收的部门
2.5 通过评估日期和评估意见
2.6 通过验收日期和验收意见</td><td></td><td>地方各级环保部门</td></tr>
</table>

序号	公开项目	公开内容	时限要求	发布单位
4	污染防治	3.大、中城市年度固体废物污染防治公报	每年6月5日前发布上一年度信息	大、中城市环保部门
		4.固体废物行政审批结果 4.1 危险废物经营许可证审批结果 4.2 危险废物越境转移审批结果 4.3 可作为原料的固体废物进口审批结果 4.4 废弃电器电子产品处理企业审批结果	信息形成或者变更之日起20个工作日内	地方各级环保部门
		5.危险废物规范化管理督查考核不达标的企业名单、违法违规行为或不合格的指标		
		6.废弃电器电子产品处理企业的处理情况 6.1 废弃电器电子产品处理企业相关情况，包括法人名称、地址、处理类别、处理能力等 6.2 各企业拆解处理废弃电器电子产品的审核情况及接受基金补贴情况		省级环保部门
		7.上市企业、申请上市及再融资核查企业环保情况 7.1 上市环保核查规章制度，包括核查程序、办事流程、时间要求、申报方式、联系方式等 7.2 上市环保核查工作信息，包括受理时间、进展情况等 7.3 上市环保核查意见	信息形成或者变更之日起20个工作日内	省级环保部门
		8.重金属污染防控重点企业名单		地方各级环保部门
5	排污费征收	1.排污费征收的项目、依据、标准和程序	信息形成或者变更之日起20个工作日内	地方各级环保部门
		2.季度排污费征收情况 2.1 被征收者名称 2.2 征收时段 2.3 应缴数额 2.4 实缴数额 2.5 征收机关	季度终了后45日内	
		3.排污费征收减、免缓情况		

序号	公开项目	公开内容	时限要求	发布单位
6	监察执法	1.直接办理、承办经调查核实的公众对环境问题或者对企业污染环境的信访、投诉案件及其处理结果（信访、举报人信息不得公开）	调处结束后20个工作日内	地方各级环保部门
		2.挂牌督办 2.1 督办事项 2.2 整治要求 2.3 完成时限 2.4 督办部门 2.5 完成情况	信息形成或者变更之日起20个工作日内	地方各级环保部门
		3.国家重点监控企业废水自动监控情况 3.1 企业名称 3.2 监控点名称 3.3 监测日期 3.4 流量 3.5 监测因子 3.6 自动监控数据（日均值） 3.7 排放标准限值 3.8 最近一次有效性审核日期及合格情况	数据生成后1个工作日内	地方各级环保部门
		4.国家重点监控企业废气自动监控情况 4.1 企业名称 4.2 监控点名称 4.3 监测日期 4.4 流量 4.5 流速 4.6 监测项目名称 4.7 折算浓度（日均值） 4.8 标准限值 4.9 最近一次有效性审核日期及合格情况		地方各级环保部门
		5.污染源自动监控数据传输有效率		省市级环保部门

序号	公开项目	公开内容	时限要求	发布单位
6	监察执法	6.企业环境信用评价结果 6.1 企业名称 6.2 评价年度 6.3 评价等级 6.4 公布时间	相关内容生成或更新后20个工作日内	已开展企业信用评级工作的市县级环保部门
7	行政处罚	1.直接做出的处罚决定 1.1 被处罚者名称 1.2 违法事实 1.3 处罚依据 1.4 处罚内容 1.5 执行情况	相关内容生成或更新后20个工作日内	地方各级环保部门
		2.直接做出的环境违法行为限期改正决定 2.1 当事人名称 2.2 违法事实 2.3 行政命令作出的依据 2.4 改正违法行为的期限 2.5 改正违法行为的具体形式 2.6 行政命令下达日期 2.7 命令作出机关 2.8 执行情况	相关内容生成或更新后20个工作日内	地方各级环保部门
		3.拒不执行处罚决定企业名单	季度终了后20个工作日内	
8	环境应急	1．环保部门突发环境事件应急预案（简本）	预案批准后20个工作日内	地方各级环保部门
		2.发生重大、特大突发环境事件的企业名单	年度终了后20个工作日内	
		3.年度突发环境事件应对情况		
		4.辖区企业突发环境事件风险等级划分情况		
		5.辖区企业突发环境应急预案备案情况		

备注：1．重点污染源，由各级环保部门根据实际情况确定，但应至少包含国家和省级重点监控企业在内。2．自动监控情况原则上由省级环保部门公布国家重点监控污染源信息，市县按属地监管原则公布辖区内企业污染源信息，但县级环保部门没有获取数据能力的，由获取数据的上一级环保部门公布。自动监控数据传输有效率按照部相关文件规定的时间开始公布。公布自动监控数据时，应标注说明出现异常或超标情况将进行调查取证处理，并适时公布处理结果。